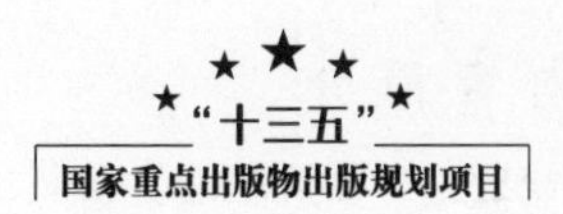

末敏弹射击学与弹道学

GUNNERY AND BALLISTICS OF TERMINAL SENSING AMMUNITION

李臣明　刘怡昕　著

内容简介

本书系统介绍了末敏弹弹道学与射击学相关理论。全书共分8章，第1章为末敏弹发展概述，介绍了末敏弹的发展现状、基本构造、关键技术和作用过程；第2章为末敏弹母弹飞行与子弹抛射弹道模型，第3章为有伞末敏弹的飞行弹道与分析，第4章为无伞末敏子弹稳态扫描弹道与分析，第5章为末敏弹系统效能分析，第6章为决定射击开始诸元理论分析，第7章为末敏弹射击效力评定，第8章为远程火箭末敏弹精度折合计算。

本书将末敏弹的弹道机理与射击理论相结合，可为兵器科学与技术、装备与后勤保障等领域的本科生、研究生、科研人员及部队指挥员提供参考。

图书在版编目（CIP）数据

末敏弹射击学与弹道学／李臣明，刘怡昕著．－－北京：北京理工大学出版社，2022.4

ISBN 978－7－5763－1258－4

Ⅰ．①末…　Ⅱ．①李…　②刘…　Ⅲ．①末敏弹—射击学②末敏弹—弹道学　Ⅳ．①TJ413

中国版本图书馆CIP数据核字（2022）第070140号

出版发行／北京理工大学出版社有限责任公司
社　　址／北京市海淀区中关村南大街5号
邮　　编／100081
电　　话／（010）68914775（总编室）
（010）82562903（教材售后服务热线）
（010）68944723（其他图书服务热线）
网　　址／http://www.bitpress.com.cn
经　　销／全国各地新华书店
印　　刷／三河市华骏印务包装有限公司
开　　本／710毫米×1000毫米　1/16
印　　张／21
字　　数／395千字
版　　次／2022年4月第1版　2022年4月第1次印刷
定　　价／98.00元

责任编辑／李炳泉
文案编辑／李丁一
责任校对／周瑞红
责任印制／李志强

丛书序

随着世界新军事变革的发展和高新技术在军事领域的应用，陆军火力打击装备正向远程化、精确化、体系化、智能化方向发展，陆军火力作战形态将产生重要变革，远程、快速、精确、多能打击将成为高度信息化条件下陆军火力作战的重要模式，远程精确火力打击装备也必将是陆军装备发展的重要方向，其工程技术和作战运用研究亟待同步开展。

《陆战装备科学与技术（第二辑）·远程精确火力打击丛书》是一套深入阐述陆军远程精确火力打击创新理论、科学内涵、学术研究进展、技术创新与突破等方面的学术论著。该丛书汇聚了外弹道学、射击学、作战运用、人工智能、任务规划、制导控制、数值仿真等多个学科和方向的前沿技术和创新成果，填补了我国在陆军远程精确火力打击领域技术与运用的多项空白。

本丛书包括《野战火箭外弹道理论》《末敏弹射击学与弹道学》《制导火箭火力运用理论》《火力任务智能规划技术》和《远程火箭炮作战运用》5个分册。其中，《野战火箭外弹道理论》对无控和有控野战火箭的外弹道理论进行了系统分析，纳入了作者多年来的创新成果，特别是融入了高空远程弹箭和系列新弹种的内容；《末敏弹射击学与弹道学》以末敏弹作为具备二次弹道特点的弹种代表，详细研究了末敏弹的母弹和子弹弹道理论，并对其决定射击开始诸元理论、射击效力评定理论和精度折合方法等内容进行了研究；《制导火箭火力运用理论》针对卫星和惯导组合制导的远程火箭弹，区别于传统炮兵无控弹药，从目标分析、不同战斗部毁伤分析、火力分配、射击效率评定、弹药消耗量计算、火力协同、火力方案优选等方面进行了系统性和开创性研究；《火力任务智能规划技术》瞄准未来智能化战争需求，以火力任务规划为主线，结合人工智能技术，系统介绍了陆军远程精确火力打击任务智能规划的研究思路和系列关键技术，创新研究了人工智能技术在火力任务规划领域的应用方法，搭建了面向智能化战争的火力任务规划技术框架；《远程火箭炮作战运用》介绍了国内外远程火箭炮发展现状、趋势与特点，分析了未来高度信息化条件下战争形态的演进方向，阐述了陆军远程精确火力打击制胜机理，并从作战指挥、作战效能、作战保障、火力运用、毁伤评估等方面进行了系统性研究。

本套丛书将陆军远程精确火力打击装备工程技术与作战运用相结合，将我国陆军远程精确火力打击领域的装备研发与应用水平提升到一个新的高度，对于推动我国陆军远程精确火力打击装备发展、适应未来智能化战争需求具有重要意义，对于推动陆战装备科学与技术的创新发展、培养陆军远程精确火力打击力量工程技术人才和新型指挥人才也大有裨益。

中国工程院院士

前言

军事科技的不断进步促进了进攻与防御武器装备的交替发展，其中，新型坦克防御技术给以往的反坦克武器造成困难。一是常规反坦克武器通常进行直瞄射击，目标超出直射距离则无能为力；二是新型防护装甲的出现，令常规反装甲平射弹药很难对其造成致命毁伤。因此，自20世纪七八十年代以来，一种利用间接瞄准武器发射、从空中攻击装甲目标顶部的智能化灵巧弹药——末敏弹应运而生。

末敏弹的出现使远距离打击装甲目标成为可能，改变了以往的反装甲作战模式，从而迅速引起世界各国的重视。迄今为止，已有多个国家开展末敏弹的研制，末敏弹的种类和作用原理也不断变化，向着更加实用、更加可靠的方向发展。末敏弹通常为子母弹，依靠火炮或火箭炮发射母弹的居多，其打击目标的过程分为母弹弹道和子弹弹道两个阶段，因此，其打击目标的精度受射击学与弹道学的影响很大。国内以往关于末敏弹射击学与弹道学相结合的系统论著基本空白，为此，本书系统研究了不同种类末敏弹的弹道理论和射击理论，对其弹道原理与射击原理进行了深入剖析。

本书共分8章，分别从末敏弹的发展、末敏弹母弹飞行及子弹抛射弹道、有伞末敏子弹飞行弹道与分析、无伞末敏子弹稳态扫描弹道与分析、末敏弹系统效能分析、决定射击开始诸元理论分析、末敏弹射击效力评定、远程火箭末敏弹精度折合计算进行了系统研究。全书内容系统全面，逻辑性强，不仅有理论推导，而且给出了数值仿真与分析，做到了理论与验证相结合。

本书可供具有兵器专业知识的工程技术人员和教学科研人员使用，也可作为兵器发射理论与技术、武器系统与运用工程和弹药工程等专业的研究生教材。

在本书写作过程中，参考了相关文献资料，在此对原作者表示感谢。

由于作者水平有限，加之内容广泛，书中难免有错误和不妥之处，敬请同行专家和广大读者批评指正。

作　者

2021 年 6 月于南京

目　录

第 1 章　末敏弹发展概述 ······ 001

1.1　末敏弹发展现状 ······ 003

1.1.1　末敏弹的发展背景 ······ 003

1.1.2　末敏弹发展现状 ······ 004

1.2　末敏弹的基本构造 ······ 009

1.2.1　全备末敏弹 ······ 009

1.2.2　末敏子弹 ······ 010

1.3　末敏弹采用的关键技术 ······ 011

1.3.1　爆炸成型技术 ······ 011

1.3.2　复合敏感器技术 ······ 013

1.3.3　减速/减旋与稳态扫描技术 ······ 014

1.3.4　动态误差测量技术 ······ 016

1.3.5　空间定位技术 ······ 016

1.3.6　测高与确定信号阈值 ······ 017

1.4　末敏弹的作用过程 ······ 017

第 2 章　末敏弹母弹飞行及子弹抛射弹道 ······ 019

2.1　坐标系的建立及转换 ······ 021

2.1.1　坐标系的建立 ······ 021

2.1.2 坐标系的转换及关系 …… 023
2.2 作用在末敏弹母弹上的力和力矩 …… 027
2.2.1 作用在末敏弹母弹上的力 …… 027
2.2.2 作用在母弹上的力矩 …… 028
2.3 末敏弹母弹飞行弹道方程 …… 029
2.4 末敏子弹（筒）的抛射与分离 …… 032
2.4.1 炮射末敏子弹的抛射过程数学模型 …… 032
2.4.2 火箭末敏子弹的抛射过程数学模型 …… 035

第3章 有伞末敏子弹飞行弹道与分析 …… 041

3.1 作用在伞弹上的力和力矩 …… 043
3.1.1 作用在降落伞体上的力与力矩 …… 043
3.1.2 作用在末敏子弹上的力与力矩 …… 048
3.2 炮射末敏弹减速/减旋段飞行弹道 …… 050
3.2.1 减速/减旋段的作用力和力矩 …… 050
3.2.2 减速/减旋运动方程 …… 051
3.2.3 减速/减旋段初始弹道计算 …… 052
3.3 有伞末敏弹稳态扫描弹道 …… 053
3.3.1 降落伞体一般运动的微分方程 …… 053
3.3.2 伞弹系统一般运动方程组的数值仿真形式 …… 063
3.4 基于四元数法的扫描运动修正 …… 065
3.4.1 四元数法简介 …… 066
3.4.2 四元数进行坐标变换 …… 066
3.4.3 用四元数表示欧拉运动学方程 …… 067
3.4.4 用四元数表示弹体的欧拉角 …… 069
3.4.5 四元数积分初值的确定 …… 069
3.4.6 四元数模型的正确性与优越性验证 …… 072
3.5 扫描参数的影响 …… 074
3.5.1 静态悬挂角对扫描角的影响 …… 075
3.5.2 弹重对落速和转速的影响 …… 075
3.5.3 风对末敏弹弹道的影响 …… 075

第4章 无伞末敏子弹稳态扫描弹道与分析 …… 079

4.1 单翼末敏弹扫描运动形成的理论基础 …… 081

4.1.1　坐标系的建立与坐标转换矩阵 …… 082
4.1.2　非对称弹运动微分方程的建立 …… 084
4.1.3　旋转共振状态的研究 …… 096
4.2　强非对称刚性单翼末敏弹扫描运动研究 …… 105
4.2.1　坐标系的建立和坐标转换矩阵 …… 106
4.2.2　参数的符号约定及关系 …… 110
4.2.3　子弹体运动微分方程的建立 …… 112
4.2.4　翼端重物运动微分方程的建立 …… 119
4.2.5　两刚体间的联系方程 …… 124
4.2.6　方程组的消元与标准化 …… 126
4.2.7　算例分析 …… 131
4.2.8　单翼柔性对单翼末敏弹系统扫描特性影响的分析 …… 136
4.3　风对单翼末敏弹系统扫描特性的影响规律分析 …… 153
4.3.1　有风时单翼末敏弹系统的运动微分方程组 …… 153
4.3.2　风对单翼末敏弹系统的影响规律分析 …… 158

第5章　末敏弹系统效能分析 …… 161

5.1　末敏弹系统对目标的识别及捕获 …… 163
5.1.1　毫米波辐射计的工作原理 …… 163
5.1.2　辐射计输出信号的特点 …… 166
5.1.3　毫米波/红外探测系统的数据融合 …… 168
5.1.4　寻的波束对目标的捕获条件 …… 171
5.1.5　捕获条件及波束与目标交集的计算方法 …… 174
5.2　爆炸成型弹丸毁伤目标的计算 …… 180
5.2.1　末敏弹的威力 …… 180
5.2.2　典型装甲目标的易损性分析 …… 181
5.3　有伞末敏弹毁伤计算分析 …… 189
5.3.1　蒙特卡洛方法 …… 189
5.3.2　不同因素对炮射有伞末敏弹毁伤率的影响 …… 193
5.4　炮射有伞末敏弹系统效能分析 …… 203
5.4.1　效能分析的步骤 …… 204
5.4.2　炮射有伞末敏弹系统可用性与可靠性分析 …… 205
5.4.3　炮射有伞末敏弹系统效能计算方法 …… 206
5.4.4　炮射有伞末敏弹与榴弹和子母弹效能比较 …… 207

第 6 章　决定射击开始诸元理论分析 …… 211

6.1　射击误差及其分类 …… 213
6.1.1　决定诸元误差 …… 214
6.1.2　母弹散布误差 …… 221
6.1.3　子弹散布误差 …… 222
6.2　误差的分组与射击的相关性 …… 225
6.2.1　误差分组 …… 226
6.2.2　射击的相关性 …… 227
6.3　将多组误差型转化为“两组误差型” …… 228
6.3.1　平均散布中心法 …… 228
6.3.2　相关系数的算术平均法 …… 229
6.3.3　温氏法 …… 230
6.4　把对数个瞄准位置射击化为对一个瞄准位置射击 …… 234
6.4.1　对数个瞄准位置射击时的炸点分布与数值表征 …… 234
6.4.2　将单炮数个瞄准位置射击化为一个瞄准位置射击 …… 236
6.4.3　将炮兵营、连数个瞄准位置射击化为一个瞄准位置射击 …… 237
6.5　末敏弹决定射击开始诸元方法分析 …… 238
6.5.1　末敏弹射表编制的思路 …… 238
6.5.2　末敏弹弹道因素对弹道状态的影响 …… 239
6.5.3　无控火箭弹符合方法对有控火箭弹适用性分析 …… 240
6.5.4　有控弹符合方法 …… 243

第 7 章　末敏弹射击效力评定 …… 249

7.1　末敏弹射击与射击指挥特点分析 …… 251
7.1.1　射击实施特点 …… 251
7.1.2　射击指挥特点 …… 254
7.2　基于毁伤概率的末敏弹射击效力评定 …… 256
7.2.1　射击误差分析 …… 256
7.2.2　毁伤幅员 …… 260
7.2.3　射击效力评定 …… 261
7.3　末敏弹毁伤概率分析 …… 265
7.3.1　基于解析法的末敏弹毁伤概率分析 …… 265

7.3.2 基于改进“相当榴弹”的末敏弹毁伤概率分析 …… 268
7.3.3 末敏弹破片战斗部毁伤概率分析 …… 270
7.3.4 末敏弹探测特性对毁伤概率的影响 …… 273

第8章 远程火箭末敏弹精度折合计算 …… 279

8.1 火箭末敏弹随机发射与飞行弹道仿真建模 …… 281
8.1.1 火箭末敏弹作用过程 …… 281
8.1.2 火箭末敏弹发射动力学模型 …… 282
8.1.3 火箭振动特性和正交性 …… 284
8.1.4 火箭末敏弹发射动力学方程 …… 286
8.1.5 火箭末敏弹飞行动力学模型和方程 …… 287
8.2 多管火箭末敏弹弹道仿真 …… 297
8.2.1 随机发射与弹道仿真 …… 297
8.2.2 火箭末敏弹系统动力响应 …… 299
8.2.3 火箭末敏弹弹道特性仿真 …… 302
8.3 火箭末敏弹射击精度计算与折合 …… 305
8.3.1 射击精度计算方法 …… 305
8.3.2 精度折算 …… 306

参考文献 …… 309

索引 …… 311

第 1 章

末敏弹发展概述

1.1　末敏弹发展现状

1.1.1　末敏弹的发展背景

随着军事科技的不断发展，世界各国研发和装备的新一代坦克在防御方面有了很大的进步，以往的反坦克武器已很难对其造成有效毁伤。一方面，常规反坦克武器通常为直瞄射击，目标超出直射距离时直瞄武器就无能为力了；另一方面，新型坦克配备了专门对付平射弹药的防护装甲，常规的反装甲弹很难对其造成致命毁伤。另外，传统的间瞄武器在过去的战术运用中一般都是作为火力压制和火力支援武器来使用的，虽然射程远，但精度差，对坦克射击的命中率低。在这种情况下，摧毁一个目标往往需要投入大量的弹药和较长的时间，这种状况显然不能满足高技术战争的需要。因此，需要有一种更为有效的反集群装甲武器与之抗衡。

几十年来，一些发达国家研制成功一种新型的反集群装甲武器——末敏弹，使间瞄射击武器能够在远距离有效攻击敌方集群装甲目标。末敏弹可以在几十千米甚至上百千米以外发动攻击，在几毫秒内完成对目标的识别，专门打击装甲目标的顶部装甲这一薄弱部位。末敏弹与各种直瞄射击的武器如反坦克导弹、反坦克火箭、反坦克炮弹等共同构成了有效的反坦克弹药系统。

末敏弹是“末端敏感弹药”的简称，又称“敏感器引爆弹药”，它能够在弹道末段自动搜索和自主探测、识别、定位目标，并使弹丸（战斗部）朝着目标方向爆炸，主要用于自主攻击集群装甲目标的顶部装甲。末敏弹多采用子母弹结构，母弹作为载体，只有子弹才具有末端敏感功能。

1.1.2 末敏弹发展现状

20 世纪 70 年代美国提出“目标定向激活弹”的概念，在之后的 30 多年，美国耗资数十亿美元，成功研制 Skeet 航空布撒器末敏弹，Skeet 航空布撒器末敏弹已大量装备空军。到目前为止，世界各国已装备了多种末敏弹，如俄罗斯的 9M55K1 远程火箭末敏弹和 SPBE - D 航弹末敏弹、德国的 SMArt 155 mm 加榴炮末敏弹、瑞典与法国联合研制的 BONUS 155 mm 加榴炮末敏弹等。

1.1.2.1 美国的“萨达姆”末敏弹和“斯基特”次级末敏子弹

美国“萨达姆”末敏弹是美国霍尼韦尔公司和航空喷气电子系统公司为美国陆军研制的“敏感并摧毁装甲目标弹药”，是一种“发射后不用管”的武器弹药，用来摧毁静止的自行火炮、步兵战车及其他轻型装甲目标，如图 1 - 1 所示。

图 1 - 1 美国“萨达姆”末敏弹

目前，美国为两种武器系统——155 mm 榴弹炮和 227 mm 多管火箭炮配备这种弹药，因此“萨达姆”末敏弹子弹药相应有两种尺寸：一种子弹药的直径是 147. 3 mm，可装在 155 mm 薄壁榴弹体内，用于155 mm 榴弹炮发射，每个 155 mm 薄壁榴弹体内可装 2 枚“萨达姆”末敏弹子弹药；另一种子弹药的直径是 175. 6 mm，用于多管火箭炮系统，可装在与多管火箭炮火箭发动机相匹配的战斗部布撒器里，每个火箭战斗部布撒器可携带 6 枚子弹药。

这两种子弹药的零部件通用率可达 93%，且具有同样的识别和攻击装甲目标的能力。

“萨达姆”末敏弹子弹药主要由减速/减旋降落伞、复合敏感器和爆炸成型弹丸战斗部组成。在作战使用时，“萨达姆”末敏弹子弹药由 155 mm 榴弹炮或 227 mm 多管火箭炮武器系统发射到目标区上空，由预先装定的时间引信点燃的抛射药从母弹体后端抛出子弹药。在子弹药被抛出之后，首先打开用于减速/减旋的一级降落伞以减速/减旋；随后抛掉一级降落伞，展开定向稳定涡旋降落伞并激活弹上电源；涡旋降落伞使子弹药降落速度进一步稳定并使其绕近似铅直下降线稳定旋转，以便使弹上敏感器在目标区上空对地面进行扫描。“萨达姆”子弹药上装有毫米波测距仪，当其探测到子弹距地面的斜距等于预定距离时就解除战斗部的保险，同时弹上敏感器开始对地面目标进行扫描，从而在地面上形成一个内螺旋形的扫描轨迹。如果此时毫米波/红外复合敏感器在扫描区内捕获到一个目标，它就会发出一个脉冲信号使战斗部起爆。战斗部爆炸形成一个高速飞行的弹丸去攻击目标。如果在落地之前没有扫描到要攻击的目标，“萨达姆”子弹药便坠地自毁。

“萨达姆”末敏弹的研制历程相当长，可以追溯至 20 世纪 60 年代初。“萨达姆”末敏弹本来用于 203 mm 火炮，但到了 1983 年，美国决定不再发展这种火炮。从那时起，“萨达姆”末敏弹的研制重心就转到用于 155 mm 火炮。1989 年进行了首次实弹射击试验；然而，1993 年的一次试验结果非常糟糕，42 发子弹中只有 9 发命中了目标。在对该子弹做了改进之后，1994 年 4 月 14 日的试验取得了比较好的结果：26 枚子弹（13 发 155 mm 榴弹作为母弹）中有 11 枚直接命中目标，8 枚落在距目标 1 m 的范围内，2 枚落在距目标较远的位置，5 枚自毁。这就超过了原来要求的 33% 的命中概率。1996 年 6 月研制阶段结束，1997 年 2 月开始试生产。“萨达姆”末敏弹用 M09A6 自行火炮发射时的最大射程是 22. 5 km。

“萨达姆”末敏弹子弹药的敏感器是由 4 种敏感器复合而成的，即主动毫米波雷达（MMW）、被动毫米波辐射计、红外成像（IR）敏感器和磁力计。磁力计的作用是利用大地磁场建立起子弹旋转的时间测定基准。“萨达姆”末敏弹子弹药复杂的信号处理系统把来自这 4 种敏感器的信息有机地联系起来。这种复合敏感器的作用是搜索探测目标。爆炸成型弹丸（战斗部）的作用是摧毁目标。

为了在 155 mm 榴弹里留有更大的空间装填“萨达姆”末敏弹子弹药，155 mm 榴弹采用了薄壁弹体结构。

此外，美国还研制了 BLU - 108 智能反装甲弹药，如图 1 - 2 所示。该弹药是一种二级子母弹，每个 BLU - 108 子弹外形为圆柱体，内含 4 枚“斯基特”次级末敏子弹。BLU - 108 子弹外形和接口尺寸采用了标准化设计，可以适应多种武器的弹丸（战斗部）。

图 1 - 2　BLU - 108 智能反装甲弹药及“斯基特”次级末敏子弹

1.1.2.2　德国的“斯马特”末敏弹

德国“斯马特”155 mm 末敏弹可以说是当今最先进的炮射末敏弹，用于攻击远距离集群装甲目标。它是德国的智能弹药系统公司从 1988 年开始为德国 PzH2000 - 155 mm 自行火炮研制的，1994 年进行了首次实弹射击试验，1999 年初开始生产，如图 1 - 3 所示。

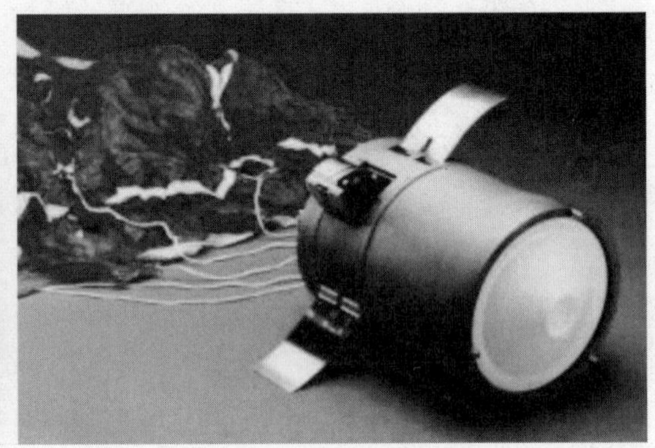

图 1 - 3　德国“斯马特”末敏弹

“斯马特”155 mm 末敏弹由母弹和子弹两大部分组成。其中母弹由薄壁弹体、风帽、弹底及抛射装置组成；子弹由降落稳定系统、敏感器及引爆系统和爆炸成型弹丸（战斗部）组成。

“斯马特”末敏弹的母弹在满足强度要求的前提下采用了薄壁结构，其弹体壁厚只有普通炮弹的 1/4 ~ 1/3，壁厚为 3 mm。这样做的目的是使母弹的有效载荷空间最大化，同时，也使自锻破片战斗部药型罩的直径最大化。

“斯马特”末敏弹子弹药的定向稳定装置由一个阻力降落伞、两个减旋翼片和一个自动旋转稳定降落伞组成。子弹药在目标区上空从母弹抛出之后，首先靠阻力降落伞和减旋翼片减速/减旋控制其降落速度和旋转速度。当子弹药达到预定稳定状态时，抛掉阻力降落伞，展开自动旋转降落伞达到稳态扫描状态。

“斯马特”末敏弹敏感装置采用了3个不同的信号通道：红外探测器、94 GHz毫米波雷达和毫米波辐射计，从而使它具有较高的抗干扰能力，能适应当时的战场环境。即使由于环境条件（如大气条件）使敏感装置的某个通道不能正常工作，“斯马特”末敏弹也可根据其他两个通道的信号识别目标。例如，在地面有雾的情况下，红外探测器很难接收到目标的红外辐射信号，但毫米波探测器在雾中可以照常工作。各路探测器接收到的信号由弹上的信息处理装置利用数据融合的方法进行综合分析和处理．以降低虚警率。

“斯马特”末敏弹的设计非常巧妙，毫米波雷达和毫米波辐射计共用一个天线，且此天线与自锻破片战斗部的药型罩融为一体。这种结构不仅为天线提供了一个合适的直径，还不需要添加机械旋转装置，而是直接借助子弹药的旋转而转动，保证敏感器的探测与子弹药的旋转同步，有效地利用了空间。

“斯马特”末敏弹还使用高密度的钽作为药型罩的材料，这样，在155 mm炮弹内部空间有限的条件下，尽可能地提高了自锻破片战斗部的穿透能力，使形成的侵彻体的长细比接近5。侵彻体的穿透力与使用铜质药型罩时相比提高了35%。

“斯马特”末敏弹通用于北约的火炮，如M109火炮、FH-155火炮等，这些火炮的最大射程为27 km。

1.1.2.3　瑞典/法国的“博尼斯”末敏弹

瑞典的博福斯公司和法国的地面武器集团联合研制的“博尼斯”155mm末敏弹被认为是欧洲的第二号智能炮弹。每发母弹可携带2枚子弹药，用于远距离攻击坦克、步兵战车和自行火炮等装甲目标。早在20世纪80年代初期，博福斯公司就开始了“博尼斯”末敏弹的研究工作，整个研制于1994年年底完成，1999年年末进行批量生产。“博尼斯”末敏弹在设计上也有一定的特色，如图1-4所示。

“博尼斯”末敏弹由降落稳定装置、红外敏感器和爆炸成型弹丸（战斗部）组成。它的稳定装置不同于其他敏感器引爆弹药，它没有使用阻力伞，而是用了一种“双翼片”装置：一个弹翼为圆盘，另一个弹翼即为敏感器；也有直接用两个弹翼的。子弹被抛出后，位于子弹一侧的圆柱形红外敏感器张开并被锁定在固定的位置上；与此同时，在与敏感器对称的另一侧的稳定圆盘也张开了，从而使子弹在下降的过程中能达到相对稳定的状态。由于没有用阻

图 1-4 瑞典/法国的“博尼斯”末敏弹

力伞，子弹下降的速度比较快（45 m/s），减少了被敌方干扰的机会；同时，也减小了风对子弹的影响。

与“斯马特”末敏弹相比，“博尼斯”末敏弹的敏感装置比较简单，它只采用了一个多波段的被动式红外探测器，而没有使用比较复杂的复合敏感装置，因此，它的目标识别率相对而言是比较低的。据报道，博福斯公司自从和法国地面武器集团合作研制以来，其敏感器可能会向红外/毫米波复合方向发展。

为了提高射程，“博尼斯”末敏弹的母弹采用了底部排气装置，在用45倍口径的火炮发射时，最大有效射程为28 km；在用52倍口径的火炮发射时，射程可达34 km。

1.1.2.4 俄罗斯的SPBE-D末敏弹

苏联在20世纪80年代开始探索反装甲末敏技术，至1991年苏联解体，俄罗斯终于研制成功了SPBE-D末敏弹，如图1-5所示。

图 1-5 俄罗斯 SPBE-D 末敏弹

由于 SPBE－D 末敏弹的体积和重量较大，一般身管火炮的炮弹已经容纳不下，所以它的投掷载具选择了“旋风”300 mm 远程火箭炮和机载 RBK500 集束子母弹箱。装载 SPBE－D 末敏弹的 300 mm 火箭炮型号为 9M256，最大射程达 70～90 km，可以通过弹载简易修正系统提高射击精度，可携带 5 枚 SPBE－D 末敏弹。RBK500 集束子母弹箱可携带 15 枚 SPBE－D 末敏弹。

1.2 末敏弹的基本构造

末敏弹多为子母式结构。根据发射载体的不同，可分为炮射末敏弹、火箭末敏弹、航空炸弹末敏弹、航空布撒器末敏弹等。抛开末敏弹的具体构造而只从组成部分上考虑，末敏弹主要由母弹、末敏子弹、抛射分离装置、时间引信等组成。末敏子弹主要由弹体、减速/减旋装置、稳态扫描装置、敏感器、弹载计算机、电源、弹丸战斗部、安全起爆装置等组成。下面以德国“斯马特”末敏弹为例介绍末敏弹的基本构造及特征。

1.2.1 全备末敏弹

全备末敏弹由时间引信、抛射药管、拱形推板、薄壁弹体、弹底、弹带以及两枚基本相同的末敏子弹（前子弹、后子弹）组成，如图 1－6 所示。

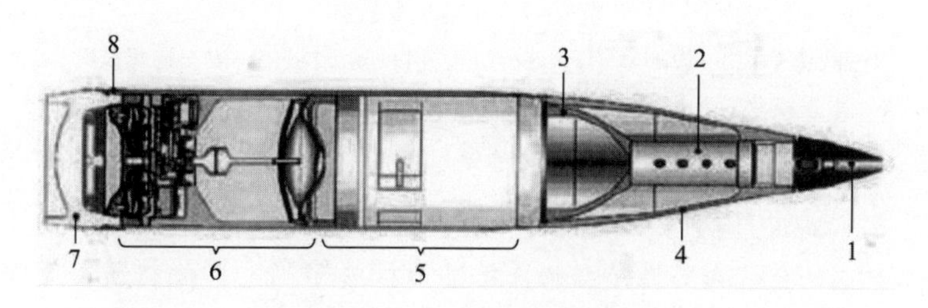

图 1－6 全备末敏弹剖面图

1—时间引信；2—抛射药管；3—拱形推板；4—薄壁弹体；5—前子弹；6—后子弹；7—弹底；8—弹带

全备末敏弹的弹壁较薄，其目的在于获得尽可能大的母弹内膛直径，从而尽可能地增大末敏子弹的直径。这样做的好处是可以减小末敏子弹部件小型化难度；另外，可以提高弹丸（战斗部）威力。此外，对于毫米波敏感器而言，随着末敏子弹口径的增大，天线的口径也随之增大，从而可以提高敏感器对目标的探测识别性能和定位能力。末敏子弹在弹体内的固定采用拱形推板和弹底对末敏子弹的压力以及弹体内壁和末敏子弹间的摩擦力固定，为此，在母弹弹体内壁和末敏子弹外壁的相关部分有碳化钨涂层，确保发射和飞行过程中母弹弹体和子弹之间无相对转动。

1.2.2 末敏子弹

末敏子弹主要由子弹弹体、减速/减旋装置、稳态扫描装置、红外敏感器、主/被动毫米波敏感器、弹载计算机、电源、爆炸成型弹丸（战斗部）、安全起爆装置等组成，末敏子弹剖面如图1－7所示。

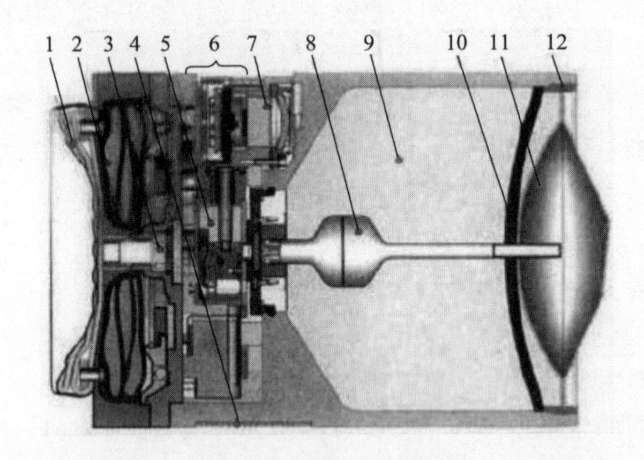

图1－7 末敏子弹剖面

1—减速伞；2—旋转伞；3—分离机构；4—减旋翼；5—安全起爆装置；6—电子模块；7—红外敏感器；8—毫米波组件；9—炸药；10—药型罩；11—毫米波天线；12—定位环

图1－7中的冲压式球形减速伞和折叠式减旋翼构成减速/减旋装置，旋转伞、减速伞和伞舱后的子弹及弹伞连接装置构成了稳态扫描装置，爆炸成型弹丸（战斗部）主要包括子弹壳体、高能炸药和钽药型罩。

末敏子弹从母弹中抛出后，具有较高的速度和转速，且受到较大的扰动。减速/减旋装置在稳定子弹运动的同时，将子弹的速度和转速按规定的时间或距离减至有利于旋转伞可靠张开并进入稳态扫描的数值。旋转伞则使子弹以稳定的落速和转速下落，并保证子弹纵轴与铅垂方向形成一定的角度对地面进行稳态扫描。

红外敏感器、主/被动毫米波敏感器、弹载计算机及电源构成复合敏感器，其作用是测量子弹距离地面的高度，搜索、探测并识别目标，确定子弹对目标的瞄准点和起爆时间，发出起爆信号起爆爆炸成型弹丸战斗部。

爆炸成型弹丸（战斗部）的作用是起爆后使药型罩形成高速飞行（速度2 000 m/s以上）的弹丸（战斗部）从顶部攻击目标。

1.3　末敏弹采用的关键技术

末敏弹是融光电技术、特型装药技术、稳态扫描技术等为一体的新型弹药，由于用火炮或火箭炮等发射，因而要求零部件要小型化并能承受火炮发射时的高过载。此外，由于末敏弹具有子弹整体扫描、“打了后不用管”以及没有制导系统等特点，因而在技术上就形成了自身的独特之处。末敏弹中主要采用了爆炸成型技术、复合敏感技术、减速/减旋与稳态扫描技术、动态误差测量技术和空间定位技术等关键技术。

1.3.1　爆炸成型技术

爆炸成型技术是末敏弹战斗部中一项重要的技术，广泛应用于反装甲目标弹药中。末敏弹应用爆炸成型技术有效地形成一个高速弹丸，对敌方装甲目标实施有效毁伤。

末敏弹中的爆炸成型技术采用大锥角药型罩（130°~160°）、球缺罩及回转双曲线药型罩等聚能装药。当炸药装药爆炸后，药型罩被爆炸载荷压垮、翻转和闭合形成一个杵体弹丸，称为爆炸成型弹丸（Explosively Formed Projectile，EFP）。开始阶段曾被称为自锻破片（Self-Forging Fragment，SFF），有时亦称P型装药、米斯利—沙汀装药（M-SW）、弹道盘（BD）、大锥角聚能装药。

爆炸成型弹丸战斗部是利用聚能原理，通过炸药的爆轰作用将金属药型罩压垮，将爆轰能转换为动能，使具有一定能量的爆炸成型弹丸定向飞向目标，从而以动能侵彻目标。虽然从侵彻能力上来说，爆炸成型弹丸（战斗部）比不上动能穿甲弹和破甲弹，但是它有着动能穿甲弹和破甲弹所不能比拟的优点，与普通破甲弹相比，它具有以下特点：

（1）对炸高不敏感。普通破甲弹对炸高敏感，炸高在2~5倍弹径时破甲效果较好，大炸高（10倍弹径以上）条件下，破甲效果明显降低。而爆炸成型弹丸可以在800~1 000倍弹径距离上有效作用。

（2）反应装甲对其干扰小。反应装甲对普通破甲弹有致命威胁，而爆炸成型弹丸（战斗部）由于长度较短、弹径较粗，它撞击反应装甲时，反应盒可能不被引爆；即便被引爆了，弹起的反应盒后板也可能撞不到爆炸成型弹丸，因而对爆炸成型弹丸的侵彻效果干扰小。

（3）侵彻后效大。普通破甲弹射流在侵彻装甲后，只剩有少量金属流进入装甲目标内部，因而毁伤作用有限。而爆炸成型弹丸不仅弹丸大部分进入装甲目标内部，同时，它会引起装甲背面大量崩落，产生有效毁伤破片。相对动能穿甲弹来说，爆炸成型弹丸短距离飞行，精度高，可空中攻击顶部装甲。顶部装甲是装甲目标防护的薄弱部位，因此，毁伤效果好。

正是由于爆炸成型弹丸的诸多独特优点，爆炸成型弹丸技术在近一二十年来得到飞速发展，在多种武器系统中得到应用。

爆炸成型弹丸（战斗部）的药型罩材料常用的有工业纯铁、紫铜、钽等，常用的炸药有 Comp C－4、Comp B、Octol、LX－14 和 8701。爆炸成型弹丸（战斗部）的初速可达 2 000 m/s 以上，它对装甲目标的侵彻类似穿甲弹。其威力目前在已研制的弹药中炸距达到在 1 000 倍口径的射程，能穿透 0.8 倍装药直径的均质装甲。即在射程为 120 m 时，用 120 mm 直径装药形成的爆炸成型弹丸（战斗部）能穿透厚度 96 mm 的均质装甲。在炸距为 120 m 时，爆炸成型弹丸（战斗部）着靶密集度 $E_y \leqslant 0.3$ m，$E_z \leqslant 0.3$ m。

设计爆炸成型弹丸（战斗部）时应考虑的直接或间接影响爆炸成型弹丸的形成、形状、速度等因素较多，其中包括炸药的物理性能和感度，装药的尺寸、外形、直径和高度，药型罩的壳体材料、外形，起爆和传爆方式。爆炸成型弹丸（战斗部）剖面结构如图 1－8 所示。

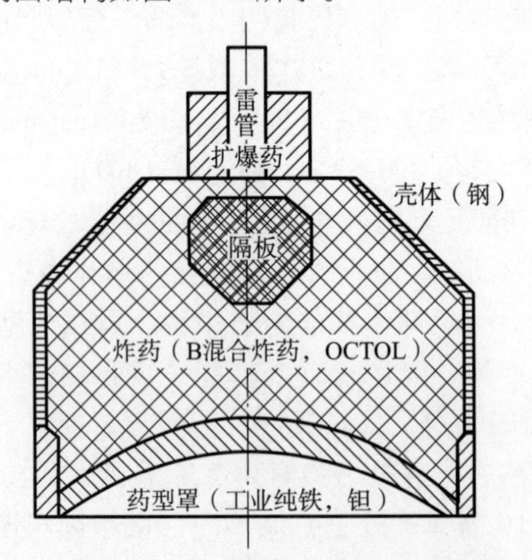

图 1－8　爆炸成型弹丸（战斗部）剖面结构

以往爆炸成型弹丸（战斗部）作用机理的研究总是用试验与分析两种手段互为补充，随着数值模拟技术的发展，现在已能准确预报炸药—金属爆炸系统作用的有关规律。这种高新技术为爆炸成型弹丸（战斗部）的形成机制和对目标的作用增添了一种新的研究手段，可以进行爆炸成型弹丸（战斗部）的优化设计。

1.3.2　复合敏感器技术

复合敏感器可比喻为末敏弹的“眼睛”，其功能是在敌我光电对抗条件下和强烈的地物杂波干扰环境中探测识别装甲目标。采用复合敏感器技术可以提高敏感器对目标的探测性能，克服单一体制敏感器使用的局限性。将两种或两种以上体制的敏感器复合在一起使用，既可集两者的优点，又可互相克服缺点。目前，大多数国家研制的末敏弹采用两种以上的敏感器复合，包括毫米波雷达、毫米波辐射计、双色红外探测器、激光雷达、磁力计等。

1. 毫米波雷达

毫米波通常指电磁频谱介于微波和远红外之间波长为1～10 mm、相应频率为30～300 GHz的电磁波。毫米波雷达天线发射出调频连续波波形信号，再接收上述信号抵达地面或目标后的返回信号，从而进行测距或探测目标。研制信号处理器的关键是确定有效算法和设计软件。毫米波雷达具有作用距离远、可全天候工作的特点，其偏振作用可大大降低雨滴对它的影响，对地面、水面的反射系数小，并且有同时测速、测距等优点。其缺点是目标的闪烁效应影响对目标中心的识别，并易受金属箔条等干扰。

2. 毫米波辐射计

毫米波辐射计是一种探测毫米波辐射的微弱宽频信号接收机，它以无源被动的工作方式探测目标。金属目标的毫米波辐射几乎为零，可看成“冷目标”；常见背景的毫米波辐射比较强，可看成是“热背景”。毫米波辐射计就是根据这种辐射的差别来探测目标的。因为毫米波辐射计探得的信号强度与天线亮度温度T_Δ对比度成正比，而T_Δ的大小是随天线波束内场景的变化而变化的。当场景内无目标时，天线的亮度温度为T_c。当场景内含有金属目标时即可觉察到对比度（$\Delta T_\Delta = T_\Delta - T_c$），天线的扫描线越靠近目标中心，对比度越大，因此可通过信号处理，实现对目标的探测和定位。毫米波辐射计的优点是不发

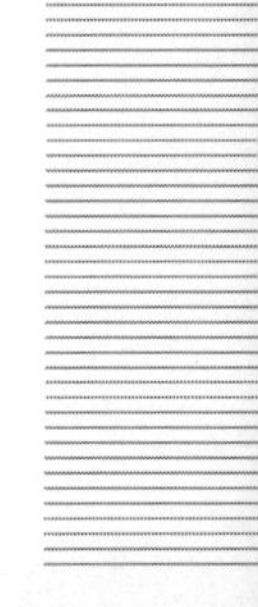

射信号、功率较低，另外也不易被敌方侦察，不易被干扰，能识别目标中心部位，无目标闪烁效应。毫米波辐射计的缺点是无法测距、测速，受自然温度影响大。

3. 主/被动毫米波复合敏感器

主/被动毫米波复合敏感器集单一体制毫米波雷达和毫米波辐射计的优点，具有全天候工作性能好、抗干扰能力强的特点，能测距和测速。此外，两种体制兼容性好，波长易匹配，多种器件（如天线、混频器、放大器等）可以共用；其共同的缺点是定位精度不高。

4. 双色红外探测

双色红外探测器是在红外的两个不同的波段（3～5 μm，8～14 μm）同时对目标背景进行探测的。双色红外探测器同光路、同时间、同空间对目标和背景进行探测。由于目标、背景及干扰源之间存在着温差，因而它们的红外光谱辐射特性不同，对应的红外辐射能量也不同，利用这种差异实现对目标的探测、识别。双色红外探测器的优点是抗干扰能力强，可区别真假目标以及目标是否已被击中起火，能昼夜工作，夜间使用优点更突出，分辨率和定位精度高，这样可弥补毫米波敏感器的不足。

5. 毫米波/红外复合敏感器

毫米波/红外复合敏感器使得毫米波敏感器和红外探测器的性能相互补充。如果战场条件对一个敏感器（探测器）的效果有影响，则可以用另一个敏感器（探测器）来弥补，以便最大可能地对目标进行探测，提高目标识别能力、全天候工作性能以及抗干扰能力。

多敏感器目标识别系统的关键技术是信息融合。复合信号处理器对红外信号处理器和毫米波信号处理器前端处理结果进行融合和决策。有些国家研制的末敏弹复合信号处理器的功能由中央控制器来完成。

1.3.3 减速/减旋与稳态扫描技术

现有的稳态扫描技术主要有两种方式：一种是采用降落伞（包括减速/减旋降落伞和涡旋降落伞），称有伞扫描；另一种是通过末敏子弹上的气动机构进行减速/减旋与稳态扫描，即采用双翼或单翼来形成所需形式的扫描运动，称无伞扫描。

对于有伞扫描，当末敏子弹由母弹作为载体飞抵目标上空时，时间引信作用，启动分离装置，将子母弹分开，依次向外抛出子弹，此时子弹仍以较高的速度飞行，并且高速旋转。子弹从母弹抛出后，先打开减速/减旋降落伞，减速/减旋至预定状态后打开涡旋降落伞，导旋弹体并进一步减速，直到转速、落速及扫描角达到由目标大小所确定的数值，形成稳态扫描运动。

有伞扫描的优点：子弹下降和旋转的速度较慢，落速为 10 m/s 左右，转速为 4 r/s 左右，对敏感器中电子器件的反应速度要求不是很高，实现较容易。但其缺点也很明显：

（1）降落伞落速低，系统滞空时间长，且降落伞体积大，目标明显，因此整个系统易受目标机动影响和敌方的反击。

（2）系统受风的影响较大。

（3）降落伞在母弹中所占空间较大，造成总体设计上其他部件尺寸太小，同时也减少了子弹的装填数量。

这几个缺点影响了末敏弹的整体作战效果。

对于无伞扫描，其中双翼可采用两种布局：一种是双翼径向布局，即翼片未打开时贴于子弹体的一个端面；另一种是双翼轴向布局，即翼片未打开时按轴向贴于子弹壳体的外侧。另外，为了进一步改善这种布局的飞行特性以尽可能地获得均匀稳定的扫描运动，可以在至少一个翼面上设计一个影响气流的装置，以便在弹翼完全打开时产生下一个紊流面，这种装置还对末敏子弹药起到滚转阻尼的作用。法国和瑞典联合研制的“博纳斯”末敏弹就是采用无伞扫描的末敏弹。

减速/减旋装置的作用过程：中央控制器根据时序控制下达指令→抛筒开伞机构作用→末敏子弹抛出减速/减旋装置→旋转伞在气动力作用下充气展开。子弹悬挂具有一定的倾角，这一倾角称为静态悬挂角，由旋转伞的稳定旋转带动子弹稳定旋转。子弹轴线与下降垂线成一夹角并绕其下降垂线旋转，这一夹角称为动态平衡角，即扫描角。伞弹系统边下降边旋转，理想情况是子弹以匀速垂直于地面降落，扫描角和转速保持恒定。此时，子弹在地面上的扫描轨迹为一条反向的（极径从大到小的）阿基米德螺线。但是实际战场情况的影响因素较多，各种误差和弹道风的影响会使转速、落速、扫描角这三个扫描参数与理想情况相比存在误差。因此，在设计时就要保证这三个参数只在规定的范围内变化，以满足总体性能要求。

1.3.4 动态误差测量技术

末敏子弹在达到稳态扫描状态后，弹上敏感装置就开始扫描并识别目标，进而控制末敏子弹毁伤目标，因而，动态误差测量技术是末敏子弹能够正确识别目标并进行精确打击的重要前提。

从敏感轴扫描到目标开始计算，到末敏子弹击中目标为止，这段时间称为“威力滞后时间”，其主要是由于末敏弹从弹丸（战斗部）爆炸成型到飞抵目标的飞行时间所造成的。例如，末敏子弹炸距为 130 m，倾斜角为 30°，斜距为 15 m 时，平均飞行速度为 2 440 m/s，则“威力滞后时间”为 0.062 s。除此之外，还有多模敏感器的反应时间、弹丸（战斗部）系统的起爆时间等，由于其值均较小，故可以忽略。

另外，在上述“威力滞后时间”内，弹丸（战斗部）的旋转牵连运动将使末敏子弹产生切向运动，下落牵连运动将使末敏子弹产生径向运动。再考虑到目标的机动等因素，这一切会产生动态误差，即末敏子弹命中点与敏感器敏感中心点的偏差。

为了修正上述动态误差，应在末敏弹设计时，考虑给敏感轴相对于威力轴一定的提前量。由于目标出现的随机性和目标运动速度差异很大，所以对动态误差的修正难于取得满意的效果，故末敏弹对运动目标的命中概率较低。因此，末敏弹主要用于对付静止目标和低速运动的集群装甲目标等。

1.3.5 空间定位技术

因为末敏弹不追踪目标，只是“对准”目标、“敏感”目标，因此，爆炸成型弹弹丸（战斗部）相对于目标的空间定位就成为末敏弹的关键技术之一。

对于毫米波探测器，当天线波束扫描目标时，随着波束中心接近目标中心，天线亮度温度对比度逐渐增大。反之，随着天线波束中心远离目标中心时，对比度逐渐下降。因此，可以根据上述现象确定扫描方向的目标中心，即信号出现峰值点时，天线波束轴在扫描方向上，恰好正对目标中心。

垂直扫描方向的目标定位比较困难，因为扫描线扫过目标的信号，两次扫描差是以扫描间隔变化的。由于其信号变化量有限，难以确认目标中心位置，特别在高度较大（≥100 m）时，目标在波束中的填充系数很小，扫到目标边缘和目标中心的差值就很小。加之子弹的摆动、背景的变化、气象条件等都会带来对比度的变化。因此，仅靠天线对比度的峰值来做垂直扫描方向的定位是很困难的。

因此，可考虑沿垂直扫描方向排列多路传感器同时扫描目标。当上下两部分输出平衡时，目标即处于中心部位；或采取“预设窗口”的办法来解决敏感轴相对目标中心的空间定位问题。

1.3.6　测高与确定信号阈值

末敏子弹在下落过程中扫描目标，当扫到目标时，随着子弹高度的不同，目标信号的幅值大小就不同，即目标信号的幅值变化是子弹高度的函数。只有测定出子弹高度才能确定相应的信号阈值，辨别真伪目标，加之多路传感器的协同比较，来确定目标位置。

主动毫米波雷达有测距功能，通过测定斜距离，可在已知扫描条件下根据子弹距地面的高度和扫描倾角及相应的信号阈值，为信号处理提供依据。然而实战条件的变化，会影响到测定的效果和精度。

1.4　末敏弹的作用过程

末敏弹的作用过程：装有敏感子弹药的母弹由火炮（或火箭炮）发射后或由运载器投放后按预定弹道飞向目标，在目标区域上空的预定高度，时间引信作用，点燃抛射药，将敏感子弹从弹体尾部抛出。敏感子弹被抛出后，靠减速/减旋装置（一般是阻力伞和翼片）达到预定的稳定状态。在末敏子弹的降落过程中，弹上的扫描装置对地面做螺旋状扫描。子弹上还有高度（或距离）敏感装置，当它测出预定的距地面的高度（或斜距）时，即解除引爆机构的保险。随着子弹的下降，螺旋扫描的范围越来越小，一旦敏感装置在其视场范围内发现目标（也就是被敏感）时，弹上信号处理器就发出一个起爆自锻破片战斗部的信号，战斗部起爆后瞬时形成高速飞行（2 000 ~ 3 000 m/s）的侵彻体去攻击装甲目标。如果敏感装置没有探测到目标，子弹便在着地时自毁（也有的成为末敏地雷）。末敏弹的作用过程如图 1 - 9 所示。

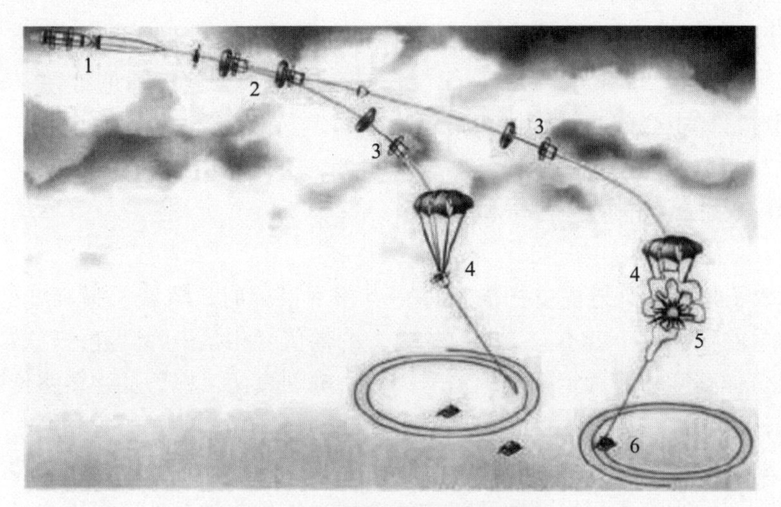

图1-9 末敏弹作用过程示意图

1—母弹开舱，抛射两枚末敏子弹；2—两枚末敏子弹减速/减旋并分开一定距离；3—末敏子弹抛掉减速伞，释放旋转伞；4—末敏子弹稳定下落，对目标进行搜索、探测、识别；5—末敏子弹战斗部起爆；6—击中目标

第2章

末敏弹母弹飞行及子弹抛射弹道

2.1　坐标系的建立及转换

2.1.1　坐标系的建立

为了对末敏弹进行力学分析，建立如下坐标系。

1.　建立地面惯性坐标系 $Ox_0y_0z_0$

如图 2－1 所示，建立地面惯性坐标系 $Ox_0y_0z_0$。O 为坐标原点，Oz_0 轴铅直向上，Oy_0 轴在包含初速矢量的铅直面内且指向前方，Ox_0 轴由右手定则确定。沿 Ox_0、Oy_0、Oz_0 三轴的单位向量记为 $\boldsymbol{i}_0$、$\boldsymbol{j}_0$、$\boldsymbol{k}_0$。

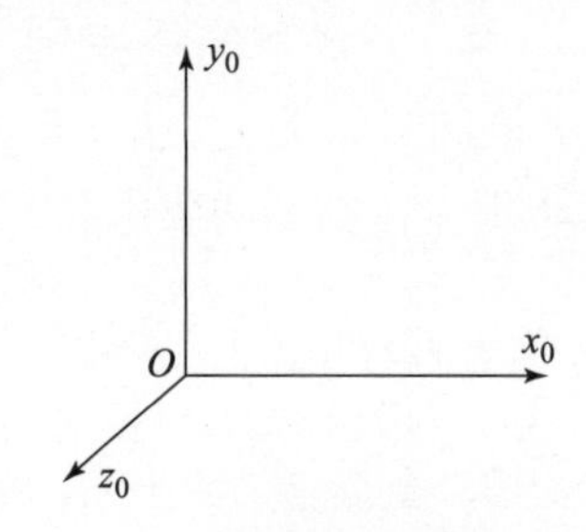

图 2－1　地面惯性坐标系 $Ox_0y_0z_0$

2. 弹道坐标系 $Cx_2y_2z_2$

如图2-2所示，建立弹道坐标系 $Cx_2y_2z_2$。原点 C 为弹体质心。Cx_2 轴沿弹体的地速矢量 $\boldsymbol{v}$（即相对地球的速度矢量）；Cy_2 轴在通过 Cx_2 轴的铅直面内，相对地面向上；Cz_2 轴位于水平方向上，由右手定则确定。

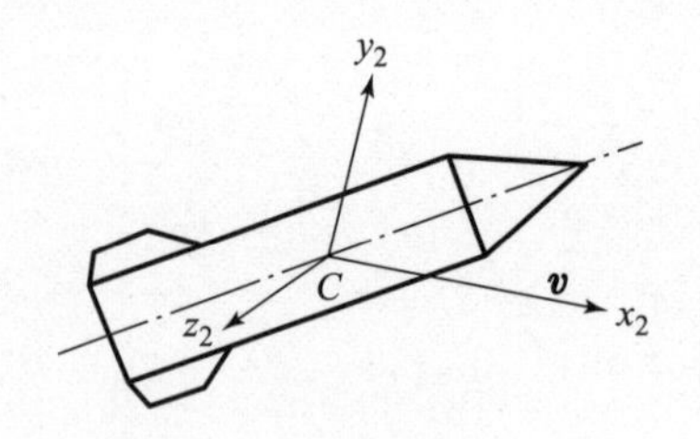

图2-2　弹道坐标系 $Cx_2y_2z_2$

3. 弹体基准坐标系 $C_2x_0y_0z_0$

建立弹体基准坐标系 $C_2x_0y_0z_0$，原点为弹体质心，各轴分别与地面惯性坐标系 $Ox_0y_0z_0$ 平行。该系用作弹道坐标系 $Cx_2y_2z_2$ 的旋转基准。

4. 弹体惯性主轴坐标系 $Cx_1y_1z_1$

Cx_1、Cy_1、Cz_1 三轴分别为弹体 C_x、C_y、C_z 三个方向的中心惯性主轴。

5. 降落伞固连坐标系 $C_1x_1y_1z_1$

如图2-3所示，建立固连于降落伞刚体的动坐标系 $C_1x_1y_1z_1$。C_1 为降落伞刚体（包含伞及伞盘）的质心，$C_1x_1y_1$ 平面与伞盘平行；C_1x_1 沿平行伞盘的径向方向，C_1z_1 轴沿伞对称轴向上，并满足右手定则。沿 C_1x_1、C_1y_1、C_1z_1 三轴的单位向量记为 $\boldsymbol{i}_1$、$\boldsymbol{j}_1$、$\boldsymbol{k}_1$。该坐标系主要用于确定降落伞刚体在空间的姿态。

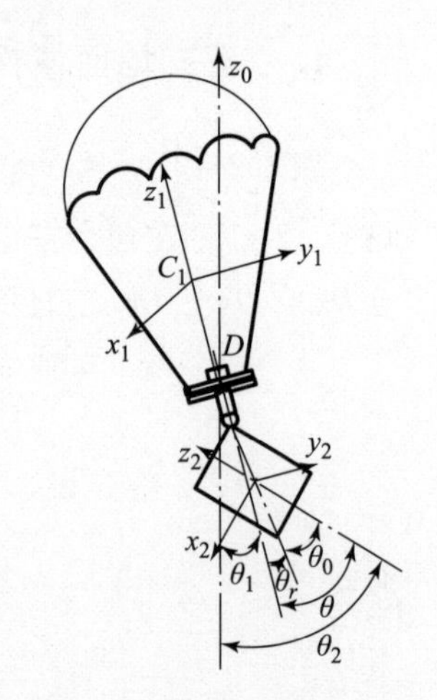

图2-3　降落伞固连坐标系与扫描角关系图

6. 降落伞基准坐标系 $C_1x_0y_0z_0$

如图2-3所示，建立降落伞基准坐标系 $C_1x_0y_0z_0$。原点在降落伞刚体质心 C_1，各轴分别与地

面惯性坐标系 $Ox_0y_0z_0$ 平行。该坐标系用作降落伞基准坐标系 $C_1x_1y_1z_1$ 的旋转基准。

7. 弹体固连坐标系 $Cxyz$

如图2－2所示，建立弹体固连坐标系 $Cxyz$。原点为弹体质心，Cxy 平面为过 C 的弹体横截面，Cx 轴取在沿弹刚体的径向方向；Cz 轴沿弹体对称轴向上；柱铰质心 D 与 y 和 z 轴共面，且满足右手定则。沿 Cx、Cy、Cz 三轴的单位向量记为 $\boldsymbol{i}$、$\boldsymbol{j}$、$\boldsymbol{k}$。该坐标系主要用于确定弹体在空间的姿态。

2.1.2　坐标系的转换及关系

2.1.2.1　弹体基准坐标系 $Cx_0y_0z_0$ 与弹体固连坐标系 $Cxyz$ 之间的关系

如图2－4所示，弹体基准坐标系 $Cx_0y_0z_0$ 与弹体固连坐标系 $Cxyz$ 之间的关系由偏航角 ψ、俯仰角 ϑ 和倾斜角 γ 确定。偏航角 ψ 是 Cx_0 轴与纵轴 Cx 在水平面 Cx_0z_0 上的投影间的夹角；俯仰角 ϑ 是纵轴 Cx 与水平面 Cx_0z_0 之间的夹角；倾斜角 γ 是当偏航角 ψ 为0°时 Cz 轴与 Cz_0 轴之间的夹角。

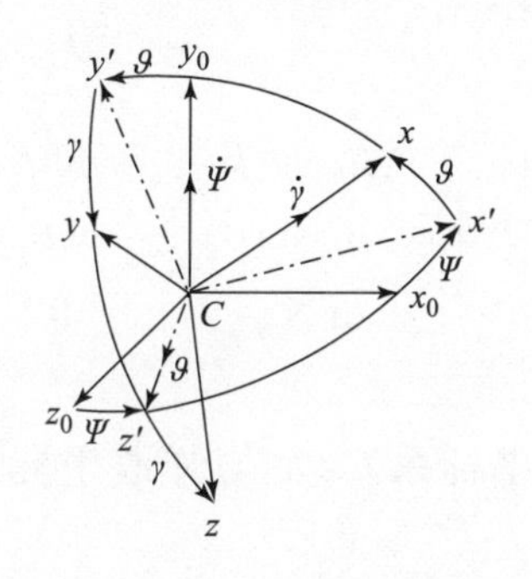

图2－4　弹体基准坐标系 $C_2x_0y_0z_0$ 与弹体固连坐标系 $Cxyz$ 之间的关系

显然，弹体固连坐标系 $Cxyz$ 可由弹体基准坐标系 $C_2x_0y_0z_0$ 经以下3次旋转得到：第一次是弹体基准坐标系 $C_2x_0y_0z_0$ 绕 Cy_0 轴正向旋转 ψ 角到达 $Cx'y_0z'$ 位置；第二次是 $Cx'y_0z'$ 绕 Cz' 轴正向旋转 ϑ 角到达 $Cxy'z'$ 位置；第三次是 $Cxy'z'$ 绕 Cx 轴正向旋转 γ 角到达 $Cxyz$。所以，由弹体基准坐标系 $Cx_0y_0z_0$ 向弹体固连坐标系 $Cxyz$ 系转换的矩阵为

$$\boldsymbol{A}=\begin{bmatrix}A_{11} & A_{12} & A_{13}\\ A_{21} & A_{22} & A_{23}\\ A_{31} & A_{32} & A_{33}\end{bmatrix}$$

$$=\begin{bmatrix}\cos\psi\cos\vartheta & \sin\vartheta & -\sin\psi\cos\vartheta\\ -\cos\psi\sin\vartheta\cos\gamma+\sin\psi\sin\gamma & \cos\vartheta\cos\gamma & \cos\psi\sin\gamma+\sin\psi\sin\vartheta\cos\gamma\\ \cos\psi\sin\vartheta\sin\gamma+\sin\psi\cos\gamma & -\cos\vartheta\sin\gamma & \cos\psi\cos\gamma-\sin\psi\sin\vartheta\sin\gamma\end{bmatrix}$$

2.1.2.2 弹体惯性主轴坐标系 $Cx_1y_1z_1$ 与弹体固连坐标系 $Cxyz$ 之间的关系

弹丸（战斗部）质量分布不对称时，有可能产生动不平衡（当然也可能产生质量偏心，即静不平衡）。当有动不平衡时，惯性主轴不再与弹轴重合，两者之间有一夹角 β_D，称为动不平衡角。

如图 2－5 所示，弹体惯性主轴坐标系 $Cx_1y_1z_1$ 可由弹体固连坐标系 $Cxyz$ 经两次旋转而成：第一次是 $Cxyz$ 绕 Cz 轴正向旋转 β_{D1} 到达 $Cx'y_1z$；第二次是 $Cx'y_1z$ 绕 Cy_1 轴正向旋转 $-\beta_{D2}$（也即绕 Cy_1 轴负向旋转 β_{D2}）到达 $Cx_1y_1z_1$。所以由弹体惯性主轴坐标系 $Cx_1y_1z_1$ 向弹体固连坐标系 $Cxyz$ 转换的矩阵为

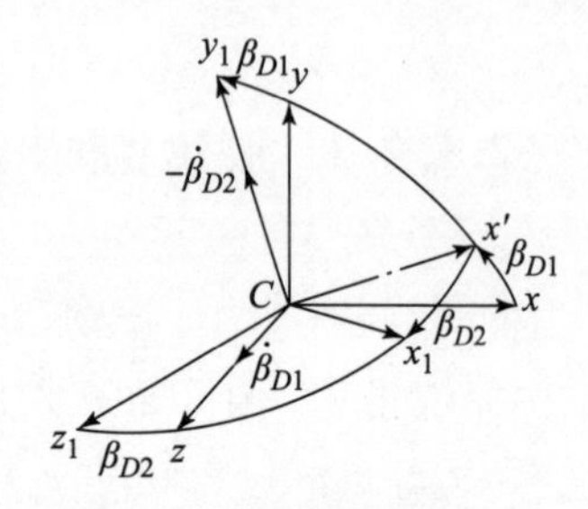

图 2－5 弹体惯性主轴系 $Cx_1y_1z_1$ 与弹体固连坐标系 $Cxyz$ 之间的关系

$$\boldsymbol{C}=\begin{bmatrix}C_{11} & C_{12} & C_{13}\\ C_{21} & C_{22} & C_{23}\\ C_{31} & C_{32} & C_{33}\end{bmatrix}=\begin{bmatrix}\cos\beta_{D2}\cos\beta_{D1} & -\sin\beta_{D1} & -\sin\beta_{D2}\cos\beta_{D1}\\ \cos\beta_{D2}\sin\beta_{D1} & \cos\beta_{D1} & -\sin\beta_{D2}\sin\beta_{D1}\\ \sin\beta_{D2} & 0 & \cos\beta_{D2}\end{bmatrix}$$

2.1.2.3 弹体固连坐标系 $Cxyz$ 与弹道坐标系 $Cx_0y_0z_0$ 的关系

如图 2－6 所示，弹体固连坐标系 $Cxyz$ 系与弹体基准坐标系 $Cx_0y_0z_0$ 的关系可由三个欧拉角——进动角 ψ_2、自转角 φ_2、章动角 θ_2 表示。

假定轴 x_2，y_2，z_2 的方向余弦依次为 α_1，β_1，γ_1；α_2，β_2，γ_2；α_3，β_3，γ_3。由高等动力学的知识可得弹体固连坐标系 $Cxyz$ 系与弹体基准坐标系 $Cx_0y_0z_0$ 的坐标转换矩阵［$\boldsymbol{B}$］为

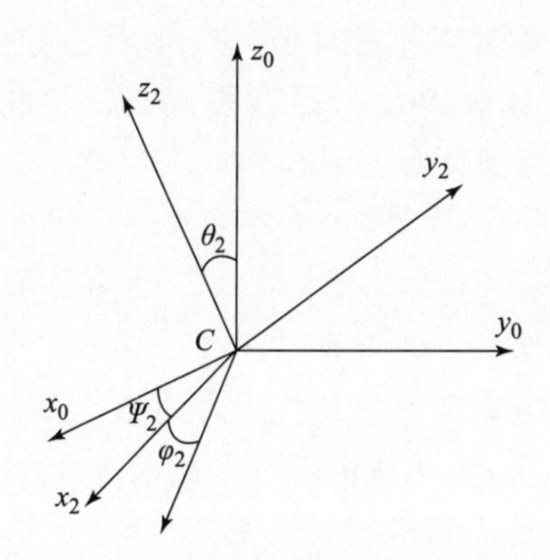

图 2-6　弹体固连坐标系 $C_2x_2y_2z_2$ 与弹体基准坐标系 $C_2x_0y_0z_0$ 之间的转换关系

$$[\boldsymbol{B}]=\begin{bmatrix}\alpha_1 & \beta_1 & \gamma_1\\ \alpha_2 & \beta_2 & \gamma_2\\ \alpha_3 & \beta_3 & \gamma_3\end{bmatrix}$$

其中，

$$\begin{cases}\alpha_1 = \cos\psi_2\cos\varphi_2 - \sin\psi_2\cos\theta_2\sin\varphi_2\\ \beta_1 = \sin\psi_2\cos\varphi_2 + \cos\psi_2\cos\theta_2\sin\varphi_2\\ \gamma_1 = \sin\theta_2\sin\varphi_2\end{cases}$$

$$\begin{cases}\alpha_2 = -\cos\psi_2\sin\varphi_2 - \sin\psi_2\cos\theta_2\cos\varphi_2\\ \beta_2 = -\sin\psi_2\sin\varphi_2 + \cos\psi_2\cos\theta_2\cos\varphi_2\\ \gamma_2 = \sin\theta_2\cos\varphi_2\end{cases}$$

$$\begin{cases}\alpha_3 = \sin\psi_2\sin\theta_2\\ \beta_3 = -\cos\psi_2\sin\theta_2\\ \gamma_3 = \cos\theta_2\end{cases}$$

$$[\boldsymbol{B}]=\begin{bmatrix}\cos\psi_2\cos\varphi_2 - \sin\psi_2\cos\theta_2\sin\varphi_2 & \sin\psi_2\cos\varphi_2 + \cos\psi_2\cos\theta_2\sin\varphi_2 & \sin\theta_2\sin\varphi_2\\ -\cos\psi_2\sin\varphi_2 - \sin\psi_2\cos\theta_2\cos\varphi_2 & -\sin\psi_2\sin\varphi_2 + \cos\psi_2\cos\theta_2\cos\varphi_2 & \sin\theta_2\cos\varphi_2\\ \sin\psi_2\sin\theta_2 & -\cos\psi_2\sin\theta_2 & \cos\theta_2\end{bmatrix}$$

2.1.2.4　降落伞固连坐标系 $C_1x_1y_1z_1$ 与弹体固连坐标系 $Cxyz$ 的关系

如图 2-3 所示，柱铰与弹体的铰链点 D 不在弹体的纵轴上，所以弹体相对于柱铰倾斜悬挂且悬挂点不在底圆边上。在静止悬挂状态时重心 C_2 必在过 D 点的铅直线上，此时 DC_2 与铅直线重合，而此时弹轴相对于铅垂线（即 DC_2）的倾角 θ_0 即为弹体静态悬挂角。在动态下，伞刚体轴 C_1z_1 与铅直方向 Oz_0 不是一直保持重合，而是有一个夹角 θ_1，而且由于旋转，弹轴离开静悬挂位置。设此时弹轴 Cz 与伞刚体轴 C_1z_1 轴的夹角为 θ，伞体刚体轴 C_1z_1 与 DC_2 轴的夹角为 θ_r，而 z_1、z_2 与 DC_2 在同一平面，所以有 $\theta=\theta_0+\theta_r$。在进入稳态扫描时，θ 与 θ_r 均有特定意义。因为稳态扫描时应有 $\theta_1=0°$，即 C_2z_2 与 z_0 轴重合，因此有 $\theta_2=\theta=\theta_0+\theta_r$，可见此时 θ 为稳态扫描角，而 θ_r 为扫描角对静态悬挂角的增量。非稳态时，图 2-3 中 z_1、z_2 与 z_0 不一定在同一平面，所以 $\theta_2\neq\theta+\theta_1$。

因此，弹体固连坐标系 $Cxyz$ 与降落伞固连坐标系 $C_1x_1y_1z_1$ 的转换关系为

$$\begin{bmatrix}\boldsymbol{i}_1\\\boldsymbol{j}_1\\\boldsymbol{k}_1\end{bmatrix}=[\boldsymbol{C}]\begin{bmatrix}\boldsymbol{i}_2\\\boldsymbol{j}_2\\\boldsymbol{k}_2\end{bmatrix}$$

$$[\boldsymbol{C}]=\begin{bmatrix}1&0&0\\0&\cos\theta&-\sin\theta\\0&\sin\theta&\cos\theta\end{bmatrix}$$

降落伞固连坐标系 $C_1x_1y_1z_1$ 与降落伞基准坐标系 $C_1x_0y_0z_0$ 的转换关系为

$$\begin{bmatrix}\boldsymbol{i}_1\\\boldsymbol{j}_1\\\boldsymbol{k}_1\end{bmatrix}=[\boldsymbol{A}]\begin{bmatrix}\boldsymbol{i}_0\\\boldsymbol{j}_0\\\boldsymbol{k}_0\end{bmatrix}=\begin{bmatrix}A_{11}&A_{12}&A_{13}\\A_{21}&A_{22}&A_{23}\\A_{31}&A_{32}&A_{33}\end{bmatrix}\begin{bmatrix}\boldsymbol{i}_0\\\boldsymbol{j}_0\\\boldsymbol{k}_0\end{bmatrix}$$

其中，

$$[\boldsymbol{A}]=[\boldsymbol{C}][\boldsymbol{B}]=\begin{bmatrix}1&0&0\\0&\cos\theta&-\sin\theta\\0&\sin\theta&\cos\theta\end{bmatrix}[\boldsymbol{B}]$$

$$[\boldsymbol{A}]=[\boldsymbol{C}][\boldsymbol{B}]$$

$$[\boldsymbol{B}]=[\boldsymbol{C}]^{-1}[\boldsymbol{A}]$$

且经过计算推导 $[\boldsymbol{A}]$，$[\boldsymbol{B}]$，$[\boldsymbol{C}]$ 有如下关系：

$$[\boldsymbol{A}]^{-1}=[\boldsymbol{A}]^{\mathrm{T}},[\boldsymbol{B}]^{-1}=[\boldsymbol{B}]^{\mathrm{T}},[\boldsymbol{C}]^{-1}=[\boldsymbol{C}]^{\mathrm{T}}$$

2.2　作用在末敏弹母弹上的力和力矩

2.2.1　作用在末敏弹母弹上的力

1. 阻力

阻力 R_x 的表达式为

$$R_x = \frac{\rho v^2}{2} S_M c_x$$

R_x 在地面坐标系上的投影矩阵为

$$\begin{bmatrix} \boldsymbol{R}_{xx} \\ \boldsymbol{R}_{xy} \\ \boldsymbol{R}_{xz} \end{bmatrix} = -\boldsymbol{R}_x \begin{bmatrix} \cos\theta_r \cos\psi_r \\ \sin\theta_r \cos\psi_r \\ \sin\psi_r \end{bmatrix} = -\frac{\boldsymbol{R}_x}{v_r} \begin{bmatrix} v_x - \overline{w}_x \\ v_y \\ v_z - \overline{w}_z \end{bmatrix} \tag{2-1}$$

式中，v 为速度；$\overline{w}_x$ 与 $\overline{w}_z$ 分别为风在 x 轴与 z 轴上的分量。

2. 升力

升力 R_y 的表达式为

$$R_y = \frac{\rho v^2}{2} S c_y$$

其中，c_y 为升力系数。

R_y 在地面坐标系上的投影矩阵为

$$\begin{bmatrix} \boldsymbol{R}_{yx} \\ \boldsymbol{R}_{yy} \\ \boldsymbol{R}_{yz} \end{bmatrix} = \frac{\boldsymbol{R}_y}{\sin\delta_r} \begin{bmatrix} -\sin\delta_{r1}\cos\delta_{r2}\sin\theta_r - \sin\delta_{r2}\sin\psi_r\cos\theta_r \\ \sin\delta_{r1}\cos\delta_{r2}\cos\theta_r - \sin\delta_{r2}\sin\theta_r\sin\psi_r \\ \sin\delta_{r2}\cos\psi_r \end{bmatrix} \tag{2-2}$$

3. 马格努斯力

马格努斯力 R_z 的表达式为

$$R_z = \frac{\rho v^2}{2} S c_z$$

其中，c_z 为马格努斯力系数。

R_z 在地面坐标系上的投影矩阵为

$$\begin{bmatrix} \boldsymbol{R}_{zx} \\ \boldsymbol{R}_{zy} \\ \boldsymbol{R}_{zz} \end{bmatrix} = \frac{\boldsymbol{R}_z}{\sin\delta_r} \begin{bmatrix} -\sin\theta_r \sin\delta_{r2} + \sin\delta_{r1}\sin\psi_r\cos\theta_r\cos\delta_{r2} \\ \sin\delta_{r2}\cos\theta_r + \cos\delta_{r2}\sin\delta_{r1}\sin\theta_r\sin\psi_r \\ -\cos\delta_{r2}\cos\psi_r\sin\delta_{r1} \end{bmatrix} \tag{2-3}$$

4. 推力

推力 $\boldsymbol{F}_p$ 的表达式为

$$\boldsymbol{F}_p = |\dot{\boldsymbol{m}}| u_{\text{eff}} \cos\boldsymbol{\varepsilon}$$

式中，$\dot{\boldsymbol{m}}$ 为质量变化率；u_{eff}为有效排气速度；$\boldsymbol{\varepsilon}$ 为喷管斜置角。

F_p 在地面坐标系上的投影矩阵为

$$\begin{bmatrix} \boldsymbol{F}_{px} \\ \boldsymbol{F}_{py} \\ \boldsymbol{F}_{pz} \end{bmatrix} = \boldsymbol{F}_p \begin{bmatrix} \cos\boldsymbol{\varphi}_a\cos\boldsymbol{\varphi}_2 \\ \cos\boldsymbol{\varphi}_2\sin\boldsymbol{\varphi}_a \\ \sin\boldsymbol{\varphi}_2 \end{bmatrix} \tag{2-4}$$

对于炮射弹丸，推力取零即可。

5. 重力

重力 $\boldsymbol{G}$ 在地面坐标系上的投影矩阵为

$$\begin{bmatrix} \boldsymbol{G}_x \\ \boldsymbol{G}_y \\ \boldsymbol{G}_z \end{bmatrix} = \begin{bmatrix} 0 \\ -mg \\ 0_2 \end{bmatrix} \tag{2-5}$$

2.2.2 作用在母弹上的力矩

1. 静力矩

静力矩 $\boldsymbol{M}_z$ 的表达式为

$$\boldsymbol{M}_z = \frac{\rho S_M l}{2} v^2 m_z$$

其中，m_z 为静力矩系数。

$\boldsymbol{M}_z$ 在地面坐标系内的投影矩阵为

$$\begin{bmatrix} \boldsymbol{M}_{zx} \\ \boldsymbol{M}_{zy} \\ \boldsymbol{M}_{zz} \end{bmatrix} = \frac{\boldsymbol{M}_z}{\sin\delta_r}\begin{bmatrix} 0 \\ \sin\delta_{r1}\sin\alpha_r - \cos\delta_{r1}\sin\delta_{r2}\cos\alpha_r \\ \sin\delta_{r1}\cos\alpha_r + \cos\delta_{r1}\sin\delta_{r2}\sin\alpha_r \end{bmatrix} \tag{2-6}$$

2. 马格努斯力矩

马格努斯力矩 $\boldsymbol{M}_y$ 的表达式为

$$\boldsymbol{M}_y = \frac{\rho S_M l}{2} v^2 m_y$$

其中，m_y 为马格努斯力矩系数。

$\boldsymbol{M}_y$ 在地面坐标系内的投影矩阵为

$$\begin{bmatrix} \boldsymbol{M}_{yx} \\ \boldsymbol{M}_{yy} \\ \boldsymbol{M}_{yz} \end{bmatrix} = \frac{\boldsymbol{M}_y}{\sin\delta_r}\begin{bmatrix} 0 \\ \sin\delta_{r1}\cos\alpha_r + \cos\delta_{r1}\sin\delta_{r2}\sin\alpha_r \\ \cos\delta_{r1}\sin\delta_{r2}\cos\alpha_r - \sin\delta_{r1}\sin\alpha_r \end{bmatrix} \tag{2-7}$$

3. 赤道阻尼力矩

$\boldsymbol{M}_{ZD}$在地面坐标系内的投影矩阵为

$$\begin{bmatrix} \boldsymbol{M}_{ZDx} \\ \boldsymbol{M}_{ZDy} \\ \boldsymbol{M}_{ZDz} \end{bmatrix} = Ak_{ZD}\begin{bmatrix} 0 \\ \dot{\varphi}_2 \\ -\dot{\varphi}_a\cos\varphi_2 \end{bmatrix} v_r \tag{2-8}$$

式中，A 为赤道转动惯量；$k_{ZD} = \rho S_M l^2 m'_{ZD}/(2A)$。

极阻尼力矩 $\boldsymbol{M}_{XD}$在地面系内的投影矩阵为

$$\begin{bmatrix} \boldsymbol{M}_{XDx} \\ \boldsymbol{M}_{XDy} \\ \boldsymbol{M}_{XDz} \end{bmatrix} = Ck_{XD}\begin{bmatrix} -\dot{\gamma} - \dot{\varphi}_a\sin\varphi_2 \\ 0 \\ 0 \end{bmatrix} v_r \tag{2-9}$$

式中，C 为极转动惯量；$k_{XD} = \rho S_M l d m'_{XD}/(2C)$。

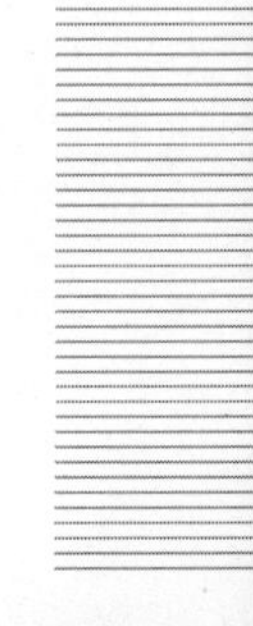

2.3　末敏弹母弹飞行弹道方程

将动量定理 $\frac{\mathrm{d}V}{\mathrm{d}t} = \frac{\sum F}{m}$ 投影到地面坐标系三个轴上得质心运动方程：

$$m\begin{bmatrix} \mathrm{d}v_x/\mathrm{d}t \\ \mathrm{d}v_y/\mathrm{d}t \\ \mathrm{d}v_z/\mathrm{d}t \end{bmatrix} = \begin{bmatrix} \sum F_{xi} \\ \sum F_{yi} \\ \sum F_{zi} \end{bmatrix} \tag{2-10}$$

弹轴坐标系上的角速度在弹轴坐标系上的投影矩阵为

$$\begin{bmatrix} \boldsymbol{\omega}_\xi \\ \boldsymbol{\omega}_{\eta 1} \\ \boldsymbol{\omega}_{\zeta 1} \end{bmatrix} = \begin{bmatrix} \dot{\varphi}_a \sin\varphi_2 \\ -\dot{\varphi}_2 \\ \dot{\varphi}_a \cos\varphi_2 \end{bmatrix} \tag{2-11}$$

弹体的角速度 $\boldsymbol{\Omega}$ 在弹轴坐标系上的投影矩阵为

$$\begin{bmatrix} \Omega_\xi \\ \Omega_{\eta 1} \\ \Omega_{\zeta 1} \end{bmatrix} = \begin{bmatrix} \dot{\gamma} + \dot{\varphi}_a \sin\varphi_2 \\ -\dot{\varphi}_2 \\ \dot{\varphi}_a \cos\varphi_2 \end{bmatrix} \tag{2-12}$$

可得动量矩矢量 $\boldsymbol{K}$ 及其相对速度 $\frac{\delta \boldsymbol{K}}{\mathrm{d}t}$ 在弹轴坐标系上的投影矩阵为

$$\begin{bmatrix} \boldsymbol{K}_\xi \\ \boldsymbol{K}_{\eta_1} \\ \boldsymbol{K}_{\zeta_1} \end{bmatrix} = \begin{bmatrix} C(\dot{\gamma} + \dot{\varphi}_a \sin\varphi_2) \\ -A\dot{\varphi}_2 \\ A\dot{\varphi}_a \cos\varphi_2 \end{bmatrix} \tag{2-13}$$

$$\begin{bmatrix} \delta\boldsymbol{K}_\xi/\mathrm{d}t \\ \delta\boldsymbol{K}_{\eta_1}/\mathrm{d}t \\ \delta\boldsymbol{K}_{\zeta_1}/\mathrm{d}t \end{bmatrix} = \begin{bmatrix} \dot{\boldsymbol{K}}_\xi \\ \dot{\boldsymbol{K}}_{\eta_1} \\ \dot{\boldsymbol{K}}_{\zeta_1} \end{bmatrix} = \begin{bmatrix} C(\ddot{\gamma} + \ddot{\varphi}_a \sin\varphi_2 + \dot{\varphi}_a \dot{\varphi}_2 \cos\varphi_2) \\ -A\ddot{\varphi}_2 \\ A\ (\ddot{\varphi}_a \cos\varphi_2)\ -\dot{\varphi}_2 \dot{\varphi}_a \sin\varphi_2 \end{bmatrix} \tag{2-14}$$

$\boldsymbol{\omega} \times \boldsymbol{K}$ 在弹轴坐标系上的投影矩阵为

$$\begin{bmatrix} \boldsymbol{\omega}_\xi \\ \boldsymbol{\omega}_{\eta 1} \\ \boldsymbol{\omega}_{\zeta 1} \end{bmatrix} \times \begin{bmatrix} \boldsymbol{K}_\xi \\ \boldsymbol{K}_{\eta_1} \\ \boldsymbol{K}_{\zeta_1} \end{bmatrix} = \begin{bmatrix} 0 \\ C\dot{\gamma}\dot{\varphi}_a \cos\varphi_2 - (A-C)\dot{\varphi}_a^2 \sin\varphi_2 \cos\varphi_2 \\ C\dot{\gamma}\dot{\varphi}_2 - (A-C)\dot{\varphi}_a \dot{\varphi}_2 \sin\varphi_2 \end{bmatrix} \tag{2-15}$$

由动量矩定理得

$$\sum \boldsymbol{M}_i = \frac{\mathrm{d}\boldsymbol{K}}{\mathrm{d}t} = \frac{\delta \boldsymbol{K}}{\mathrm{d}t} + \boldsymbol{\omega} \times \boldsymbol{K} \tag{2-16}$$

式中，$\sum \boldsymbol{M}_i$ 是所有外力矩的矢量和；$\frac{\delta \boldsymbol{K}}{\mathrm{d}t}$ 是 $\boldsymbol{K}$ 对弹轴坐标系的相对速度。与前面方程联立得

$$\begin{bmatrix} C(\ddot{\gamma}+\ddot{\varphi}_a\sin\varphi_2+\dot{\varphi}_a\dot{\varphi}_2\cos\varphi_2) \\ -A\ddot{\varphi}_2+C\dot{\gamma}\dot{\varphi}_a\cos\varphi_2-(A-C)\dot{\varphi}_a^2\sin\varphi_2\cos\varphi_2 \\ A\ddot{\varphi}_a\cos\varphi_2-(2A-C)\dot{\varphi}_a\dot{\varphi}_2\sin\varphi_2+C\dot{\gamma}\dot{\varphi}_2 \end{bmatrix}=\begin{bmatrix} \sum M_\xi \\ \sum M_\eta \\ \sum M_\zeta \end{bmatrix} \quad (2-17)$$

可得便于使用的母弹空间运动微分方程组如下：

$$\frac{dV_x}{dt}=\frac{1}{m}\Big[F_p\cos\varphi_a\cos\varphi_2-R_x\frac{v_x-w_x}{v_r}-\frac{R_y}{\sin\delta_r}(\sin\delta_{r1}\cos\delta_{r2}\sin\theta_r+$$

$$\sin\delta_{r2}\sin\psi_r\cos\theta_r)+\frac{R_z}{\sin\delta_r}(\sin\psi_r\cos\theta_r\cos\delta_{r2}\sin\delta_{r1}-\sin\theta_r\sin\delta_{r2})\Big]$$

$$=\sum F_x/m$$

$$\frac{dV_y}{dt}=\frac{1}{m}\Big[F_p\cos\varphi_2\sin\varphi_a-R_x\frac{v_y}{v_r}+\frac{R_y}{\sin\delta_r}(\sin\delta_{r1}\cos\delta_{r2}\cos\theta_r-$$

$$\sin\delta_{r2}\sin\theta_r\sin\psi_r)+\frac{R_z}{\sin\delta_r}(\cos\theta_r\sin\delta_{r2}+\sin\psi_r\sin\theta_r\cos\delta_{r2}\sin\delta_{r1})\Big]-g$$

$$=\sum F_y/m$$

$$\frac{dV_z}{dt}=\frac{1}{m}\left(F_p\sin\varphi_2-R_x\frac{v_z-w_z}{v_r}+\frac{R_y}{\sin\delta_r}\sin\delta_{r2}\cos\psi_r-\frac{R_z}{\sin\delta_r}\cos\psi_r\cos\delta_{r2}\sin\delta_{r1}\right)=\sum F_z/m$$

$$\frac{d\dot{\gamma}}{dt}=-\ddot{\varphi}\sin\varphi_2-\dot{\varphi}_a\dot{\varphi}_2\cos\varphi_2+(M_{xp}+M_{xw})/C-k_{XD}(\dot{\gamma}+\dot{\varphi}_a\sin\varphi_2)V_r$$

$$\frac{d\dot{\varphi}_a}{dt}=\frac{1}{A\cos\varphi_2}\Big[(2A-C)\dot{\varphi}_a\dot{\varphi}_2\sin\varphi_2-C\dot{\gamma}\dot{\varphi}_2+\frac{M_z}{\sin\delta_r}(\sin\delta_{r1}\cos\alpha_r+\cos\delta_{r1}\sin\delta_{r2}\sin\alpha_r)+$$

$$\frac{M_y}{\sin\delta_r}(\cos\delta_{r1}\sin\delta_{r2}\cos\alpha_r-\sin\delta_{r1}\sin\alpha_r)\Big]-k_{ZD}\dot{\varphi}_a\cos\varphi_2 v_r$$

$$\frac{d\dot{\varphi}_2}{dt}=\frac{1}{A}\Big[-(A-C)\dot{\varphi}_a^2\sin\varphi_2\cos\varphi_2+C\dot{\gamma}\dot{\varphi}_a\cos\varphi_2+\frac{M_z}{\sin\delta_r}(\cos\delta_{r1}\cos\alpha_r-\sin\delta_{r1}\sin\alpha_r)-$$

$$\frac{M_y}{\sin\delta_r}(\sin\delta_{r1}\cos\alpha_r+\cos\delta_{r1}\sin\delta_{r2}\sin\alpha_r)\Big]-k_{ZD}\dot{\varphi}_2 v_r$$

$$\frac{d\varphi_a}{dt}=\dot{\varphi}_a$$

$$\frac{d\varphi_2}{dt}=\dot{\varphi}_2$$

$$\frac{dx}{dt}=v_x$$

$$
\frac{\mathrm{d}y}{\mathrm{d}t} = v_y
$$

$$
\frac{\mathrm{d}z}{\mathrm{d}t} = v_z
$$

$$
\frac{\mathrm{d}m}{\mathrm{d}t} = -\frac{F_p}{I_1 g} \tag{2-18}
$$

式中，w 为风速；w_F 为风向；α^* 为射向；v_r 为相对速度；m 为子弹质量。

$$
w_x = -w\cos[(w_F - \alpha^*)/57.3]
$$

$$
w_z = -w\sin[(w_F - \alpha^*)/57.3]
$$

$$
\psi_r = \arcsin\frac{v_z - w_z}{v_r}
$$

$$
\theta_r = \arcsin\frac{v}{v_r\cos\psi_r}
$$

$$
\delta_{r2} = \arcsin[\sin\varphi_2\cos\psi_r - \sin\psi_r\cos\varphi_2\cos(\varphi_a - \theta_r)]
$$

$$
\delta_{r1} = \arcsin[\sin(\varphi_a - \theta_r)\cos\varphi_2/\cos\delta_{r2}]
$$

$$
\delta_r = \arccos(\cos\delta_{r1}\cos\delta_{r2})
$$

$$
\alpha_r = \arcsin[\sin(\varphi_a - \theta_r)\sin\psi_r/\cos\delta_{r2}]
$$

$$
v_r = \sqrt{(v_x - w_x)^2 + v_y^2 + (v_z - w_z)^2}
$$

以上方程组为母弹刚体运动方程，F_p为推力，当母弹为榴弹时，可将其设为0。

2.4 末敏子弹（筒）的抛射与分离

2.4.1 炮射末敏子弹的抛射过程数学模型

末敏弹母弹作为载体飞到目标上空后，要将末敏子弹抛出。子弹的抛射与分离过程对于末敏弹的性能有重要影响。

1. 抛射过程运动方程的建立

如图2－7所示，取开舱点为惯性坐标系的坐标原点，右为正，左为负，惯性坐标系相对大地坐标系以开舱点弹丸速度 v_0 做匀速直线运动。

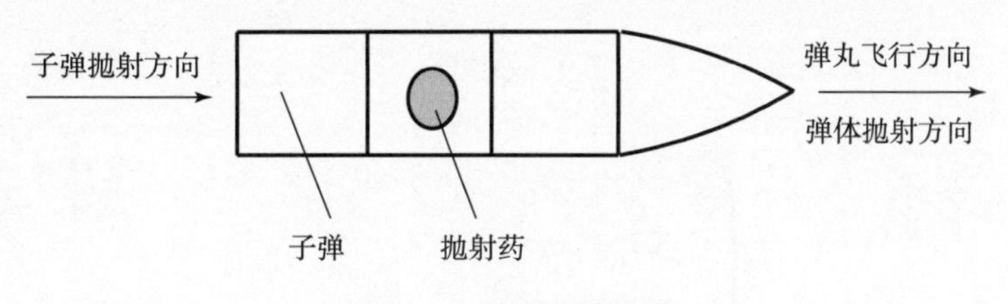

图 2-7　抛射物理模型

在惯性坐标系下，子弹和弹体的运动速度即为抛射速度，可建立如下运动方程：

$$\begin{cases}\dfrac{\mathrm{d}v_1}{\mathrm{d}t}=\dfrac{s\cdot P_p}{\phi_1 m_1}\\[2ex]\dfrac{\mathrm{d}v_2}{\mathrm{d}t}=\dfrac{s\cdot P_p}{\phi_2 m_2}\\[2ex]\dfrac{\mathrm{d}l_1}{\mathrm{d}t}=v_1\\[2ex]\dfrac{\mathrm{d}l_2}{\mathrm{d}t}=v_2\end{cases}\tag{2-19}$$

式中，s 为弹体内腔横截面积；m_1 为子弹质量；m_2 为弹体质量；l_1 为惯性坐标系下子弹的位移；l_2 为惯性坐标系下弹体的位移；v_1 为子弹抛射速度；v_2 为弹体抛射速度；ϕ_1 为子弹次要功系数；ϕ_2 为弹体次要功系数；P_p 为抛射压力。

2. 抛射药燃速方程

抛射药燃速方程为

$$\frac{\mathrm{d}z_i}{\mathrm{d}t}=\frac{\mu_{l_i}}{e_{o_i}}P_p^{n_i}\tag{2-20}$$

式中，z_i 为第 i 种装药的相对燃烧厚度，即 $z_i=e_i/e_{o_i}$，其中，e_i 为已燃厚度的一半，e_{o_i}为初始厚度的一半；μ_{l_i}为第 i 种装药的燃速系数；n_i 为第 i 种装药的压力指数。

3. 抛射药形状函数

设抛射药中含 n 种装药，第 i 种装药的装药量和已燃百分数分别为 ω_i、ψ_i，

则总装药量为 $\omega = \sum_{i=1}^{n} \omega_i$，总的抛射药已燃百分数为 ψ，则有

$$\psi = \sum_{i=1}^{n} \frac{\omega_i}{\omega} \psi_i \tag{2-21}$$

$$\psi_i = \begin{cases} x_i z_i (1 + \lambda_i z_i + \mu_i z_i^2), 0 < z_i < 1 \\ x_{si} z_i (1 + \lambda_{si} z_i), 1 < z_i < z_{si} \\ 1, z_{si} \leqslant z_i \end{cases} \tag{2-22}$$

式中，x_i、λ_i 为第 i 种装药分裂前的形状特征量；x_{si}、λ_{si} 为第 i 种装药分裂后的形状特征量；z_{si} 为第 i 种装药燃烧结束时相对燃烧厚度。

4. 抛射过程方程的简化

为求解方便，引入相对变量，将其转化为无量纲方程组，令

$$\Re_1 = \frac{l_1}{l_0}, \Re_2 = \frac{l_2}{l_0}, \Re = \frac{p_p}{f_1 \Delta}, \bar{v}_1 = \frac{v_1}{v_{j1}}, \bar{v}_2 = \frac{v_2}{v_{j2}}, \bar{t} = \frac{v_{j1}}{l_0} t$$

式中，$v_{j1} = \sqrt{\dfrac{2 f_1 \omega}{\theta \varphi_1 m_1}}$，$v_{j2} = \sqrt{\dfrac{2 f_1 \omega}{\theta \varphi_2 m_2}}$；$f_1$ 为主装药火药力。

得到无量纲方程组如下：

$$\begin{cases} \dfrac{d\Re_1}{d\bar{t}} = \bar{v}_1 \\ \dfrac{d\Re_2}{d\bar{t}} = \bar{v}_2 \sqrt{\dfrac{\varphi_1 m_1}{\varphi_2 m_2}} \\ \dfrac{d\bar{v}_1}{d\bar{t}} = \dfrac{\theta}{2} \Re \\ \dfrac{d\bar{v}_2}{d\bar{t}} = \dfrac{\theta}{2} \sqrt{\dfrac{\varphi_1 m_1}{\varphi_2 m_2}} \\ \dfrac{d\bar{t}}{d\bar{t}} = 1 \\ \dfrac{dz_i}{d\bar{t}} = \begin{cases} 0, & z_i > z_{si} \\ \sqrt{\dfrac{\theta}{B_i}} \Re^{n_i}, & z_i \leqslant z_{si} \end{cases} \end{cases} \tag{2-23}$$

$$
\begin{cases}
\psi = \sum_{i=1}^{n} \dfrac{\omega_i}{\omega}\psi_i \\
\psi_i = \begin{cases} x_i z_i\ (1 + \lambda_i z_i + \mu_i z_i^2), & 0 < z_i < 1 \\ x_i z_i\ (1 + \lambda_i z_i), & 1 \leqslant z_i \leqslant z_{si} \\ 1, & z_{si} \leqslant z_i \end{cases} \\
\Re\ (\Re_1 + \Re_2 + \Re_\psi) = \sum_{i=1}^{n} \dfrac{f_i \omega_i}{f_1 \omega}\psi_i + \dfrac{f_B \omega_B}{f_1 \omega} = v_1^{-2} - v_2^{-2}
\end{cases}
\tag{2-24}
$$

2.4.2　火箭末敏子弹的抛射过程数学模型

火箭末敏弹与炮射末敏弹有一定的相似之处，都是由母弹运载到目标上空之后进行抛射。但火箭末敏弹与炮射末敏弹也有不同之处，因而在这里单独进行分析。

对于火箭末敏弹，子弹（筒）分离系统主要由导向罩、子弹筒、指令装置、断裂螺钉、分离装药、分离点火具等组成。火箭末敏弹在弹道上飞行到一定时刻时，电子时间装置向指令表装置发出子弹筒与子弹分离的指令，指令装置启动，并向分离点火具发出点火脉冲。分离点火具作用后，点燃分离装药，生成分离气体。当子弹体底部受到一定压力时，断裂螺钉拉断，子弹筒和火箭体产生相对轴向运动，实现它们的分离。火箭末敏弹子弹筒在飞行过程中会出现大攻角运动，因此，需要建立相应的弹道模型。

2.4.2.1　子弹筒分离弹道模型建立

1. 模型假设

假设分离过程是从分离装药开始燃烧，直到子弹筒完全脱离箭部。

（1）所涉及刚体均为轴对称，且质量分布均匀。

（2）不考虑地表曲率和地球旋转的影响。

（3）分离过程考虑两个对象：子弹筒和火箭部。两者均为刚体，两刚体的纵轴线始终重合。

（4）点火药瞬时燃完，分离装药服从几何燃烧定律，燃速服从指数燃烧定律。

（5）分离过程中的热散失采用减少药力的方法修正。

（6）研究分离运动规律时，忽略一些影响运动的次要因素。

按照火药燃烧情况和研究对象运动情况，将分离过程的内弹道数学模型分为前期、第一阶段和第二阶段来描述。

前期。前期指从点火药燃烧到连接螺纹断裂。此时膛内压力达到开舱压力 p_0。这一时期子弹筒相对于火箭部没有运动，为定容增压过程。

设 f_B、α_B、m_B、P_B 分别代表点火药的火药力、余容、装药质量和点火压力，W_0、m_ω、δ_x 分别代表药室余容、分离装药质量、分离装药密度，则

$$P_B = \frac{f_B m_B}{W_0 - \alpha_B m_B - m_\omega/\delta_x} \tag{2-25}$$

设分离装药着火燃烧所产生的压力为 P_ψ，火药燃烧百分比为 ψ，火药燃烧相对厚度为 z_w，火药厚度为 $2e_1$，火药燃烧速度系数为 u_1，火药余容为 α_1，药室自由余容为 W_ψ，火药形状特征量和燃烧速度定律中的指数分别为 χ、λ、μ 和 γ_1，则膛内压力 P_e、火药的形状函数、燃速方程和状态方程分别为

$$\begin{cases} P_e = P_B + P_\psi \\ \dfrac{\mathrm{d}\psi}{\mathrm{d}t} = \chi\left(1 + 2\lambda z_w + 3\mu z_w^2\right)\dfrac{\mathrm{d}z_w}{\mathrm{d}t} \\ \dfrac{\mathrm{d}z_w}{\mathrm{d}t} = \dfrac{\mu_1}{e_1}P_e^{\gamma_1} \\ P_\psi = f m_w \psi / W_\psi \end{cases} \tag{2-26}$$

式中，$W_\psi = W_0 - \alpha_1 m_w \psi - \alpha_B m_B - m_w(1-\psi)/\delta_1$。

将式（2－25）与式（2－26）联立，可求得前期的内外弹道诸元。

第一阶段。子弹筒与火箭部开始相对运动，直到它们完全脱离或火药全部燃完，这一时期称为第一阶段。

采用以上假设把分离弹道简化为两刚体相对轴向运动的七自由度刚体运动模型。令 o_1、o_f、o_s 分别为全弹、子弹筒和火箭部的质心。现把分离过程中的子弹筒、火箭部等作为整体进行研究，它们受到的燃气压力、摩擦力等称为内力，全弹的质心位置相对于弹体坐标系不变，如图 2－8 所示。

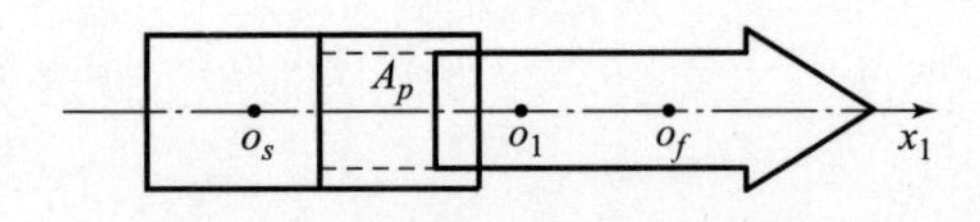

图 2－8　分离弹道刚体运动模型

第二阶段。这一阶段的火药已全部燃完，子弹筒与火箭部在火药气体作

用下相对运动。若直到它们完全脱离时火药还没完全燃完，则这一阶段不存在。

2. 坐标系的建立及转换

建立及转换地面惯性坐标系 $Oxyz$ 和弹体坐标系 $O_1x_1y_1z_1$。

3. 作用在各刚体上的力和力矩

（1）作用在全弹上的力有重力、空气阻力、升力、马格努斯力。

（2）作用在全弹上的力矩，除了极阻尼力矩、静力矩、赤道阻尼力矩、马格努斯力矩外，还有尾翼导转力矩：

$$M_{xw}=\frac{1}{2}\rho Sm'_{xw}V^2 l\boldsymbol{\varepsilon}_w i_1 \tag{2-27}$$

式中，m'_{xw} 为尾翼导转力矩系数导数；$\boldsymbol{\varepsilon}_w$ 为尾翼斜置角。

（3）作用在子弹筒上的力。子弹筒除了受空气动力 R_f 和重力 G_f 外，还受到燃气压力 F_{pef}、约束力 N_f 和摩擦力 F_{sf}。

①燃气压力：

$$F_{pef}=P_e A_P i_1 \tag{2-28}$$

式中，P_e 为膛内压力；A_P 为压力作用面积。

②约束力：

$$[N_f]=\begin{bmatrix}0\\N_{y1}\\N_{z1}\end{bmatrix} \tag{2-29}$$

③摩擦力：

$$F_{sf}=-\mu_f(N_{y1}+N_{z1})i_1 \tag{2-30}$$

式中，μ_f 为子弹筒与火箭部间的摩擦系数。

4. 全弹质心运动方程

由

$$m\frac{\mathrm{d}\boldsymbol{V}}{\mathrm{d}t}=\boldsymbol{F} \tag{2-31}$$

$$\frac{\mathrm{d}\boldsymbol{V}}{\mathrm{d}t}=\frac{\mathrm{d}'\boldsymbol{V}}{\mathrm{d}t}+\boldsymbol{\omega}\times\boldsymbol{V} \tag{2-32}$$

得

$$\frac{\mathrm{d}\boldsymbol{V}}{\mathrm{d}t}=\frac{\mathrm{d}'\boldsymbol{V}}{\mathrm{d}t}+\boldsymbol{\omega}\times\boldsymbol{V}=\frac{\boldsymbol{F}}{m} \tag{2-33}$$

将其投影到弹体坐标系上得

$$\begin{bmatrix}\dot{V}_{x1}\\ \dot{V}_{y1}\\ \dot{V}_{z1}\end{bmatrix}+\tilde{\boldsymbol{\omega}}\begin{bmatrix}V_{x1}\\ V_{y1}\\ V_{z1}\end{bmatrix}=\frac{1}{m}\begin{bmatrix}F_{x1}\\ F_{y1}\\ F_{z1}\end{bmatrix} \tag{2-34}$$

即

$$\begin{cases}\dot{V}_{x1}=\omega_{z_1}V_{y_1}-\omega_{y_1}V_{z_1}+F_{x1}/m\\ \dot{V}_{y1}=\omega_{x_1}V_{z_1}-\omega_{z_1}V_{x_1}+F_{y1}/m\\ \dot{V}_{z1}=\omega_{y_1}V_{x_1}-\omega_{x_1}V_{y_1}+F_{z1}/m\end{cases} \tag{2-35}$$

式中，$\tilde{\boldsymbol{\omega}}$ 为 $\boldsymbol{\omega}$ 在弹体坐标系上的坐标方阵，有

$$\tilde{\omega}=\begin{bmatrix}0 & -\omega_{z1} & \omega_{y1}\\ \omega_{z1} & 0 & -\omega_{x1}\\ -\omega_{y1} & \omega_{x1} & 0\end{bmatrix} \tag{2-36}$$

质心运动的运动学方程为

$$\begin{bmatrix}\dot{X}\\ \dot{Y}\\ \dot{Z}\end{bmatrix}=\boldsymbol{A}^{-1}\begin{bmatrix}V_{x1}\\ V_{y1}\\ V_{z1}\end{bmatrix} \tag{2-37}$$

式中，$\dot{X}$、$\dot{Y}$、$\dot{Z}$ 为全弹质心坐标。

5. 全弹转动运动方程

由于火箭末敏弹是先将子弹筒抛射出之后再抛出子弹，因此，在建立转动方程时要考虑对子弹筒和火箭部进行建模。

设全弹所受合外力矩为 $\boldsymbol{M}$，弹体转动的动量矩为 $\boldsymbol{K}$，则有

$$\frac{\mathrm{d}\boldsymbol{K}}{\mathrm{d}t}=\boldsymbol{M} \tag{2-38}$$

$$\frac{\mathrm{d}\boldsymbol{K}}{\mathrm{d}t}=\frac{\mathrm{d}'\boldsymbol{K}}{\mathrm{d}t}+\boldsymbol{\omega}\times\boldsymbol{K} \tag{2-39}$$

$$\begin{cases}M_{x1}=\dot{K}_{x1}-\omega_{z_1}V_{y_1}+\omega_{y_1}V_{z_1}\\ M_{y1}=\dot{K}_{y1}-\omega_{x_1}V_{z_1}+\omega_{z_1}V_{x_1}\\ M_{z1}=\dot{K}_{z1}-\omega_{y_1}V_{x_1}+\omega_{x_1}V_{y_1}\end{cases} \tag{2-40}$$

$$[\boldsymbol{K}]=\boldsymbol{J}[\boldsymbol{\omega}]=\begin{bmatrix}C\omega_{x1}\\A\omega_{y1}\\A\omega_{z1}\end{bmatrix}=\begin{bmatrix}K_{x1}\\K_{y1}\\K_{z1}\end{bmatrix}\tag{2-41}$$

式中，C 和 A 分别为全弹极转动惯量和赤道转动惯量。将式（2-41）代入式（2-40），得

$$\begin{cases}\dot{\omega}_{x1}=M_{x1}/C\\\dot{\omega}_{y1}=[M_{y1}+(A-C)\omega_{x_1}\omega_{z_1}]/A-\dot{A}\omega_{y_1}/A\\\dot{\omega}_{z1}=[M_{z1}+(C-A)\omega_{y_1}\omega_{x_1}]/A-\dot{A}\omega_{z_1}/A\end{cases}\tag{2-42}$$

令 A_f 和 A_s 分别为子弹筒和火箭部的赤道转动惯量，则全弹赤道转动惯量为

$$A=A_s+A_f+m_sr_s^2+m_fr_f^2\tag{2-43}$$

6. 子弹筒质心运动方程

子弹筒质心 O_f 的速度：

$$\boldsymbol{V}_f=\boldsymbol{V}_e+\boldsymbol{V}_{fr}\tag{2-44}$$

式中，$\boldsymbol{V}_e$ 为牵连速度，且有

$$\boldsymbol{V}_e=\boldsymbol{V}+\boldsymbol{\omega}\times\boldsymbol{r}_f\tag{2-45}$$

将式（2-45）代入式（2-44），可得

$$\boldsymbol{V}_f=\boldsymbol{V}+\boldsymbol{\omega}\times\boldsymbol{r}_f+\boldsymbol{V}_{fr}\tag{2-46}$$

将式（2-46）向弹体坐标系投影，可得

$$\begin{bmatrix}V_{fx1}\\V_{fy1}\\V_{fz1}\end{bmatrix}=\begin{bmatrix}V_{x1}\\V_{y1}\\V_{z1}\end{bmatrix}+\begin{bmatrix}0&-\omega_{z1}&\omega_{y1}\\\omega_{z1}&0&-\omega_{x1}\\-\omega_{y1}&\omega_{x1}&0\end{bmatrix}\begin{bmatrix}\boldsymbol{r}_f\\0\\0\end{bmatrix}+\begin{bmatrix}\boldsymbol{V}_{fr}\\0\\0\end{bmatrix}\tag{2-47}$$

同理，可得

$$\begin{cases}\dot{V}_{fr}=(\omega_{z1}^2+\omega_{y1}^2)r_f+F_{fx1}/m_f-F_{x1}/m\\F_{fy1}=m_f(F_{y1}/m+\dot{\omega}_{z1}r_f+\omega_{x_1}\omega_{y_1}r_f+2\omega_{z_1}V_{fr}\\F_{fz1}=m_f(F_{z1}/m-\dot{\omega}_{y1}r_f+\omega_{x_1}\omega_{z_1}r_f-2\omega_{y1}V_{fr}\end{cases}\tag{2-48}$$

子弹筒质心运动学方程为

$$\begin{bmatrix} \dot{X}_f \\ \dot{Y}_f \\ \dot{Z}_f \end{bmatrix} = \boldsymbol{A}^{-1} \begin{bmatrix} V_{fx1} \\ V_{fy1} \\ V_{fz1} \end{bmatrix} \tag{2-49}$$

2.4.2.2 分离弹道仿真

根据以上建立的模型和方程，对火箭末敏弹子弹筒分离弹道进行仿真计算，根据计算数据得部分曲线如图 2-9～图 2-12 所示。

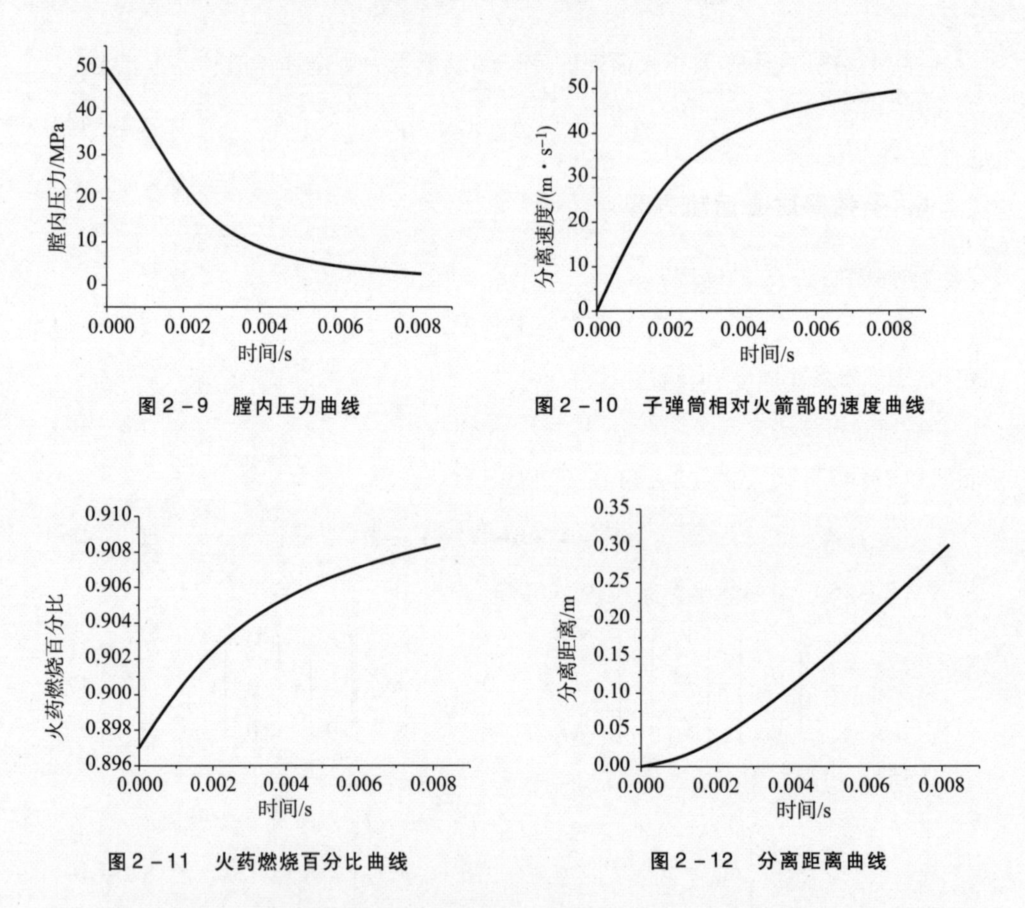

图 2-9　膛内压力曲线

图 2-10　子弹筒相对火箭部的速度曲线

图 2-11　火药燃烧百分比曲线

图 2-12　分离距离曲线

从仿真结果可以看出，从子弹筒与火箭部开始相对运动到完全脱离经历时间为 0.008 2 s，分离过程经历时间很短。完全脱离时，相对分离速度为 49.32 m/s，结果是合理的。

第3章

有伞末敏子弹飞行弹道与分析

末敏子弹分为有伞末敏弹和无伞末敏弹，两者在弹道上有所差别，因而分别进行分析。本章分析有伞末敏弹的稳态扫描弹道。

有伞末敏子弹从母弹（或子弹筒）中抛出之后，在减速伞和减旋翼片作用下，其速度和转速迅速衰减。当末敏子弹到达预定高度时，抛掉减速伞和减旋翼片，打开主旋转伞，进入稳态扫描阶段。末敏子弹以固定扫描角及稳定的落速、转速边下降边扫描，当弹上多模敏感器探测到目标时，爆炸成型弹丸（战斗部）起爆，产生自锻破片战斗部，以高速攻击目标顶部。

本章重点对末敏子弹减速/减旋段和稳态扫描段的飞行弹道进行研究与分析。

3.1　作用在伞弹上的力和力矩

将有伞末敏子弹的伞和弹看作两个刚体部分进行建模，并建立坐标系及扫描角关系，如图3-1所示。

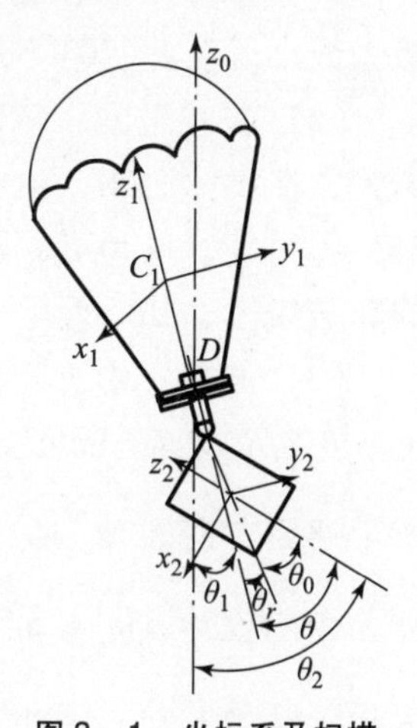

图3-1　坐标系及扫描角关系图

3.1.1　作用在降落伞体上的力与力矩

3.1.1.1　作用于降落伞体上的力

作用于降落伞体上的力有伞的重力G_1、降落伞的空气动力R_1以及两刚体连接点D处柱铰对伞体的约束反力N_1。将这些力投影到地面惯性坐标系$Ox_0y_0z_0$中。

1. 重力G_1

$$G_1 = m_1 \times g = -m_1 g\, k_0 = \begin{bmatrix} 0 \\ 0 \\ -m_1 g \end{bmatrix} \tag{3-1}$$

2. 空气动力R_1

作用于降落伞上的空气动力有空气阻力R_{Z1}和升力R_{y1}。

空气阻力R_{Z1}是空气动力沿伞质心速度方向的分量，方向与伞体质心速度方向相反。伞体质心速度方向可以表示为

$$I_{V1}=\frac{1}{V_1}[V_{1x0},\ V_{1y0},V_{1z0}]^{\mathrm{T}}$$

则空气阻力的方向为$-I_{V1}$，大小为$\frac{1}{2}\rho V_1^2 c_{x1}s_1$，其中$c_{x1}$为伞的阻力系数，$s_1$为伞的特征面积，则

$$R_{Z1}=\begin{bmatrix}R_{z1x0}\\R_{z1y0}\\R_{z1z0}\end{bmatrix}=-\frac{1}{2}\rho V_1 c_{x1}s_1\begin{bmatrix}V_{1x0}\\V_{1y0}\\V_{1z0}\end{bmatrix}\tag{3-2}$$

式中，$V_1=\sqrt{V_{1x0}^2+V_{1y0}^2+V_{1z0}^2}$，$S_1=\pi r_1^2$；$r_1$为降落伞的半径。降落伞的空气阻力$R_{Z1}$主要有摩擦阻力、压差阻力、波阻、诱导阻力。

（1）摩擦阻力：由于降落伞的落速比较小，为 13 m/s，故降落伞的摩擦阻力很小，在此忽略不及。

（2）压差阻力：气体流过物体，在物体前面气体受阻，流速减慢，压力增大，在物体后部，由于气体分离形成涡流区，压力减小，这样在物体前后便产生压力差，从而形成阻力，这是降落伞阻力的主要部分。降落伞是个高阻力的非流线体，其压差阻力远超过摩擦阻力。

（3）波阻：由于降落伞落速低，波阻可忽略。

升力R_{y1}是空气动力沿垂直于伞质心速度的分量，方向为在阻力面内且垂直于速度方向，升力的大小为$\frac{1}{2}\rho V_1^2 C'_{y1}s_1\delta_1$。其中，$C'_{y1}$是伞的升力系数导数，$\delta_1$为伞的攻角，即$C_1z_1$轴负向与$V_1$间的夹角，$\boldsymbol{I}_{V1}$表示伞质心速度方向，$-\boldsymbol{K}_1$表示伞轴的方向，因此升力$R_{y1}$的方向矢量为$\frac{\boldsymbol{I}_{V1}\times[(-\boldsymbol{K}_1)\times\boldsymbol{I}_{V1}]}{|\boldsymbol{I}_{V1}\times[(-\boldsymbol{K}_1)\times\boldsymbol{I}_{V1}]|}$。而在地面惯性坐标系$Ox_0y_0z_0$中有$\boldsymbol{K}_1=[A_{31},\ A_{32},\ A_{33}]^{\mathrm{T}}$，$\boldsymbol{I}_{V1}=\frac{1}{V_1}[V_{1x0},\ V_{1y0},\ V_{1z0}]^{\mathrm{T}}$，经计算知此方向矢量在地面惯性坐标系$Ox_0y_0z_0$中的投影表达式为

$$\begin{bmatrix}\boldsymbol{I}_{yx0}\\\boldsymbol{I}_{yy0}\\\boldsymbol{I}_{yz0}\end{bmatrix}=\frac{\boldsymbol{I}_{V1}\times[(-K_1)\times\boldsymbol{I}_{V1}]}{|\boldsymbol{I}_{V1}\times[(-K_1)\times\boldsymbol{I}_{V1}]|}$$

$$
= \frac{1}{V_1^2 \sin\delta_1} \begin{bmatrix} (A_{33}V_{1x0} - A_{31}V_{1z0})V_{1z0} - (A_{31}V_{1y0} - A_{32}V_{1x0})V_{1y0} \\ (A_{31}V_{1y0} - A_{32}V_{1x0})V_{1x0} - (A_{32}V_{1z0} - A_{33}V_{1y0})V_{1z0} \\ (A_{32}V_{1z0} - A_{33}V_{1y0})V_{1y0} - (A_{33}V_{1x0} - A_{31}V_{1z0})V_{1x0} \end{bmatrix} \tag{3-3}
$$

因此

$$
\boldsymbol{R}_{y1} = \begin{bmatrix} R_{y1x0} \\ R_{y1y0} \\ R_{y1z0} \end{bmatrix} = \frac{\rho V_1^2 S_1 C'_{y1} \delta_1}{2} \begin{bmatrix} I_{yx0} \\ I_{yy0} \\ I_{yz0} \end{bmatrix} \tag{3-4}
$$

式中，伞的攻角 δ_1 的求法如图 3-2 所示，具体方法如下：

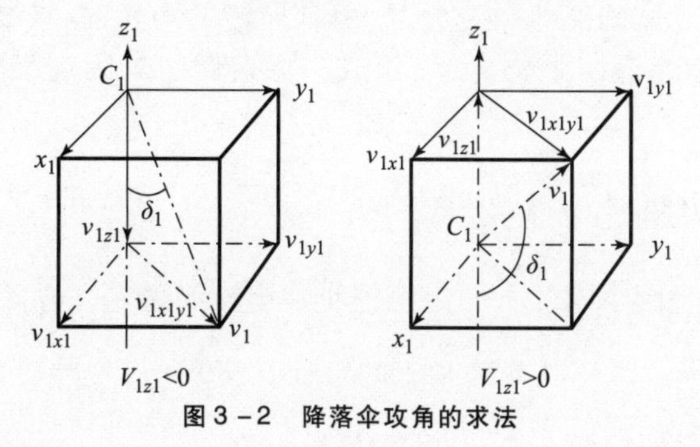

图 3-2 降落伞攻角的求法

设伞质心速度 V_1 向 C_1x_1、C_1y_1、C_1z_1 轴及 C_{1x1y1} 平面的投影分别为 V_{1x1}、V_{1y1}、V_{1z1}、V_{1x1y1}；则显然有

$$
\begin{bmatrix} V_{1x1} \\ V_{1y1} \\ V_{1z1} \end{bmatrix} = [A] \begin{bmatrix} V_{1x0} \\ V_{1y0} \\ V_{1z0} \end{bmatrix} \tag{3-5}
$$

$$
V_{1x1y1} = \sqrt{V_{1x1}^2 + V_{1y1}^2} \tag{3-6}
$$

伞的攻角为

$$
\delta_1 = \arcsin(V_{1x1y1}/V_1), \qquad V_{1Z1} < 0
$$

$$
\delta_1 = \frac{\pi}{2} + \arccos(V_{1x1y1}/V_1), \quad V_{1Z1} > 0
$$

作用于伞上的总空气动力等于阻力与升力的矢量和，即

$$
\boldsymbol{R}_1 = \begin{bmatrix} R_{1x0} \\ R_{1y0} \\ R_{1z0} \end{bmatrix} = \begin{bmatrix} R_{z1x0} + R_{y1x0} \\ R_{z1y0} + R_{y1y0} \\ R_{z1z0} + R_{y1z0} \end{bmatrix} \tag{3-7}
$$

3. 约束反力N_1

将约束反力$\boldsymbol{N}_1$ 表达式投影在地面惯性坐标系 $Ox_0y_0z_0$ 上，即

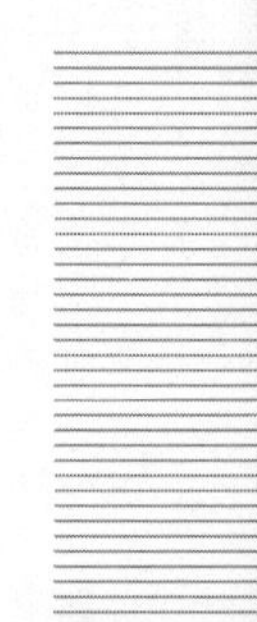

$$\boldsymbol{N}_1 = \begin{bmatrix} N_{1x0} \\ N_{1y0} \\ N_{1z0} \end{bmatrix} \tag{3-8}$$

3.1.1.2 作用于降落伞体上的力矩

作用于降落伞刚体上的力矩包括空气动力矩$\boldsymbol{M}_1$、约束反力N_1对质心C_1的力矩$\boldsymbol{M}_{N1}$、两刚体连接点处柱铰对伞刚体的约束反力矩$\boldsymbol{M}_D$。

作用于降落伞体的空气动力矩$\boldsymbol{M}_1$由伞导转力矩$\boldsymbol{M}_{xw1}$、伞极阻尼力矩$\boldsymbol{M}_{xz1}$、伞静力矩$\boldsymbol{M}_{z1}$、伞赤道阻尼力矩$\boldsymbol{M}_{zz1}$组成。将它们向伞固连坐标系$C_1x_1y_1z_1$上投影。

1. 伞导转力矩$\boldsymbol{M}_{xw1}$

伞导转力矩是因伞衣开孔而产生的使伞旋转的力矩，方向沿伞轴线向上，大小为$\frac{1}{2}\rho V_1^2 S_1 l_1 m_{xw1}$，其中$l_1$为伞衣的特征长度，$m_{xw1}$为导转力矩系数。伞导转力矩$\boldsymbol{M}_{xw1}$在伞固连坐标系$C_1x_1y_1z_1$上的投影为

$$\boldsymbol{M}_{xw1} = \begin{bmatrix} M_{xw1x1} \\ M_{xw1y1} \\ M_{xw1z1} \end{bmatrix} = \frac{1}{2}\rho V_1^2 S_1 l_1 m_{xw1} \begin{bmatrix} 0 \\ 0 \\ 1 \end{bmatrix} \tag{3-9}$$

2. 伞极阻尼力矩$\boldsymbol{M}_{xz1}$

伞极阻尼力矩是阻尼伞自转的力矩，方向与导转力矩相反，大小为$\frac{1}{2}\rho V_1 S_1 l_1^2 m'_{xz1}\omega_{1z1}$，其中$m'_{xz1}$为伞极阻尼力矩系数导数。伞极阻尼力矩$\boldsymbol{M}_{xz1}$在伞固连坐标系$C_1x_1y_1z_1$上的投影为

$$\boldsymbol{M}_{xz1} = \begin{bmatrix} M_{xz1x1} \\ M_{xz1y1} \\ M_{xz1z1} \end{bmatrix} = -\frac{1}{2}\rho V_1 S_1 l_1^2 m'_{xz1}\omega_{1z1} \begin{bmatrix} 0 \\ 0 \\ 1 \end{bmatrix} \tag{3-10}$$

3. 伞静力矩$\boldsymbol{M}_{z1}$

伞静力矩是由于降落伞的压心和质心不重合而产生的，大小为$\frac{1}{2}\rho V_1^2 S_1 l_1 m'_{z1}\delta_1$，

其中 m'_{z1} 为伞静力矩系数导数。方向矢量为 $\dfrac{(-\boldsymbol{k}_1)\times\boldsymbol{I}_{V1}}{|(-\boldsymbol{k}_1)\times\boldsymbol{I}_{V1}|}$，而 $\boldsymbol{k}_1$ 在伞固连坐标系 $C_1x_1y_1z_1$ 上的投影为 $[0, 0, 1]^{\mathrm{T}}$，$\boldsymbol{I}_{V1}$ 在伞固连坐标系 $C_1x_1y_1z_1$ 上的投影可用它在地面惯性坐标系 $Ox_0y_0z_0$ 上的投影经矩阵 $[\boldsymbol{A}]$ 左乘得到，即

$$\boldsymbol{I}_{V1} = [\boldsymbol{A}]\frac{1}{V_1}\begin{bmatrix}V_{1x0}\\V_{1y0}\\V_{1z0}\end{bmatrix} = \frac{1}{V_1\sin\delta_1}\begin{bmatrix}A_{11}V_{1x0}+A_{12}V_{1y0}+A_{13}V_{1z0}\\A_{21}V_{1x0}+A_{22}V_{1y0}+A_{23}V_{1z0}\\A_{31}V_{1x0}+A_{32}V_{1y0}+A_{33}V_{1z0}\end{bmatrix} \tag{3-11}$$

$$\boldsymbol{I}_{Mz} = \frac{(-k_1)\times I_{V1}}{|(-k_1)\times I_{V1}|} = \begin{bmatrix}I_{Mz1x1}\\I_{Mz1y1}\\I_{Mz1z1}\end{bmatrix} = \frac{1}{V_1\sin\delta_1}\begin{bmatrix}A_{21}V_{1x0}+A_{22}V_{1y0}+A_{23}V_{1z0}\\-A_{11}V_{1x0}-A_{12}V_{1y0}-A_{13}V_{1z0}\\0\end{bmatrix} \tag{3-12}$$

$$\boldsymbol{M}_{z1} = \begin{bmatrix}M_{z1x1}\\M_{z1y1}\\M_{z1z1}\end{bmatrix} = \frac{1}{2}\rho V_1^2S_1l_1m'_{z1}\delta_1\begin{bmatrix}I_{Mz1x1}\\I_{Mz1y1}\\I_{Mz1z1}\end{bmatrix} \tag{3-13}$$

4. 伞赤道阻尼力矩 M_{zz1}

伞赤道阻尼力矩是阻尼伞轴摆动的力矩，方向与摆动方向相反，大小为 $\frac{1}{2}\rho V_1S_1l_1^2m'_{zz1}\omega_{1x1y1}$，其中 $\omega_{1x1y1} = \omega_{1x1}i_1 + \omega_{1y1}j_1$ 是伞轴的摆动角速度，m'_{zz1} 是伞赤道阻尼力矩系数导数，则伞赤道阻尼力矩在伞固连坐标系 $C_1x_1y_1z_1$ 上的投影为

$$\boldsymbol{M}_{zz1} = \begin{bmatrix}M_{zz1x1}\\M_{zz1y1}\\M_{zz1z1}\end{bmatrix} = -\frac{1}{2}\rho V_1S_1l_1^2m'_{zz1}\begin{bmatrix}\omega_{1x1}\\\omega_{1y1}\\0\end{bmatrix}$$

由上述讨论得，作用在降落伞体上的总空气动力矩为

$$\boldsymbol{M}_1 = \begin{bmatrix}M_{1x1}\\M_{1y1}\\M_{1z1}\end{bmatrix} = \begin{bmatrix}M_{xw1x1}+M_{xz1x1}+M_{z1x1}+M_{zz1x1}\\M_{xw1y1}+M_{xz1y1}+M_{z1y1}+M_{zz1y1}\\M_{xw1z1}+M_{xz1z1}+M_{z1z1}+M_{zz1z1}\end{bmatrix}$$

5. 约束反力 N_1 对质心 C_1 的力矩 M_{N1}

力矩表达式为 $\boldsymbol{M}_{N1} = \boldsymbol{C}_1\boldsymbol{D}\times\boldsymbol{N}_1$，而在伞固连坐标系 $C_1x_1y_1z_1$ 中，约束反力 N_1 的投影表达式为

$$\boldsymbol{N}_1=\begin{bmatrix}N_{1x1}\\N_{1y1}\\N_{1z1}\end{bmatrix}=[\boldsymbol{A}]\begin{bmatrix}N_{1x0}\\N_{1y0}\\N_{1z0}\end{bmatrix}=\begin{bmatrix}A_{11}N_{1x0}+A_{12}N_{1y0}+A_{13}N_{1z0}\\A_{21}N_{1x0}+A_{22}N_{1y0}+A_{23}N_{1z0}\\A_{31}N_{1x0}+A_{32}N_{1y0}+A_{33}N_{1z0}\end{bmatrix} \tag{3-14}$$

而$\boldsymbol{C}_1\boldsymbol{D}$在伞固连坐标系 $C_1x_1y_1z_1$ 系中的投影为$\boldsymbol{C}_1\boldsymbol{D}=[0,\ 0,\ -l_{d1}]^{\mathrm{T}}$，所以力矩$\boldsymbol{M}_{N1}$在伞固连坐标系 $C_1x_1y_1z_1$ 中的投影表达式为

$$\boldsymbol{M}_{N1}=\begin{bmatrix}M_{N1x1}\\M_{N1y1}\\M_{N1z1}\end{bmatrix}=\boldsymbol{C}_1\boldsymbol{D}\times\boldsymbol{N}_1=\begin{bmatrix}l_{d1}N_{1y1}\\-l_{d1}N_{1x1}\\0\end{bmatrix}=\begin{bmatrix}l_{d1}\ (A_{21}N_{1x0}+A_{22}N_{1y0}+A_{23}N_{1z0})\\-l_{d1}\ (A_{11}N_{1x0}+A_{12}N_{1y0}+A_{13}N_{1z0})\\0\end{bmatrix} \tag{3-15}$$

6. D 点处弹体对伞体的约束力矩$\boldsymbol{M}_D$

弹刚体对伞体的约束力矩$\boldsymbol{M}_D$ 在伞固连坐标系 $C_1x_1y_1z_1$ 上的投影为

$$\boldsymbol{M}_D=\begin{bmatrix}M_{Dx1}\\M_{Dy1}\\M_{Dz1}\end{bmatrix} \tag{3-16}$$

3.1.2 作用在末敏子弹上的力与力矩

1. 作用于末敏子弹上的力

作用末敏子弹弹体上的力有弹体的重力$\boldsymbol{G}_2$ 及伞体与弹体连接点 D 处的伞体对弹体的约束反力 $-\boldsymbol{N}_1$，将这些力投影到地面惯性坐标系 $Ox_0y_0z_0$ 中有

（1）重力$\boldsymbol{G}_2$ 和约束反力 $-\boldsymbol{N}_1$：

$$\boldsymbol{G}_2=m_2\boldsymbol{g}=-m_2\boldsymbol{g}\,\boldsymbol{k}_0=\begin{bmatrix}G_{2x0}\\G_{2y0}\\G_{2z0}\end{bmatrix}=\begin{bmatrix}0\\0\\-m_2g\end{bmatrix} \tag{3-17}$$

（2）约束反力 $-\boldsymbol{N}_1$：

$$-\boldsymbol{N}_1=\begin{bmatrix}-N_{1x0}\\-N_{1y0}\\-N_{1z0}\end{bmatrix} \tag{3-18}$$

变换到弹体固连坐标系 $C_2x_2y_2z_2$ 中为

$$-\boldsymbol{N}_1=\begin{bmatrix}-N_{1x2}\\-N_{1y2}\\-N_{1z2}\end{bmatrix}=[\boldsymbol{B}]\begin{bmatrix}-N_{1x0}\\-N_{1y0}\\-N_{1z0}\end{bmatrix}=\begin{bmatrix}B_{11}(-N_{1x0})+B_{12}(-N_{1y0})+B_{13}(-N_{1z0})\\B_{21}(-N_{1x0})+B_{22}(-N_{1y0})+B_{23}(-N_{1z0})\\B_{31}(-N_{1x0})+B_{32}(-N_{1y0})+B_{33}(-N_{1z0})\end{bmatrix}\tag{3-19}$$

$$\boldsymbol{N}_1=\begin{bmatrix}N_{1x2}\\N_{1y2}\\N_{1z2}\end{bmatrix}=[\boldsymbol{B}]\begin{bmatrix}N_{1x0}\\N_{1y0}\\N_{1z0}\end{bmatrix}=\begin{bmatrix}B_{11}N_{1x0}+B_{12}N_{1y0}+B_{13}N_{1z0}\\B_{21}N_{1x0}+B_{22}N_{1y0}+B_{23}N_{1z0}\\B_{31}N_{1x0}+B_{32}N_{1y0}+B_{33}N_{1z0}\end{bmatrix}\tag{3-20}$$

2. 作用于末敏子弹上的力矩

作用于弹体上的力矩有伞体与弹体连接点 D 处的伞体对弹体的反力矩 $-\boldsymbol{M}_D$ 及约束反力 $-\boldsymbol{N}_1$ 对弹体质心的力矩$\boldsymbol{M}_{N2}$。

（1）伞体对弹体的反力矩：

$$-\boldsymbol{M}_D=\begin{bmatrix}-M_{Dx1}\\-M_{Dy1}\\-M_{Dz1}\end{bmatrix}\tag{3-21}$$

由转换矩阵，$-\boldsymbol{M}_{D2}$在弹体固连坐标系 $C_2x_2y_2z_2$ 中的表达式为

$$\begin{bmatrix}-M_{Dx2}\\-M_{Dy2}\\-M_{Dz2}\end{bmatrix}=[\boldsymbol{C}]^{-1}\begin{bmatrix}-M_{Dx1}\\-M_{Dy1}\\-M_{Dz1}\end{bmatrix}\tag{3-22}$$

对前面的$[\boldsymbol{C}]$求逆，可得

$$[\boldsymbol{C}]^{-1}=\begin{bmatrix}1&0&0\\0&\cos\theta&\sin\theta\\0&-\sin\theta&\cos\theta\end{bmatrix}$$

（2）约束反力 $-\boldsymbol{N}_1$ 对弹体质心的力矩$\boldsymbol{M}_{N2}$：

$$\boldsymbol{M}_{N2}=\boldsymbol{L}_{d2}\times(-\boldsymbol{N}_1)=\begin{bmatrix}N_{1y2}l_{d3}-N_{1z2}l_{d2}\\-N_{1x2}l_{d3}\\N_{1x2}l_{d2}\end{bmatrix}$$
$$=\begin{bmatrix}l_{d3}(B_{21}N_{1x0}+B_{22}N_{1y0}+B_{23}N_{1z0})-l_{d2}(B_{31}N_{1x0}+B_{32}N_{1y0}+B_{33}N_{1z0})\\-l_{d3}(B_{11}N_{1x0}+B_{12}N_{1y0}+B_{13}N_{1z0})\\l_{d2}(B_{11}N_{1x0}+B_{12}N_{1y0}+B_{13}N_{1z0})\end{bmatrix}\tag{3-23}$$

式中，弹体与柱铰刚体连接点铰柱质心 D 处，柱铰质心在弹体固连坐标系

$C_2x_2y_2z_2$ 中的坐标为

$$\boldsymbol{L}_{d2}=\begin{bmatrix}0\\l_{d2}\\l_{d3}\end{bmatrix}\tag{3-24}$$

3.2 炮射末敏弹减速/减旋段飞行弹道

炮射末敏弹减速/减旋段飞行弹道是指末敏子弹从母弹中抛射出来到打开主旋转伞这一段弹道，这段弹道是抛射之后与达到稳态扫描前的过渡过程。

3.2.1 减速/减旋段的作用力和力矩

令子弹速度 v 在弹体基准坐标系上的分量为 v_x、v_y、v_z，风速 w 在弹体基准坐标系上的分量为 w_x、w_y、w_z，子弹相对风的速度为

$$v_r=\sqrt{(v_x-w_x)^2+(v_y-w_y)^2+(v_z-w_z)^2}$$

在图 3-3 中，作用于伞弹系统上的力和力矩分别为弹体阻力 R_d、伞阻力 R_s，重力 mg 和旋转阻尼力矩。

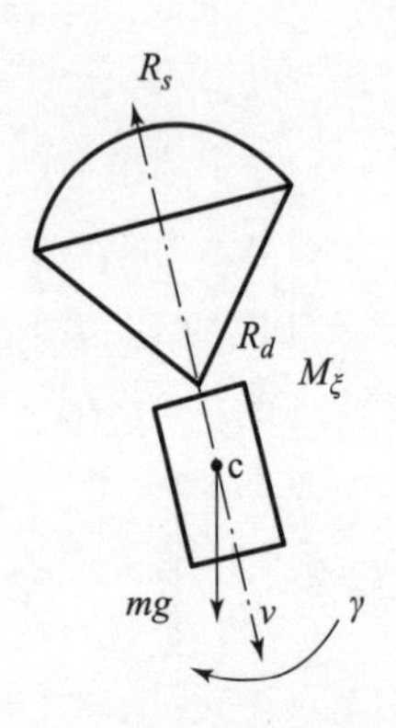

图 3-3 有伞末敏弹受力分析

1. 子弹弹体阻力

子弹弹体阻力与速度矢量反向，在基准坐标系上的分量为

$$\boldsymbol{R}_d = -\frac{1}{2}\rho v_r S_d c_d \boldsymbol{v}_r = \begin{bmatrix} R_{dx} \\ R_{dy} \\ R_{dz} \end{bmatrix} = -\frac{1}{2}\rho v_r S_d c_d \begin{bmatrix} v_x - w_x \\ v_y - w_y \\ v_z - w_z \end{bmatrix}$$

式中，ρ 为空气密度；S_d 为子弹体横截面积；c_d 为子弹弹体阻力系数。

2. 减速伞阻力

减速伞阻力与速度矢量反向，在弹体基准坐标系上的分量为

$$\boldsymbol{R}_s = -\frac{1}{2}\rho v_r S_s c_s \boldsymbol{v}_r = \begin{bmatrix} R_{sx} \\ R_{sy} \\ R_{sz} \end{bmatrix} = -\frac{1}{2}\rho v_r S_s c_s \begin{bmatrix} v_x - w_x \\ v_y - w_y \\ v_z - w_z \end{bmatrix}$$

式中，S_s 为减速伞伞衣面积；c_s 为减速伞阻力系数。

3. 重力

重力铅垂向下，在基准坐标系上的分量为

$$\boldsymbol{G} = m\boldsymbol{g} = \begin{bmatrix} G_x \\ G_y \\ G_z \end{bmatrix} = -m\boldsymbol{g} \begin{bmatrix} 0 \\ 1 \\ 0 \end{bmatrix}$$

4. 旋转阻尼力矩

主要由减旋翼片产生，阻碍子弹自转的力矩，与自转方向相反。

$$\boldsymbol{M}_{xz} = -\frac{1}{2}\rho v_r S_d l d m'_{xz} \dot{\gamma}$$

式中，m'_{xz} 为旋转阻尼力矩系数导数；l 为特征长度；d 为弹径。

3.2.2 减速/减旋运动方程

由动量定理得减速/减旋段末敏子弹的运动方程为

$$\begin{cases} m\dfrac{\mathrm{d}v}{\mathrm{d}t} = \sum \boldsymbol{F} \\ I_c\dfrac{\mathrm{d}\dot{\gamma}}{\mathrm{d}t} = \boldsymbol{M}_{xz} \end{cases}$$

式中，m 为末敏子弹的质量；I_c 为末敏子弹的极转动惯量。

在弹体基准坐标系下将上式写成标量形式为

$$
\begin{cases}
\dfrac{\mathrm{d}v_x}{\mathrm{d}t} = R_{dx} + R_{sx} + G_x \\
\dfrac{\mathrm{d}v_y}{\mathrm{d}t} = R_{dy} + R_{sy} + G_y \\
\dfrac{\mathrm{d}v_z}{\mathrm{d}t} = R_{dz} + R_{sz} + G_z \\
\dfrac{\mathrm{d}x}{\mathrm{d}t} = v_x \\
\dfrac{\mathrm{d}y}{\mathrm{d}t} = v_y \\
\dfrac{\mathrm{d}z}{\mathrm{d}t} = v_z \\
I_c \dfrac{\mathrm{d}\dot{\gamma}}{\mathrm{d}t} = -\dfrac{1}{2}\rho v_r S_d l \mathrm{d} m'_{xz}\dot{\gamma}
\end{cases}
$$

3.2.3 减速/减旋段初始弹道计算

末敏弹飞行到目标上空的预定位置后，在时间引信作用下启动抛射机构抛出末敏子弹，抛射结束后末敏弹道的诸元作为减速/减旋段弹道计算的初始条件。

令抛射前母弹在抛射点的弹道诸元为

$$
(t_k, v_k, x_k, y_k, z_k, \dot{\gamma}_k, \delta_{k1}, \delta_{k2})
$$

则抛射前母弹在抛射点速度矢量在弹轴坐标系下的分量为

$$
v_k = \begin{bmatrix} v_{k\xi} \\ v_{k\eta} \\ v_{k\zeta} \end{bmatrix} = L_3 \begin{bmatrix} v_k \\ 0 \\ 0 \end{bmatrix} = \begin{bmatrix} v_k\cos\delta_2\cos\delta_1 \\ -v_k\sin\delta_1 \\ -v_k\sin\delta_2\cos\delta_1 \end{bmatrix}
$$

令抛射后母弹弹体和末敏子弹质量分别为 m_1 和 m_2，其在弹轴坐标系下的速度分量分别为（$v_{1\xi}$，$v_{1\eta}$，$v_{1\zeta}$）、（$v_{2\xi}$，$v_{2\eta}$，$v_{2\zeta}$），抛射药气体做功为 E_w，由动量守恒定理和动能守恒定理，通过坐标变换得末敏子弹在基准系下的初始速度为

$$
\boldsymbol{v}_k = \begin{bmatrix} v_{x0} \\ v_{y0} \\ v_{z0} \end{bmatrix} = \boldsymbol{L}_2^{\mathrm{T}} \begin{bmatrix} v_{k\xi} + \Delta v_{1\xi} \\ v_{k\eta} \\ v_{k\zeta} \end{bmatrix}
$$

3.3　有伞末敏弹稳态扫描弹道

末敏子弹在预定时间张开主旋转伞，在主旋转伞作用下，伞弹系统进一步减速，且在导旋力矩作用下开始旋转，最后达到稳态扫描状态。

3.3.1　降落伞体一般运动的微分方程

3.3.1.1　降落伞质心运动微分方程的建立

据动量定理 $m_1\ddot{\boldsymbol{r}}_1=\boldsymbol{G}_1+\boldsymbol{R}_1+\boldsymbol{N}_1$，将该式投影到地面惯性坐标系 $Ox_0y_0z_0$，考虑到 $\boldsymbol{G}_1=[0,\ 0,\ -m_1g]^{\mathrm{T}}$，$\boldsymbol{R}_1=[R_{1x0},\ R_{1y0},\ R_{1z0}]$，$\boldsymbol{N}_1=[N_{1x0},\ N_{1y0},\ N_{1z0}]$，得

$$\begin{cases}\dot{V}_{1x0}=\dfrac{1}{m_1}(R_{1x0}+N_{1x0})\\ \dot{V}_{1y0}=\dfrac{1}{m_1}(R_{1y0}+N_{1y0})\\ \dot{V}_{1z0}=\dfrac{1}{m_1}(R_{1z0}+N_{1z0}-m_1g)\end{cases}\tag{3-25}$$

再考虑运动学方程：

$$\begin{cases}\dot{x}_1=V_{1x0}\\ \dot{y}_1=V_{1y0}\\ \dot{Z}_1=V_{1z0}\end{cases}\tag{3-26}$$

则上两式一起构成了完整的伞刚体质心运动微分方程组。

3.3.1.2　降落伞绕质心运动微分方程组

据动量矩定理得

$$\frac{\mathrm{d}K_1}{\mathrm{d}t}=M_1+M_{N1}+M_D\tag{3-27}$$

式中，$\boldsymbol{K}_1$ 为伞体相对质心 C_1 的动量矩，降落伞体是关于伞轴对称的轴对称刚体，所以有

$$\boldsymbol{K}_1 = A_1\omega_{1x1}i_1 + A_1\omega_{1y1}j_1 + C_1\omega_{1z1}k_1 \tag{3-28}$$

利用绝对导数与相对导数的关系得

$$\begin{aligned}\frac{\mathrm{d}\,K_1}{\mathrm{d}t} &= \frac{\mathrm{d}\,\tilde{K}_1}{\mathrm{d}t} + \omega_1 \times K_1 \\ &= [A_1\dot{\omega}_{1x1} + (C_1 - A_1)\omega_{1y1}\omega_{1z1}]i_1 + [A_1\dot{\omega}_{1y1} + (A_1 - C_1)\omega_{1x1}\omega_{1z1}]j_1 + \\ &\quad C_1\dot{\omega}_{1z1}k_1\end{aligned} \tag{3-29}$$

将上式及M_1、M_{N1}、M_D 代入动量矩方程得

$$\begin{cases}A_1\dot{\omega}_{1x1} = M_{1x1} + M_{N1x1} + M_{Dx1} + (A_1 - C_1)\omega_{1y1}\omega_{1z1} \\ A_1\dot{\omega}_{1y1} = M_{1y1} + M_{N1y1} + M_{Dy1} + (C_1 - A_1)\omega_{1x1}\omega_{1z1} \\ C_1\dot{\omega}_{1x1} = M_{1z1} + M_{N1z1} + M_{Dz1}\end{cases} \tag{3-30}$$

由伞体坐标系和地面坐标系的旋转关系，可以列出运动学方程：

$$\begin{cases}\omega_{1x1} = \dot{\psi}_1\sin\theta_1\sin\varphi_1 + \dot{\theta}_1\cos\varphi_1 \\ \omega_{1y1} = \dot{\psi}_1\sin\theta_1\cos\varphi_1 - \dot{\theta}_1\sin\varphi_1 \\ \omega_{1y1} = \dot{\psi}_1\cos\theta_1 + \dot{\varphi}_1\end{cases} \tag{3-31}$$

则上两式组成了完整的降落伞刚体绕心运动微分方程组。

3.3.1.3 末敏子弹一般运动的微分方程

1. 弹体质心运动微分方程组

根据动量定理 $m_2\ddot{\boldsymbol{r}}_2 = \boldsymbol{G}_2 - \boldsymbol{N}_1$，将该式投影到地面惯性坐标系 $Ox_0y_0z_0$ 中得

$$\begin{cases}\dot{V}_{2x0} = \dfrac{1}{m_2}(-N_{1x0}) \\ \dot{V}_{2y0} = \dfrac{1}{m_2}(-N_{1y0}) \\ \dot{V}_{2z0} = \dfrac{1}{m_2}(-N_{1z0} - m_2g)\end{cases} \tag{3-32}$$

再考虑运动学方程：

$$\begin{cases} \dot{x}_2 = V_{2x0} \\ \dot{y}_2 = V_{2y0} \\ \dot{Z}_2 = V_{2z0} \end{cases} \tag{3-33}$$

2. 弹体绕质心运动微分方程组

根据动量定理有

$$\frac{\mathrm{d}K_2}{\mathrm{d}t} = -M_D + M_{N2} \tag{3-34}$$

$$K_2 = A_2\omega_{2x2}i_2 + A_2\omega_{2y2}j_2 + C_2\omega_{2z2}k_2 \tag{3-35}$$

利用绝对导数与相对导数的关系得

$$\frac{\mathrm{d}K_2}{\mathrm{d}t} = \frac{\mathrm{d}\tilde{K}_2}{\mathrm{d}t} + \omega_2 \times K_2 = [A_2\dot{\omega}_{2x2} + (C_2 - A_2)\omega_{2y2}\omega_{2z2}]i_2 + [A_2\dot{\omega}_{2y2} + (A_2 - C_2)\omega_{2x2}\omega_{2z2}]j_2 + C_2\dot{\omega}_{2z2}k_2 \tag{3-36}$$

将上式及 $-M_D$、M_{N2} 代入动量矩方程得

$$\begin{cases} A_2\dot{\omega}_{2x2} = -M_{Dx2} + M_{N2x2} + (A_2 - C_2)\omega_{2y2}\omega_{2z2} \\ A_2\dot{\omega}_{2y2} = -M_{Dy2} + M_{N2y2} + (C_2 - A_2)\omega_{2x2}\omega_{2z2} \\ C_2\dot{\omega}_{2z2} = -M_{Dz2} + M_{N2z2} \end{cases} \tag{3-37}$$

再考虑运动学方程:

$$\begin{cases} \omega_{2x2} = \dot{\psi}_2\sin\theta_2\sin\varphi_2 + \dot{\theta}_2\cos\varphi_2 \\ \omega_{2y2} = \dot{\psi}_2\sin\theta_2\cos\varphi_2 - \dot{\theta}_2\sin\varphi_2 \\ \omega_{2z2} = \dot{\psi}_2\cos\theta_2 + \dot{\varphi}_2 \end{cases} \tag{3-38}$$

则上两式组成了完整的弹体绕质心运动微分方程组。

3.3.1.4 伞弹系统刚体一般运动的微分方程

1. 伞弹系统各量之间的关系

(1) 伞弹刚体之间的关系。对于地面坐标系的固定点 O，伞体的矢径为 $\boldsymbol{r}_1$，弹体质心的矢径为 $\boldsymbol{r}_2$。

(2) 与质心矢径的关系:

$$\boldsymbol{r}_1 = \boldsymbol{r}_2 + \boldsymbol{C}_2\boldsymbol{D} + \boldsymbol{D}\,\boldsymbol{C}_1 \tag{3-39}$$

(3) 与角速度的关系:

$$\boldsymbol{\omega}_2=\boldsymbol{\omega}_1+\dot{\boldsymbol{\theta}}_r\boldsymbol{i}_2 \tag{3-40}$$

在弹体固连坐标系 $C_2x_2y_2z_2$ 中为

$$\boldsymbol{\omega}_1=\begin{bmatrix}\omega_{1x2}\\ \omega_{1y2}\\ \omega_{1z2}\end{bmatrix}=[\boldsymbol{C}]^{-1}\begin{bmatrix}\omega_{1x1}\\ \omega_{1y1}\\ \omega_{1z1}\end{bmatrix} \tag{3-41}$$

$\boldsymbol{\omega}_2$ 在弹体固连坐标系 $C_2x_2y_2z_2$ 中为

$$\boldsymbol{\omega}_2=\begin{bmatrix}\omega_{2x2}\\ \omega_{2y2}\\ \omega_{2z2}\end{bmatrix}=\begin{bmatrix}\omega_{1x2}+\dot{\theta}_r\\ \omega_{1y2}\\ \omega_{1z2}\end{bmatrix} \tag{3-42}$$

在弹体固连坐标系 $C_2x_2y_2z_2$ 中$\boldsymbol{\omega}_1$ 与$\boldsymbol{\omega}_2$ 的关系为

$$\boldsymbol{\omega}_1=\begin{bmatrix}\omega_{1x2}\\ \omega_{1y2}\\ \omega_{1z2}\end{bmatrix}=\begin{bmatrix}\omega_{2x2}-\dot{\theta}_r\\ \omega_{2y2}\\ \omega_{2z2}\end{bmatrix} \tag{3-43}$$

变到伞固连坐标系 $C_1x_1y_1z_1$ 中为

$$\boldsymbol{\omega}_1=\begin{bmatrix}\omega_{1x1}\\ \omega_{1y1}\\ \omega_{1z1}\end{bmatrix}=[\boldsymbol{C}]\begin{bmatrix}\omega_{2x2}-\dot{\theta}_r\\ \omega_{2y2}\\ \omega_{2z2}\end{bmatrix}=\begin{bmatrix}C_{11}(\omega_{2x2}-\dot{\theta}_r)+C_{12}\omega_{2y2}+C_{13}(\omega_{2z2})\\ C_{21}(\omega_{2x2}-\dot{\theta}_r)+C_{22}\omega_{2y2}+C_{23}(\omega_{2z2})\\ C_{31}(\omega_{2x2}-\dot{\theta}_r)+C_{32}\omega_{2y2}+C_{33}(\omega_{2z2})\end{bmatrix} \tag{3-44}$$

（4）角加速度关系。角加速度的关系式为

$$\dot{\boldsymbol{\omega}}_2=\dot{\boldsymbol{\omega}}_1+\ddot{\boldsymbol{\theta}}_r\boldsymbol{i}_2+\dot{\boldsymbol{\theta}}_r\omega_{2z2}\boldsymbol{j}_2-\dot{\boldsymbol{\theta}}_r\omega_{2y2}\boldsymbol{k}_2 \tag{3-45}$$

$\dot{\omega}_1$ 在弹体固连坐标系 $C_2x_2y_2z_2$ 中为

$$\dot{\boldsymbol{\omega}}_1=\begin{bmatrix}\dot{\omega}_{1x2}\\ \dot{\omega}_{1y2}\\ \dot{\omega}_{1z2}\end{bmatrix}=[\boldsymbol{C}]^{-1}\begin{bmatrix}\dot{\omega}_{1x1}\\ \dot{\omega}_{1y1}\\ \dot{\omega}_{1z1}\end{bmatrix} \tag{3-46}$$

$\dot{\boldsymbol{\omega}}_2$ 在弹体固连坐标系 $C_2x_2y_2z_2$ 中为

$$\dot{\boldsymbol{\omega}}_2=\begin{bmatrix}\dot{\omega}_{2x2}\\ \dot{\omega}_{2y2}\\ \dot{\omega}_{2z2}\end{bmatrix}=\begin{bmatrix}\dot{\omega}_{1x2}+\ddot{\theta}_r\\ \dot{\omega}_{1y2}+\dot{\theta}_r\omega_{2z2}\\ \dot{\omega}_{1z2}-\dot{\theta}_r\omega_{2y2}\end{bmatrix} \tag{3-47}$$

在弹体固连坐标系 $C_2x_2y_2z_2$ 中$\dot{\boldsymbol{\omega}}_1$ 与$\dot{\boldsymbol{\omega}}_2$ 的关系为

$$\dot{\boldsymbol{\omega}}_1=\begin{bmatrix}\dot{\omega}_{1x2}\\ \dot{\omega}_{1y2}\\ \dot{\omega}_{1z2}\end{bmatrix}=\begin{bmatrix}\dot{\omega}_{2x2}-\ddot{\theta}_r\\ \dot{\omega}_{2y2}-\dot{\theta}_r\omega_{2z2}\\ \dot{\omega}_{2z2}+\dot{\theta}_r\omega_{2y2}\end{bmatrix} \tag{3-48}$$

变到伞固连坐标系 $C_1x_1y_1z_1$ 中为

$$\dot{\boldsymbol{\omega}}_1=\begin{bmatrix}\dot{\omega}_{1x1}\\ \dot{\omega}_{1y1}\\ \dot{\omega}_{1z1}\end{bmatrix}=[\boldsymbol{C}]\begin{bmatrix}\dot{\omega}_{2x2}-\ddot{\theta}_r\\ \dot{\omega}_{2y2}-\dot{\theta}_r\omega_{2z2}\\ \dot{\omega}_{2z2}+\dot{\theta}_r\omega_{2y2}\end{bmatrix}=$$

$$\begin{bmatrix}C_{11}(\dot{\omega}_{2x2}-\ddot{\theta}_r)+C_{12}(\dot{\omega}_{2y2}-\dot{\theta}_r\omega_{2z2})+C_{13}(\dot{\omega}_{2z2}+\dot{\theta}_r\omega_{2y2})\\ C_{21}(\dot{\omega}_{2x2}-\ddot{\theta}_r)+C_{22}(\dot{\omega}_{2y2}-\dot{\theta}_r\omega_{2z2})+C_{23}(\dot{\omega}_{2z2}+\dot{\theta}_r\omega_{2y2})\\ C_{31}(\dot{\omega}_{2x2}-\ddot{\theta}_r)+C_{32}(\dot{\omega}_{2y2}-\dot{\theta}_r\omega_{2z2})+C_{33}(\dot{\omega}_{2z2}+\dot{\theta}_r\omega_{2y2})\end{bmatrix}\tag{3-49}$$

（5）速度关系。速度与角速度等的关系为

$$\boldsymbol{V}_1=\boldsymbol{V}_2+\frac{\mathrm{d}\boldsymbol{D\,C}_1}{\mathrm{d}t}+\frac{\mathrm{d}\,\boldsymbol{C}_2\boldsymbol{D}}{\mathrm{d}t}=\boldsymbol{V}_2+\boldsymbol{\omega}_1\times\boldsymbol{D\,C}_1+\boldsymbol{\omega}_2\times\boldsymbol{C}_2\boldsymbol{D}\tag{3-50}$$

①在弹体固连坐标系 $Cxyz$ 中为

$$\boldsymbol{\omega}_2\times\boldsymbol{C}_2\boldsymbol{D}=\begin{vmatrix}\boldsymbol{i}&\boldsymbol{j}&\boldsymbol{k}\\ \omega_{2x}&\omega_{2y}&\omega_{2z}\\ 0&l_d&l_d\end{vmatrix}=(\omega_{2y}l_d-\omega_{2z}l_d)\boldsymbol{i}+$$

$$(-\omega_{2x2}l_{d3})\boldsymbol{j}_2+(\omega_{2x2}l_{d2})\boldsymbol{k}_2\tag{3-51}$$

变换到地面惯性坐标系 $Ox_0y_0z_0$ 中为

$$\begin{bmatrix}W_{2x0}\\ W_{2y0}\\ W_{2z0}\end{bmatrix}=[\boldsymbol{B}]^{-1}\begin{bmatrix}\omega_{2y2}l_{d3}-\omega_{2z2}l_{d2}\\ -\omega_{2x2}l_{d3}\\ \omega_{2x2}l_{d2}\end{bmatrix}\tag{3-52}$$

$\boldsymbol{W}_2$ 为中间变量。

②在伞固连坐标系 $C_1x_1y_1z_1$ 中为

$$\boldsymbol{\omega}_1\times\boldsymbol{D\,C}_1=\begin{vmatrix}\boldsymbol{i}_1&\boldsymbol{j}_1&\boldsymbol{k}_1\\ \omega_{1x1}&\omega_{1y1}&\omega_{1z1}\\ 0&0&-l_{d1}\end{vmatrix}=-\omega_{1y1}l_{d1}\boldsymbol{i}_1+\omega_{1x1}l_{d1}\boldsymbol{j}_1\tag{3-53}$$

变换到地面惯性坐标系 $Ox_0y_0z_0$ 中为

$$\begin{bmatrix}W_{1x0}\\ W_{1y0}\\ W_{1z0}\end{bmatrix}=[\boldsymbol{A}]^{-1}\begin{bmatrix}-\omega_{1y1}l_{d1}\\ \omega_{1x1}l_{d1}\\ 0\end{bmatrix}\tag{3-54}$$

$\boldsymbol{W}_1$ 为中间变量。

③在地面惯性坐标系 $Ox_0y_0z_0$ 中为

$$\boldsymbol{V}_1=\begin{bmatrix}V_{2x0}+W_{1x0}+W_{2x0}\\ V_{2y0}+W_{1y0}+W_{2y0}\\ V_{2z0}+W_{1z0}+W_{2z0}\end{bmatrix}=\begin{bmatrix}V_{1x0}\\ V_{1y0}\\ V_{1z0}\end{bmatrix}\tag{3-55}$$

(6) 加速度关系。对速度求导得

$$\dot{\boldsymbol{V}}_1=\dot{\boldsymbol{V}}_2+\dot{\boldsymbol{\omega}}_1\times\boldsymbol{D}\,\boldsymbol{C}_1+\boldsymbol{\omega}_1\times(\boldsymbol{\omega}_1\times\boldsymbol{D}\,\boldsymbol{C}_1)+\dot{\boldsymbol{\omega}}_2\times\boldsymbol{C}_2\boldsymbol{D}+\boldsymbol{\omega}_2\times(\boldsymbol{\omega}_2\times\boldsymbol{C}_2\boldsymbol{D}) \tag{3-56}$$

①在伞固连坐标系 $C_1x_1y_1z_1$ 中:

$$\dot{\boldsymbol{\omega}}_1\times\boldsymbol{D}\,\boldsymbol{C}_1=\begin{vmatrix}\boldsymbol{i}_1 & \boldsymbol{j}_1 & \boldsymbol{k}_1\\ \dot{\omega}_{1x1} & \dot{\omega}_{1y1} & \dot{\omega}_{1z1}\\ 0 & 0 & -l_{d1}\end{vmatrix}=-\dot{\omega}_{1y1}l_{d1}\boldsymbol{i}_1+\dot{\omega}_{1x1}l_{d1}\boldsymbol{j}_1 \tag{3-57}$$

变换到地面惯性坐标系 $Ox_0y_0z_0$ 中为

$$[\boldsymbol{A}]^{-1}\begin{bmatrix}-\dot{\omega}_{1y1}l_{d1}\\ \dot{\omega}_{1x1}l_{d1}\\ 0\end{bmatrix} \tag{3-58}$$

②在伞固连坐标系 $C_1x_1y_1z_1$ 中:

$$\begin{aligned}\boldsymbol{\omega}_1\times(\boldsymbol{\omega}_1\times\boldsymbol{DC}_1)&=\begin{vmatrix}\boldsymbol{i}_1 & \boldsymbol{j}_1 & \boldsymbol{k}_1\\ \omega_{1x1} & \omega_{1y1} & \omega_{1z1}\\ -\omega_{1y1}l_{d1} & \omega_{1x1}l_{d1} & 0\end{vmatrix}\\ &=(-\omega_{1z1}\omega_{1x1}l_{d1})\boldsymbol{i}_1+(\omega_{1z1}\omega_{1y1}l_{d1})\boldsymbol{j}_1+(\omega_{1x1}^2+\omega_{1y1}^2)\boldsymbol{k}_1\end{aligned} \tag{3-59}$$

变换到地面惯性坐标系 $Ox_0y_0z_0$ 中为

$$[\boldsymbol{A}]^{-1}\begin{bmatrix}-\omega_{1z1}\omega_{1x1}l_{d1}\\ \omega_{1z1}\omega_{1y1}l_{d1}\\ \omega_{1x1}^2l_{d1}+\omega_{1y1}^2l_{d1}\end{bmatrix} \tag{3-60}$$

$$\begin{aligned}\begin{bmatrix}DW_{1x0}\\ DW_{1y0}\\ DW_{1z0}\end{bmatrix}&=[\boldsymbol{A}]^{-1}\begin{bmatrix}-\dot{\omega}_{1y1}l_{da}\\ \dot{\omega}_{1x1}l_{d1}\\ 0\end{bmatrix}+[\boldsymbol{A}]^{-1}\begin{bmatrix}-\omega_{1z1}\omega_{1x1}l_{d1}\\ \omega_{1z1}\omega_{1y1}l_{d1}\\ \omega_{1x1}^2l_{d1}+\omega_{1y1}^2l_{d1}\end{bmatrix}\\ &=[A]^{-1}\begin{bmatrix}-\dot{\omega}_{1y1}l_{d1}-\omega_{1z1}\omega_{1x1}l_{d1}\\ \dot{\omega}_{1x1}l_{d1}+\omega_{1z1}\omega_{1y1}l_{d1}\\ \omega_{1x1}^2l_{d1}+\omega_{1y1}^2l_{d1}\end{bmatrix}=\\ &\begin{bmatrix}A_{11}(-\dot{\omega}_{1y1}l_{d1}-\omega_{1z1}\omega_{1x1}l_{d1})+A_{21}(\dot{\omega}_{1x1}l_{d1}+\omega_{1z1}\omega_{1y1}l_{d1})+A_{31}(\omega_{1x1}^2l_{d1}+\omega_{1y1}^2l_{d1})\\ A_{12}(-\dot{\omega}_{1y1}l_{d1}-\omega_{1z1}\omega_{1x1}l_{d1})+A_{22}(\dot{\omega}_{1x1}l_{d1}+\omega_{1z1}\omega_{1y1}l_{d1})+A_{32}(\omega_{1x1}^2l_{d1}+\omega_{1y1}^2l_{d1})\\ A_{13}(-\dot{\omega}_{1y1}l_{d1}-\omega_{1z1}\omega_{1x1}l_{d1})+A_{23}(\dot{\omega}_{1x1}l_{d1}+\omega_{1z1}\omega_{1y1}l_{d1})+A_{33}(\omega_{1x1}^2l_{d1}+\omega_{1y1}^2l_{d1})\end{bmatrix}\end{aligned} \tag{3-61}$$

式中，DW_1 为中间变量。

③在弹体固连坐标系 $C_2x_2y_2z_2$ 中:

$$\dot{\boldsymbol{\omega}}_2 \times \boldsymbol{C}_2\boldsymbol{D} = \begin{vmatrix} \boldsymbol{i}_2 & \boldsymbol{j}_2 & \boldsymbol{k}_2 \\ \dot{\omega}_{2x2} & \dot{\omega}_{2y2} & \dot{\omega}_{2z2} \\ 0 & l_{d2} & l_{d3} \end{vmatrix}$$

$$= (\dot{\omega}_{2y2} l_{d3} - \dot{\omega}_{2z2} l_{d2}) \boldsymbol{i}_2 + (-\dot{\omega}_{2x2} l_{d3}) \boldsymbol{j}_2 + \dot{\omega}_{2x2} l_{d2} \boldsymbol{k}_2 \tag{3-62}$$

④ω 在弹体固连坐标系 $C_2x_2y_2z_2$ 中：

$$\boldsymbol{\omega}_2 \times (\boldsymbol{\omega}_2 \times \boldsymbol{C}_2\boldsymbol{D}) = \begin{vmatrix} \boldsymbol{i}_2 & \boldsymbol{j}_2 & \boldsymbol{k}_2 \\ \omega_{2x2} & \omega_{2y2} & \omega_{2z2} \\ \omega_{2y2} l_{d3} - \omega_{2z2} l_{d2} & -\omega_{2x2} l_{d3} & \omega_{2x2} l_{d2} \end{vmatrix}$$

$$= (\omega_{2y2}\omega_{2x2} l_{d2} + \omega_{2z2}\omega_{2x2} l_{d3}) \boldsymbol{i}_2 + (-\omega_{2x2}\omega_{2x2} l_{d2} - \omega_{2z2}\omega_{2z2} l_{d2} + \omega_{2z2}\omega_{2y2} l_{d3}) \boldsymbol{j}_2 + (-\omega_{2x2}\omega_{2x2} l_{d3} - \omega_{2y2}\omega_{2y2} l_{d3} + \omega_{2z2}\omega_{2y2} l_{d2}) \boldsymbol{k}_2 \tag{3-63}$$

又

$$\dot{\boldsymbol{\omega}}_2 \times \boldsymbol{C}_2\boldsymbol{D} + \boldsymbol{\omega}_2 \times (\boldsymbol{\omega}_2 \times \boldsymbol{C}_2\boldsymbol{D}) = \begin{bmatrix} (\dot{\omega}_{2y2} l_{d3} - \dot{\omega}_{2z2} l_{d2}) + (\omega_{2y2}\omega_{2x2} l_{d2} + \omega_{2z2}\omega_{2x2} l_{d3}) \\ -\dot{\omega}_{2x2} l_{d3} + (-\omega_{2x2}\omega_{2x2} l_{d2} - \omega_{2z2}\omega_{2z2} l_{d2} + \omega_{2z2}\omega_{2y2} l_{d3}) \\ \dot{\omega}_{2x2} l_{d2} + (-\omega_{2x2}\omega_{2x2} l_{d3} - \omega_{2y2}\omega_{2y2} l_{d3} + \omega_{2z2}\omega_{2y2} l_{d2}) \end{bmatrix} \tag{3-64}$$

变换到地面惯性坐标系 $Ox_0y_0z_0$ 中为

$$\begin{bmatrix} DW_{2x0} \\ DW_{2y0} \\ DW_{2z0} \end{bmatrix} = [\boldsymbol{B}]^{-1} \begin{bmatrix} (\dot{\omega}_{2y2} l_{d3} - \dot{\omega}_{2z2} l_{d2}) + (\omega_{2y2}\omega_{2x2} l_{d2} + \omega_{2z2}\omega_{2x2} l_{d3}) \\ -\dot{\omega}_{2x2} l_{d3} + (-\omega_{2x2}\omega_{2x2} l_{d2} - \omega_{2z2}\omega_{2z2} l_{d2} + \omega_{2z2}\omega_{2y2} l_{d3}) \\ \dot{\omega}_{2x2} l_{d2} + (-\omega_{2x2}\omega_{2x2} l_{d3} - \omega_{2y2}\omega_{2y2} l_{d3} + \omega_{2z2}\omega_{2y2} l_{d2}) \end{bmatrix} \tag{3-65}$$

式中，DW_2 为中间变量。

⑤在地面惯性坐标系 $Ox_0y_0z_0$ 中为

$$\dot{\boldsymbol{V}}_1 = \begin{bmatrix} \dot{V}_{2x0} + DW_{1x0} + DW_{2x0} \\ \dot{V}_{2y0} + DW_{1y0} + DW_{2y0} \\ \dot{V}_{2z0} + DW_{1z0} + DW_{2z0} \end{bmatrix} = \begin{bmatrix} \dot{V}_{1x0} \\ \dot{V}_{1y0} \\ \dot{V}_{1z0} \end{bmatrix} \tag{3-66}$$

2. 伞弹系统的一般运动方程组

由以上分析可得到

$$\dot{V}_{1x0} = \dot{V}_{2x0} + V_{1x\_}wx\dot{\omega}_{2x2} + V_{1x\_}wy\dot{\omega}_{2y2} + V_{1x\_}wz\dot{\omega}_{2z2} + V_{1x\_}\theta\ddot{\theta}_r + V_{1x\_}C \tag{3-67}$$

式中，

$$V_{1x\_}\ wx = A_{11}(-C_{21})l_{d1} + A_{21}C_{11}l_{d1} + B_{21}(-l_{d3}) + B_{31}l_{d2}$$

$$V_{1x\_}\ wy = A_{11}(-C_{22})l_{d1} + A_{21}C_{12}l_{d1} + B_{11}l_{d3}$$

$$V_{1x\_}wz = A_{11}(-C_{23})l_{d1} + A_{21}C_{13}l_{d1} + B_{11}(-l_{d2})$$

$$V_{1x\_}\theta = A_{11}C_{21}l_{d1} - A_{21}C_{11}l_{d1}$$

$$\begin{aligned}V_{1x\_}C = {} & A_{11}[(C_{22}\dot{\theta}_r\omega_{2z2} - C_{23}\dot{\theta}_r\omega_{2y2})l_{d1} - \omega_{1z1}\omega_{1x1}l_{d1}] + \\ & A_{21}[-C_{12}\dot{\theta}\omega_{2z2} + C_{13}\dot{\theta}_r\omega_{2y2} + \omega_{1z1}\omega_{1y1}]l_{d1} + \\ & A_{31}(\omega_{1x1}^2 l_{d1} + \omega_{1y1}^2 l_{d1}) + \\ & B_{11}(\omega_{2y2}\omega_{2x2}l_{d2} + \omega_{2z2}\omega_{2x2}l_{d3}) + \\ & B_{21}(-\omega_{2x2}\omega_{2x2}l_{d2} - \omega_{2z2}\omega_{2x2}l_{d2} + \omega_{2z2}\omega_{2y2}l_{d3}) + \\ & B_{31}(-\omega_{2x2}\omega_{2x2}l_{d3} - \omega_{2y2}\omega_{2y2}l_{d3} + \omega_{2z2}\omega_{2y2}l_{d2})\end{aligned}$$

$$\dot{V}_{1y0} = \dot{V}_{2y0} + V_{1y\_}wx\dot{\omega}_{2x2} + V_{1y\_}wy\dot{\omega}_{2y2} + V_{1y\_}wz\dot{\omega}_{2z2} + V_{1y\_}\theta\ddot{\theta}_r + V_{1y\_}C \tag{3-68}$$

式中，

$$V_{1y\_}wx = A_{12}(-C_{21})l_{d1} + A_{22}C_{11}l_{d1} + B_{22}(-l_{d3}) + B_{32}l_{d2}$$

$$V_{1y\_}wy = A_{12}(-C_{22})l_{d1} + A_{22}C_{12}l_{d1} + B_{12}l_{d3}$$

$$V_{1y\_}wz = A_{12}(-C_{23})l_{d1} + A_{22}C_{13}l_{d1} + B_{12}(-l_{d2})$$

$$V_{1y\_}\theta = A_{12}C_{21}l_{d1} - A_{22}C_{11}l_{d1}$$

$$\begin{aligned}V_{1y\_}C = {} & A_{12}[(C_{22}\dot{\theta}_r\omega_{2z2} - C_{23}\dot{\theta}_r\omega_{2y2})l_{d1} - \omega_{1z1}\omega_{1x1}l_{d1}] + \\ & A_{22}[-C_{12}\dot{\theta}\omega_{2z2} + C_{13}\dot{\theta}_r\omega_{2y2} + \omega_{1z1}\omega_{1y1}]l_{d1} + \\ & A_{32}(\omega_{1x1}^2 l_{d1} + \omega_{1y1}^2 l_{d1}) + \\ & B_{12}(\omega_{2y2}\omega_{2x2}l_{d2} + \omega_{2z2}\omega_{2x2}l_{d3}) + \\ & B_{22}(-\omega_{2x2}\omega_{2x2}l_{d2} - \omega_{2z2}\omega_{2x2}l_{d2} + \omega_{2z2}\omega_{2y2}l_{d3}) + \\ & B_{32}(-\omega_{2x2}\omega_{2x2}l_{d3} - \omega_{2y2}\omega_{2y2}l_{d3} + \omega_{2z2}\omega_{2y2}l_{d2})\end{aligned}$$

$$\dot{V}_{1z0} = \dot{V}_{2z0} + V_{1z\_}wx\dot{\omega}_{2x2} + V_{1z\_}wy\dot{\omega}_{2y2} + V_{1z\_}wz\dot{\omega}_{2z2} + V_{1z\_}\theta\ddot{\theta}_r + V_{1z\_}C \tag{3-69}$$

式中，

$$V_{1z\_}wx = A_{13}(-C_{21})l_{d1} + A_{23}C_{11}l_{d1} + B_{23}(-l_{d3}) + B_{33}l_{d2}$$

$$V_{1z\_}wy = A_{13}(-C_{22})l_{d1} + A_{23}C_{12}l_{d1} + B_{13}l_{d3}$$

$$V_{1z\_}wz = A_{13}(-C_{23})l_{d1} + A_{23}C_{13}l_{d1} + B_{13}(-l_{d2})$$

$$V_{1z\_}\theta = A_{13}C_{21}l_{d1} - A_{23}C_{11}l_{d1}$$

$$V_{1z\_}\psi = A_{13}C_{23}l_{d1} - A_{23}C_{13}l_{d1}$$

$$\begin{aligned}V_{1z\_}C = {} & A_{13}[(C_{22}\dot{\theta}_r\omega_{2z2} - C_{23}\dot{\theta}_r\omega_{2y2})l_{d1} - \omega_{1z1}\omega_{1x1}l_{d1}] + \\ & A_{23}[-C_{12}\dot{\theta}\omega_{2z2} + C_{13}\dot{\theta}_r\omega_{2y2} + \omega_{1z1}\omega_{1y1}]l_{d1} +\end{aligned}$$

$$
\begin{aligned}
&A_{33}(\omega_{1x1}^2 l_{d1} + \omega_{1y1}^2 l_{d1}) + \\
&B_{13}(\omega_{2y2}\omega_{2x2} l_{d2} + \omega_{2z2}\omega_{2x2} l_{d3}) + \\
&B_{23}(-\omega_{2x2}\omega_{2x2} l_{d2} - \omega_{2z2}\omega_{2x2} l_{d2} + \omega_{2z2}\omega_{2y2} l_{d3}) + \\
&B_{33}(-\omega_{2x2}\omega_{2x2} l_{d3} - \omega_{2y2}\omega_{2y2} l_{d3} + \omega_{2z2}\omega_{2y2} l_{d2})
\end{aligned}
$$

$$
\begin{cases}
m_1 \dot{V}_{1x0} + m_2 \dot{V}_{2x0} = R_{1x0} \\
m_1 \dot{V}_{1y0} + m_2 \dot{V}_{2y0} = R_{1y0} \\
m_1 \dot{V}_{1z0} + m_2 \dot{V}_{2z0} = R_{1z0} - m_1 g - m_2 g
\end{cases} \tag{3-70}
$$

将式（3-67）~式（3-69）代入式（3-70），可得

$$
\begin{aligned}
&m_1(\dot{V}_{2x0} + V_{1x-}\ wx\dot{\omega}_{2x2} + V_{1x-}\ wy\dot{\omega}_{2y2} + V_{1x-}\ wz\dot{\omega}_{2z2} + V_{1x-}\ \theta\ddot{\theta}_r + V_{1x-}\ C) + \\
&\quad m_2 \dot{V}_{2x0} = R_{1x0}
\end{aligned} \tag{3-71}
$$

$$
\begin{aligned}
&m_1(\dot{V}_{2y0} + V_{1y-}\ wx\dot{\omega}_{2x2} + V_{1y-}\ wy\dot{\omega}_{2y2} + V_{1y-}\ wz\dot{\omega}_{2z2} + V_{1y-}\ \theta\ddot{\theta}_r + V_{1y-}\ C) + \\
&\quad m_2 \dot{V}_{2y0} = R_{1y0}
\end{aligned} \tag{3-72}
$$

$$
\begin{aligned}
&m_1(\dot{V}_{2z0} + V_{1z-}\ wx\dot{\omega}_{2x2} + V_{1z-}\ wy\dot{\omega}_{2y2} + V_{1z-}\ wz\dot{\omega}_{2z2} + V_{1z-}\ \theta\ddot{\theta}_r + \\
&\quad V_{1z-}\ C) + m_2 \dot{V}_{2z0} \\
&= R_{1z0} - m_1 g - m_2 g
\end{aligned} \tag{3-73}
$$

由

$$
\begin{aligned}
A_1 \dot{\omega}_{1x1} &= M_{1x1} + M_{N1x1} + (A_1 - C_1)\omega_{1y1}\omega_{1z1} \\
&= M_{1x1} + l_{d1}(A_{21}N_{1x0} + A_{22}N_{1y0} + A_{23}N_{1z0}) + (A_1 - C_1)\omega_{1y1}\omega_{1z1}
\end{aligned}
$$

即

$$
\begin{aligned}
&A_1 C_{11}\dot{\omega}_{2x2} + A_1 C_{12}\dot{\omega}_{2y2} + A_1 C_{13}\dot{\omega}_{2z2} - A_1 C_{11}\ddot{\theta}_r \\
&= A_1 C_{12}\dot{\theta}_r\omega_{2z2} - A_1 C_{13}\dot{\theta}_r\omega_{2y2} + \\
&\quad M_{1x1} + l_{d1}(A_{21}N_{1x0} + A_{22}N_{1y0} + A_{23}N_{1z0}) + (A_1 - C_1)\omega_{1y1}\omega_{1z1}
\end{aligned} \tag{3-74}
$$

$$
M_{Dy1} = A_1\dot{\omega}_{1y1} - M_{1y1} - M_{N1y1} - (C_1 - A_1)\omega_{1x1}\omega_{1z1} \tag{3-75}
$$

$$
M_{Dz1} = C_1\dot{\omega}_{1z1} - M_{1z1} - M_{N1z1} = C_1\dot{\omega}_{1z1} - M_{1z1} \tag{3-76}
$$

$$
\begin{aligned}
M_{Dy2} = \cos\theta M_{Dy1} + \sin\theta M_{Dz1} = \cos\theta\ \{&A_1[C_{21}(\dot{\omega}_{2x2} - \ddot{\theta}_r) + C_{22}(\dot{\omega}_{2y2} - \dot{\theta}_r\omega_{2z2}) + \\
&C_{23}(\dot{\omega}_{2z2} + \dot{\theta}_r\omega_{2y2})] - \\
&M_{1y1} + l_{d1}(A_{11}N_{1x0} + A_{12}N_{1y0} + A_{13}N_{1z0}) - (C_1 - A_1)\omega_{1x1}\omega_{1z1}\} + \\
&\sin\theta\{C_1[C_{31}(\dot{\omega}_{2x2} - \ddot{\theta}_r) + C_{32}(\dot{\omega}_{2y2} - \dot{\theta}_r\omega_{2z2}) + \\
&C_{33}(\dot{\omega}_{2z2} + \dot{\theta}_r\omega_{2y2})] - M_{1z1}\}
\end{aligned} \tag{3-77}
$$

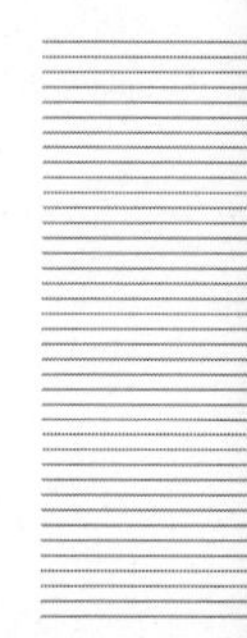

$$M_{Dz2} = -\sin\theta M_{Dy1} + \cos\theta M_{Dz1} = -\sin\theta\{A_1[C_{21}(\dot{\omega}_{2x2} - \ddot{\theta}_r) + C_{22}(\dot{\omega}_{2y2} - \dot{\theta}_r\omega_{2z2}) + C_{23}(\dot{\omega}_{2z2} + \dot{\theta}_r\omega_{2y2})] - M_{1y1} + l_{d1}(A_{11}N_{1x0} + A_{12}N_{1y0} + A_{13}N_{1z0}) - (C_1 - A_1)\omega_{1x1}\omega_{1z1}\} + \cos\theta\{C_1[C_{31}(\dot{\omega}_{2x2} - \ddot{\theta}_r) + C_{32}(\dot{\omega}_{2y2} - \dot{\theta}_r\omega_{2z2}) + C_{33}(\dot{\omega}_{2z2} + \dot{\theta}_r\omega_{2y2})] - M_{1z1}\} \quad (3-78)$$

由

$$A_2\dot{\omega}_{2x2} = -(l_{d3}B_{21} - l_{d2}B_{31})m_2\dot{V}_{2x0} - (l_{d3}B_{22} - l_{d2}B_{32})m_2\dot{V}_{2y0} - (l_{d3}B_{23} - l_{d2}B_{33})m_2\dot{V}_{2z0} - (l_{d3}B_{23} - l_{d2}B_{33})m_2 g + (A_2 - C_2)\omega_{2y2}\omega_{2z2}$$

即

$$(l_{d3}B_{21} - l_{d2}B_{31})m_2\dot{V}_{2x0} + (l_{d3}B_{22} - l_{d2}B_{32})m_2\dot{V}_{2y0} + (l_{d3}B_{23} - l_{d2}B_{33})m_2\dot{V}_{2z0} + A_2\dot{\omega}_{2x2} = (A_2 - C_2)\omega_{2y2}\omega_{2z2} - (l_{d3}B_{23} - l_{d2}B_{33})m_2 g \quad (3-79)$$

得出

$$A_2\dot{\omega}_{2y2} = -M_{Dy2} + M_{N2y2} + (C_2 - A_2)\omega_{2x2}\omega_{2z2}$$

即

$$(\cos\theta l_{d1}A_{11} + l_{d3}B_{11})m_2\dot{V}_{2x0} - (\cos\theta l_{d1}A_{12} + l_{d3}B_{12})m_2\dot{V}_{2y0} - (\cos\theta l_{d1}A_{13} + l_{d3}B_{13})m_2\dot{V}_{2z0} + (\cos\theta A_1C_{21} + \sin\theta C_1C_{31})\dot{\omega}_{2x2} + (A_2 + \cos\theta A_1C_{22} + \sin\theta C_1C_{32})\dot{\omega}_{2y2} + (\cos\theta A_1C_{23} + \sin\theta C_1C_{33})\dot{\omega}_{2z2} - (\cos\theta A_1C_{21} + \sin\theta C_1C_{31})\ddot{\theta}_r = + (\cos\theta A_1C_{22} + \sin\theta C_1C_{32})\dot{\theta}_r\omega_{2z2} - (\cos\theta A_1C_{23} + \sin\theta C_1C_{33})\dot{\theta}_r\omega_{2y2} + (\cos\theta l_{d1}A_{13} + l_{d3}B_{13})m_2 g + \cos\theta[M_{1y1} + (C_1 - A_1)\omega_{1x1}\omega_{1z1}] + \sin\theta M_{1z1} + (C_2 - A_2)\omega_{2x2}\omega_{2z2} \quad (3-80)$$

由

$$C_2\dot{\omega}_{2z2} = -M_{Dz2} + M_{N2z2}$$

即

$$(\sin\theta l_{d1}A_{11} + l_{d2}B_{11})m_2\dot{V}_{2x0} + (\sin\theta l_{d1}A_{12} + l_{d2}B_{12})m_2\dot{V}_{2y0} + (\sin\theta l_{d1}A_{13} + l_{d2}B_{13})m_2\dot{V}_{2z0} + (-\sin\theta A_1C_{21} + \cos\theta C_1C_{31})\dot{\omega}_{2x2} + (-\sin\theta A_1C_{22} + \cos\theta C_1C_{32})\dot{\omega}_{2y2} + (C_2 - \sin\theta A_1C_{23} + \cos\theta C_1C_{33})\dot{\omega}_{2z2} + (\sin\theta A_1C_{21} - \cos\theta C_1C_{31})\ddot{\theta}_r = (-\sin\theta A_1C_{22} + \cos\theta C_1C_{32})\dot{\theta}_r\omega_{2z2} + (\sin\theta A_1C_{23} - \cos\theta C_1C_{33})\dot{\theta}_r\omega_{2y2} + (-\sin\theta l_{d1}A_{13} - l_{d2}B_{13})m_2 g - \sin\theta[M_{1y1} + (C_1 - A_1)\omega_{1x1}\omega_{1z1}] + \cos\theta M_{1z1} \quad (3-81)$$

至此，方程组的消元完成，最后系统共有 10 个方程，得伞弹二体运动的标准方程组：

$$
\left\{
\begin{array}{l}
m_1(\dot{V}_{2x0} + V_{1x}\_wx\dot{\omega}_{2x2} + V_{1x}\_wy\dot{\omega}_{2y2} + V_{1x}\_wz\dot{\omega}_{2z2} + V_{1x}\_\theta\,\ddot{\theta}_r + V_{1x}\_C) + m_2\dot{V}_{2x0} = R_{1x0} \\
m_1(\dot{V}_{2y0} + V_{1y}\_wx\dot{\omega}_{2x2} + V_{1y}\_wy\dot{\omega}_{2y2} + V_{1y}\_wz\dot{\omega}_{2z2} + V_{1y}\_\theta\,\ddot{\theta}_r + V_{1y}\_C) + m_2\dot{V}_{2y0} = R_{1y0} \\
m_1(\dot{V}_{2z0} + V_{1z}\_wx\dot{\omega}_{2x2} + V_{1z}\_wy\dot{\omega}_{2y2} + V_{1z}\_wz\dot{\omega}_{2z2} + V_{1z}\_\theta\,\ddot{\theta}_r + V_{1z}\_C) + m_2\dot{V}_{2z0} = R_{1z0} - \\
\quad m_1 g - m_2 g \\
A_1C_{11}\dot{\omega}_{2x2} + A_1C_{12}\dot{\omega}_{2y2} + A_1C_{13}\dot{\omega}_{2z2} - A_1C_{11}\,\ddot{\theta}_r \\
\; = A_1C_{12}\dot{\theta}_r\omega_{2z2} - A_1C_{13}\dot{\theta}_r\omega_{2y2} + (A_1 - C_1)\omega_{1y1}\omega_{1z1} + M_{1x1} + l_{d1}(A_{21}(-m_2\dot{V}_{2x0}) + \\
\quad A_{22}(-m_2\dot{V}_{2y0}) + A_{23}(-m_2 g - m_2\dot{V}_{2z0}))(l_{d3}B_{21} - l_{d2}B_{31})m_2\dot{V}_{2x0} + (l_{d3}B_{22} - l_{d2}B_{32})m_2\dot{V}_{2y0} + \\
\quad (l_{d3}B_{23} - l_{d2}B_{33})m_2\dot{V}_{2z0} + A_2\dot{\omega}_{2x2} \\
\; = (A_2 - C_2)\omega_{2y2}\omega_{2z2} - (l_{d3}B_{23} - l_{d2}B_{33})m_2 g - (\cos\theta l_{d1}A_{11} + l_{d3}B_{11})m_2\dot{V}_{2x0} - (\cos\theta l_{d1}A_{12} + \\
\quad l_{d3}B_{12})m_2\dot{V}_{2y0} - (\cos\theta l_{d1}A_{13} + l_{d3}B_{13})m_2\dot{V}_{2z0} + (\cos\theta A_1C_{21} + \sin\theta C_1C_{31})\dot{\omega}_{2x2} + (A_2 + \\
\quad \cos\theta A_1C_{22} + \sin\theta C_1C_{32})\dot{\omega}_{2y2} + (\cos\theta A_1C_{23} + \sin\theta C_1C_{33})\dot{\omega}_{2z2} - (\cos\theta A_1C_{21} + \sin\theta C_1C_{31})\,\ddot{\theta}_r \\
\; = (\cos\theta A_1C_{22} + \sin\theta C_1C_{32})\dot{\theta}_r\omega_{2z2} - (\cos\theta A_1C_{23} + \sin\theta C_1C_{33})\dot{\theta}_r\omega_{2y2} + \\
\quad (\cos\theta l_{d1}A_{13} + l_{d3}B_{13})m_2 g + \cos\theta[M_{1y1} + (C_1 - A_1)\omega_{1x1}\omega_{1z1}] + \sin\theta M_{1z1} + (C_2 - A_2)\omega_{2x2}\omega_{2z2} \\
\quad (\sin\theta l_{d1}A_{11} + l_{d2}B_{11})m_2\dot{V}_{2x0} + (\sin\theta l_{d1}A_{12} + l_{d2}B_{12})m_2\dot{V}_{2y0} + (\sin\theta l_{d1}A_{13} + l_{d2}B_{13})m_2\dot{V}_{2z0} + \\
\quad (-\sin\theta A_1C_{21} + \cos\theta C_1C_{31})\dot{\omega}_{2x2} + (-\sin\theta A_1C_{22} + \cos\theta C_1C_{32})\dot{\omega}_{2y2} + \\
\quad (C_2 + \cos\theta C_1C_{33} - \sin\theta A_1C_{23})\dot{\omega}_{2z2} + (\sin\theta A_1C_{21} - \cos\theta C_1C_{31})\,\ddot{\theta}_r \\
\; = (-\sin\theta A_1C_{22} + \cos\theta C_1C_{32})\dot{\theta}_r\omega_{2z2} + (\sin\theta A_1C_{23} - \cos\theta C_1C_{33})\dot{\theta}_r\omega_{2y2} + \\
\quad (-\sin\theta l_{d1}A_{13} - l_{d2}B_{13})m_2 g - \sin\theta[M_{1y1} + (C_1 - A_1)\omega_{1x1}\omega_{1z1}] + \cos\theta M_{1z1} \\
\omega_{2x2} = \dot{\psi}_2\sin\theta_2\sin\varphi_2 + \dot{\theta}_2\cos\varphi_2 \\
\omega_{2y2} = \dot{\psi}_2\sin\theta_2\cos\varphi_2 - \dot{\theta}_2\sin\varphi_2 \\
\omega_{2z2} = \dot{\psi}_2\cos\theta_2 + \dot{\varphi}_2
\end{array}
\right.
\tag{3-82}
$$

3.3.2　伞弹系统一般运动方程组的数值仿真形式

在方程组（3－82）中共有 10 个变量（稳定状态下 $\theta = \theta_0 + \theta_r$，先将 θ_r 视为已知量），即 V_{2x0}、V_{2y0}、V_{2z0}、ω_{2x2}、ω_{2y2}、ω_{2z2}、$\dot{\theta}_r$、φ_2、θ_2、ψ_2。将此方程组用矩阵表示为

$$\boldsymbol{UX} = \boldsymbol{V} \tag{3-83}$$

$$\boldsymbol{X} = \boldsymbol{U}^{-1}\boldsymbol{V} \tag{3-84}$$

其中，$\boldsymbol{X}=[\dot{v}_{2x0}\quad \dot{v}_{2y0}\quad \dot{v}_{2z0}\quad \dot{\omega}_{2x2}\quad \dot{\omega}_{2y2}\quad \dot{\omega}_{2z2}\quad \dot{\varphi}_2\quad \dot{\theta}_2\quad \dot{\psi}_2\quad \ddot{\theta}_r]^{\mathrm{T}}$。

由于要推导出 $\boldsymbol{U}$、$\boldsymbol{U}'$、$\boldsymbol{V}$ 和 $\boldsymbol{U}^{-1}\boldsymbol{V}$ 的理论公式，从理论上说完全可以实现，但是由于这个方程组的复杂性，在实际推导过程中会发现它非常繁杂，所以具体解决办法可以用 C + + 编程来实现，即对于不同的时间点这两个矩阵对应不用的数值。这样也满足了龙格 - 库塔法编程来得到所需的结果。

由于实质上 θ_r 也为变量，所以必须要对 $\boldsymbol{X}$ 和 $\boldsymbol{U}^{-1}\boldsymbol{V}$ 进行扩充才符合用龙格 - 库塔法求解常微分方程组的基本形式。

已知 $\dfrac{\mathrm{d}\theta_r}{\mathrm{d}t}=\dot{\theta}_r$，所以可以将 $\boldsymbol{X}$ 扩充为 $\boldsymbol{X}_1=\left[\dot{v}_{2x0}\quad \dot{v}_{2y0}\quad \dot{v}_{2z0}\quad \dot{\omega}_{2x2}\quad \dot{\omega}_{2y2}\quad \dot{\omega}_{2z2}\quad \dot{\varphi}_2\quad \dot{\theta}_2\quad \dot{\psi}_2\quad \ddot{\theta}_r\quad \dfrac{\mathrm{d}\theta_r}{\mathrm{d}t}\right]^{\mathrm{T}}$，同时在右端函数矩阵的相应位置加一项 $\dot{\theta}_r$ 得到 $(\boldsymbol{U}^{-1}\boldsymbol{V})_1$，这样得到的 $\boldsymbol{X}_1=(\boldsymbol{U}^{-1}\boldsymbol{V})_1$ 为用龙格 - 库塔法编程所需方程组的标准形式，由于同时还想知道弹体质心 $C_2(x_{c2},\ y_{c2},\ z_{c2})$ 的运动轨迹，所以必须在 $\boldsymbol{X}_1$ 的基础上再扩充 3 项 $\begin{cases}\dot{x}_{c2}\\ \dot{y}_{c2}\\ \dot{Z}_{c2}\end{cases}$，同时在 $(\boldsymbol{U}^{-1}\boldsymbol{V})'$ 的基础上扩充三项 $\begin{cases}\boldsymbol{V}_{2x0}\\ \boldsymbol{V}_{2y0}\\ \boldsymbol{V}_{2z0}\end{cases}$，这样就得到编程所需要的方程组（3 - 85），通过这个方程组就可以解出 $\boldsymbol{V}_{2x0}$、$\boldsymbol{V}_{2y0}$、$\boldsymbol{V}_{2z0}$、ω_{2x2}、ω_{2y2}、ω_{2z2}、$\dot{\theta}_r$、θ_r、φ_2、θ_2、ψ_2、x_{c2}、y_{c2}、z_{c2} 这些变量随时间的变化轨迹。

$$
\begin{cases}
m_1(\dot{V}_{2x0}+V_{1x}\_wx\dot{\omega}_{2x2}+V_{1x}\_wy\dot{\omega}_{2y2}+V_{1x}\_wz\dot{\omega}_{2z2}+V_{1x}\_\theta\ddot{\theta}_r+V_{1x}\_C)+m_2\dot{V}_{2x0}=R_{1x0}\\
m_1(\dot{V}_{2y0}+V_{1y}\_wx\dot{\omega}_{2x2}+V_{1y}\_wy\dot{\omega}_{2y2}+V_{1y}\_wz\dot{\omega}_{2z2}+V_{1y}\_\theta\ddot{\theta}_r+V_{1y}\_C)+m_2\dot{V}_{2y0}=R_{1y0}\\
m_1(\dot{V}_{2z0}+V_{1z}\_wx\dot{\omega}_{2x2}+V_{1z}\_wy\dot{\omega}_{2y2}+V_{1z}\_wz\dot{\omega}_{2z2}+V_{1z}\_\theta\ddot{\theta}_r+V_{1z}\_C)+m_2\dot{V}_{2z0}=R_{1z0}-\\
m_1g-m_2g\\
A_1C_{11}\dot{\omega}_{2x2}+A_1C_{12}\dot{\omega}_{2y2}+A_1C_{13}\dot{\omega}_{2z2}-A_1C_{11}\ddot{\theta}_r\\
\quad =A_1C_{12}\dot{\theta}_r\omega_{2z2}-A_1C_{13}\dot{\theta}_r\omega_{2y2}+(A_1-C_1)\omega_{1y1}\omega_{1z1}+M_{1x1}+l_{d1}(A_{21}(-m_2\dot{V}_{2x0})+\\
\quad A_{22}(-m_2\dot{V}_{2y0})+A_{23}(-m_2g-m_2\dot{V}_{2z0}))\\
\quad (l_{d3}B_{21}-l_{d2}B_{31})m_2\dot{V}_{2x0}+(l_{d3}B_{22}-l_{d2}B_{32})m_2\dot{V}_{2y0}+(l_{d3}B_{23}-l_{d2}B_{33})m_2\dot{V}_{2z0}+A_2\dot{\omega}_{2x2}\\
\quad =(A_2-C_2)\omega_{2y2}\omega_{2z2}-(l_{d3}B_{23}-l_{d2}B_{33})m_2g-(\cos\theta l_{d1}A_{11}+l_{d3}B_{11})m_2\dot{V}_{2x0}-\\
\quad (\cos\theta l_{d1}A_{12}+l_{d3}B_{12})m_2\dot{V}_{2y0}-(\cos\theta l_{d1}A_{13}+l_{d3}B_{13})m_2\dot{V}_{2z0}+(\cos\theta A_1C_{21}+\\
\quad \sin\theta C_1C_{31})\dot{\omega}_{2x2}+(A_2+\cos\theta A_1C_{22}+\sin\theta C_1C_{32})\dot{\omega}_{2y2}+(\cos\theta A_1C_{23}+\sin\theta C_1C_{33})\dot{\omega}_{2z2}-\\
\quad (\cos\theta A_1C_{21}+\sin\theta C_1C_{31})\ddot{\theta}_r\\
\quad =(\cos\theta A_1C_{22}+\sin\theta C_1C_{32})\dot{\theta}_r\omega_{2z2}-(\cos\theta A_1C_{23}+\sin\theta C_1C_{33})\dot{\theta}_r\omega_{2y2}+
\end{cases}
$$

$$
\begin{cases}
(\cos\theta l_{d1}A_{13}+l_{d3}B_{13})m_2g+\cos\theta[M_{1y1}+(C_1-A_1)\omega_{1x1}\omega_{1z1}]+\sin\theta M_{1z1}+\\
(C_2-A_2)\omega_{2x2}\omega_{2z2}(\sin\theta l_{d1}A_{11}+l_{d2}B_{11})m_2\dot{V}_{2x0}+(\sin\theta l_{d1}A_{12}+l_{d2}B_{12})m_2\dot{V}_{2y0}+\\
(\sin\theta l_{d1}A_{13}+l_{d2}B_{13})m_2\dot{V}_{2z0}+\\
(-\sin\theta A_1C_{21}+\cos\theta C_1C_{31})\dot{\omega}_{2x2}+(-\sin\theta A_1C_{22}+\cos\theta C_1C_{32})\dot{\omega}_{2y2}+\\
(C_2+\cos\theta C_1C_{33}-\sin\theta A_1C_{23})\dot{\omega}_{2z2}+(\sin\theta A_1C_{21}-\cos\theta C_1C_{31})\ddot{\theta}_r\\
=(-\sin\theta A_1C_{22}+\cos\theta C_1C_{32})\dot{\theta}_r\omega_{2z2}+(\sin\theta A_1C_{23}-\cos\theta C_1C_{33})\dot{\theta}_r\omega_{2y2}+\\
(-\sin\theta l_{d1}A_{13}-l_{d2}B_{13})m_2g-\sin\theta[M_{1y1}+(C_1-A_1)\omega_{1x1}\omega_{1z1}]+\cos\theta M_{1z1}\\
\omega_{2x2}=\dot{\psi}_2\sin\theta_2\sin\varphi_2+\dot{\theta}_2\cos\varphi_2\\
\omega_{2y2}=\dot{\psi}_2\sin\theta_2\cos\varphi_2-\dot{\theta}_2\sin\varphi_2\\
\omega_{2z2}=\dot{\psi}_2\cos\theta_2+\dot{\varphi}_2\\
\dfrac{d\theta_r}{dt}=\dot{\theta}_r\\
\dfrac{d\dot{x}_{c2}}{dt}=V_{2x0}\\
\dfrac{d\dot{y}_{c2}}{dt}=V_{2y0}\\
\dfrac{d\dot{Z}_{c2}}{dt}=V_{2z0}
\end{cases}
\tag{3-85}
$$

3.4　基于四元数法的扫描运动修正

以往在建立末敏弹旋转运动学方程时通常用的是欧拉运动方程，用6个欧拉角来描述弹体的旋转姿态。这种表达方法的不足之处是，当有不确定的或过大的姿态角出现时，运动学方程会出现奇异性，在编程计算时会出现奇点，因而不适于描述大幅度的姿态运动。然而，对于有伞末敏弹来说，其姿态受环境的影响很大，可能出现不确定的大幅度摆动，因而需要一种能够适应大角度旋转摆动的方法。

以往在研究末敏弹旋转运动时用的是传统的欧拉方程，在数值计算中发现，在大幅度姿态运动时出现奇点的现象，为此需另找其他解法。六参数法、九参数法和四元数法都是求解姿态角变化的方法。其中六参数法和九参数法是求解坐标变化的方向余弦。当然，用方向余弦描述飞行器的旋转运动，在任何情况下都不会退化。但无论是六参数还是九参数法，由于要满足6个非线性约束方程，计算比较复杂，而对于末敏弹扫描运动的计算速度要求比较高。而若采用四元数法描述飞行器的旋转运动，任何参数也不会退化，而且参数数目只有4个，联系方程只有1个，同时还可减少三角函数计算，提高运算速度和精度。所以，四元数法是用于描述末敏弹大幅度姿态摆动的一个有效方法。

3.4.1 四元数法简介

四元数是由1个实数单位1和3个虚数单位i_1、i_2、i_3组成的包含4个实元的超复数，其表达式为

$$\Lambda = \lambda_0 \cdot 1 + \lambda_1 \mathrm{i}_1 + \lambda_2 \mathrm{i}_2 + \lambda_3 \mathrm{i}_3 \tag{3-86}$$

或

$$\Lambda = \lambda_0 + \boldsymbol{\lambda} \tag{3-87}$$

$$\boldsymbol{\lambda} = \lambda_1 \mathrm{i}_1 + \lambda_2 \mathrm{i}_2 + \lambda_3 \mathrm{i}_3$$

式中，λ_0为四元数的实数部分或标量部分；$\boldsymbol{\lambda}$为四元数的矢量部分；λ_1、λ_2、λ_3均为实数。

可以看出，如果$\lambda_1 = \lambda_2 = \lambda_3 = 0$，则四元数退化为实数。如果$\lambda_2 = \lambda_3 = 0$，则四元数退化为复数，故四元数又称为超复数。四元数是由于要对三维矢量代数运算推广到乘法和除法运算而产生的。

3.4.2 四元数进行坐标变换

四元数坐标变换是以下述定理为理论依据的。

定理：设$\boldsymbol{Q} = N\left(\cos\dfrac{\theta}{2} + \xi\sin\dfrac{\theta}{2}\right)$，则$\boldsymbol{R}' = \boldsymbol{Q}\circ\boldsymbol{R}\circ\boldsymbol{Q}^{-1}$也为四元数（以“∘”表示四元数的乘法运算），其范数和标量部分等于四元数R的范数和标量部分。R的矢量$\boldsymbol{r}$绕$\boldsymbol{Q}$的矢量轴ξ旋转θ角，便得到R'的矢量部分$\boldsymbol{r}'$。

由高等动力学中刚体绕定点转动的位移定理可知，弹体固连坐标系$C_2x_2y_2z_2$总是可以看成是地面惯性坐标系$Ox_0y_0z_0$绕z_0轴转动θ角而得到。

设地面惯性坐标系$Ox_0y_0z_0$中矢量$\boldsymbol{r}$连坐标系一起绕轴z_0旋转θ角，则得到新的弹体固连坐标系$C_2x_2y_2z_2$和新矢量$\boldsymbol{r}'$。根据矢量$\boldsymbol{\xi}$和θ角定义一个四元数$\boldsymbol{Q}$：

$$\boldsymbol{Q} = N\left(\cos\frac{\theta}{2} + \xi\sin\frac{\theta}{2}\right)$$

则新矢量在原地面惯性坐标系 $Ox_0y_0z_0$ 中的表达式为

$$\boldsymbol{r}'_i = \boldsymbol{Q} \circ \boldsymbol{r}_i \circ \boldsymbol{Q}^{-1} \tag{3-88}$$

而新矢量在新的弹体固连坐标系 $C_2x_2y_2z_2$ 中的表达式 $\boldsymbol{r}'_e$ 等于原矢量在原地面惯性坐标系 $Ox_0y_0z_0$ 中的表达式 $\boldsymbol{r}_i$，即 $\boldsymbol{r}'_e = \boldsymbol{r}_i$，所以

$$\boldsymbol{r}'_i = \boldsymbol{Q} \circ \boldsymbol{r}'_e \circ \boldsymbol{Q}^{-1} \tag{3-89}$$

利用四元数除法规则得

$$\boldsymbol{r}'_e = \boldsymbol{Q}^{-1} \circ \boldsymbol{r}'_i \circ \boldsymbol{Q} \tag{3-90}$$

当四元数 $\boldsymbol{Q}$ 的范数 $N=1$ 时，变为

$$\boldsymbol{r}'_e = \boldsymbol{Q}^{*} \circ \boldsymbol{r}'_i \circ \boldsymbol{Q} \tag{3-91}$$

式（3-91）即为四元数坐标变换的公式，它表示同一矢量在两坐标系上的投影之间的相互关系。

$\boldsymbol{r}_e$、$\boldsymbol{r}_i$ 为矢量，表达式为

$$\begin{cases} \boldsymbol{r}_e = r_{e1}\boldsymbol{i}' + r_{e2}\boldsymbol{j}' + r_{e3}\boldsymbol{k}' \\ \boldsymbol{r}_i = r_{i1}\boldsymbol{i} + r_{i2}\boldsymbol{j} + r_{i3}\boldsymbol{k} \end{cases} \tag{3-92}$$

由四元数和矢量之间的关系，可以找到与 $\boldsymbol{r}_e$、$\boldsymbol{r}_i$ 唯一对应的四元数：

$$\begin{cases} R_e = r_{e1}\mathrm{i}'_1 + r_{e2}\mathrm{i}'_2 + r_{e3}\mathrm{i}'_3 \\ R_i = r_{i1}\mathrm{i}_1 + r_{i2}\mathrm{i}_2 + r_{i3}\mathrm{i}_3 \end{cases} \tag{3-93}$$

将四元数 $\boldsymbol{Q}$ 展开：

$$Q = q_0 + q_1\mathrm{i}_1 + q_2\mathrm{i}_2 + q_3\mathrm{i}_3 \tag{3-94}$$

满足

$$\sqrt{q_0^2 + q_1^2 + q_2^2 + q_3^2} = 1$$

将式（3-93）、式（3-94）代入式（3-92）得

$$\boldsymbol{R}_e = (q_0 - q_1\mathrm{i}_1 - q_2\mathrm{i}_2 - q_3\mathrm{i}_3) \circ (r_{i1}\mathrm{i}_1 + r_{i2}\mathrm{i}_2 + r_{i3}\mathrm{i}_3) \circ (q_0 + q_1\mathrm{i}_1 + q_2\mathrm{i}_2 + q_3\mathrm{i}_3)$$

经四元数乘法运算，两边各分量对应相等，得

$$\begin{bmatrix} \boldsymbol{r}_{e1} \\ \boldsymbol{r}_{e2} \\ \boldsymbol{r}_{e3} \end{bmatrix} = \begin{bmatrix} q_0^2 + q_1^2 - q_2^2 - q_3^2 & 2(q_1q_2 + q_0q_3) & 2(q_1q_3 - q_0q_2) \\ 2(q_1q_2 - q_0q_3) & q_0^2 - q_1^2 + q_2^2 - q_3^2 & 2(q_2q_3 + q_0q_1) \\ 2(q_1q_3 + q_0q_2) & 2(q_2q_3 - q_0q_1) & q_0^2 - q_1^2 - q_2^2 + q_3^2 \end{bmatrix} \begin{bmatrix} r_{i1} \\ r_{i2} \\ r_{i3} \end{bmatrix} \tag{3-95}$$

上式即为利用四元数进行坐标变换的最终结果。其中的坐标变换矩阵即为用四元数法表示的弹体固连坐标系 $C_2x_2y_2z_2$ 与弹体基准坐标系 $C_2x_0y_0z_0$ 的坐标转换矩阵[$\boldsymbol{B}$]。

3.4.3　用四元数表示欧拉运动学方程

式（3-85）为编程所需的依据，但是具体在编程中由于有些表达式不太

适宜直接用来编程，所以还要用四元数法对它进行修正。

对于欧拉运动学方程式：

$$\begin{cases}\omega_{2x2}=\dot{\psi}_2\sin\theta_2\sin\varphi_2+\dot{\theta}_2\cos\varphi_2\\ \omega_{2y2}=\dot{\psi}_2\sin\theta_2\cos\varphi_2-\dot{\theta}_2\sin\varphi_2\\ \omega_{2z2}=\dot{\psi}_2\cos\theta_2+\dot{\varphi}_2\end{cases}$$

首先对其变形为龙格－库塔法的标准格式：

$$\begin{bmatrix}\dot{\theta}_2\\ \dot{\psi}_2\\ \dot{\varphi}_2\end{bmatrix}=\begin{bmatrix}\cos\varphi_2 & -\sin\varphi_2 & 0\\ \dfrac{\sin\varphi_2}{\sin\theta_2} & \dfrac{\cos\varphi_2}{\sin\theta_2} & 0\\ \dfrac{-\cos\theta_2\sin\varphi_2}{\sin\theta_2} & \dfrac{-\cos\theta_2\cos\varphi_2}{\sin\theta_2} & 1\end{bmatrix}\begin{bmatrix}\omega_{2x2}\\ \omega_{2y2}\\ \omega_{2z2}\end{bmatrix}\tag{3-96}$$

式（3－96）的描述是用3个欧拉角 φ_2、θ_2、ψ_2 来表示的，但是，这种表达方式不适用于大幅度的姿态运动，因为在某些特殊情况下，个别姿态角成为不确定的，运动学方程出现奇异性。

用四元数表示欧拉运动学方程式得（此处省去推导过程）

$$\begin{cases}\dfrac{\mathrm{d}q_0^*}{\mathrm{d}t}=\dfrac{1}{2}(-\omega_{x1}q_1-\omega_{y1}q_2-\omega_{z1}q_3)\\ \dfrac{\mathrm{d}q_1^*}{\mathrm{d}t}=\dfrac{1}{2}(\omega_{x1}q_0-\omega_{y1}q_3+\omega_{z1}q_2)\\ \dfrac{\mathrm{d}q_2^*}{\mathrm{d}t}=\dfrac{1}{2}(\omega_{x1}q_3+\omega_{y1}q_0-\omega_{z1}q_1)\\ \dfrac{\mathrm{d}q_3^*}{\mathrm{d}t}=\dfrac{1}{2}(-\omega_{x1}q_2+\omega_{y1}q_1+\omega_{z1}q_0)\end{cases}\tag{3-97}$$

在计算时，由于积分误差的存在，破坏了四元数变换的正交性，使四元数范数 $N\neq 1$，因此，需要对范数进行修正。

$$\begin{bmatrix}q_0\\ q_1\\ q_2\\ q_3\end{bmatrix}=\frac{1}{\sqrt{(q_0^*)^2+(q_1^*)^2+(q_2^*)^2+(q_3^*)^2}}\begin{bmatrix}q_0^*\\ q_1^*\\ q_2^*\\ q_3^*\end{bmatrix}\tag{3-98}$$

式（3－97）和式（3－98）组成了用四元数表示的刚体旋转运动学方程组。这是一组非奇异线性微分方程组，在正交变换的情况下，它满足范数为1的联系方程。与其他刚体旋转运动方程相比，具有以下的特点：

（1）与欧拉角表示的旋转方程不同，它是一组非奇异线性微分方程，没有奇点，任何参数值均可解。

（2）与方向余弦相比，四元数有最低数目的非奇异参数和最低数目的联系方程。通过四元数的形式运算，可单值地给定正交变换运算。

（3）四元数能够以唯一形式表示两个表征刚体运动的重要物理量，即角速度（刚体转动特性）和有限转动矢量（刚体位置特性）。这两个量以瞬时欧拉旋转矢量和等价的欧拉旋转矢量表示。

（4）四元数代数法，可以用超复数空间元素来表示欧拉旋转矢量，超复数空间与三维实空间对应。所以，用四元数研究刚体旋转运动特性是很方便的。

3.4.4　用四元数表示弹体的欧拉角

弹体相对地面的姿态是由3个欧拉角 φ_2、θ_2、ψ_2 确定的。虽然在用四元数表示的旋转运动学方程中已不再用欧拉角及其导数表示，但是角度几何关系方程中还含有欧拉角，因此，需要确定四元数与姿态角的关系。

用欧拉角表示的弹体坐标系与地面坐标系之间的变换矩阵为

$$[\boldsymbol{B}]=\begin{bmatrix}\cos\psi_2\cos\varphi_2-\sin\psi_2\cos\theta_2\sin\varphi_2 & \sin\psi_2\cos\varphi_2+\cos\psi_2\cos\theta_2\sin\varphi_2 & \sin\theta_2\sin\varphi_2\\ -\cos\psi_2\sin\varphi_2-\sin\psi_2\cos\theta_2\cos\varphi_2 & -\sin\psi_2\sin\varphi_2+\cos\psi_2\cos\theta_2\cos\varphi_2 & \sin\theta_2\cos\varphi_2\\ \sin\psi_2\sin\theta_2 & -\cos\psi_2\sin\theta_2 & \cos\theta_2\end{bmatrix}\tag{3-99}$$

用四元数表示为

$$[\boldsymbol{B}]_1=\begin{bmatrix}q_0^2+q_1^2-q_2^2-q_3^2 & 2(q_1q_2+q_0q_3) & 2(q_1q_3-q_0q_2)\\ 2(q_1q_2-q_0q_3) & q_0^2-q_1^2+q_2^2-q_3^2 & 2(q_2q_3+q_0q_1)\\ 2(q_1q_3+q_0q_2) & 2(q_2q_3-q_0q_1) & q_0^2-q_1^2-q_2^2+q_3^2\end{bmatrix}\tag{3-100}$$

由于 $[\boldsymbol{B}]=[\boldsymbol{B}]_1$，所以对应元素相等，可得

$$\cos\theta_2=q_0^2-q_1^2-q_2^2+q_3^2\tag{3-101}$$

$$\tan\psi_2=\frac{q_1q_3+q_0q_2}{q_0q_1-q_2q_3}\tag{3-102}$$

$$\tan\varphi_2=\frac{q_1q_3-q_0q_2}{q_2q_3+q_0q_1}\tag{3-103}$$

3.4.5　四元数积分初值的确定

四元数积分方程解的初值要根据具体条件确定。

对应在 $t=0$ 时，$\theta_2=\theta_0$，$\psi_2=\gamma=0$，有

$$[\boldsymbol{B}]=\begin{bmatrix}1 & 0 & 0\\ 0 & \cos\theta_0 & \sin\theta_0\\ 0 & -\sin\theta_0 & \cos\theta_0\end{bmatrix} \tag{3-104}$$

因为 $[\boldsymbol{B}]$ 和 $[\boldsymbol{B}]_1$ 的对应项相等，则

$$\begin{aligned}&q_{00}^2-q_{10}^2+q_{20}^2-q_{30}^2=q_{00}^2-q_{10}^2-q_{20}^2+q_{30}^2\Rightarrow q_{20}^2=q_{30}^2\\ &q_{00}q_{10}-q_{200}q_{30}=q_{00}q_{10}+q_{200}q_{30}\Rightarrow q_{20}=q_{30}=0\end{aligned} \tag{3-105}$$

由式 $\sin\boldsymbol{\theta}_0=2q_0q_1$，得

$$2\sin\frac{\theta_0}{2}\cos\frac{\theta_0}{2}=2q_{00}q_{10}$$

由式 $\cos\theta_0=q_{00}^2-q_{10}^2$，得

$$\cos^2\frac{\theta_0}{2}-\sin^2\frac{\theta_0}{2}=\left(\cos\frac{\theta_0}{2}+\sin\frac{\theta_0}{2}\right)\left(\cos\frac{\theta_0}{2}-\sin\frac{\theta_0}{2}\right)=(q_{00}+q_{10})(q_{00}-q_{10})$$

所以可得

$$q_{00}=\cos\frac{\theta_0}{2}\quad q_{10}=\sin\frac{\theta_0}{2} \tag{3-106}$$

故在用龙格－库塔法编程中，可用上面的式子来代替弹体的欧拉运动学方程。

将欧拉运动方程用四元数方程表示后，最终得到用龙格－库塔法编程所需的方程组如下：

$$\begin{cases}m_1(\dot{V}_{2x0}+V_{1x}\_wx\dot{\omega}_{2x2}+V_{1x}\_wy\dot{\omega}_{2y2}+V_{1x}\_wz\dot{\omega}_{2z2}+V_{1x}\_\theta\ddot{\theta}_r+V_{1x}\_C)+m_2\dot{V}_{2x0}=R_{1x0}\\ m_1(\dot{V}_{2y0}+V_{1y}\_wx\dot{\omega}_{2x2}+V_{1y}\_wy\dot{\omega}_{2y2}+V_{1y}\_wz\dot{\omega}_{2z2}+V_{1y}\_\theta\ddot{\theta}_r+V_{1y}\_C)+m_2\dot{V}_{2y0}=R_{1y0}\\ m_1(\dot{V}_{2z0}+V_{1z}\_wx\dot{\omega}_{2x2}+V_{1z}\_wy\dot{\omega}_{2y2}+V_{1z}\_wz\dot{\omega}_{2z2}+V_{1z}\_\theta\ddot{\theta}_r+V_{1z}\_C)+m_2\dot{V}_{2z0}=R_{1z0}-\\ \quad m_1g-m_2g\\ A_1C_{11}\dot{\omega}_{2x2}+A_1C_{12}\dot{\omega}_{2y2}+A_1C_{13}\dot{\omega}_{2z2}-A_1C_{11}\ddot{\theta}_r=A_1C_{12}\dot{\theta}_r\omega_{2z2}-A_1C_{13}\dot{\theta}_r\omega_{2y2}+\\ \quad(A_1-C_1)\omega_{1y1}\omega_{1z1}+M_{1x1}+l_{d1}(A_{21}(-m_2\dot{V}_{2x0})+A_{22}(-m_2\dot{V}_{2y0})+\\ \quad A_{23}(-m_2g-m_2\dot{V}_{2z0}))(l_{d3}B_{21}-l_{d2}B_{31})m_2\dot{V}_{2x0}+(l_{d3}B_{22}-l_{d2}B_{32})m_2\dot{V}_{2y0}+\\ \quad(l_{d3}B_{23}-l_{d2}B_{33})m_2\dot{V}_{2z0}+A_2\dot{\omega}_{2x2}\\ =(A_2-C_2)\omega_{2y2}\omega_{2z2}-(l_{d3}B_{23}-l_{d2}B_{33})m_2g-\\ \quad(\cos\theta l_{d1}A_{11}+l_{d3}B_{11})m_2\dot{V}_{2x0}-(\cos\theta l_{d1}A_{12}+l_{d3}B_{12})m_2\dot{V}_{2y0}-(\cos\theta l_{d1}A_{13}+l_{d3}B_{13})m_2\dot{V}_{2z0}+\\ \quad(\cos\theta A_1C_{21}+\sin\theta C_1C_{31})\dot{\omega}_{2x2}+(A_2+\cos\theta A_1C_{22}+\sin\theta C_1C_{32})\dot{\omega}_{2y2}+\\ \quad(\cos\theta A_1C_{23}+\sin\theta C_1C_{33})\dot{\omega}_{2z2}-(\cos\theta A_1C_{21}+\sin\theta C_1C_{31})\ddot{\theta}_r\end{cases}$$

$$
\begin{cases}
=(\cos\theta A_1C_{22}+\sin\theta C_1C_{32})\dot{\theta}_r\omega_{2z2}-(\cos\theta A_1C_{23}+\sin\theta C_1C_{33})\dot{\theta}_r\omega_{2y2}+\\
\quad(\cos\theta l_{d1}A_{13}+l_{d3}B_{13})m_2g+\cos\theta[M_{1y1}+(C_1-A_1)\omega_{1x1}\omega_{1z1}]+\sin\theta M_{1z1}+\\
\quad(C_2-A_2)\omega_{2x2}\omega_{2z2}(\sin\theta l_{d1}A_{11}+l_{d2}B_{11})m_2\dot{V}_{2x0}+(\sin\theta l_{d1}A_{12}+l_{d2}B_{12})m_2\dot{V}_{2y0}+\\
\quad(\sin\theta l_{d1}A_{13}+l_{d2}B_{13})m_2\dot{V}_{2z0}+\\
\quad(-\sin\theta A_1C_{21}+\cos\theta C_1C_{31})\dot{\omega}_{2x2}+(-\sin\theta A_1C_{22}+\cos\theta C_1C_{32})\dot{\omega}_{2y2}+\\
\quad(C_2+\cos\theta C_1C_{33}-\sin\theta A_1C_{23})\dot{\omega}_{2z2}+(\sin\theta A_1C_{21}-\cos\theta C_1C_{31})\ddot{\theta}_r\\
=(-\sin\theta A_1C_{22}+\cos\theta C_1C_{32})\dot{\theta}_r\omega_{2z2}+(\sin\theta A_1C_{23}-\cos\theta C_1C_{33})\dot{\theta}_r\omega_{2y2}+\\
\quad(-\sin\theta l_{d1}A_{13}-l_{d2}B_{13})m_2g-\sin\theta[M_{1y1}+(C_1-A_1)\omega_{1x1}\omega_{1z1}]+\cos\theta M_{1z1}\\
\dfrac{\mathrm{d}q_0^*}{\mathrm{d}t}=\dfrac{1}{2}(-\omega_{x1}q_1-\omega_{y1}q_2-\omega_{z1}q_3)\\
\dfrac{\mathrm{d}q_1^*}{\mathrm{d}t}=\dfrac{1}{2}(\omega_{x1}q_0-\omega_{y1}q_3+\omega_{z1}q_2)\\
\dfrac{\mathrm{d}q_2^*}{\mathrm{d}t}=\dfrac{1}{2}(\omega_{x1}q_3+\omega_{y1}q_0-\omega_{z1}q_1)\\
\dfrac{\mathrm{d}q_2^*}{\mathrm{d}t}=\dfrac{1}{2}(-\omega_{x1}q_2+\omega_{y1}q_1+\omega_{z1}q_0)\\
\dfrac{\mathrm{d}\theta_r}{\mathrm{d}t}=\dot{\theta}_r\\
\dfrac{\mathrm{d}\dot{x}_{c2}}{\mathrm{d}t}=V_{2x0},\dfrac{\mathrm{d}\dot{y}_{c2}}{\mathrm{d}t}=V_{2y0},\dfrac{\mathrm{d}\dot{Z}_{c2}}{\mathrm{d}t}=V_{2z0}\\
\begin{bmatrix}q_0\\q_1\\q_2\\q_3\end{bmatrix}=\dfrac{1}{\sqrt{(q_0^*)^2+(q_1^*)^2+(q_2^*)^2+(q_3^*)^2}}\begin{bmatrix}q_0^*\\q_1^*\\q_2^*\\q_3^*\end{bmatrix}\\
\cos\theta_2=q_0^2-q_1^2-q_2^2+q_3^2\\
\tan\psi_2=\dfrac{q_1q_3+q_0q_2}{q_0q_1-q_2q_3}\\
\tan\varphi_2=\dfrac{q_1q_3-q_0q_2}{q_2q_3+q_0q_1}
\end{cases}
\tag{3-107}
$$

式中，θ_0为弹道倾角（静态悬挂角），θ_2为章动角，θ_r为扫描角增量，θ为弹轴C_2Z_2与伞刚体轴C_1Z_1轴的夹角，ψ_2为进动角，φ_2为自转角；R_1为总空气动力，R_{z1}为阻力，R_{y1}为升力；m_1为伞体质量，m_2为弹体质量；V_{1x}、V_{1y}、V_{1z}分别为速度在降落伞固连坐标系中的三分量，V_{2x}、V_{2y}、V_{2z}分别为速度在弹体固连坐标系中的三分量；l_1为伞衣特征长度，l_{d1}为伞体质心C_1到铰柱质心D的距离，l_{d2}和l_{d3}分别为铰柱质心D在弹体固连坐标系中y_2轴和z_2处的分量；A_1和A_2分别为降落伞和弹体的赤道转动惯量，C_1和C_2分别为降落伞和弹体的极转动惯量；ω_1和ω_2分别为伞和弹的角速度，g为重力加速度。

3.4.6 四元数模型的正确性与优越性验证

经过推导，得出了以欧拉运动方程表示的末敏弹稳态扫描运动的空间运动方程，如式（3-85）所示。为了更好地描述有伞末敏弹的大姿态角不确定性运动，采用四元数模型对欧拉方程进行修正，得出基于四元数模型修正的末敏弹稳态扫描运动的空间运动方程，如式（3-107）所示。那么，采用四元数模型修正后的方程有怎样的优越性呢？下面就对这一问题进行分析。

欧拉运动方程是用3个欧拉角来描述弹体的旋转姿态。这种表达方法的不足之处在于，当有不确定的或过大的姿态角出现时，运动学方程会出现奇异性，在编程计算时会出现奇点，因而不适于描述大幅度的姿态运动。对于有伞末敏弹来说，其在从母弹抛出到稳态扫描的过程中，有可能出现不确定的大姿态角运动，若用欧拉方程进行数值模拟，就可能在分母上出现奇点而造成发散。

为了验证方程组（3-107）的正确性，分别用欧拉方程组和经四元数模型变换后的方程组编程进行仿真计算。假设两种模型的抛撒高度都为700 m，弹体质量取8 kg，弹体静态悬挂角取27.3°，降落伞特征长度0.8 m；弹的初速为$V_{2x0}=4.2$ m/s，$V_{2y0}=5.2$ m/s，$V_{2z0}=-6$ m/s；伞的初速取$V_{1x0}=0.2$ m/s，$V_{1y0}=0.2$ m/s，$V_{1z0}=-6$ m/s；计算步长取0.001 s，得到落速、转速、扫描角和扫描轨迹随时间的变化曲线，如图3-4～图3-7所示。用欧拉方程模型仿真时假设弹体静态悬挂角（即初始弹道倾角）取10°。为了体现四元数模型适合大姿态角变化的扫描运动特点，在用四元数模型计算时假设弹体静态悬挂角取27°，其目的是造成弹体的较大摆动，以便于考查在计算中当姿态角达到90°时是否会出现奇点。

从图3-4～图3-7可以看出，两种模型得到的落速都在3.8 s趋于稳定：用四元数模型得到的转速在5.5 s时稳定于3.9 r/s，而用欧拉运动方程得到的转速在 5.3 s 时稳定于 9.8 r/s，两者稳定时间相近；用四元数模型得到的扫描角稳定时间为 11.7 s，用欧拉运动方程模型得到的扫描角稳定时间为 12 s，两者达到稳定的时间相近。

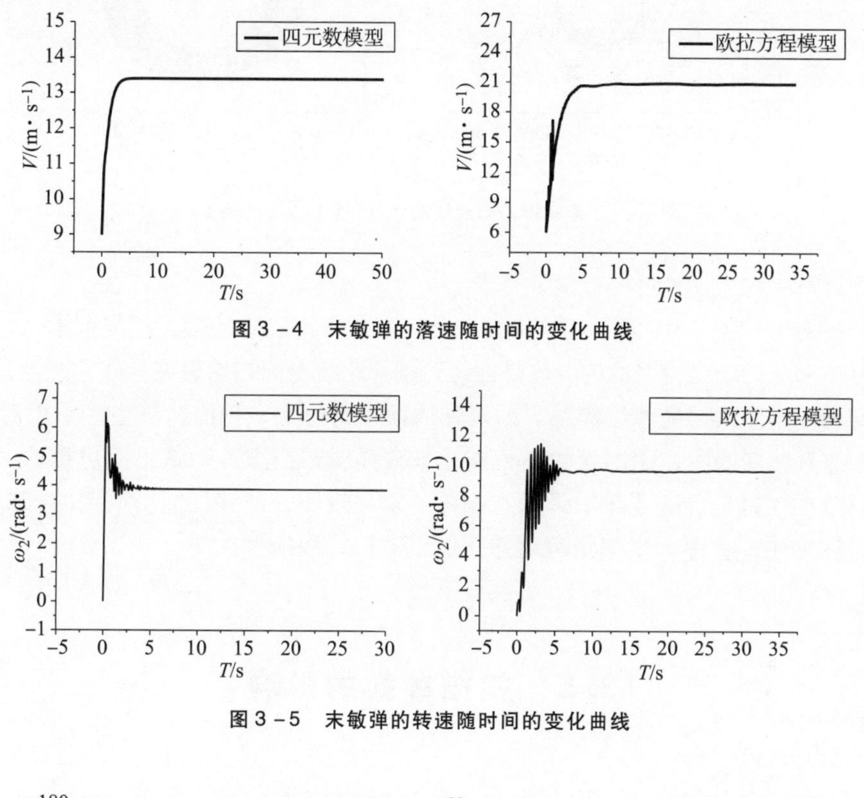

图 3-4　末敏弹的落速随时间的变化曲线

图 3-5　末敏弹的转速随时间的变化曲线

图 3-6　末敏弹的扫描角随时间的变化曲线

最能体现两种模型差别的参数是扫描角的变化。从图 3-7 可以看出，用两种模型得到的扫描角都能迅速收敛，稳定时间都在 10 s 左右。但是，仿真曲线表明，用四元数模型计算时，其扫描角峰值可达到 166.3°而不发散，表

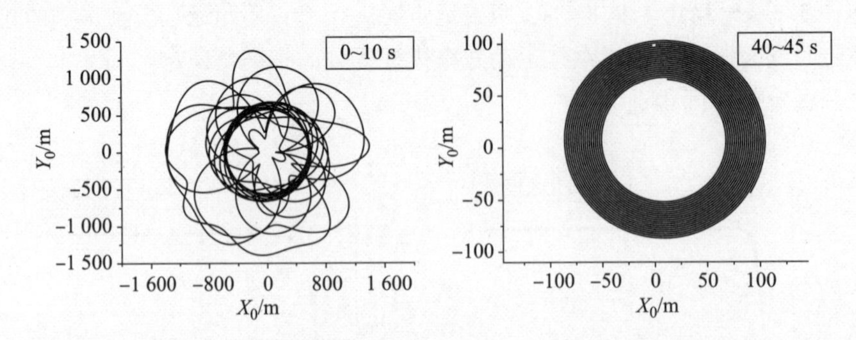

图 3-7　末敏弹的扫描轨迹（0~10 s，40~45 s）

明在计算中跨过 90°时没有出现奇点。

在图 3-7 中，0~10 s 扫描比较紊乱，姿态角不确定性强，扫描范围大；到了 40~45 s 扫描已经很稳定。这是因为，刚开始给出的初始静态悬挂角过大，弹体摆过大，导致扫描轨迹较乱。随着弹体摆趋于稳定，扫描轨迹也趋于正常。

仿真结果表明，用四元数模型描述末敏弹稳态扫描运动是正确可靠的，其计算数据很好地反映了末敏弹稳态扫描的物理规律，能够形成所需要的扫描轨迹，在描述末敏弹大姿态角运动方面优于欧拉方程模型。

3.5　扫描参数的影响

末敏弹的一个重要特征是在弹道末段需要保证形成一定的扫描区域。落速、转速和扫描角对形成这个扫描区域有着至关重要的影响。由前面关于末敏弹系统效能影响因素的分析可以看出，落速太快，末敏弹在空中的扫描时间就很短，相同转速条件下的扫描间距也会大，容易出现漏扫的情况；此外，停留在空中的时间少，对敏感元件的要求就要高，小型化问题就要解决；落速过低，又会给敌方打击末敏弹带来便利。所以要选择合适的落速。转速越高扫描频率就越高，扫描间距就小，扫描的成功率就高。但是，这会影响自锻破片打击的命中率，同样对电子系统的要求高，需要电子系统的微小型化。扫描角越大，扫描覆盖区越大，但相邻两次扫描轨迹的间隔也越大，容易出现漏扫。总之，末敏弹扫描参数的选择是一项重要的工作，需要考虑众多复杂的因素，比如，落速、转速和扫描角的搭配及电子系统响应时间的要求等。下面对一些引起扫描参数变化的因素进行讨论。

3.5.1　静态悬挂角对扫描角的影响

经计算，将静态悬挂角与扫描角的数据列于表3－1中。

表3－1　静态悬挂角与扫描角的数据

静态悬挂角/(°)	28.3	29.3	30.3	31.3	32.3
扫描角/(°)	30.5	31.6	32.6	33.6	34.6

从表3－1可以看出，随着静态悬挂角的增大，系统在稳态时的扫描角也相应地增大，而且总是大于静态悬挂角。这是由于末敏弹转动时产生的离心力使末敏弹远离铅直轴，所以会使扫描角增大。

3.5.2　弹重对落速和转速的影响

从表3－2可以看出，在其他参数不改变的前提下，随着弹重的增加落速和转速也相应地变大。这是由于弹重的增大必定使降落伞需要更大的阻力来平衡它才能使系统达到稳定状态，所以降落伞的落速随之增大；同时，落速的增大也会使降落伞的导转力矩增大，相应地使转速增大。

表3－2　弹重与转速和落速的关系表

弹重/kg	10.0	11.0	12.0	13.0	14.0
落速/($m \cdot s^{-1}$)	14.9	15.6	16.3	17.0	17.6
转速/($rad \cdot s^{-1}$)	4.3	4.5	4.7	4.9	5.1

3.5.3　风对末敏弹弹道的影响

在实际的作战环境中不可能会有理想的气象条件，总是存在着不同的情况。在实际的气象条件中，风是主要的影响因素。

取风速为$\boldsymbol{V}_f$，其在地面惯性坐标系$Ox_0y_0z_0$三个轴上的投影依次为V_{fx0}、V_{fy0}、V_{fz0}。其中，V_{fx0}称为横风（方向垂直于射击面Oy_0z_0）；V_{fy0}称为纵风（方向平行于射击面和水平面）；V_{fz0}称为铅直风。

根据速度叠加原理，有风时伞刚体质心的绝对速度$\boldsymbol{V}_1$可以看作是其相对于空气的速度$\boldsymbol{V}_r$（相对速度）与风速$\boldsymbol{V}_f$（牵连速度）的矢量和，即

$$\boldsymbol{V}_1=\boldsymbol{V}_r+\boldsymbol{V}_f$$

相对速度为

$$\boldsymbol{V}_r = \boldsymbol{V}_1 - \boldsymbol{V}_f$$

写成分量形式即为

$$\begin{bmatrix} V_{rx0} \\ V_{ry0} \\ V_{rz0} \end{bmatrix} = \begin{bmatrix} V_{1x0} - V_{fx0} \\ V_{1y0} - V_{fy0} \\ V_{1z0} - V_{fz0} \end{bmatrix} \tag{3-108}$$

式中，V_{rx0}、V_{ry0}、V_{rz0}是相对速度 $\boldsymbol{V}_r$ 在 $Ox_0y_0z_0$ 坐标系三轴上的投影。

而相对速度的模（即大小）为

$$V_r = \sqrt{V_{rx0}^2 + V_{ry0}^2 + V_{rz0}^2} \tag{3-109}$$

有风时的空气动力、空气动力矩的大小和方向均与相对速度的大小和方向有关，而不是与绝对速度的大小和方向有关。因此，只需将计算空气动力和空气动力矩的相关公式中的 $\boldsymbol{V}_1$ 改为 $\boldsymbol{V}_r$，同时将 V_{1x0}、V_{1y0}、V_{1z0} 对应改为 V_{rx0}、V_{ry0}、V_{rz0}，即可得到有风情况时的计算公式。

则伞体的攻角为

$$\delta_1 = \arcsin\left(\frac{V_{rx1y1}}{V_r}\right) \tag{3-110}$$

风的影响主要体现在对空气动力和空气动力矩的影响。经受力分析知，有风时子弹受到的空气动力和空气动力矩如下。

1. 空气动力 $\boldsymbol{R}_1$

$$\boldsymbol{R}_1 = \begin{bmatrix} R_{1x0} \\ R_{1y0} \\ R_{1z0} \end{bmatrix} = -\frac{1}{2}\rho V_r C_{x1} S \begin{bmatrix} V_{rx0} \\ V_{ry0} \\ V_{rz0} \end{bmatrix} + \frac{\rho V_r^2 S C'_{y1} \delta_C}{2} \begin{bmatrix} I_{yx0} \\ I_{yy0} \\ I_{yz0} \end{bmatrix} \tag{3-111}$$

2. 空气动力矩 $\boldsymbol{M}_1$

$$\boldsymbol{M}_1 = \begin{bmatrix} M_{1x1} \\ M_{1y1} \\ M_{1z1} \end{bmatrix} = \frac{1}{2}\rho V_r^2 Slm'_{xw1}\delta_C \begin{bmatrix} 0 \\ 0 \\ 1 \end{bmatrix} - \frac{1}{2}\rho V_r Sl^2 m'_{xz1}\omega_z \begin{bmatrix} 0 \\ 0 \\ 1 \end{bmatrix} + \frac{\rho V_r^2 Slm'_{z1}\delta_C}{2} \begin{bmatrix} I_{Mz1x} \\ I_{Mz1y} \\ I_{Mz1z} \end{bmatrix} - \frac{1}{2}\rho V_r Sl^2 m'_{zz1} \begin{bmatrix} \omega_x \\ \omega_y \\ 0 \end{bmatrix} \tag{3-112}$$

将式（3－111）和式（3－112）代入式（3－107），即得到有风时的计算模型。考虑横风和纵风的影响时分别编程进行计算，根据计算数据画出扫描轨迹线，如图3－8、图3－9所示。

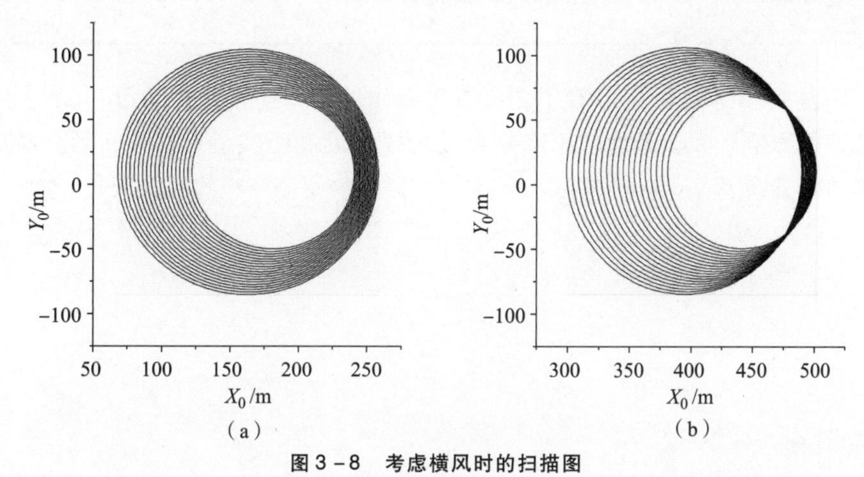

图3－8　考虑横风时的扫描图

（a）$\boldsymbol{V}_{fxo}=4.0$ m/s，40 s＜t＜45 s；（b）$\boldsymbol{V}_{fxo}=10.0$ m/s，40 s＜t＜45 s

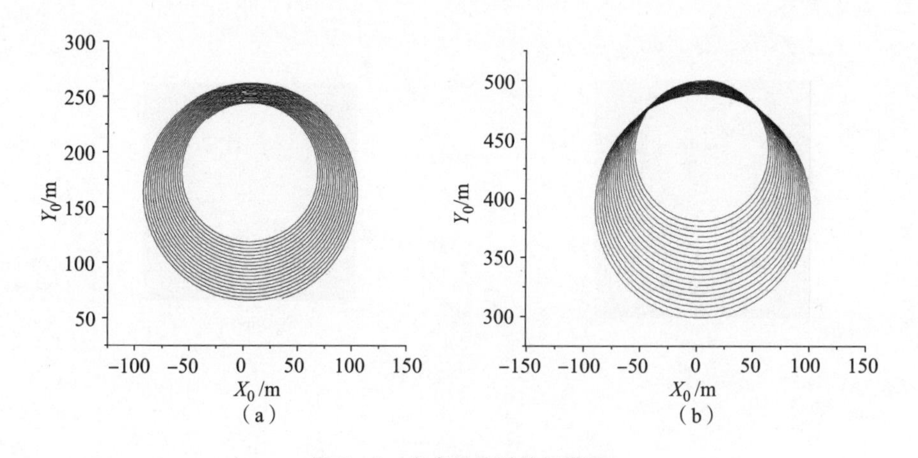

图3－9　考虑纵风时的扫描图

（a）$\boldsymbol{V}_{fxo}=4.0$ m/s，40 s＜t＜45 s；（b）$\boldsymbol{V}_{fxo}=10.0$ m/s，40 s＜t＜45 s

从计算的结果可以发现，风对落速、转速和扫描角都没有影响。但从扫描轨迹线来看发生了漂移，这时的扫描轨迹与理想情况的扫描轨迹有所不同：顺风方向的一侧扫描间隔增大，逆风的一侧扫描间隔减小；在风速小的情况下无重叠区域，但是当风速变大到一定程度后，扫描轨迹出现重叠区域。这主要是整个系统发生了顺风漂移的结果。

考虑在铅直风的情况下进行计算，计算结果如表 3 - 3 所示。

表 3 - 3　铅直风风速与落速的关系表

风速 W_{z0}/(m·s^{-1})	-1.0	-1.5	-2.0	-2.5	-3.0
落速/(m·s^{-1})	14.4	14.9	15.4	15.9	16.4

从表 3 - 3 中数据可以看出，铅直风对转速、扫描角的影响很小，主要是对落速的影响较大。落速的下降将会使扫描螺旋间距减小，扫描间距会减小，扫描轨迹变得密集，扫描的成功率增加，但是停留在空中的时间变长。

第4章

无伞末敏子弹稳态扫描弹道与分析

无伞末敏子弹与有伞末敏子弹的区别是无伞末敏子弹不采用降落伞进行稳态扫描，而是依靠非对称弹翼控制落速和落角。

本章重点对无伞末敏子弹的稳态扫描弹道原理进行研究，深入系统地研究非对称弹的强迫运动与共振问题，阐明非对称末敏子弹扫描运动形成的机理；建立单翼末敏弹系统的物理模型，讨论单翼末敏弹系统的结构参数对扫描参数的影响规律；建立翼为柔性时的七自由度动力学模型，并计算翼的柔性及其不同柔度对扫描参数的影响；计算风对单翼末敏弹系统扫描运动的影响，并总结出影响规律，为末敏弹系统母弹发射时的诸元修正提供理论依据。

本章主要是研究与分析单翼末敏弹。

4.1　单翼末敏弹扫描运动形成的理论基础

通常情况下，末敏弹弹丸在气动外形和质量分布上不会是绝对对称的，严格对称的弹丸是不存在的。弹丸存在轻微或强不对称的原因：①由于加工和装配的误差、运输中的变形、材料不均匀等造成的非对称；②为了在弹道上形成某种形式的角运动而人为制造的，例如在某些情况下（如末敏弹）要求形成子弹纵轴相对于速度矢量一定角度的旋转运动，从而在目标区域完成螺旋状扫描运动等。

在弹丸存在非对称的情况下，如果弹丸不旋转，则非对称因素将长期在某一固定方向上作用于弹丸，从而形成很大的弹道偏差。由于各发弹非对称因素的大小和方位不同，进而产生很大的弹道散布。因此，为了减小非对称因素的影响，即使是尾翼弹一般也使之低速旋转，使非对称因素的作用方位不断改变，前后的影响在一定程度上相互抵消。但另一方面，由于弹丸的旋转，非对称因素如气动外形不对称等的作用方位也不断改变，结果形成对弹丸角运动的周期性强迫干扰，如果此时转速选择不恰当，反而会使角运动变大，甚至导致运动不稳。但为了有目的地形成稳态扫描运动，既要保证这种非对称性的存在，以使弹丸形成特定形式的运动，又要避免产生共振放大，因此，必须探讨非对称弹产生稳定共振旋转运动的条件。

4.1.1 坐标系的建立与坐标转换矩阵

4.1.1.1 坐标系的建立

为研究问题需要，建立以下4个坐标系。

1. 地面惯性坐标系 $Ox_0y_0z_0$

如图4-1所示，建立地面惯性坐标系 $Ox_0y_0z_0$：取炮口中心为坐标原点 O，Oy_0 轴铅直向上，Ox_0 轴在包含初速矢量的铅直面内且指向射击前方，Oz_0 轴由右手定则确定。

2. 弹体基准坐标系 $Cx_0y_0z_0$

如图4-2所示，原点 C 为弹体质心，各轴分别与地面惯性坐标系对应平行。

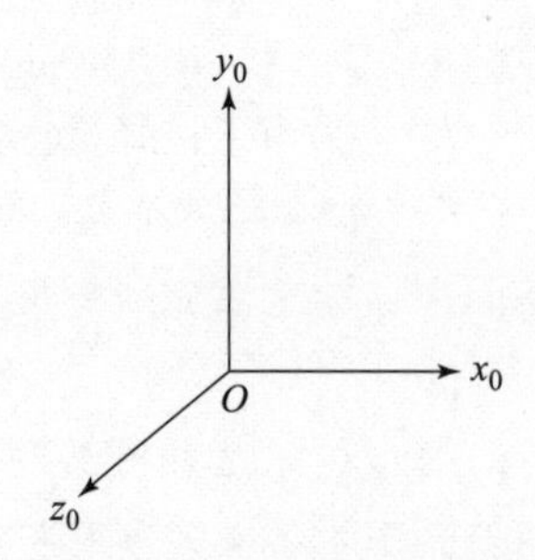

图4-1 地面惯性坐标系

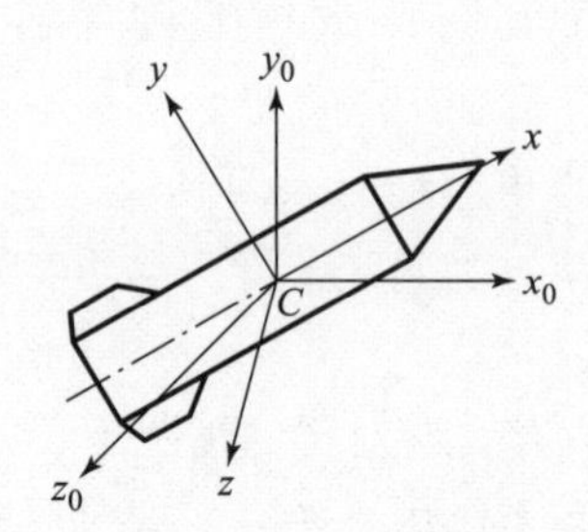

图4-2 弹体基准坐标系与弹体固连坐标系

3. 弹体固连坐标系 $Cxyz$

如图4-2所示，建立弹体固连坐标系 $Cxyz$：原点 C 为弹体质心；纵轴 Cx 在弹体的对称面内且指向弹顶方向，或者如果坐标原点不在对称面上时则平行于对称面。对于轴对称弹丸，则 Cx 轴平行于它的对称轴且指向弹顶；法线轴 Cy 位于弹体对称面内或者位于平行于对称面的平面内；横轴 Cz 由右手定则确定。该系主要用于确定弹体在空间中的方位。

4. 弹体惯性主轴坐标系 $Cx_1y_1z_1$

Cx_1、Cy_1、Cz_1 三轴分别为弹体 Cx、Cy、Cz 三个方向的中心惯性主轴。

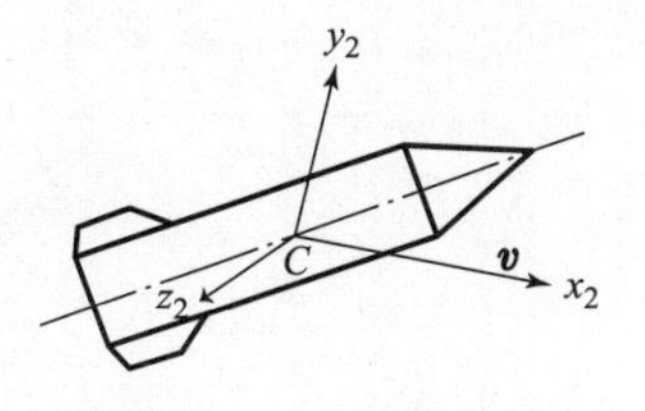

图 4－3　弹道坐标系

5. 弹道坐标系 $Cx_2y_2z_2$

如图 4－3 所示，建立弹道坐标系 $Cx_2y_2z_2$：原点 C 为弹体质心；Cx_2 轴沿弹体的地速矢量 $\boldsymbol{v}$（即相对地球的速度矢量）；Cy_2 轴在通过 Cx_2 轴的铅直面内，相对地面向上；Cz_2 轴位于水平方向上，由右手定则确定。

4.1.1.2　坐标转换矩阵

1. 弹体基准坐标系 $Cx_0y_0z_0$ 与弹体固连坐标系 $Cxyz$ 之间的关系

如图 4－4 所示，弹体基准坐标系 $Cx_0y_0z_0$ 与弹体固连坐标系 $Cxyz$ 之间的关系由偏航角 ψ、俯仰角 ϑ 和倾斜角 γ 确定。偏航角 ψ 是 Cx_0 轴与纵轴 Cx 在水平面 Cx_0z_0 上的投影间的夹角；俯仰角 ϑ 是纵轴 Cx 与水平面 Cx_0z_0 之间的夹角；倾斜角 γ 是当偏航角 ψ 为 0°时 Cz 轴与 Cz_0 轴之间的夹角。

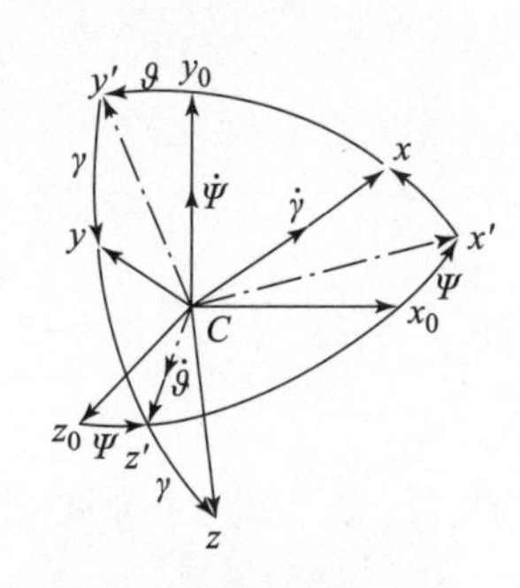

图 4－4　弹体基准坐标系与弹体固连坐标系之间的关系

显然，弹体固连坐标系 $Cxyz$ 可由弹体基准坐标系 $Cx_0y_0z_0$ 经以下三次旋转得到：第一次是 $Cx_0y_0z_0$ 绕 Cy_0 轴正向旋转 ψ 角到达 $Cx'y_0z'$；第二次是 $Cx'y_0z'$ 绕 Cz' 轴正向旋转 ϑ 角到达 $Cxy'z'$；第三次是 $Cxy'z'$ 绕 Cx 轴正向旋转 γ 角到达 $Cxyz$。所以，由弹体基准坐标系 $Cx_0y_0z_0$ 向弹位固连坐标系 $Cxyz$ 的转换矩阵为

$$
\boldsymbol{A}=\begin{bmatrix} A_{11} & A_{12} & A_{13} \\ A_{21} & A_{22} & A_{23} \\ A_{31} & A_{32} & A_{33} \end{bmatrix}
$$

$$
=\begin{bmatrix} \cos\psi\cos\vartheta & \sin\vartheta & -\sin\psi\cos\vartheta \\ -\cos\psi\sin\vartheta\cos\gamma+\sin\psi\sin\gamma & \cos\vartheta\cos\gamma & \cos\psi\sin\gamma+\sin\psi\sin\vartheta\cos\gamma \\ \cos\psi\sin\vartheta\sin\gamma+\sin\psi\cos\gamma & -\cos\vartheta\sin\gamma & \cos\psi\cos\gamma-\sin\psi\sin\vartheta\sin\gamma \end{bmatrix}
$$

2. 弹体惯性主轴坐标系 $Cx_1y_1z_1$ 与弹体固连坐标系 $Cxyz$ 之间的关系

弹丸质量分布不对称时，有可能产生动不平衡（当然也可能产生质量偏心，即静不平衡）。当有动不平衡时，惯性主轴不再与弹轴重合，两者之间有一夹角 β_D，称为动不平衡角。

如图 4－5 所示，惯性主轴坐标系 $Cx_1y_1z_1$ 可由弹体固连坐标系 $Cxyz$ 经两次旋转而成：第一次是 $Cxyz$ 系绕 Cz 轴正向旋转 β_{D1} 到达 $Cx'y_1z$；第二次是 $Cx'y_1z$ 绕 Cy_1 轴正向旋转 $-\beta_{D2}$（也即绕 Cy_1 轴负向旋转 β_{D2}）到达 $Cx_1y_1z_1$。所以由惯性主轴坐标系 $Cx_1y_1z_1$ 向弹体固连坐标系 $Cxyz$ 转换的坐标转换矩阵为

$$\boldsymbol{C}=\begin{bmatrix}C_{11} & C_{12} & C_{13}\\ C_{21} & C_{22} & C_{23}\\ C_{31} & C_{32} & C_{33}\end{bmatrix}=\begin{bmatrix}\cos\beta_{D2}\cos\beta_{D1} & -\sin\beta_{D1} & -\sin\beta_{D2}\cos\beta_{D1}\\ \cos\beta_{D2}\sin\beta_{D1} & \cos\beta_{D1} & -\sin\beta_{D2}\sin\beta_{D1}\\ \sin\beta_{D2} & 0 & \cos\beta_{D2}\end{bmatrix}$$

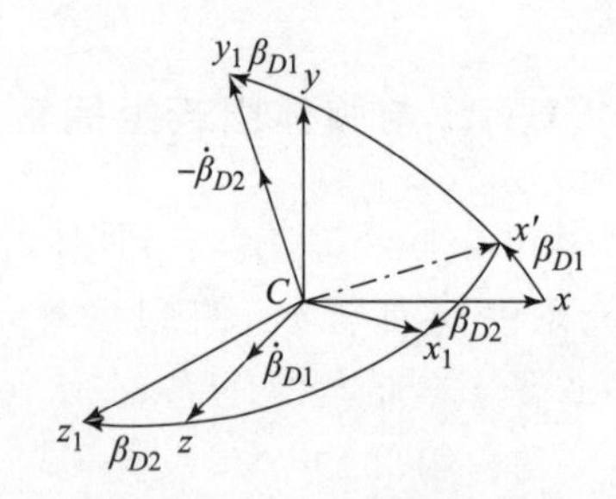

图 4－5　弹体惯性主轴系与弹体固连坐标系之间的关系

4.1.2　非对称弹运动微分方程的建立

4.1.2.1　质量分布不对称时弹体固连坐标系 $Cxyz$ 中的惯量张量矩阵

如上所述，质量分布不对称时，几何对称轴不再是惯性主轴，弹体固连坐标坐标系 $Cxyz$ 各轴的惯性积不再为 0。下面求出弹体固连坐标系 $Cxyz$ 中的惯量张量矩阵 $\boldsymbol{J}$ 与弹体惯性主轴系 $Cx_1y_1z_1$ 中的惯量张量矩阵 $\boldsymbol{J}'$ 之间的关系。

设弹丸在弹体固连坐标系 $Cxyz$ 里的惯量张量矩阵为

$$J=\begin{bmatrix} I_{xx} & -I_{xy} & -I_{xz} \\ -I_{yx} & I_{yy} & -I_{yz} \\ -I_{zx} & -I_{zy} & I_{zz} \end{bmatrix}$$

在惯性主轴坐标系 $Cx_1y_1z_1$ 中的矩阵为

$$J'=\begin{bmatrix} C & 0 & 0 \\ 0 & A & 0 \\ 0 & 0 & A \end{bmatrix}$$

下面求 $\boldsymbol{J}$ 与 $\boldsymbol{J}'$ 及各惯性积与 β_{D1}、β_{D2} 的关系。

设弹丸的角速度矢量在弹体固连坐标系 $Cxyz$ 和弹体惯性主轴坐标系 $Cx_1y_1z_1$ 内的投影矩阵分别为 $\boldsymbol{\omega}$ 和 $\boldsymbol{\omega}'$，而弹丸的动量矩矢量在弹体固连坐标系 $Cxyz$ 和弹体惯性主轴系 $Cx_1y_1z_1$ 内的投影矩阵分别为 $\boldsymbol{K}$ 和 $\boldsymbol{K}'$，则由动量矩的定义可得

$$\boldsymbol{K}=\boldsymbol{J}\boldsymbol{\omega} \tag{4-1}$$

$$\boldsymbol{K}'=\boldsymbol{J}'\boldsymbol{\omega}' \tag{4-2}$$

又由两个坐标系之间的转换关系可得

$$\boldsymbol{K}'=\boldsymbol{C}^{\mathrm{T}}\boldsymbol{K} \tag{4-3}$$

$$\boldsymbol{\omega}'=\boldsymbol{C}^{\mathrm{T}}\boldsymbol{\omega} \tag{4-4}$$

将式（4－3）、式（4－4）代入式（4－2），得

$$\boldsymbol{C}^{\mathrm{T}}\boldsymbol{K}=\boldsymbol{J}'\boldsymbol{C}^{\mathrm{T}}\boldsymbol{\omega}$$

将上式同时左乘 $\boldsymbol{C}$，并注意到 $\boldsymbol{C}\boldsymbol{C}^{\mathrm{T}}=\boldsymbol{I}$，得

$$\boldsymbol{K}=\boldsymbol{C}\boldsymbol{J}'\boldsymbol{C}^{\mathrm{T}}\boldsymbol{\omega} \tag{4-5}$$

将式（4－5）与式（4－1）对比可得

$$\boldsymbol{J}=\boldsymbol{C}\boldsymbol{J}'\boldsymbol{C}^{\mathrm{T}} \tag{4-6}$$

即

$$J=\begin{bmatrix} I_{xx} & -I_{xy} & -I_{xz} \\ -I_{yx} & I_{yy} & -I_{yz} \\ -I_{zx} & -I_{zy} & I_{zz} \end{bmatrix}=\boldsymbol{C}\begin{bmatrix} C & 0 & 0 \\ 0 & A & 0 \\ 0 & 0 & A \end{bmatrix}\boldsymbol{C}^{\mathrm{T}}$$

$$
=\begin{bmatrix}
C\cos^2\beta_{D2}\cos^2\beta_{D1}+A\sin^2\beta_{D1}+ & (C-A)\cos^2\beta_{D2} & (C-A)\sin\beta_{D2} \\
A\sin^2\beta_{D2}\cos^2\beta_{D1} & \sin\beta_{D1}\cos\beta_{D1} & \cos\beta_{D2}\cos\beta_{D1} \\
(C-A)\cos^2\beta_{D2} & C\cos^2\beta_{D2}\sin^2\beta_{D1}+A\cos^2\beta_{D1}+ & (C-A)\sin\beta_{D2} \\
\sin\beta_{D1}\cos\beta_{D1} & A\sin^2\beta_{D2}\sin^2\beta_{D1} & \cos\beta_{D2}\sin\beta_{D1} \\
(C-A)\sin\beta_{D2} & (C-A)\sin\beta_{D2} & C\sin^2\beta_{D2}+ \\
\cos\beta_{D2}\cos\beta_{D1} & \cos\beta_{D2}\sin\beta_{D1} & A\cos^2\beta_{D2}
\end{bmatrix}
\tag{4-7}
$$

所以，当 β_{D1}、β_{D2} 为小量时有

$$
\boldsymbol{J}=\begin{bmatrix} I_{xx} & -I_{xy} & -I_{xz} \\ -I_{yx} & I_{yy} & -I_{yz} \\ -I_{zx} & -I_{zy} & I_{zz} \end{bmatrix}\approx\begin{bmatrix} C & (C-A)\beta_{D1} & (C-A)\beta_{D2} \\ (C-A)\beta_{D1} & A & 0 \\ (C-A)\beta_{D2} & 0 & A \end{bmatrix}
\tag{4-8}
$$

即有

$$
I_{xx}\approx C,\ I_{yy}\approx A,\ I_{zz}\approx A,\ I_{xy}=I_{yx}\approx(A-C)\beta_{D1},\ I_{xz}=I_{zx}\approx(A-C)\beta_{D2}
$$

4.1.2.2 推力偏心的表达

为了使所建立的方程和所推导的结论适用范围更加广泛，在建立方程时考虑了推力与推力矩，从而使其可应用于火箭弹。因此，必须先研究有推力偏心时推力与推力矩的表达方法。

如图 4-6 所示，推力偏心由推力矢量与喷管出口截面的交点相对于 $Cxyz$ 的 Cx 轴（即弹丸纵轴）的线偏移大小 d 以及推力矢量与 Cx 轴的夹角（即推力偏心角 ε）确定。图 4-6 中角 φ_1 确定了垂直于弹轴的推力分量 P_n 的作用线在 $Cxyz$ 系中的位置；角 φ_2 确定了线推力偏心 d 的位置。沿纵轴的长度 x_A 确定了弹丸质心至含有推力作用点的平面的距离。

由图 4-6 知，推力沿弹体固连坐标系 $Cxyz$ 三轴的投影表达式为

$$
P=\begin{bmatrix} P_x \\ P_y \\ P_z \end{bmatrix}=\begin{bmatrix} P\cos\varepsilon \\ P\sin\varepsilon\cos\varphi_1 \\ P\sin\varepsilon\sin\varphi_1 \end{bmatrix}\xlongequal{\varepsilon\text{ 为小量}}\begin{bmatrix} P \\ P\varepsilon\cos\varphi_1 \\ P\varepsilon\sin\varphi_1 \end{bmatrix}
\tag{4-9}
$$

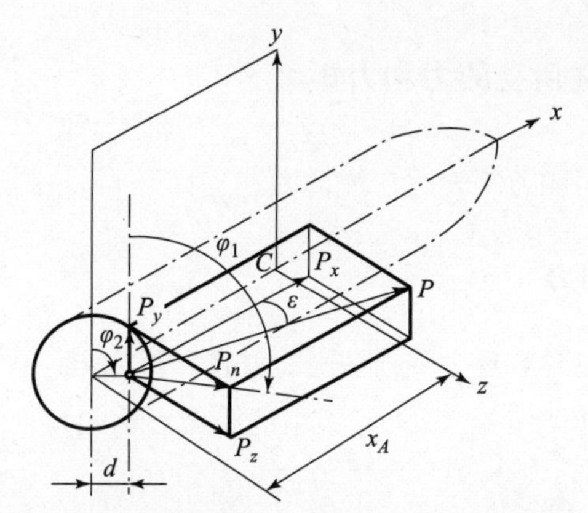

图4-6 具有线偏心 d 和偏心角 ε 的推力矢量图

图4-7为推力矩的求法图示。

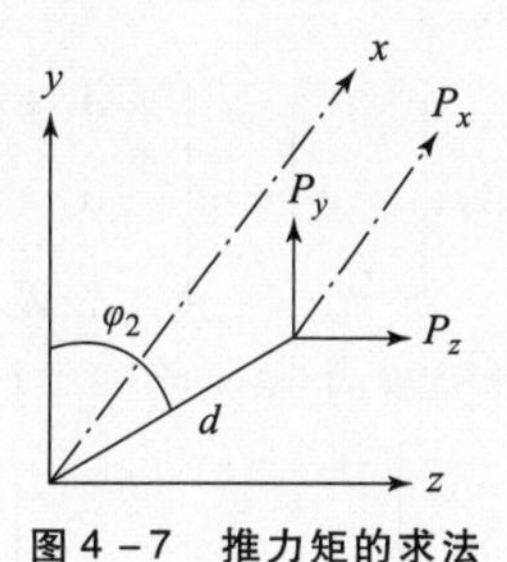

图4-7 推力矩的求法

如图4-7所示，推力矩沿弹体固连坐标系 $Cxyz$ 三轴的投影表达式为

$$M_e=\begin{bmatrix}M_{Px}\\M_{Py}\\M_{Pz}\end{bmatrix}=\begin{bmatrix}-P_yd\sin\varphi_2+P_zd\cos\varphi_2\\P_xd\sin\varphi_2+P_zx_A\\-P_xd\cos\varphi_2-P_yx_A\end{bmatrix}$$

$$=\begin{bmatrix}-P\sin\varepsilon\cos\varphi_1\sin\varphi_2d+P\sin\varepsilon\sin\varphi_1\cos\varphi_2d\\P\cos\varepsilon\sin\varphi_2d+P\sin\varepsilon\sin\varphi_1x_A\\-P\cos\varepsilon\cos\varphi_2d-P\sin\varepsilon\cos\varphi_1x_A\end{bmatrix}$$

$$\xlongequal{\varepsilon\text{为小量}}\begin{bmatrix}-P\varepsilon d\cos\varphi_1\sin\varphi_2+P\varepsilon d\sin\varphi_1\cos\varphi_2\\Pd\sin\varphi_2+P\varepsilon x_A\sin\varphi_1\\-Pd\cos\varphi_2-P\varepsilon x_A\cos\varphi_1\end{bmatrix}$$

$$=\begin{bmatrix}P\varepsilon d\sin(\varphi_1-\varphi_2)\\Pd\sin\varphi_2+P\varepsilon x_A\sin\varphi_1\\-Pd\cos\varphi_2-P\varepsilon x_A\cos\varphi_1\end{bmatrix}\tag{4-10}$$

4.1.2.3 弹丸所受的力和力矩

将弹丸所受的力和力矩表达在弹体固连坐标系 $Cxyz$ 中。

1. 弹丸受到的力

弹丸受到的力主要有重力 G、空气动力 R 和推力 P。

（1）重力 $\boldsymbol{G}$。重力 G 在 $Cx_0y_0z_0$ 系中的投影表达式为

$$\boldsymbol{G}=mg\begin{bmatrix}0\\-1\\0\end{bmatrix}=-m\begin{bmatrix}0\\\boldsymbol{g}\\0\end{bmatrix}$$

则它在 $Cxyz$ 系中的投影表达式为

$$\boldsymbol{G}=\begin{bmatrix}G_x\\G_y\\G_z\end{bmatrix}=m\begin{bmatrix}g_x\\g_y\\g_z\end{bmatrix}=\boldsymbol{A}m\begin{bmatrix}0\\-\boldsymbol{g}\\0\end{bmatrix}=m\begin{bmatrix}-A_{12}\boldsymbol{g}\\-A_{22}\boldsymbol{g}\\-A_{32}\boldsymbol{g}\end{bmatrix}=m\begin{bmatrix}-\boldsymbol{g}\sin\vartheta\\-\boldsymbol{g}\cos\vartheta\cos\gamma\\\boldsymbol{g}\cos\vartheta\sin\gamma\end{bmatrix}\tag{4-11}$$

（2）空气动力 $\boldsymbol{R}$。空气动力 $\boldsymbol{R}$ 在弹体固连坐标系 $Cxyz$ 中可表示为

$$\boldsymbol{R}=\begin{bmatrix}R_x\\R_y\\R_z\end{bmatrix}=\begin{bmatrix}-qsc_x\\qsc_y^{\alpha}\alpha\\-qsc_z^{\beta}\beta\end{bmatrix}\tag{4-12}$$

式中，$q=\dfrac{1}{2}\rho v^2$ 为速度头；$c_x>0$ 为轴向力系数，$c_y^{\alpha}>0$、$c_z^{\beta}>0$ 分别为法向力系数导数和侧向力系数导数；α 是攻角，即弹丸空速（相对空气的相对速度）矢量线在其纵向对称面 Cxy 上的投影与纵轴 Cx 间的夹角，α 向上（即空速矢量在 Cxy 面内的投影与 Cy 轴正向不在 Cxz 面同侧时）为正；β 是空速矢量线与 Cxy 面间的夹角，β 向左（即空速矢量在 Cxz 面内的投影与 Cz 轴正向位于 Cxy 面同侧时）为正。

（3）推力 P。

推力 P 由式（4－9）给出。

2. 弹丸受到的力矩

（1）空气动力稳定力矩 $\boldsymbol{M}$。

设弹体为静稳定的，则

$$\boldsymbol{M}=\begin{bmatrix}0\\-qsl|m_y^{\beta}|\beta\\-qsl|m_z^{\alpha}|\alpha\end{bmatrix}\tag{4-13}$$

式中，$|m_y^{\beta}|$、$|m_z^{\alpha}|$分别为 y 轴和 z 轴的稳定力矩系数导数。

（2）空气动力阻尼力矩 $\boldsymbol{M}_D$。

$$\boldsymbol{M}_D=\begin{bmatrix}-qsl^2v^{-1}|m_x^{\omega}|\omega_x\\-qsl^2v^{-1}|m_y^{\omega}|\omega_y\\-qsl^2v^{-1}|m_z^{\omega}|\omega_z\end{bmatrix}\tag{4-14}$$

式中，$|m_x^{\omega}|$、$|m_y^{\omega}|$、$|m_z^{\omega}|$分别为三个轴的阻尼力矩系数导数。

（3）马格努斯力矩 $\boldsymbol{M}_{Ma}$。

$$\boldsymbol{M}_{Ma}=\begin{bmatrix}0\\-qsl^2v^{-1}m_{Ma}^{\alpha}\omega_x\alpha\\qsl^2v^{-1}m_{Ma}^{\beta}\omega_x\beta\end{bmatrix}\tag{4-15}$$

式中，m_{Ma}^{α}、m_{Ma}^{β}分别是马格努斯力矩系数对无因次转速$\frac{l\omega_x}{v}$和攻角 α（或侧滑角 β）的二阶联合偏导数。

（4）压力中心偏离弹体固连坐标系 Cx 轴产生的力矩 M_{Δ}。

压心与弹体固连坐标系的关系如图 4-8 所示。

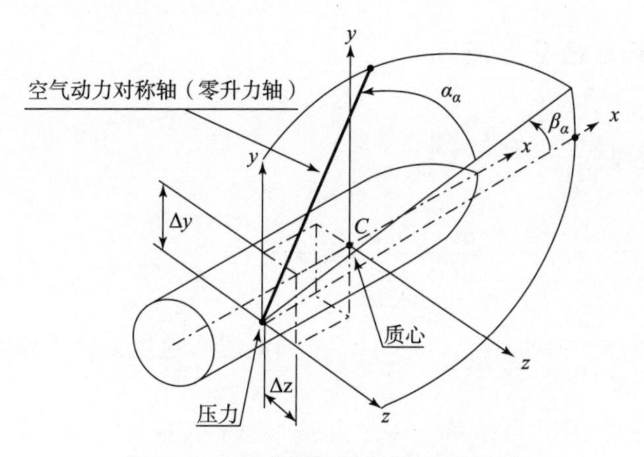

图 4-8 压心与弹体固连坐标系的关系

如图 4-8 所示，设压力中心偏离弹体固连坐标系 $Cxyz$ 的 Cxz 平面 Δy，且压心与 Cy 轴正向不在 Cxz 平面同侧时 $\Delta y>0$；偏离 Cxy 平面 Δz，且压心与 Cz

轴正向不在 Cxy 平面同侧时 $\Delta z>0$，则

$$M_{\Delta}=\begin{bmatrix} qsc_y^{\alpha}\Delta z\alpha+qsc_z^{\beta}\Delta y\beta \\ qsc_x\Delta z \\ -qsc_x\Delta y \end{bmatrix} \tag{4-16}$$

（5）非对称气动力矩M_0。

$$M_0=\begin{bmatrix} qslm_{x0} \\ qslm_{y0} \\ qslm_{z0} \end{bmatrix} \tag{4-17}$$

如图4－8所示，M_0 由空气动力对称轴（零升力轴）在弹体固连坐标系里转过 α_a、β_a 角来确定。其中，$\alpha_a=\dfrac{-m_{z0}}{|m_z^{\alpha}|}$为由空气动力非对称性确定的平衡攻角；$\beta_a=\dfrac{-m_{y0}}{|m_y^{\beta}|}$为由空气动力非对称性确定的平衡侧滑角。空气动力对称轴与弹体固连坐标系 $Cxyz$ 的关系如图4－8中所示：$m_{y0}>0$，$m_{z0}>0$，$\alpha_{\alpha}<0$，$\beta_{\alpha}<0$。力矩M_0 沿 Cx 轴的分量是 $qslm_{x0}$，它既可以是随机的，也可以是由故意制造的外形不对称所产生的，例如由不对称的尾翼（如单侧翼）产生的。

4.1.2.4　弹丸运动微分方程的建立

1. 质心运动微分方程

据动量定理 $\dfrac{\mathrm{d}\boldsymbol{v}}{\mathrm{d}t}=\dfrac{\sum \boldsymbol{F}}{m}$，有

$$\frac{\mathrm{d}v}{\mathrm{d}t}=\frac{\tilde{\mathrm{d}}\boldsymbol{v}}{\mathrm{d}t}+\boldsymbol{\omega}\times\boldsymbol{v}=\frac{\sum \boldsymbol{F}}{m} \tag{4-18}$$

式中，$\dfrac{\mathrm{d}\boldsymbol{v}}{\mathrm{d}t}$ 为在弹位基准坐标系 $Cx_0y_0z_0$ 中弹丸质心速度矢量的导数，即绝对导数；$\dfrac{\tilde{\mathrm{d}}\boldsymbol{v}}{\mathrm{d}t}$ 为在弹位基准坐标 $Cxyz$ 中弹丸质心速度矢量的导数，即相对导数；$\boldsymbol{\omega}$ 为弹体固连坐标系 $Cxyz$ 相对弹体基准坐标系 $Cx_0y_0z_0$ 的角速度，即弹丸总角速度。

将式（4－18）投影到弹体固连 $Cxyz$ 中，得

$$\begin{cases}\dot{v}_x+\omega_y v_z-\omega_z v_y=\dfrac{R_x+G_x+P_x}{m}=\dfrac{-qsc_x}{m}+g_x+\dfrac{P}{m}\\ \dot{v}_y+\omega_z v_x-\omega_x v_z=\dfrac{R_y+G_y+P_y}{m}=\dfrac{qsc_y^{\alpha}\alpha}{m}+g_y+\dfrac{P\varepsilon\cos\varphi_1}{m}\\ \dot{v}_z+\omega_x v_y-\omega_y v_x=\dfrac{R_z+G_z+P_z}{m}=\dfrac{-qsc_z^{\beta}\beta}{m}+g_z+\dfrac{P\varepsilon\sin\varphi_1}{m}\end{cases}\tag{4-19}$$

再考虑运动学方程：

$$\begin{cases}\dot{x}=v_{x_0}=A_{11}v_x+A_{21}v_y+A_{31}v_z\\ \dot{y}=v_{y_0}=A_{12}v_x+A_{22}v_y+A_{32}v_z\\ \dot{Z}=v_{z_0}=A_{13}v_x+A_{23}v_y+A_{33}v_z\end{cases}\tag{4-20}$$

式中，下标 x_0 等分别表示对应量在 Ox_0、Oy_0、Oz_0、Cx、Cy、Cz 各轴上的分量。

2. 绕心运动微分方程

据动量矩定理 $\dfrac{\mathrm{d}\boldsymbol{K}}{\mathrm{d}t}=\sum\boldsymbol{M}$，有

$$\frac{\mathrm{d}\boldsymbol{K}}{\mathrm{d}t}=\frac{\tilde{\mathrm{d}}\boldsymbol{K}}{\mathrm{d}t}+\boldsymbol{\omega}\times\boldsymbol{K}=\sum\boldsymbol{M}\tag{4-21}$$

式中，$\boldsymbol{K}$ 为弹丸的动量矩矢量；$\dfrac{\mathrm{d}K}{\mathrm{d}t}$为在弹体基准坐标系 $Cx_0y_0z_0$ 中弹丸动量矩矢量的导数，即绝对导数；$\dfrac{\tilde{\mathrm{d}}\boldsymbol{K}}{\mathrm{d}t}$为在弹体固连坐标系 $Cxyz$ 中弹丸动量矩矢量的导数，即相对导数。

而动量矩矢量为

$$\boldsymbol{K}=\begin{bmatrix}K_x\\K_y\\K_z\end{bmatrix}=J\begin{bmatrix}\omega_x\\\omega_y\\\omega_z\end{bmatrix}=\begin{bmatrix}I_{xx}&-I_{xy}&-I_{xz}\\-I_{yx}&I_{yy}&-I_{yz}\\-I_{zx}&-I_{zy}&I_{zz}\end{bmatrix}\begin{bmatrix}\omega_x\\\omega_y\\\omega_z\end{bmatrix}=\begin{bmatrix}I_{xx}\omega_x-I_{xy}\omega_y-I_{xz}\omega_z\\I_{yy}\omega_y-I_{yx}\omega_x-I_{yz}\omega_z\\I_{zz}\omega_z-I_{zx}\omega_x-I_{zy}\omega_y\end{bmatrix}$$

将上式代入式（4－21）得

$$\begin{cases} I_{xx}\dot{\omega}_x + (I_{zz} - I_{yy})\omega_y\omega_z - I_{xy}(\dot{\omega}_y - \omega_x\omega_z) - I_{xz}(\dot{\omega}_z + \omega_x\omega_y) + \\ I_{yz}(\omega_z^2 - \omega_y^2) = \sum M_x \\ I_{yy}\dot{\omega}_y + (I_{xx} - I_{zz})\omega_x\omega_z - I_{xy}(\dot{\omega}_x + \omega_y\omega_z) + I_{xz}(\omega_x^2 - \omega_z^2) \\ - I_{yz}(\dot{\omega}_z - \omega_x\omega_y) = \sum M_y \\ I_{zz}\dot{\omega}_z + (I_{yy} - I_{xx})\omega_x\omega_y - I_{xz}(\dot{\omega}_x - \omega_y\omega_z) - I_{yz}(\dot{\omega}_y + \omega_x\omega_z) + \\ I_{xy}(\omega_y^2 - \omega_x^2) = \sum M_z \end{cases} \tag{4-22}$$

再考虑运动学方程如下：

$$\begin{cases} \omega_x = \dot{\gamma} + \dot{\psi}\sin\vartheta \\ \omega_y = \dot{\vartheta}\sin\gamma + \dot{\psi}\cos\vartheta\cos\gamma \\ \omega_z = \dot{\vartheta}\cos\gamma - \dot{\psi}\cos\vartheta\sin\gamma \end{cases} \tag{4-23}$$

由于通常横向角速度 ω_y、ω_z 为小量，所以常在方程（4－22）中略去它们的平方项和乘积项，即略去 ω_y^2、ω_z^2 和 $\omega_y\omega_z$，并将力矩表达式代入方程右端，又考虑到 β_{D1}、β_{D2} 为小量，所以 $I_{yz}\approx 0$，得

$$\begin{cases} I_{xx}\dot{\omega}_x - I_{xy}(\dot{\omega}_y - \omega_x\omega_z) - I_{xz}(\dot{\omega}_z + \omega_x\omega_y) \\ = - qsl^2v^{-1}\,|m_x^{\omega}|\omega_x + (qsc_y^{\alpha}\Delta z\alpha + qsc_z^{\beta}\Delta y\beta) + qslm_{x0} + P\varepsilon d\sin(\varphi_1 - \varphi_2) \\ I_{yy}\dot{\omega}_y + (I_{xx} - I_{zz})\omega_x\omega_z - I_{xy}\dot{\omega}_x + I_{xz}\omega_x^2 = - qsl\,|m_y^{\beta}|\beta - qsl^2v^{-1}\,|m_y^{\omega}|\omega_y - \\ qsl^2v^{-1}m_{Ma}^{\alpha}\omega_x\alpha + qsc_x\Delta z + qslm_{y0} + Pd\sin\varphi_2 + P\varepsilon x_A\sin\varphi_1 \\ I_{zz}\dot{\omega}_z + (I_{yy} - I_{xx})\omega_x\omega_y - I_{xz}\dot{\omega}_x - I_{xy}\omega_x^2 = - qsl\,|m_z^{\alpha}|\alpha - qsl^2v^{-1}\,|m_z^{\omega}|\omega_z + \\ qsl^2v^{-1}m_{Ma}^{\beta}\omega_x\beta - qsc_x\Delta y + qslm_{z0} - Pd\cos\varphi_2 - P\varepsilon x_A\cos\varphi_1 \end{cases}$$

（4－24）

4.1.2.5 攻角方程的推导

由 $I_{yy}\approx I_{zz}$，令 $I=I_{yy}=I_{zz}$，$h_{\alpha}=\dfrac{I_{xz}}{I-I_{xx}}$，$h_{\beta}=\dfrac{I_{xy}}{I-I_{xx}}$，则 h_{α} 和 h_{β} 就确定了中心惯性主轴在弹体固连坐标系 $Cxyz$ 中的方位。

按以上记号，则式（4－24）变为

$$\begin{cases} I_{xx}\dot{\omega}_x - I_{xy}(\dot{\omega}_y - \omega_x\omega_z) - I_{xz}(\dot{\omega}_z + \omega_x\omega_y) \\ = -qsl^2v^{-1}|m_x^{\omega}|\omega_x + (qsc_y^{\alpha}\Delta z\alpha + qsc_z^{\beta}\Delta y\beta) + qslm_{x0} + P\varepsilon d\sin(\varphi_1 - \varphi_2) \\ I\dot{\omega}_y - (I - I_{xx})\omega_x\omega_z - (I - I_{xx})h_{\beta}\dot{\omega}_x + (I - I_{xx})h_{\alpha}\omega_x^2 = -qsl|m_y^{\beta}|\beta - qsl^2 \\ v^{-1}|m_y^{\omega}|\omega_y - qsl^2v^{-1}m_{Ma}^{\alpha}\omega_x\alpha + qsc_x\Delta z + qslm_{y0} + Pd\sin\varphi_2 + P\varepsilon x_A\sin\varphi_1 \\ I\dot{\omega}_z + (I - I_{xx})\omega_x\omega_y - (I - I_{xx})h_{\alpha}\dot{\omega}_x - (I - I_{xx})h_{\beta}\omega_x^2 = -qsl|m_z^{\alpha}|\alpha - qsl^2 \\ v^{-1}|m_z^{\omega}|\omega_z + qsl^2v^{-1}m_{Ma}^{\beta}\omega_x\beta - qsc_x\Delta y + qslm_{z0} - Pd\cos\varphi_2 - P\varepsilon x_A\cos\varphi_1 \end{cases}$$

$$(4-25)$$

设：$c_y^{\alpha} = c_z^{\beta}$，$m_y^{\beta} = m_z^{\alpha}$，$m_y^{\omega} = m_z^{\omega}$，$m_{Ma}^{\alpha} = m_{Ma}^{\beta}$。引入复变量 $\delta = \beta + \mathrm{i}\alpha$，$\omega = \omega_y + \mathrm{i}\omega_z$，$h = h_{\beta} + \mathrm{i}h_{\alpha}$。将式（4-25）的第三式乘以 i 再与第二式相加并整理得复数方程如下：

$$\dot{\omega} = -\mathrm{i}\left(1 - \frac{I_{xx}}{I}\right)\omega_x\omega + \left(1 - \frac{I_{xx}}{I}\right)\dot{\omega}_x h + \mathrm{i}\left(1 - \frac{I_{xx}}{I}\right)\omega_x^2 h - \mathrm{i}\frac{P}{I}(d\mathrm{e}^{\mathrm{i}\varphi_2} + x_A\varepsilon\mathrm{e}^{\mathrm{i}\varphi_1}) + qslI^{-1}$$

$$\left[m_{y0} + \mathrm{i}m_{z0} - |m_z^{\alpha}|\delta - \frac{l}{v}|m_z^{\omega}|\omega + \mathrm{i}\frac{l}{v}\omega_x m_{Ma}^{\beta}\delta + c_x l^{-1}(\Delta z - \mathrm{i}\Delta y)\right] \quad (4-26)$$

可以近似认为

$$\alpha = \frac{-v_y}{v_x},\ \beta = \frac{v_z}{v_x} \quad (4-27)$$

即 $v_y = -\alpha v_x$，$v_z = \beta v_x$。对此两式分别微分得

$$\frac{\dot{v}_y}{v_x} = -\dot{\alpha} - \alpha\frac{\dot{v}_x}{v_x},\ \frac{\dot{v}_z}{v_x} = \dot{\beta} + \beta\frac{\dot{v}_x}{v_x} \quad (4-28)$$

而由

$$\frac{\dot{v}_x}{v_x} = \frac{-qsc_x}{mv_x} + \frac{g_x}{v_x} + \frac{P}{mv_x} + \omega_z\frac{v_y}{v_x} - \omega_y\frac{v_z}{v_x}$$

将式（4-27）代入上式得

$$\frac{\dot{v}_x}{v_x} = -\omega_y\beta - \omega_z\alpha - qsc_x(mv_x)^{-1} + P(mv_x)^{-1} + g_x v_x^{-1} \quad (4-29)$$

将代（4-29）式入式（4-28）得

$$\begin{cases} \dfrac{\dot{v}_y}{v_x} = -\dot{\alpha} - [-\omega_y\beta - \omega_z\alpha - qsc_x({}^m v_x) - 1 + P({}^m v_x) - 1 + g_x v_x^{-1}]\alpha \\ \dfrac{\dot{v}_z}{v_x} = \dot{\beta} + [-\omega_y\beta - \omega_z\alpha - qsc_x({}^m v_x) - 1 + P({}^m v_x) - 1 + g_x v_x^{-1}]\beta \end{cases}$$

$$(4-30)$$

经变换后略去含 α^2、$\alpha\beta$ 和 β^2 的项并取 $v_x \approx v$，得

$$\begin{cases} \omega_y = \dot{\beta} - \omega_x\alpha + \left[\dfrac{qs}{mv}(c_y^\alpha - c_x) + \dfrac{P}{mv} + \dfrac{g_x}{v}\right]\beta - \dfrac{g_z}{v} - \dfrac{P\varepsilon}{mv}\sin\varphi_1 \\ \omega_z = \dot{\alpha} + \omega_x\beta + \left[\dfrac{qs}{mv}(c_y^\alpha - c_x) + \dfrac{P}{mv} + \dfrac{g_x}{v}\right]\alpha + \dfrac{g_y}{v} + \dfrac{P\varepsilon}{mv}\cos\varphi_1 \end{cases} \tag{4-31}$$

将式（4-31）第二式乘以 i 加上第一式，并令 $g_\perp = g_y + \mathrm{i}g_z$ 得复数方程：

$$\omega = \dot{\delta} + \mathrm{i}\omega_x\delta + \left[\frac{P}{mv} + \frac{qs}{mv}(c_y^\alpha - c_x) + \frac{g_x}{v}\right]\delta + \mathrm{i}\frac{g_\perp}{v} + \mathrm{i}\frac{P\varepsilon}{mv}\mathrm{e}^{\mathrm{i}\varphi_1} \tag{4-32}$$

将式（4-32）对时间取微分得

$$\dot{\omega} = \ddot{\delta} + \mathrm{i}\dot{\omega}_x\delta + \mathrm{i}\omega_x\dot{\delta} + \left[\frac{P}{mv} + \frac{qs}{mv}(c_y^\alpha - c_x) + \frac{g_x}{v}\right]\dot{\delta} +$$

$$\frac{\mathrm{d}}{\mathrm{d}t}\left[\frac{P}{mv} + \frac{qs}{mv}(c_y^\alpha - c_x) + \frac{g_x}{v}\right]\delta + \mathrm{i}\frac{\mathrm{d}}{\mathrm{d}t}\left(\frac{g_\perp}{v}\right) + \mathrm{i}\frac{\mathrm{d}}{\mathrm{d}t}\left(\frac{P}{mv}\right)(\cos\varphi_1 + \mathrm{i}\sin\varphi_1)\varepsilon \tag{4-33}$$

将式（4-32）和式（4-33）代入式（4-26）并整理得

$$\ddot{\delta} + k_1\dot{\delta} + k_2\delta = k_3 \tag{4-34}$$

其中，

$$k_1 = \frac{P}{mv} + \frac{qs}{mv}(c_y^\alpha - c_x) + \frac{g_x}{v} + qsl^2I^{-1}v^{-1}|m_z^\omega| + i\left(2 - \frac{I_{xx}}{I}\right)\omega_x \tag{4-35}$$

$$k_2 = \mathrm{i}\dot{\omega}_x + \frac{\mathrm{d}}{\mathrm{d}t}\left[\frac{P}{mv} + \frac{qs}{mv}(c_y^\alpha - c_x) + \frac{g_x}{v}\right] - \left(1 - \frac{I_{xx}}{I}\right)\omega_x^2 + \mathrm{i}\left(1 - \frac{I_{xx}}{I}\right)\omega_x$$

$$\left[\frac{P}{mv} + \frac{qs}{mv}(c_y^\alpha - c_x) + \frac{g_x}{v}\right] + qslI^{-1}|m_z^\alpha| - \mathrm{i}qsl^2I^{-1}v^{-1}\omega_x m_{Ma}^\beta + qsl^2I^{-1}v^{-1}$$

$$|m_z^\omega|\left[\mathrm{i}\omega_x + \frac{P}{mv} + \frac{qs}{mv}(c_y^\alpha - c_x) + \frac{g_x}{v}\right] \tag{4-36}$$

$$k_3 = -\mathrm{i}\frac{\mathrm{d}}{\mathrm{d}t}\left(\frac{g_\perp}{v}\right) - \mathrm{i}\frac{\mathrm{d}}{\mathrm{d}t}\left(\frac{P}{mv}\right)\varepsilon(\cos\varphi_1 + \mathrm{i}\sin\varphi_1) - \mathrm{i}\left(1 - \frac{I_{xx}}{I}\right)\omega_x\left(\mathrm{i}\frac{g_\perp}{v} + \mathrm{i}\frac{P\varepsilon}{mv}\mathrm{e}^{\mathrm{i}\varphi_1}\right) +$$

$$\left(1 - \frac{I_{xx}}{I}\right)\dot{\omega}_x(h_\beta + \mathrm{i}h_\alpha) + \mathrm{i}\left(1 - \frac{I_{xx}}{I}\right)\omega_x^2(h_\beta + ih_\alpha) - \mathrm{i}\frac{P}{I}(d\mathrm{e}^{\mathrm{i}\varphi_2} + x_A\varepsilon\mathrm{e}^{\mathrm{i}\varphi_1}) +$$

$$qslI^{-1}\left[m_{y0} + \mathrm{i}m_{z0} - \frac{l}{v}|m_z^\omega|\left(\mathrm{i}\frac{g_\perp}{v} + i\frac{P\varepsilon}{mv}\mathrm{e}^{\mathrm{i}\varphi_1}\right) + c_x l^{-1}(\Delta z - \mathrm{i}\Delta y)\right] \tag{4-37}$$

若令

$$\omega_c = \sqrt{\frac{qsl|m_z^\alpha|}{I}} \tag{4-38}$$

称为弹丸俯仰和偏航角运动的频率；

$$\omega_{kp}=\frac{\omega_c}{\sqrt{1-\dfrac{I_{xx}}{I}}} \tag{4-39}$$

称为临界倾斜角速度；

$$\lambda=\frac{\omega_x}{\omega_{kp}} \tag{4-40}$$

$$\Delta\lambda=\frac{1}{\omega_c^2}\frac{\mathrm{d}}{\mathrm{d}t}\left[\frac{P}{mv}+\frac{qs}{mv}(c_y^\alpha-c_x)+\frac{g_x}{v}\right]+\frac{|m_z^\omega|l}{|m_z^\alpha|v}\left[\frac{P}{mv}+\frac{qs}{mv}(c_y^\alpha-c_x)+\frac{g_x}{v}\right] \tag{4-41}$$

$$\mu=\frac{1}{\omega_{kp}}\left[\frac{P}{mv}+\frac{qs}{mv}(c_y^\alpha-c_x)+\frac{g_x}{v}+\frac{\dot{\omega}_x}{\left(1-\dfrac{I_{xx}}{I}\right)\omega_x}+\frac{qsl^2\ (Iv)^{-1}(|m_z^\omega|-m_{Ma}^\beta)}{1-\dfrac{I_{xx}}{I}}\right] \tag{4-42}$$

则 k_2 可表示为

$$k_2=\omega_c^2[(1-\lambda^2+\Delta\lambda)+\mathrm{i}\mu\lambda] \tag{4-43}$$

下面简单解释一下临界角速度 $\omega_{kp}=\dfrac{\omega_c}{\sqrt{1-\dfrac{I_{xx}}{I}}}$的含义。

如图 4－9 所示，当弹丸相对于与惯量主轴不一致的某个轴旋转时，其上将作用离心力产生的惯性力矩 $M_{yin}\approx(I-I_x)\omega^2\beta$，这个力矩（以及与它相类似的力矩 M_{zin}）正比于侧滑角 β，并力图增大它。因此当弹丸以常值倾斜角速度 $\omega\approx\omega_x=\mathrm{const}$ 旋转时，在其上除了有空气稳定力矩作用外，还有附加的不稳定力矩的作用，此不稳定力矩与倾斜角速度的平方成正比，它减小了静稳定性的有效作用。中立稳定性条件为

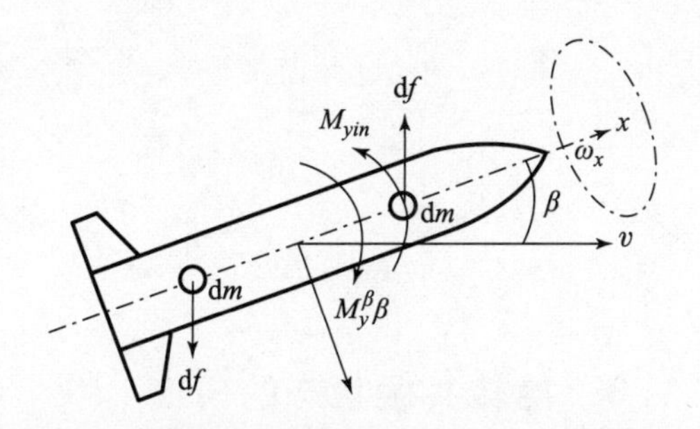

图 4－9　低速旋转尾翼弹共振时失去稳定性的情况

$$\frac{\mathrm{d}}{\mathrm{d}\beta}(M_{yin}+M_y)=0$$

或

$$(I-I_x)\omega^2-qsl|m_y^\beta|=0$$

由此便得到了临界倾斜角速度的近似公式（4－39）。

若又记

$$\alpha_0 = \frac{m_{z0} - c_x \Delta y l^{-1}}{|m_z^\alpha|} = -\alpha_a - \frac{c_x \Delta y l^{-1}}{|m_z^\alpha|} \tag{4-44}$$

$$\beta_0 = \frac{m_{y0} + c_x \Delta z l^{-1}}{|m_z^\alpha|} = -\beta_a + \frac{c_x \Delta z l^{-1}}{|m_z^\alpha|} \tag{4-45}$$

$$\alpha_p = -\frac{P}{I\omega_c^2}(d\cos\varphi_2 + x_A\varepsilon\cos\varphi_1) + \left(1 - \frac{I_{xx}}{I}\right)\frac{\omega_x P\varepsilon}{\omega_c^2 mv}\sin\varphi_1 -$$

$$\frac{\mathrm{d}}{\mathrm{d}t}\left(\frac{P}{mv}\right)\frac{1}{\omega_c^2}\varepsilon\cos\varphi_1 - qsl^2({}^I v) - 1\frac{1}{\omega_c^2}|m_z^\omega|\frac{P\varepsilon}{mv}\cos\varphi_1 \tag{4-46}$$

$$\beta_p = \frac{P}{I\omega_c^2}(d\sin\varphi_2 + x_A\varepsilon\sin\varphi_1) + \left(1 - \frac{I_{xx}}{I}\right)\frac{\omega_x P\varepsilon}{\omega_c^2 mv}\cos\varphi_1 +$$

$$\frac{\mathrm{d}}{\mathrm{d}t}\left(\frac{P}{mv}\right)\frac{1}{\omega_c^2}\varepsilon\sin\varphi_1 + qsl^2({}^I v) - 1\frac{1}{\omega_c^2}|m_z^\omega|\frac{P\varepsilon}{mv}\sin\varphi_1 \tag{4-47}$$

$$\alpha_g = \left(1 - \frac{I_{xx}}{I}\right)\frac{\omega_x g_z}{\omega_c^2 v} - qsl^2(Iv)^{-1}\frac{1}{\omega_c^2}|m_z^\omega|\frac{g_y}{v} - \frac{1}{\omega_c^2}\frac{d}{\mathrm{d}t}\left(\frac{g_y}{v}\right) \tag{4-48}$$

$$\beta_g = \left(1 - \frac{I_{xx}}{I}\right)\frac{\omega_x g_y}{\omega_c^2 v} + qsl^2(Iv)^{-1}\frac{1}{\omega_c^2}|m_z^\omega|\frac{g_z}{v} + \frac{1}{\omega_c^2}\frac{d}{\mathrm{d}t}\left(\frac{g_z}{v}\right) \tag{4-49}$$

$$\nu = \frac{\dot{\omega}_x}{\omega_{kp}^2} \tag{4-50}$$

则有

$$k_3 = \omega_c^2[(\beta_0 + \beta_p + \beta_g - \lambda^2 h_\alpha + \nu h_\beta) + \mathrm{i}(\alpha_0 + \alpha_p + \alpha_g + \lambda^2 h_\beta + \nu h_\alpha)] \tag{4-51}$$

4.1.3 旋转共振状态的研究

4.1.3.1 旋转共振状态发生的机理

方程（4-34）是二阶线性非齐次复变系数微分方程，它描述了在弹体固连坐标系 $Cxyz$ 中空间攻角 δ 的变化情况。为了定性分析此方程的稳态解，认为它的系数在所研究的时间间隔内变化很小，故可认为它们是常数，则方程（4-34）的通解显然有如下形式：

$$\delta = \rho_1 \mathrm{e}^{\lambda_1 t} + \rho_2 \mathrm{e}^{\lambda_2 t} + \delta_\sigma \tag{4-52}$$

式中，ρ_1 与 ρ_2 是与起始条件有关的复常数，而

$$\lambda_{1,2} = -\frac{k_1}{2} \pm \frac{1}{2}\sqrt{k_1^2 - 4k_2} \tag{4-53}$$

是特征方程的根。δ_σ 是攻角的稳定平衡值，显然 $\delta_\sigma = \frac{k_3}{k_2}$，得

$$\delta_\sigma = \frac{(\beta_0 + \beta_p + \beta_g - \lambda^2 h_\alpha + \nu h_\beta) + \mathrm{i}(\alpha_0 + \alpha_p + \alpha_g + \lambda^2 h_\beta + \nu h_\alpha)}{(1 - \lambda^2 + \Delta\lambda) + \mathrm{i}\mu\lambda} \tag{4-54}$$

考虑到 $\delta_\sigma = \beta_\sigma + \mathrm{i}\alpha_\sigma$，则有

$$\begin{cases} \beta_\sigma = \dfrac{(\beta_0 + \beta_p + \beta_g - \lambda^2 h_\alpha + \nu h_\beta)(1 - \lambda^2 + \Delta\lambda) + \mu\lambda(\alpha_0 + \alpha_p + \alpha_g + \lambda^2 h_\beta + \nu h_\alpha)}{(1 - \lambda^2 + \Delta\lambda)^2 + \mu^2\lambda^2} \\ \alpha_\sigma = \dfrac{(\alpha_0 + \alpha_p + \alpha_g + \lambda^2 h_\beta + \nu h_\alpha)(1 - \lambda^2 + \Delta\lambda) - \mu\lambda(\beta_0 + \beta_p + \beta_g - \lambda^2 h_\alpha + \nu h_\beta)}{(1 - \lambda^2 + \Delta\lambda)^2 + \mu^2\lambda^2} \end{cases} \tag{4-55}$$

则复攻角的模为

$$|\delta_\sigma| = \sqrt{\frac{(\beta_0 + \beta_p + \beta_g - \lambda^2 h_\alpha + \nu h_\beta)^2 + (\alpha_0 + \alpha_p + \alpha_g + \lambda^2 h_\beta + \nu h_\alpha)^2}{(1 - \lambda^2 + \Delta\lambda)^2 + \mu^2\lambda^2}} \tag{4-56}$$

从式（4-55）和式（4-56）可见，攻角和侧滑角与 $\lambda = \omega_x/\omega_{kp}$ 的大小有关，也即与弹丸绕纵轴的角速度 ω_x 与临界角速度 ω_{kp} 之比有关。$|\delta_\sigma|$ 随参数 λ 变化的曲线如图4-10所示。

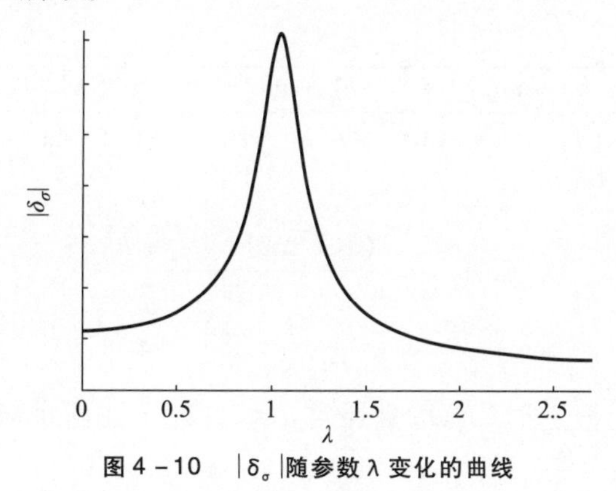

图4-10　$|\delta_\sigma|$ 随参数 λ 变化的曲线

下面讨论 $|\delta_\sigma(\lambda)|$ 关于参数 λ 的极大值条件。用高等数学中求极值的方法 $\left(\text{也就是使} \frac{\mathrm{d}|\delta_\sigma|}{\mathrm{d}\lambda} = 0\right)$ 可以证明：函数 $|\delta_\sigma(\lambda)|$ 的极大值在 $\lambda = \pm\sqrt{1 + \Delta\lambda}$ 处。而 $\Delta\lambda \ll 1$，所以极大值条件为 $\lambda \approx \pm 1$，$\omega_x \approx \omega_{kp}$。这就说明，当弹丸绕纵轴的旋转角速度与临界角速度相等时，弹丸的攻角达到极大值，弹丸发生共振。

下面讨论两种特殊情况下的共振。

第一种情况：弹丸上仅有空气动力非对称，即令表征动不平衡的量 $I_{xy}=I_{xz}=0$，令表征推力偏心的量 $\varepsilon=d=0$，此时 $h_\alpha=h_\beta=0$，有

$$|\delta_\sigma|=\sqrt{\frac{(\beta_0+\beta_g)^2+(\alpha_0+\alpha_g)^2}{(1-\lambda^2+\Delta\lambda)^2+\mu^2\lambda^2}}$$

显然，当 $(1-\lambda^2+\Delta\lambda)^2+\mu^2\lambda^2$ 取最小值时 $|\delta_\sigma|$ 取最大值。而 $(1-\lambda^2+\Delta\lambda)^2+\mu^2\lambda^2$ 取极小值的条件为 $\lambda=\pm\sqrt{1+\Delta\lambda-\frac{\mu^2}{2}}$，所以有

$$|\delta_\sigma|_{\max}=\frac{\sqrt{(\beta_0+\beta_g)^2+(\alpha_0+\alpha_g)^2}}{\mu\sqrt{1+\Delta\lambda-\frac{\mu^2}{4}}}$$

当 $\lambda=\pm\sqrt{1+\Delta\lambda-\frac{\mu^2}{2}}$ 时，由式（4－48）和式（4－49）可知，一般情况下 α_g 和 β_g 都很小，可以取 $\alpha_g=\beta_g=0$，则

$$|\delta_\sigma|_{\max}=\frac{\sqrt{\beta_0{}^2+\alpha_0{}^2}}{\mu\sqrt{1+\Delta\lambda-\frac{\mu^2}{4}}}$$

第二种情况：弹丸上仅有动不平衡时，即令表征空气动力非对称的项 $\alpha_0=\beta_0=0$，令表征推力偏心的量 $\varepsilon=d=0$；为简单起见，再令 $\beta_g=\alpha_g=0$，则由式（4－56）有

$$|\delta_\sigma|=\sqrt{\frac{(-\lambda^2h_\alpha+\nu h_\beta)^2+(\lambda^2h_\beta+\nu h_\alpha)^2}{(1-\lambda^2+\Delta\lambda)^2+\mu^2\lambda^2}}=\sqrt{\frac{(\lambda^4+\nu^2)(h_\alpha^2+h_\beta^2)}{(1-\lambda^2+\Delta\lambda)^2+\mu^2\lambda^2}}$$

经推导此式有

$$|\delta_\sigma|_{\max}=\frac{(1+\Delta\lambda)\sqrt{h_\alpha^2+h_\beta^2}}{\mu\sqrt{1+\Delta\lambda-\frac{\mu^2}{4}}}$$

当 $\lambda=\pm\frac{1+\Delta\lambda}{\sqrt{1+\Delta\lambda-\frac{\mu^2}{2}}}$ 时，考虑到通常 $\mu\ll1$，对上述两种情况可应用近似关系 $\mu^2=0$，得

$$\begin{cases}|\delta_\sigma|_{\max}\approx\dfrac{\delta_0}{\mu\sqrt{1+\Delta\lambda}},\text{当仅有空气动力非对称且 }\lambda=\pm\sqrt{1+\Delta\lambda}\text{ 时}\\|\delta_\sigma|_{\max}\approx\dfrac{h_0}{\mu}\sqrt{1+\Delta\lambda},\text{当仅有动不平衡且 }\lambda=\pm\sqrt{1+\Delta\lambda}\text{ 时}\end{cases}\tag{4－57}$$

式中，$\delta_0 = \sqrt{\beta_0^2 + \alpha_0^2}$，由空气动力非对称（即外形不对称）确定；$h_0 = \sqrt{h_\beta^2 + h_\alpha^2}$，由质量不对称（即动不平衡）确定。

由式（4-57）知，$|\delta_\sigma|_{\max}$正比于$\frac{1}{\mu}$，而μ的值主要与弹丸的阻尼力矩系数$|m_z^\omega|$有关，通常很小，所以$|\delta_\sigma|_{\max}$的值在数量级上可以大大超过激励它的弱非对称性（δ_0或h_0），因此将这种状态称为旋转共振状态。旋转共振状态的本质在于俯仰、偏航和倾斜角运动的相互作用。

4.1.3.2　旋转共振状态时角运动特征的定性分析

在弹丸进入旋转共振状态时，攻角和侧滑角的大小发生剧变（一般变得很大），角运动的特征也将发生本质的变化。为了方便进行定性分析，将k_1和k_2的表达式（4-35）、式（4-43）进行最大程度的简化，只考虑弹丸绕纵轴的旋转对攻角和侧滑角变化的影响，并且只研究弹道被动段（即不考虑推力的影响），这时

$$k_1 = i\left(2 - \frac{I_{xx}}{I}\right)\omega_x,\ k_2 = \omega_c^2(1 - \lambda^2)$$

得特征方程的根如下：

$$\lambda_{1,2} = -\frac{i}{2}\left(2 - \frac{I_{xx}}{I}\right)\omega_x \pm \frac{1}{2}\omega_x\sqrt{-\left(2 - \frac{I_{xx}}{I}\right)^2 - 4\bar{\omega}_c^2(1 - \lambda^2)} \qquad (4-58)$$

式中，

$$\bar{\omega}_c = \frac{\omega_c}{\omega_x}$$

下面讨论λ的 3 种情况。

第一种情况：$\lambda = \frac{\omega_x}{\omega_{kp}} < 1$，称为共振前旋转状态，有

$$\lambda_1 = i\omega_x\left[\frac{1}{2}\sqrt{\left(2 - \frac{I_{xx}}{I}\right)^2 + 4\bar{\omega}_c^2(1 - \lambda^2)} - \frac{1}{2}\left(2 - \frac{I_{xx}}{I}\right)\right] = i|\lambda_1|$$

$$\lambda_2 = -i\omega_x\left[\frac{1}{2}\sqrt{\left(2 - \frac{I_{xx}}{I}\right)^2 + 4\bar{\omega}_c^2(1 - \lambda^2)} + \frac{1}{2}\left(2 - \frac{I_{xx}}{I}\right)\right] = -i|\lambda_2|$$

由此二表达式可见：$|\lambda_2| > |\lambda_1|$，根的虚部符号相反表明空间攻角的高频分量$\rho_2 e^{\lambda_2 t}$和低频分量$\rho_1 e^{\lambda_1 t}$在坐标平面上具有相反的旋转方向，如图 4-11 所示，是内摆线。

第二种情况：$\lambda = \frac{\omega_x}{\omega_{kp}} = 1$，称为共振旋转状态，有

$$\lambda_1 = 0, \lambda_2 = -\mathrm{i}\left(2 - \frac{I_{xx}}{I}\right)\omega_x$$

由式（4－52）知此时有

$$\delta = \rho_1 + \rho_2 \mathrm{e}^{\lambda_2 t} + \delta_\sigma = (\delta_\sigma + \rho_1) + \rho_2 \mathrm{e}^{\lambda_2 t}$$

由此式可以看出，在共振旋转的情况下，攻角的变化具有单一频率$|\lambda_2|$的振动，因而速度矢量（点 M）以及阻力面在弹体固连坐标系 $Cxyz$ 中的位置就像是固定了一样（精确到振幅 ρ_2），这种运动就称为“绕月运动”，如图 4－12 所示。

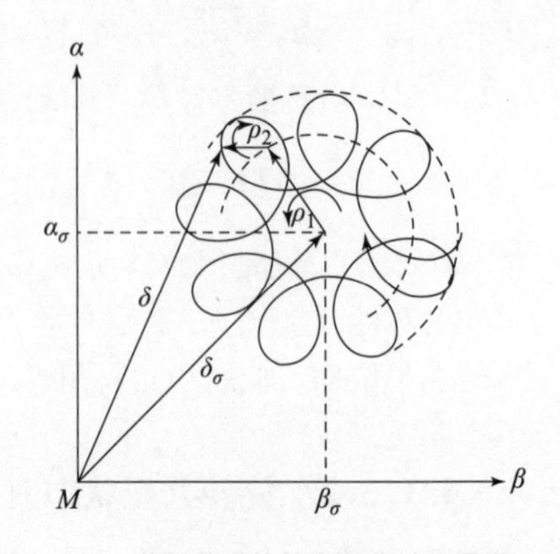

图 4－11　共振前旋转状态时非对称尾翼旋转弹攻角和侧滑角的变化

由于弹体固连坐标系本身又以角速度 ω 旋转，故在弹道坐标系 $Cx_2y_2z_2$ 内这种形式的运动相应于子弹纵轴绕速度矢量作圆锥运动（精确到具有振幅 ρ_2 的振动）。这样，当子弹质心沿着接近于铅直降落的弹道运动时，子弹纵轴（通常带有敏感器）就实现了所需形式的扫描运动，如图 4－13 所示。

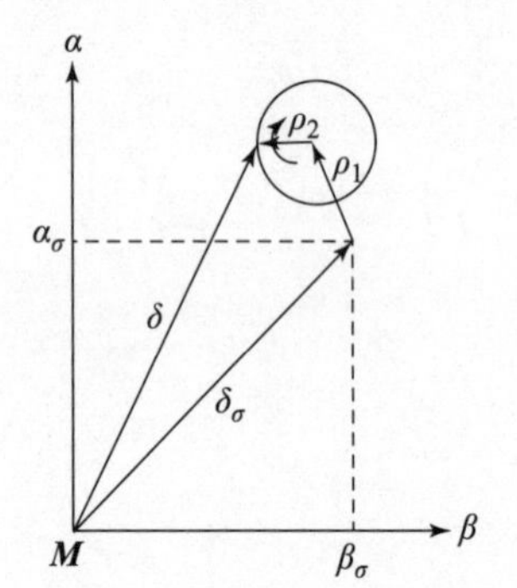

图 4－12　共振旋转状态时非对称尾翼旋转弹攻角和侧滑角的变化

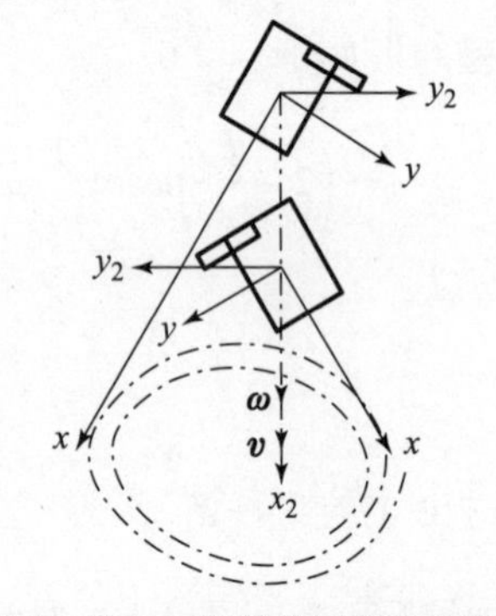

图 4－13　在旋转共振状态的情况下非对称弹的角运动

如果子弹关于纵轴和赤道轴的惯量矩很接近，即 $I_{xx} \approx I$，则倾斜角速度的临界值与子弹俯仰和偏航角振动的特征频率 ω_c 将相差甚远，因为由式（4－39）有

$$\omega_{kp} = \frac{\omega_c}{\sqrt{1 - \frac{I_{xx}}{I}}} = \left(\frac{qsl\,|m_z^\alpha|}{I - I_{xx}}\right)^{\frac{1}{2}}$$

在 I 与 I_{xx} 十分接近时，ω_{kp} 要比 ω_c 大得多。

第三种情况：$\lambda = \dfrac{\omega_x}{\omega_{kp}} > 1$，称为超共振旋转状态，此时由式（4－53）有

$$\lambda_{1,2} = \omega_x\left[-\frac{i}{2}\left(2-\frac{I_{xx}}{I}\right) \pm \frac{1}{2}\sqrt{4\bar{\omega}_c^2(\lambda^2-1)-\left(2-\frac{I_{xx}}{I}\right)^2}\right]$$

此时角运动的特征如图 4－14 所示，是外摆线。

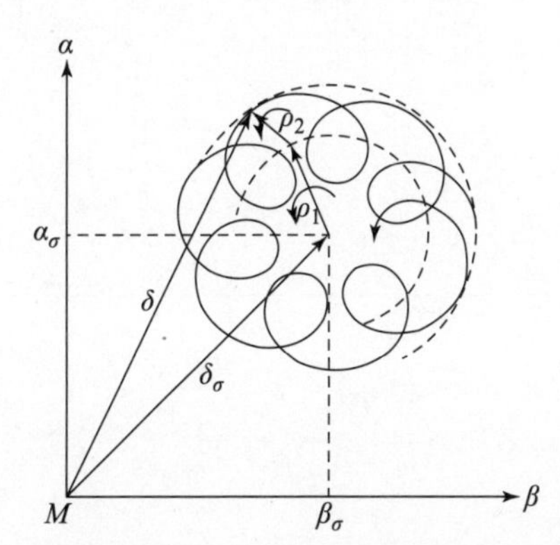

图 4－14　超共振旋转状态时非对称尾翼旋转弹攻角和侧滑角的变化

4.1.3.3　旋转共振状态的稳定性

这里讨论旋转共振状态的稳定性，是指旋转共振状态的保持，即旋转共振这个状态能保持多长时间。

共振可以发生在各个弹道段上，例如在用斜置尾翼或者外形不对称等方法使弹丸逐渐旋转起来的情况下，弹丸绕纵轴旋转的角速度将从零连续地增加到某个稳定值，在这个过程中，如果在某个时刻它等于临界角速度，即 $\omega_x = \omega_{kp}$，则弹丸将发生共振。由于 ω_x 的持续增加，共振时间很短，以至于不会产生所需的很大的平衡攻角。也就是说，$\omega_x = \omega_{kp}$ 只是共振发生的必要条件，而不是共振发生的充分条件。但如果在发生共振的同时，角速度的“重合”保持很长一段时间，即 $\omega_x = \omega_{kp}$ 维持很长一段时间，就会产生很大的平衡攻角。此状态被美国弹道学者 Nicolaides 称为“自转闭锁（Spin Sock-in）”，也有的称之为“旋转俘获”，此时就说弹丸发生了稳定的旋转共振。而最重要的工作就是建立发生“自转闭锁”和稳定旋转共振状态的条件，下面对此问题作一初步研究。

下面分析在弹道被动段（推力 $P=0$）上仅有的空气动力非对称时弹丸的

运动，在这种情况下有

$$\begin{cases}\ddot{\beta}+\omega_c^2\nu_1\dot{\beta}+\omega_c^2(1+\Delta\lambda-\lambda^2)\beta-\left(2-\dfrac{I_{xx}}{I}\right)\omega_{kp}\dot{\lambda}\alpha-\omega_c^2\mu\lambda\alpha=\omega_c^2(\beta_0+\beta_g)\\ \ddot{\alpha}+\omega_c^2\nu_1\dot{\alpha}+\omega_c^2(1+\Delta\lambda-\lambda^2)\alpha+\left(2-\dfrac{I_{xx}}{I}\right)\omega_{kp}\dot{\lambda}\beta+\omega_c^2\mu\lambda\beta=\omega_c^2(\alpha_0+\alpha_g)\\ \dot{\lambda}+\overline{m_x^\omega}\lambda=\dfrac{1}{\omega_{kp}}(\overline{m_x}+\overline{c_y^\alpha}\Delta z\alpha+\overline{c_y^\alpha}\Delta y\beta)\end{cases}\tag{4-59}$$

式中，

$$\nu_1=\frac{\dfrac{qs}{mv}(c_y^\alpha-c_x)+\dfrac{g_x}{v}+qsl^2(Iv)^{-1}|m_z^\omega|}{\omega_c^2}$$

$$\overline{m_x^\omega}=qsl^2(I_{xx}v)^{-1}|m_x^\omega|$$

$$\overline{m_x}=qslI_{xx}{}^{-1}m_{x0}$$

$$\overline{c_y^\alpha}=qsI_{xx}{}^{-1}c_y^\alpha$$

方程组（4－59）对于相坐标β、$\dot{\beta}$、α、$\dot{\alpha}$、λ是变系数非线性微分方程，如果认为在共振期间内方程组的系数变化很小，则可以将系数当作常数，则由方程组（4－59）给出的动力学系统的相空间结构由奇点的数量、位置和类型确定，这些奇点由描述系统稳定运动（平衡状态）的如下代数方程组求解而得：

$$\begin{cases}(1+\Delta\lambda-\lambda^2)\beta-\mu\lambda\alpha=\beta_0+\beta_g\\(1+\Delta\lambda-\lambda^2)\alpha+\mu\lambda\beta=\alpha_0+\alpha_g\\ \overline{m_x^\omega}\lambda=\dfrac{1}{\omega_{kp}}(\overline{m_x}+\overline{c_y^\alpha}\Delta z\alpha+\overline{c_y^\alpha}\Delta y\beta)\end{cases}\tag{4-60}$$

为简单起见，这里研究空气动力对称轴与Cxz平面共面但非对称的情况，如图4－15所示。

此时$\Delta y=\alpha_a=0$，$\Delta z\neq0$，$\beta_a\neq0$，从而$\alpha_0=0$，对α和β求解，得

$$\begin{cases}\beta=\dfrac{(1+\Delta\lambda-\lambda^2)(\beta_0+\beta_g)+\mu\lambda\alpha_g}{(1+\Delta\lambda-\lambda^2)^2+\mu^2\lambda^2}\\ \alpha=\dfrac{(1+\Delta\lambda-\lambda^2)\alpha_g-\mu\lambda(\beta_0+\beta_g)}{(1+\Delta\lambda-\lambda^2)^2+\mu^2\lambda^2}=F_1(\lambda)\\ \alpha=\dfrac{\overline{m_x^\omega}\omega_{kp}}{\overline{c_y^\alpha}\Delta z}\lambda-\dfrac{\overline{m_x}}{\overline{c_y^\alpha}\Delta z}=F_2(\lambda)\end{cases}\tag{4-61}$$

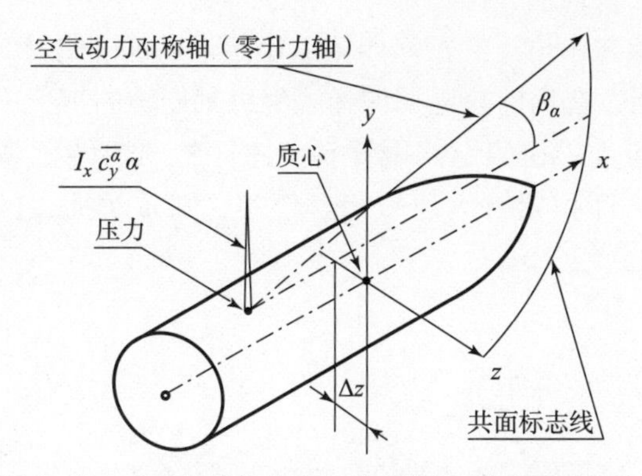

图4-15　在共面空气动力非对称情况下坐标系的方位

对 λ 求解方程 $F_1(\lambda) = F_2(\lambda)$ 得

$$\frac{\overline{m_x^\omega}\omega_{kp}}{\overline{c_y^\alpha}\Delta z}\lambda - \frac{\overline{m_x}}{\overline{c_y^\alpha}\Delta z} = \frac{(1+\Delta\lambda-\lambda^2)\alpha_g - \mu\lambda(\beta_0+\beta_g)}{(1+\Delta\lambda-\lambda^2)^2+\mu^2\lambda^2} \tag{4-62}$$

并将所得到的实根 λ_* 分别代入 β 和 α 的表达式（4-61）中即可求得方程组（4-59）的各个奇点。

方程（4-62）是关于 λ 的五次多项式，根据系数的不同它可以有1~5个根，故方程组（4-59）的奇点数也是相应可变的。求出所有奇点后，可以根据奇点的个数、位置和类型绘出系统式（4-59）的相图，根据相图就可判断具有特定空气动力参数和非对称参数的弹丸是否存在稳定的奇点，这是弹丸发生稳定旋转共振状态的必要条件。

图4-15表明了系统式（4-59）存在与 $\lambda_i(i=1,2,3)$ 相应的三个奇点的情况。实际上，从式（4-61）（令 $\alpha_g=\beta_g=0$）可以看出，函数 $F_2(\lambda)$ 可以看作是斜率取决于非对称参数 Δz 的单参数直线簇，Δz 改变时它的斜率也随之改变。从式（4-61）中还可以看出，不论 Δz 为多少，$F_2(\lambda)$ 所决定的直线簇均通过 $\lambda-\alpha$ 平面上的 $\left(\frac{\overline{m_x}}{\overline{m_x^\omega}\omega_{kp}}, 0\right)$ 点。图4-16中绘出了 $F_1(\lambda)$ 曲线及分别和 $F_1(\lambda)$ 曲线相切、相交并与 Δz_1、Δz_2、Δz_3（$\Delta z_1<\Delta z_2<\Delta z_3$）相应的三条直线 $F_2(\lambda)$。显然，Δz_1、Δz_3 是参数 Δz 的分叉值，与 $F_1(\lambda)$ 和 $F_2(\lambda)$ 相切时的情况相对应。

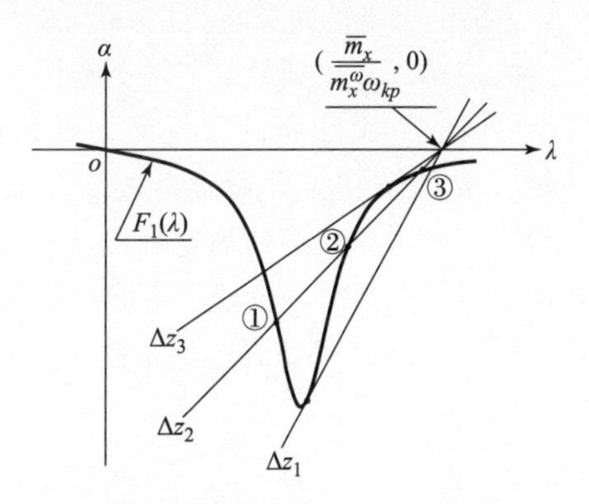

图4-16　系统有三个奇点的情况

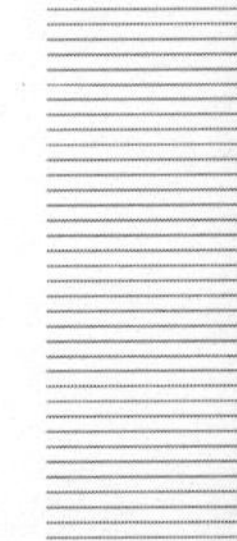

稳定的共振旋转状态由位于共振峰内侧的稳定奇点①确定。

图4-17说明了在用斜置尾翼使弹丸绕纵轴旋转的情况下，尾翼式非对称弹丸在弹道被动段上、在稳定共振旋转状态时的"自转闭锁"效应。如果弹丸的倾斜运动与俯仰和偏航运动不相互作用，则 $\boldsymbol{\omega}_x$ 的稳定值要大大超过 $\boldsymbol{\omega}_{kp}$（见图4-17中的曲线Ⅰ）。

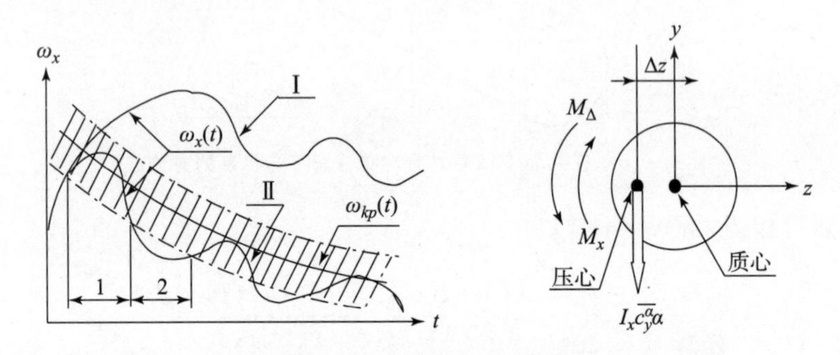

图4-17　用斜置尾翼导转时尾翼式非对称弹的"自转闭锁"

由于运动的相互作用就出现了下述情况：当在尾翼导转力矩作用下 $\boldsymbol{\omega}_x$ 达到临界值 $\boldsymbol{\omega}_{kp}$ 时，攻角和侧滑角就共振增大。于是产生了倾斜非对称力矩 $\boldsymbol{M}_\Delta = qsc_y^\alpha\Delta z\alpha = I_{xx}\overline{c_y^\alpha}\alpha\Delta z$，此力矩的方向与斜置尾翼（$\alpha_\sigma < 0$）产生的力矩 $\boldsymbol{M}_x = I_{xx}\overline{m_x}$ 方向相反，从而使 $\boldsymbol{\omega}_x$ 减小；在 $\boldsymbol{\omega}_x$ 远离临界值 $\boldsymbol{\omega}_{kp}$ 后，攻角减小，而由斜置尾翼产生的力矩又开始增大，$\boldsymbol{\omega}_x$ 一直到临界值 $\boldsymbol{\omega}_{kp}$，然后又重复以上过程。

因此，在轻微非对称力矩作用下，弹丸俯仰、偏航和倾斜运动的相互作用导致共振条件（即 $\boldsymbol{\omega}_x \approx \boldsymbol{\omega}_{kp}$）在长时间里被"保持"。这种稳定的旋转共振状态就意味着相轨线落入了决定共振的稳定奇点的吸引域中。

总结以上的研究可得出如下的结论：为了保证弹丸以很大的攻角和侧滑角共振旋转，必须满足以下两个条件。

（1）弹丸自身的空气动力参数和动力学参数 m_{x0}、m_x^ω、m_z^ω、c_x、c_y^α、m_z^α、m_{Ma}^β、μ、$\Delta\lambda$ 以及非对称参数 Δy、Δz、I_{xy}、I_{xz}、α_a、β_a 的组合使得方程（4-59）存在决定共振的稳定奇点。因此，如果 $\Delta z < \Delta z_1$ 或 $\Delta z > \Delta z_3$，则在系统里肯定不存在共振，也就不可能产生很大的攻角和侧滑角。

（2）弹丸运动的起始条件（β_0、$\dot{\beta}_0$、α_0、$\dot{\alpha}_0$、λ_0）应使相轨线落入决定共振的稳定奇点的吸引域内。

4.2　强非对称刚性单翼末敏弹扫描运动研究

根据上一节建立的非对称弹的强迫运动与共振理论，设计了一个单翼末敏弹模型，如图4－18所示。这种非对称子弹由圆柱形子弹体、单侧翼（可以是刚性的，也可以是柔性的）及翼端重物组成。单侧翼及翼端重物的作用是提供非对称的气动力和力矩以及合适的主弹体倾斜角，使末敏子弹形成所需形式的扫描运动，即子弹作近似铅直匀速下降运动，且子弹弹轴围绕铅直下降线匀速旋转，子弹对称轴与铅直下降线间近似保持为一恒定扫描角，如图4－19所示。

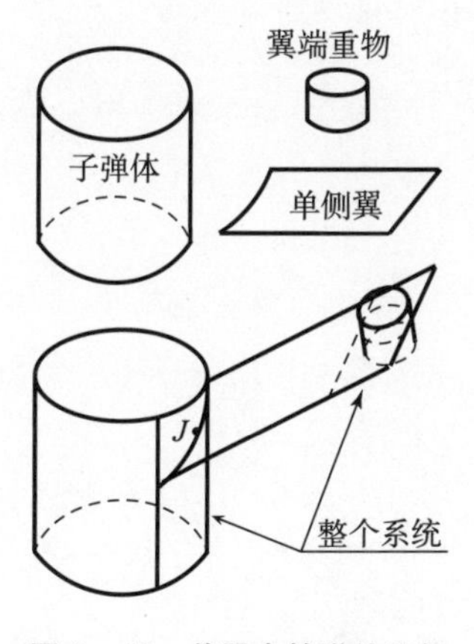

图4－18　单翼末敏弹的结构

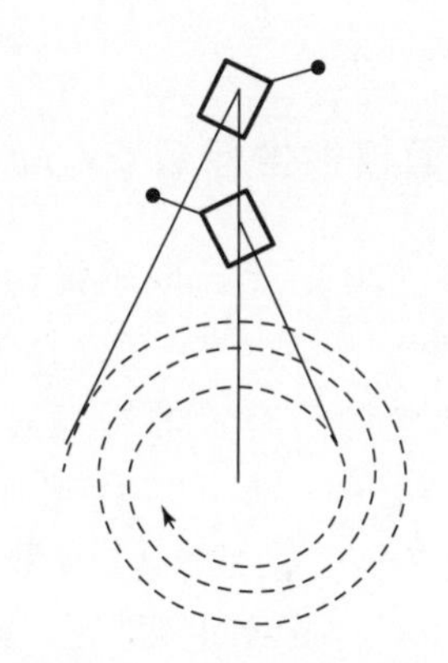

图4－19　扫描运动示意图

如图4－18所示，将整个非对称子弹系统看作是由两个刚体在J点（两刚体连接线的中点，也即近似平行四边形翼一边的中点）刚性连接而成。一个刚体是圆柱形子弹体，另一个刚体是单侧翼及翼端重物。分别对两个刚体建立运动微分方程，然后找出两者之间的联系方程，以消除两者之间的约束力及约束力偶，最终得到整个系统的运动微分方程，以用于分析这种形式的末敏子弹的扫描运动规律。

为便于研究，作基本假设如下：

（1）单侧翼是刚性薄片，不考虑其柔性变形。

（2）为便于确定单侧翼的几何中心以计算其气动力及力矩，单侧翼设计为近似平行四边形（当然，与子弹体连接的一边为弧形，但此弧形弧度较小，可忽略不计）。

（3）忽略单侧翼的质量。

（4）翼端重物设计为矮圆柱形，固定在单侧翼的外端，其母线总与翼面垂直。

（5）忽略翼端重物本身所受的空气动力。

（6）忽略子弹体、单侧翼及翼端重物间气动力及力矩的相互干扰。

（7）气象条件标准。

4.2.1 坐标系的建立和坐标转换矩阵

4.2.1.1 坐标系的建立

为建立圆柱形子弹体的质心运动微分方程组和绕心运动微分方程组，建立以下 3 个坐标系。

1. 地面惯性坐标系 $Ox_0y_0z_0$

如图 4－20 所示，取子弹抛撒点的地面投影点为坐标原点 O，Oz_0 轴铅直向上，Oy_0 轴在包含初速矢量的铅直面内且指向炮口正前方，Ox_0 轴由右手规则确定。沿 Ox_0、Oy_0、Oz_0 三轴的单位向量依次记为 $\boldsymbol{i}_0$、$\boldsymbol{j}_0$、$\boldsymbol{k}_0$。该坐标系主要用于确定子弹体及翼端重物的质心坐标，并可用作其他坐标系的基准系。

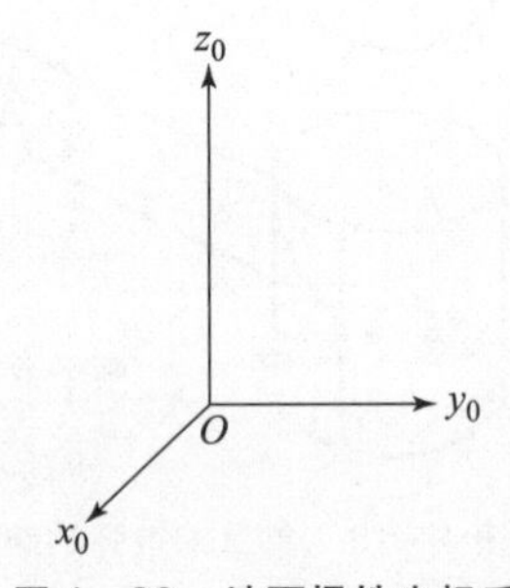

图 4－20　地面惯性坐标系

2. 弹体固连坐标系 $Cxyz$

如图 4－21 所示，取弹体固连坐标系 $Cxyz$ 固连于圆柱形子弹体，其中原点 C 为圆柱形子弹体（不考虑单侧翼及翼端重物）的质心，Cz 轴沿子弹体几何对称轴向上，Cyz 坐标面与两刚体的连接点 J 共面。Cy 轴指向与单翼相对的另一侧，Cx 轴按右手规则确定，即 Cxy 面为过 C 点的子弹体横截面（即图 4－21 中虚椭圆所示截面）。沿 Cx、Cy、Cz 三轴的单位向量依次记为 $\boldsymbol{i}$、$\boldsymbol{j}$、$\boldsymbol{k}$。该坐标系主要用于确定子弹体及翼端重物在空间的姿态。

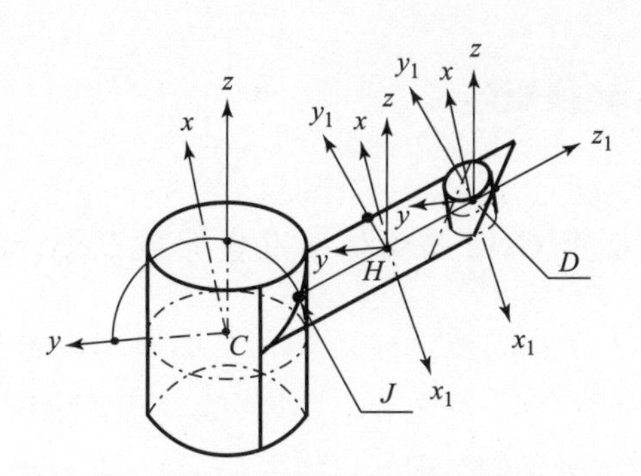

图 4－21　各连体坐标系与各基准坐标系的关系

3. 弹体基准坐标系 $Cx_0y_0z_0$

原点在子弹质心 C，各轴分别与地面惯性坐标系 $Ox_0y_0z_0$ 各轴对应平行。该系主要用作 $Cxyz$ 旋转的基准。

为确定单侧翼上所产生的空气动力和力矩以及建立翼端重物的运动微分方程，建立以下 5 个坐标系。

1）单侧翼固连坐标系 $Hx_1y_1z_1$

如图 4－21 所示，H 为单侧翼沿翼展方向几何轴线的中点，即平行四边形翼的中心，Hz_1 轴与翼展几何轴线重合且指向翼端重物方向，Hy_1 轴在翼平面内且指向上方，Hx_1 轴由右手定则确定。沿 Hx_1、Hy_1、Hz_1 三轴的单位向量依次记为$\boldsymbol{i}_1$、$\boldsymbol{j}_1$、$\boldsymbol{k}_1$。该坐标系主要用于确定单侧翼上的空气动力及力矩。

2）单侧翼基准坐标系 $Hxyz$

如图 4－21 所示，原点在 H，各轴分别与弹体固连坐标系 $Cxyz$ 各轴对应平行。该坐标系用作单侧翼固连坐标系 $Hx_1y_1z_1$ 旋转的基准。

3）翼端重物固连坐标系 $Dx_1y_1z_1$

如图 4－21 所示，原点在翼端重物质心 D，各轴分别与单侧翼固连坐标系 $Hx_1y_1z_1$ 各轴对应平行。

4）翼端重物基准坐标系 $Dx_0y_0z_0$

如图 4－21 所示，原点在翼端重物质心 D，各轴分别与地面惯性坐标系 $Ox_0y_0z_0$ 平行。

5）翼端重物第二基准坐标系 $Dxyz$

如图 4－21 所示，原点在翼端重物质心 D，各轴分别与单侧翼固连坐标系 $Hxyz$ 各轴对应平行。

4.2.1.2 坐标转换矩阵

1. 弹体固连坐标系 $Cxyz$ 与弹体基准坐标系 $Cx_0y_0z_0$ 的转换关系

如图 4－22 所示，弹体固连坐标系 $Cxyz$ 可由弹体基准坐标系 $Cx_0y_0z_0$ 经过以下三次欧拉旋转得到：第一次是 $Cx_0y_0z_0$ 绕 Cz_0 轴正向旋转 ψ 角到达 $Cx'y'z_0$；第二次是 $Cx'y'z_0$ 绕 Cx' 轴正向旋转 θ 角到达 $Cx'y''z$；第三次是 $Cx'y''z$ 绕 Cz 轴正向旋转 φ 角到达 $Cxyz$ 位置。

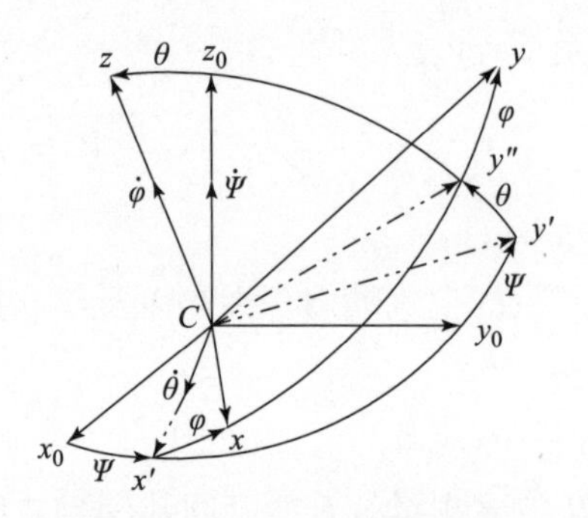

图 4－22　弹体固连坐标系与弹体基准坐标系的转换关系

因此，弹体固连坐标系 $Cxyz$ 与弹体基准坐标系 $Cx_0y_0z_0$ 的转换关系为

$$\begin{bmatrix} x \\ y \\ z \end{bmatrix} = \boldsymbol{A}\begin{bmatrix} x_0 \\ y_0 \\ z_0 \end{bmatrix} = \begin{bmatrix} A_{11} & A_{12} & A_{13} \\ A_{21} & A_{22} & A_{23} \\ A_{31} & A_{32} & A_{33} \end{bmatrix}\begin{bmatrix} x_0 \\ y_0 \\ z_0 \end{bmatrix} \tag{4-63}$$

其中，矩阵 $\boldsymbol{A}$ 为由弹体基准坐标系 $Cx_0y_0z_0$ 向弹体固连坐标系 $Cxyz$ 转换的坐标转换矩阵，用欧拉角表示为

$$\boldsymbol{A} = \begin{bmatrix} \cos\psi\cos\varphi - \sin\psi\cos\theta\sin\varphi & \sin\psi\cos\varphi + \cos\psi\cos\theta\sin\varphi & \sin\theta\sin\varphi \\ -\cos\psi\sin\varphi - \sin\psi\cos\theta\cos\varphi & -\sin\psi\sin\varphi + \cos\psi\cos\theta\cos\varphi & \sin\theta\cos\varphi \\ \sin\psi\sin\theta & -\cos\psi\sin\theta & \cos\theta \end{bmatrix} \tag{4-64}$$

2. 单侧翼固连坐标系 $Hx_1y_1z_1$ 与单侧翼基准坐标系 $Hxyz$ 的转换关系

如图 4－23 所示，单侧翼固连坐标系 $Hx_1y_1z_1$ 可由单侧翼基准坐标系 $Hxyz$

经过以下三次旋转得到：第一次是 $Hxyz$ 绕 Hx 轴正向旋转 λ_0 角到达 $Hxy'z'$；第二次是 $Hxy'z'$ 绕 Hy 轴正向旋转 μ_0 角到达 $Hx'y_1z''$；第三次是 $Hx'y_1z''$ 绕 Hy_1 轴正向旋转 ρ_0 到达 $Hx_1y_1z_1$。

显然，按以上三次旋转方式定义的三个旋转角 λ_0、μ_0、ρ_0 均有实际意义。如图 4 - 24 所示，首先，λ_0 是当 μ_0 和 ρ_0 为 0 时单侧翼沿翼展方向的几何轴线与圆柱形子弹体的弹轴间的夹角，即平行四边形翼的一个顶角；μ_0 显然是单侧翼的安装角；而 ρ_0 的意义就有些特殊。一般情况下，总将翼面安装成与 Cxz 平面垂直，因此，此时第三次旋转就不存在，即 $\rho_0 = 0$。当然也可以将翼面设计成不与 Cxz 平面垂直，则此时 $\rho_0 \neq 0$。因此 ρ_0 角即为翼面与 Cxz 面是否垂直的判定角。

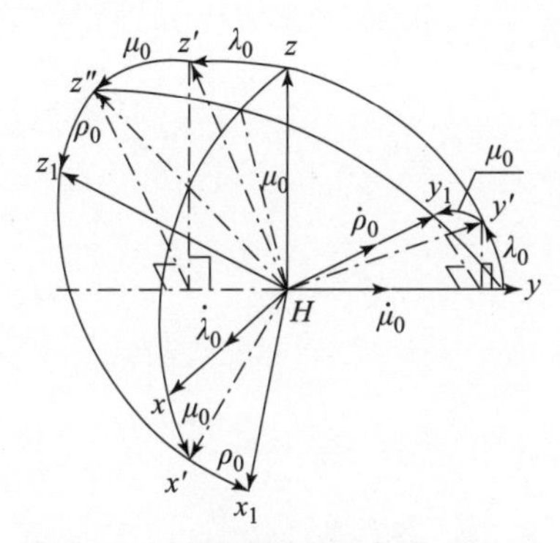

图 4 - 23　单侧翼固连坐标系 $Hx_1y_1z_1$ 与单侧翼基准坐标系 $Hxyz$ 的转换关系

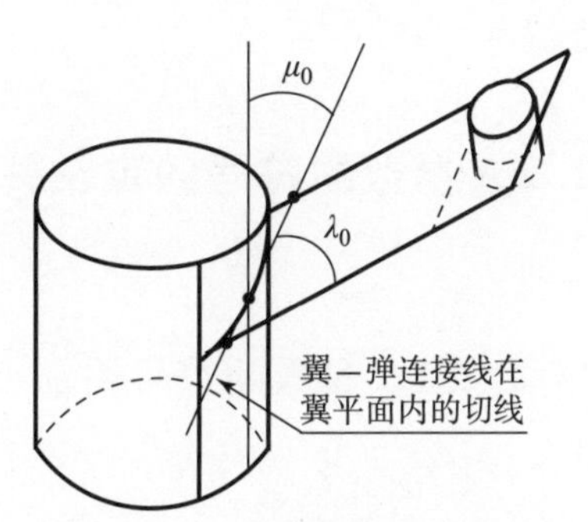

图 4 - 24　λ 角及单侧翼安装角 μ_0 示意图

因此，单侧翼固连坐标系 $Hx_1y_1z_1$ 与单侧翼基准坐标系 $Hxyz$ 的转换关系为

$$\begin{bmatrix} x \\ y \\ z \end{bmatrix} = \boldsymbol{B} \begin{bmatrix} x_1 \\ y_1 \\ z_1 \end{bmatrix} = \begin{bmatrix} B_{11} & B_{12} & B_{13} \\ B_{21} & B_{22} & B_{23} \\ B_{31} & B_{32} & B_{33} \end{bmatrix} \begin{bmatrix} x_1 \\ y_1 \\ z_1 \end{bmatrix} \tag{4-65}$$

式中，矩阵 $\boldsymbol{B}$ 为由单侧翼固连坐标系 $Hx_1y_1z_1$ 向单侧翼基准坐标系 $Hxyz$ 转换的坐标转换矩阵，可表示为

$$\boldsymbol{B} = \begin{bmatrix} \cos\rho_0\cos\mu_0 - \sin\rho_0\sin\mu_0\cos\lambda_0 & \sin\mu_0\sin\lambda_0 & \sin\rho_0\cos\mu_0 + \cos\rho_0\sin\mu_0\cos\lambda_0 \\ \sin\rho_0\sin\lambda_0 & \cos\lambda_0 & -\cos\rho_0\sin\lambda_0 \\ -\cos\rho_0\sin\mu_0 - \sin\rho_0\cos\mu_0\cos\lambda_0 & \cos\mu_0\sin\lambda_0 & -\sin\rho_0\sin\mu_0 + \cos\rho_0\cos\mu_0\cos\lambda_0 \end{bmatrix} \tag{4-66}$$

3. 翼端重物第二基准坐标系 $Dxyz$ 与翼端基准坐标系 $Dx_0y_0z_0$ 的转换关系

显然，翼端重物第二基准坐标系 $Dxyz$ 与翼端基准坐标系 $Dx_0y_0z_0$ 的转换关系同 $Cxyz$ 与 $Cx_0y_0z_0$ 的转换关系相同。

4. 翼端重物固连坐标系 $Dx_1y_1z_1$ 与翼端重物第二基准坐标系 $Dxyz$ 的转换关系

显然，翼端重物固连坐标系 $Dx_1y_1z_1$ 与翼端重物第二基准坐标系 $Dxyz$ 的转换关系同单侧翼固连坐标系 $Hx_1y_1z_1$ 与翼端基准坐标系 $Hxyz$ 的转换关系相同。

4.2.2 参数的符号约定及关系

4.2.2.1 参数的符号约定

1. 圆柱形子弹体参数

子弹体质量 m_C，在地面惯性坐标系 $Ox_0y_0z_0$ 中其质心的坐标为 $C(x_C, y_C, z_C)$；质心矢径为 $\boldsymbol{r}_C$；质心速度为 $\boldsymbol{v}_C$，在 Ox_0、Oy_0、Oz_0 三轴上的分量依次为 $v_{C_{x0}}$、$v_{C_{y0}}$、$v_{C_{z0}}$；角速度为 $\boldsymbol{\omega}_C$，在 Cx、Cy、Cz 各轴上的分量依次记为 ω_{Cx}、ω_{Cy}、ω_{Cz}；弹体与单侧翼的连接点 J 在弹体固连坐标系 $Cxyz$ 中的坐标为 $J(x_{J0}, y_{J0}, z_{J0})$。

2. 单侧翼参数

单侧翼沿翼展方向几何中线的长度（即平行四边形长边的长度）记为 L_0，宽度记为 M_0。在地面惯性坐标系 $Ox_0y_0z_0$ 中，翼上 H 点的矢径记为 $\boldsymbol{r}_H$，速度记为 $\boldsymbol{v}_H$，其在 Ox_0、Oy_0、Oz_0 三轴上的分量依次是 $v_{H_{x0}}$、$v_{H^{y0}}$、$v_{H_{z0}}$；在 Hx_1、Hy_1、Hz_1 三轴上的分量依次是 $v_{H_{x1}}$、$v_{H_{y1}}$、$v_{H_{z1}}$，在 Hx、Hy、Hz 三轴上的分量依次记为 v_{H_x}、v_{H_y}、v_{H_z}；连接点 J 到翼上 H 点的矢径 $\boldsymbol{JH}$ 在 Dx_1、Dy_1、Dz_1 三个方向上的投影依次为 jh_{x_1}、jh_{y_1}、jh_{z_1}；H 点在弹体固连坐标系 $Cxyz$ 中的坐标为 $\boldsymbol{H}(x_{H0}$,

y_{H0}，z_{H0}）。

3. 翼端重物参数

重物质量 m_D，在地面惯性坐标系 $Ox_0y_0z_0$ 中其质心的坐标为 $D(x_D,\ y_D,\ z_D)$；质心矢径为 $\boldsymbol{r}_D$；质心速度为 v_D，在 Ox_0、Oy_0、Oz_0 三轴上的分量依次为 $v_{D_{x0}}$、$v_{D_{y0}}$、$v_{D_{z0}}$；角速度为 $\boldsymbol{\omega}_D$，在 Cx、Cy、Cz 各轴上的分量依次记为 $\boldsymbol{\omega}_{Dx}$、$\boldsymbol{\omega}_{Dy}$、$\boldsymbol{\omega}_{Dz}$；连接点 J 到重物质心 D 的矢径 JD 在 Dx_1、Dy_1、Dz_1 三个方向上的投影依次为 jd_{x_1}、jd_{y_1}、jd_{z_1}；质心 D 在 $Cxyz$ 系中的坐标为 $D(x_{D0},\ y_{D0},\ z_{D0})$。

4.2.2.2　参数之间的关系

根据上述约定，容易得出下述关系式：

$$CJ = x_{J0}\boldsymbol{i} + y_{J0}\boldsymbol{j} + z_{J0}\boldsymbol{k} \tag{4-67}$$

$$JD = jd_{x1}\boldsymbol{i}_1 + jd_{y1}\boldsymbol{j}_1 + jd_{z1}\boldsymbol{k}_1 \tag{4-68}$$

$$JH = jh_{x1}\boldsymbol{i}_1 + jh_{y1}\boldsymbol{j}_1 + jh_{z1}\boldsymbol{k}_1 = \frac{L_0}{2}\boldsymbol{k}_1 \tag{4-69}$$

由 $Hx_1y_1z_1$ 系与 $Hxyz$ 系之间的转换关系得

$$\begin{aligned}\boldsymbol{JD} &= jd_x\boldsymbol{i} + jd_y\boldsymbol{j} + jd_z\boldsymbol{k}\\ &= (B_{11}jd_{x1} + B_{12}jd_{y1} + B_{13}jd_{z1})\boldsymbol{i} + (B_{21}jd_{x1} + B_{22}jd_{y1} + B_{23}jd_{z1})\boldsymbol{j} +\\ &\quad (B_{31}jd_{x1} + B_{32}jd_{y1} + B_{33}jd_{z1})k\end{aligned} \tag{4-70}$$

$$\begin{aligned}\boldsymbol{JH} &= jh_x i + jh_y\boldsymbol{j} + jh_z\boldsymbol{k}\\ &= (B_{11}jh_{x1} + B_{12}jh_{y1} + B_{13}jh_{z1})\boldsymbol{i} + (B_{21}jh_{x1} + B_{22}jh_{y1} + B_{23}jh_{z1})\boldsymbol{j} +\\ &\quad (B_{31}jh_{x1} + B_{32}jh_{y1} + B_{33}jh_{z1})\boldsymbol{k}\end{aligned} \tag{4-71}$$

所以，

$$\boldsymbol{DH} = \mathrm{d}h_1\boldsymbol{i} + \mathrm{d}h_2\boldsymbol{j} + \mathrm{d}h_3\boldsymbol{k} = (jh_x - jd_x)\boldsymbol{i} + (jh_y - jd_y)\boldsymbol{j} + (jh_z - jd_z)\boldsymbol{k} \tag{4-72}$$

$$\boldsymbol{CD} = x_{D0}\boldsymbol{i} + y_{D0}\boldsymbol{j} + z_{D0}\boldsymbol{k} = (x_{J0} + jd_x)\boldsymbol{i} + (y_{J0} + jd_y)\boldsymbol{j} + (z_{J0} + jd_z)\boldsymbol{k} \tag{4-73}$$

$$\boldsymbol{CH} = x_{H0}\boldsymbol{i} + y_{H0}\boldsymbol{j} + z_{H0}\boldsymbol{k} = (x_{J0} + jh_x)\boldsymbol{i} + (y_{J0} + jh_y)\boldsymbol{j} + (z_{J0} + jh_z)\boldsymbol{k} \tag{4-74}$$

4.2.3 子弹体运动微分方程的建立

4.2.3.1 作用于子弹体上的力

作用于子弹体上的力有子弹体重力$\boldsymbol{G}_1$、空气动力$\boldsymbol{R}_1$及两刚体连接点J处单侧翼对子弹体的约束反力$\boldsymbol{N}_1$。

1. 重力$\boldsymbol{G}_1$

重力在地面惯性坐标系$Ox_0y_0z_0$中的投影表达式为

$$\boldsymbol{G}_1 = m_C\boldsymbol{g} = -m_C g\,\boldsymbol{k}_0 = \begin{bmatrix} G_{1_{x0}} \\ G_{1_{y0}} \\ G_{1_{z0}} \end{bmatrix} = \begin{bmatrix} 0 \\ 0 \\ -m_C g \end{bmatrix} \tag{4-75}$$

2. 空气动力$\boldsymbol{R}_1$

空气动力主要有空气阻力R_{z1}和升力R_{y1}。

空气阻力R_{z1}是空气动力沿子弹体质心速度方向的分量，方向与质心速度方向相反。子弹体质心速度方向矢量可表示为$\boldsymbol{I}_{v_C} = \dfrac{1}{v_C}[v_{C_{x0}}, v_{C_{y0}}, v_{C_{z0}}]^{\mathrm{T}}$，则空气阻力的方向矢量为$-\boldsymbol{I}_{v_C}$，大小为$\dfrac{1}{2}\rho v_C^2 C_{x1}S$。其中$C_{x1}$为子弹体的阻力系数，$S$为其特征面积，取$S=\pi y_{J0}^2$，即取为子弹体横截面的面积。所以空气阻力在地面惯性坐标系$Ox_0y_0z_0$中的投影表达式为

$$\boldsymbol{R}_{z1} = \begin{bmatrix} R_{z1_{x0}} \\ R_{z1_{y0}} \\ R_{z1_{z0}} \end{bmatrix} = -\frac{1}{2}\rho v_C C_{x1} S \begin{bmatrix} v_{C_{x0}} \\ v_{C_{y0}} \\ v_{C_{z0}} \end{bmatrix} \tag{4-76}$$

其中，

$$v_C = \sqrt{v_{C_{x0}}^2 + v_{C_{y0}}^2 + v_{C_{z0}}^2}$$

升力是空气动力沿垂直于子弹体质心速度方向的分量，其方向为在阻力面内且垂直于速度，大小为$\dfrac{1}{2}\rho v_C^2 S C'_{y1}\delta_C$。其中$C'_{y1}$是子弹体的升力系数导数；$\delta_C$

为子弹体的攻角，即弹轴（也即 Cz 轴负向）与v_C 间的夹角。$\boldsymbol{I}_{v_c}$表示子弹体的质心速度方向，$-\boldsymbol{k}$ 表示弹轴的方向，因此升力$\boldsymbol{R}_{y1}$ 的方向矢量应为 $\dfrac{\boldsymbol{I}_{v_c}\times[(-\boldsymbol{k})\times\boldsymbol{I}_{v_c}]}{|\boldsymbol{I}_{v_c}\times[(-\boldsymbol{k})\times\boldsymbol{I}_{v_c}]|}$，因为在地面惯性坐标系 $Ox_0y_0z_0$ 中有

$$\boldsymbol{k}=[A_{31},A_{32},A_{33}]^{\mathrm{T}},\ \boldsymbol{I}_{v_c}=\frac{1}{v_C}[v_{C_{x0}},v_{C_{y0}},v_{C_{z0}}]^{\mathrm{T}}$$

因此经计算知此方向矢量在地面坐标系中的投影表达式为

$$\frac{\boldsymbol{I}_{v_c}\times[(-\boldsymbol{k})\times\boldsymbol{I}_{v_c}]}{|\boldsymbol{I}_{v_c}\times[(-\boldsymbol{k})\times\boldsymbol{I}_{v_c}]|}=\begin{bmatrix}I_{y_{x0}}\\I_{y_{y0}}\\I_{y_{z0}}\end{bmatrix}=\frac{1}{v_C^2\sin\delta_C}\begin{bmatrix}(A_{33}v_{C_{x0}}-A_{31}v_{C_{z0}})v_{C_{z0}}-(A_{31}v_{C_{y0}}-A_{32}v_{C_{x0}})v_{C_{y0}}\\(A_{31}v_{C_{y0}}-A_{32}v_{C_{x0}})v_{C_{x0}}-(A_{32}v_{C_{z0}}-A_{33}v_{C_{y0}})v_{C_{z0}}\\(A_{32}v_{C_{z0}}-A_{33}v_{C_{y0}})v_{C_{y0}}-(A_{33}v_{C_{x0}}-A_{31}v_{C_{z0}})v_{C_{x0}}\end{bmatrix}$$

式中，$I_{y_{x0}}$、$I_{y_{y0}}$、$I_{y_{z0}}$分别为升力方向矢量在地面惯性坐标系 Ox_0、Oy_0、Oz_0 三轴上的投影，因此，升力在地面惯性坐标系 $Ox_0y_0z_0$ 中的投影表达式为

$$\boldsymbol{R}_{y1}=\begin{bmatrix}R_{y1_{x0}}\\R_{y1_{y0}}\\R_{y1_{z0}}\end{bmatrix}=\frac{\rho v_C^2SC'_{y1}\delta_C}{2}\begin{bmatrix}I_{y_{x0}}\\I_{y_{y0}}\\I_{y_{z0}}\end{bmatrix}\tag{4-77}$$

其中，子弹体的攻角 δ_C（即$\boldsymbol{v}_C$ 与 $-Cz$ 轴的夹角）求法如图 4－25 所示，具体方法如下。

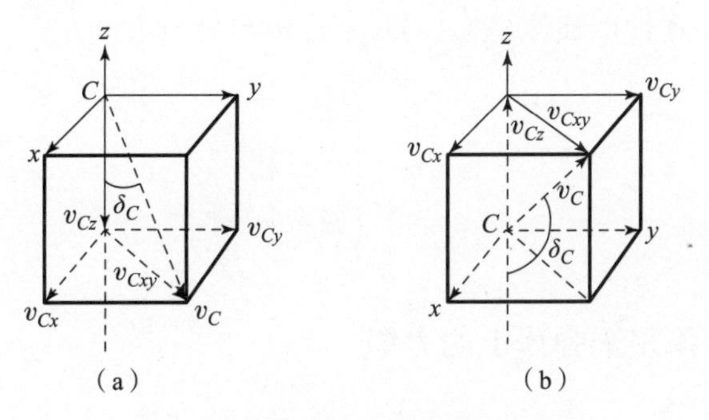

图 4－25　子弹体的攻角 δ_C 的求法

(a) $v_{Cz}<0$ 时；(b) $v_{Cz}>0$ 时

如图 4－25 所示，记子弹质心速度$\boldsymbol{v}_C$ 向 Cx、Cy、Cz 轴及 Cxy 平面的投影分别为 v_{Cx}、v_{Cy}、v_{Cz}及 v_{Cxy}，则有

$$\begin{bmatrix} v_{Cx} \\ v_{Cy} \\ v_{Cz} \end{bmatrix} = \boldsymbol{A} \begin{bmatrix} v_{C_{x0}} \\ v_{C_{y0}} \\ v_{C_{z0}} \end{bmatrix}, \ v_{Cxy} = \sqrt{v_{Cx}^2 + v_{Cy}^2}$$

因此，子弹体的攻角为

$$\begin{cases} \delta_C = \arcsin\left(\dfrac{v_{Cxy}}{v_C}\right), & v_{Cz} < 0 \text{ 时} \\ \delta_C = \dfrac{\pi}{2} + \arccos\left(\dfrac{v_{Cxy}}{v_C}\right), & v_{Cz} > 0 \text{ 时} \end{cases} \tag{4-78}$$

此式为攻角的定义式，在计算力与力矩时取式（4 - 78）的第一式，因为子弹体是近似中心对称体。

总之，作用于子弹体上的总空气动力等于空气阻力及升力的矢量和，即 $\boldsymbol{R}_1 = \boldsymbol{R}_{z1} + \boldsymbol{R}_{y1}$，其在地面惯性坐标系中的投影表达式为

$$\boldsymbol{R}_1 = \begin{bmatrix} R_{1_{x0}} \\ R_{1_{y0}} \\ R_{1_{z0}} \end{bmatrix} = \begin{bmatrix} R_{z1_{x0}} + R_{y1_{x0}} \\ R_{z1_{y0}} + R_{y1_{y0}} \\ R_{z1_{z0}} + R_{y1_{z0}} \end{bmatrix} \tag{4-79}$$

3. 约束反力 N_1

约束反力 $\boldsymbol{N}_1$ 在地面惯性坐标系 $Ox_0y_0z_0$ 中可表示为

$$\boldsymbol{N}_1 = \begin{bmatrix} N_{1_{x0}} \\ N_{1_{y0}} \\ N_{1_{z0}} \end{bmatrix} \tag{4-80}$$

4.2.3.2 作用于弹体上的力矩

作用于弹体上的力矩包括空气动力矩 $\boldsymbol{M}_1$，约束反力 $\boldsymbol{N}_1$ 对质心 C 的力矩 $\boldsymbol{M}_{N_1}$，J 点处单侧翼对子弹体的约束反力矩 $\boldsymbol{M}_J$。

1. 空气动力矩 M_1

作用于弹体上的空气动力矩由尾翼导转力矩、极阻尼力矩、静稳定力矩和赤道阻尼力矩构成，将它们向弹体固连坐标系 $Cxyz$ 投影。

（1）尾翼导转力矩$\boldsymbol{M}_{xw1}$：尾翼导转力矩是安装在子弹体尾部的助旋尾翼（不是本书中所指的单侧翼，而是其他可能存在的对称导旋尾翼）产生的使弹体绕弹轴Cz旋转的力矩，方向沿Cz轴，大小为$\frac{1}{2}\rho v_C^2 Slm'_{xw1}\varepsilon_w$。其中$l$为弹体的特征长度，取$l=2.4y_{J0}$，即取弹体直径的1.2倍，因为此种单翼末敏弹的子弹体弹长一般为弹径的1.2倍，所以取l约等于弹长；m'_{xw1}是弹体的尾翼导转力矩系数导数，在图4-21所示坐标系下，对右旋弹有$m'_{xw1}<0$，对左旋弹有$m'_{xw1}>0$；ε_w为尾翼斜置角。M_{xw1}在弹体固连坐标系$Cxyz$中的投影表达式为

$$\boldsymbol{M}_{xw1}=\begin{bmatrix}M_{xw1_x}\\M_{xw1_y}\\M_{xw1_z}\end{bmatrix}=\frac{1}{2}\rho v_C^2 Slm'_{xw1}\varepsilon_w\begin{bmatrix}0\\0\\1\end{bmatrix}\tag{4-81}$$

（2）极阻尼力矩$\boldsymbol{M}_{xz1}$：极阻尼力矩是阻尼弹体自转的力矩，方向与弹体自转方向相反，大小为$\frac{1}{2}\rho v_C Sl^2 m'_{xz1}\omega_{Cz}$。其中$m'_{xz1}$为极阻尼力矩系数导数，这里取绝对值，即$m'_{xz1}>0$。$\boldsymbol{M}_{xz1}$在弹体固连坐标系$Cxyz$中的投影表达式为

$$\boldsymbol{M}_{xz1}=\begin{bmatrix}M_{xz1_x}\\M_{xz1_y}\\M_{xz1_z}\end{bmatrix}=-\frac{1}{2}\rho v_C Sl^2 m'_{xz1}\omega_{Cz}\begin{bmatrix}0\\0\\1\end{bmatrix}\tag{4-82}$$

（3）静稳定力矩$\boldsymbol{M}_{z1}$：静稳定力矩是由于弹体的质心与压心不重合而产生的，大小为$\frac{1}{2}\rho v_C^2 Slm'_{z1}\delta_C$。其中$m'_{z1}$为弹体的静力矩系数导数，取$m'_{z1}>0$。其方向矢量为$\frac{(-\boldsymbol{k})\times\boldsymbol{I}_{v_c}}{|(-\boldsymbol{k})\times\boldsymbol{I}_{v_c}|}$，$\boldsymbol{k}$在$Cxyz$系上的投影为$[0,\ 0,\ 1]^{\mathrm{T}}$，$\boldsymbol{I}_{v_c}$在弹体固连坐标系$Cxyz$上的投影可用它在弹体基准坐标系$Cx_0y_0z_0$上的投影经过矩阵$\boldsymbol{A}$转换得到，即

$$\boldsymbol{I}_{v_c}=\boldsymbol{A}\frac{1}{v_C}[v_{C_{x0}},v_{C_{y0}},v_{C_{z0}}]^T=\frac{1}{v_C}\begin{bmatrix}A_{11}v_{C_{x0}}+A_{12}v_{C_{y0}}+A_{13}v_{C_{z0}}\\A_{21}v_{C_{x0}}+A_{22}v_{C_{y0}}+A_{23}v_{C_{z0}}\\A_{31}v_{C_{x0}}+A_{32}v_{C_{y0}}+A_{33}v_{C_{z0}}\end{bmatrix}$$

所以方向矢量$\frac{(-\boldsymbol{k})\times\boldsymbol{I}_{v_c}}{|(-\boldsymbol{k})\times\boldsymbol{I}_{v_c}|}$在弹体固连坐标系$Cxyz$上可表示为

$$\frac{(-\boldsymbol{k})\times\boldsymbol{I}_{v_c}}{|(-\boldsymbol{k})\times\boldsymbol{I}_{v_c}|}=\begin{bmatrix}I_{Mz1_x}\\I_{Mz1_y}\\I_{Mz1_z}\end{bmatrix}=\frac{1}{v_C\sin\delta_C}\begin{bmatrix}A_{21}v_{C_{x0}}+A_{22}v_{C_{y0}}+A_{23}v_{C_{z0}}\\-A_{11}v_{C_{x0}}-A_{12}v_{C_{y0}}-A_{13}v_{C_{z0}}\\0\end{bmatrix}$$

式中，$\boldsymbol{I}_{Mz1_x}$、$\boldsymbol{I}_{Mz1_y}$、$\boldsymbol{I}_{Mz1_z}$分别为静稳定力矩方向矢量$\dfrac{(-\boldsymbol{k})\times\boldsymbol{I}_{v_C}}{|(-\boldsymbol{k})\times\boldsymbol{I}_{v_C}|}$在 Cx、Cy、Cz 三轴上的投影。所以，静力矩在弹体固连坐标系 $Cxyz$ 上的投影表达式为

$$\boldsymbol{M}_{z1}=\begin{bmatrix}M_{z1_x}\\M_{z1_y}\\M_{z1_z}\end{bmatrix}=\frac{\rho v_C^2 Slm'_{z1}\delta_C}{2}\begin{bmatrix}I_{Mz1_x}\\I_{Mz1_y}\\I_{Mz1_z}\end{bmatrix}\tag{4-83}$$

（4）赤道阻尼力矩$\boldsymbol{M}_{zz1}$：赤道阻尼力矩是阻尼弹轴摆动的力矩，方向与弹轴摆动的方向相反，大小为$\dfrac{1}{2}\rho v_C Sl^2 m'_{zz1}\omega_{Cxy}$。其中 $\boldsymbol{\omega}_{Cxy}=\omega_{Cx}\boldsymbol{i}+\omega_{Cy}\boldsymbol{j}$ 是弹体的摆动角速度；m'_{zz1}是赤道阻尼力矩系数导数，这里取绝对值，即 $m'_{zz1}>0$。则赤道阻尼力矩在弹体固连坐标系 $Cxyz$ 上的投影表达式为

$$\boldsymbol{M}_{zz1}=\begin{bmatrix}M_{zz1_x}\\M_{zz1_y}\\M_{zz1_z}\end{bmatrix}=-\frac{1}{2}\rho v_C Sl^2 m'_{zz1}\begin{bmatrix}\omega_{Cx}\\\omega_{Cy}\\0\end{bmatrix}\tag{4-84}$$

总之，由上述讨论得，作用于弹体上的总空气动力矩在弹体固连坐标系 $Cxyz$ 上的投影表达式为

$$\boldsymbol{M}_1=\boldsymbol{M}_{xw1}+\boldsymbol{M}_{xz1}+\boldsymbol{M}_{z1}+\boldsymbol{M}_{zz1}=\begin{bmatrix}M_{1x}\\M_{1y}\\M_{1z}\end{bmatrix}=\begin{bmatrix}M_{xw1_x}+M_{xz1_x}+M_{z1_x}+M_{zz1_x}\\M_{xw1_y}+M_{xz1_y}+M_{z1_y}+M_{zz1_y}\\M_{xw1_z}+M_{xz1_z}+M_{z1_z}+M_{zz1_z}\end{bmatrix}\tag{4-85}$$

2. 约束反力N_1 对质心 C 的力矩M_{N_1}

根据力矩的求法知：$M_{N_1}=CJ\times N_1$，而在弹体固连坐标系 $Cxyz$ 中，约束力 N_1 的投影表达式为

$$\boldsymbol{N}_1=\begin{bmatrix}N_{1_x}\\N_{1_y}\\N_{1_z}\end{bmatrix}=\boldsymbol{A}\begin{bmatrix}N_{1_{x0}}\\N_{1_{y0}}\\N_{1_{z0}}\end{bmatrix}=\begin{bmatrix}A_{11}N_{1_{x0}}+A_{12}N_{1_{y0}}+A_{13}N_{1_{z0}}\\A_{21}N_{1_{x0}}+A_{22}N_{1_{y0}}+A_{23}N_{1_{z0}}\\A_{31}N_{1_{x0}}+A_{32}N_{1_{y0}}+A_{33}N_{1_{z0}}\end{bmatrix}\tag{4-86}$$

CJ 在弹体固连坐标系 $Cxyz$ 中的投影为

$$CJ=\begin{bmatrix} x_{J0} \\ y_{J0} \\ z_{J0} \end{bmatrix}$$

所以，力矩$\boldsymbol{M}_{N_1}$在弹体固连坐标系 $Cxyz$ 中的投影表达式为

$$\boldsymbol{M}_{N_1}=\begin{bmatrix} M_{N_{1x}} \\ M_{N_{1y}} \\ M_{N_{1z}} \end{bmatrix}=\begin{vmatrix} \boldsymbol{i} & \boldsymbol{j} & \boldsymbol{k} \\ x_{J0} & y_{J0} & z_{J0} \\ N_{1_x} & N_{1_y} & N_{1_z} \end{vmatrix}=\begin{bmatrix} N_{1_z}y_{J0}-N_{1_y}z_{J0} \\ N_{1_x}z_{J0}-N_{1_z}x_{J0} \\ N_{1_y}x_{J0}-N_{1_x}y_{J0} \end{bmatrix} \tag{4-87}$$

上式中直接将一矢量写成与一 3 × 1 维的列矩阵相等，后面也采用这种表达方法。

3. J 点处的约束反力矩$\boldsymbol{M}_J$

单侧翼在 J 点对弹体的约束反力矩$\boldsymbol{M}_J$ 在弹体固连坐标系 $Cxyz$ 上的投影可表达为

$$\boldsymbol{M}_J=\begin{bmatrix} M_{J_x} \\ M_{J_y} \\ M_{J_z} \end{bmatrix} \tag{4-88}$$

4.2.3.3　子弹体运动微分方程的建立

1. 子弹体质心运动微分方程组

根据动量定理有

$$m_C\ddot{\boldsymbol{r}}_C=\sum \boldsymbol{F}_C=\boldsymbol{G}_1+\boldsymbol{R}_1+\boldsymbol{N}_1$$

式中，$\sum \boldsymbol{F}_C$ 为作用在子弹体上的所有外力的矢量和。将该式向地面惯性坐标系 $Ox_0y_0z_0$ 中投影，并考虑到式（4－75）、式（4－79）、式（4－80），得标量形式的质心运动微分方程组：

$$\begin{cases} \dot{v}_{C_{x0}}=\dfrac{1}{m_C}(R_{z1_{x0}}+R_{y1_{x0}}+N_{1_{x0}}) \\ \dot{v}_{C_{y0}}=\dfrac{1}{m_C}(R_{z1_{y0}}+R_{y1_{y0}}+N_{1_{y0}}) \\ \dot{v}_{C_{z0}}=\dfrac{1}{m_C}(R_{z1_{z0}}+R_{y1_{z0}}+N_{1_{z0}}-m_Cg) \end{cases} \tag{4-89}$$

再考虑运动学方程：

$$\dot{x}_C = v_{C_{x0}},\quad \dot{y}_C = v_{C_{y0}},\quad \dot{Z}_C = v_{C_{z0}} \tag{4-90}$$

式（4-89）、式（4-90）一起构成了完整的子弹体质心运动微分方程组。

2. 子弹体绕心运动微分方程组

根据动量矩定理得

$$\frac{\mathrm{d}K_C}{\mathrm{d}t} = \sum M_C = \boldsymbol{M}_1 + \boldsymbol{M}_{N_1} + \boldsymbol{M}_J$$

式中，K_C 为子弹体相对质心的动量矩，$\sum \boldsymbol{M}_C$ 为作用在子弹体上的所有外力矩的矢量和。

又因

$$K_C = \boldsymbol{J}_C \cdot \boldsymbol{\omega}_C$$

式中，J_C 为弹体相对于弹体固连坐标系 $Cxyz$ 的关于质心 C 的惯量张量，所以有

$$\frac{\mathrm{d}}{\mathrm{d}t}(\boldsymbol{J}_C \cdot \boldsymbol{\omega}_C) = \boldsymbol{M}_1 + \boldsymbol{M}_{N_1} + \boldsymbol{M}_J$$

由相对导数与绝对导数的概念与性质，对上式左端展开即得

$$\boldsymbol{J}_C \cdot \dot{\boldsymbol{\omega}}_C + \boldsymbol{\omega}_C \times (\boldsymbol{J}_C \cdot \boldsymbol{\omega}_C) = \boldsymbol{M}_1 + \boldsymbol{M}_{N_1} + \boldsymbol{M}_J$$

式中，$\dot{\boldsymbol{\omega}}_C$ 为在 $Cxyz$ 弹体固连坐标系中的相对导数。上式可用矩阵表示为

$$\underline{J_C \dot{\boldsymbol{\omega}}_C} + \underline{\tilde{\omega}_C J_C \omega_C} = \underline{M_C} \tag{4-91}$$

其中，

$$\underline{\omega_C} = \begin{bmatrix} \omega_{Cx} \\ \omega_{Cy} \\ \omega_{Cz} \end{bmatrix},\quad \underline{\tilde{\omega}_C} = \begin{bmatrix} 0 & -\omega_{Cz} & \omega_{Cy} \\ \omega_{Cz} & 0 & -\omega_{Cx} \\ -\omega_{Cy} & \omega_{Cx} & 0 \end{bmatrix}$$

而$\underline{\boldsymbol{J}_C} = \begin{bmatrix} J_{xx} & -J_{xy} & -J_{xz} \\ -J_{yx} & J_{yy} & -J_{yz} \\ -J_{zx} & -J_{zy} & J_{zz} \end{bmatrix}$为子弹体相对于弹体固连坐标系 $Cxyz$ 的关于质心的惯量张量矩阵；$\underline{\boldsymbol{M}_C} = \begin{bmatrix} M_{1_x} + M_{N_{1x}} + M_{J_x} \\ M_{1_y} + M_{N_{1y}} + M_{J_y} \\ M_{1_z} + M_{N_{1z}} + M_{J_z} \end{bmatrix}$为作用于子弹体上的所有力矩矢量和的投影矩阵。

将以上各矩阵的表达式代入式（4－91）并整理，得弹体的绕心运动微分方程组如下：

$$\begin{cases} J_{xx}\dot{\omega}_{Cx} + (J_{zz} - J_{yy})\omega_{Cy}\omega_{Cz} - J_{xy}(\dot{\omega}_{Cy} - \omega_{Cx}\omega_{Cz}) - J_{xz}(\dot{\omega}_{Cz} + \omega_{Cx}\omega_{Cy}) + \\ \quad J_{yz}(\omega_{Cz}^2 - \omega_{Cy}^2) = M_{1_x} + M_{N_{1x}} + M_{J_x} \\ J_{yy}\dot{\omega}_{Cy} + (J_{xx} - J_{zz})\omega_{Cx}\omega_{Cz} - J_{xy}(\dot{\omega}_{Cx} + \omega_{Cy}\omega_{Cz}) + J_{xz}(\omega_{Cx}^2 - \omega_{Cz}^2) - \\ \quad J_{yz}(\dot{\omega}_{Cz} - \omega_{Cx}\omega_{Cy}) = M_{1_y} + M_{N_{1y}} + M_{J_y} \\ J_{zz}\dot{\omega}_{Cz} + (J_{yy} - J_{xx})\omega_{Cx}\omega_{Cy} - J_{xz}(\dot{\omega}_{Cx} - \omega_{Cy}\omega_{Cz}) - J_{yz}(\dot{\omega}_{Cy} + \omega_{Cx}\omega_{Cz}) + \\ \quad J_{xy}(\omega_{Cy}^2 - \omega_{Cx}^2) = M_{1_z} + M_{N_{1z}} + M_{J_z} \end{cases} \tag{4-92}$$

由图4－22得运动学方程如下：

$$\begin{cases} \omega_{Cx} = \dot{\psi}\sin\theta\sin\varphi + \dot{\theta}\cos\varphi \\ \omega_{Cy} = \dot{\psi}\sin\theta\cos\varphi - \dot{\theta}\sin\varphi \\ \omega_{Cz} = \dot{\psi}\cos\theta + \dot{\varphi} \end{cases} \tag{4-93}$$

式（4－92）、式（4－93）就构成了子弹体的绕心运动微分方程组。

（3）子弹体总的运动微分方程组。

将子弹体质心运动微分方程组以及绕心运动微分方程组联立，即得子弹体总的运动微分方程组，共12个方程。

4.2.4　翼端重物运动微分方程的建立

4.2.4.1　作用于翼端重物上的力

作用于翼端重物上的力有翼端重物重力G_2（翼的重力忽略）、单侧翼所提供的空气动力R_2及两刚体连接点处子弹体对翼端重物的约束反力$-N_1$。

1. 重力G_2

重力G_2在地面惯性坐标系$Ox_0y_0z_0$中的投影表达式为

$$G_2 = \begin{bmatrix} G_{2_{x0}} \\ G_{2_{y0}} \\ G_{2_{z0}} \end{bmatrix} = \begin{bmatrix} 0 \\ 0 \\ -m_D g \end{bmatrix} \tag{4-94}$$

2. 空气动力R_2

由于翼是薄片状，因此对于翼的 Hx_1、Hy_1、Hz_1 三个方向来说，显然空气动力系数是不相同的，设单位面积翼的三个方向的气动力系数依次为 C_{x_2}、C_{y_2}、C_{z_2}。这里近似用翼的几何中点 H 点的速度来计算三个方向的气动力，所以必须先求出 H 点的速度。

因为

$$\boldsymbol{r}_H = \boldsymbol{r}_C + \boldsymbol{CH}$$

且弹体和单翼刚性连接，$\dfrac{\mathrm{d}\boldsymbol{CH}}{\mathrm{d}t} = \boldsymbol{\omega}_C \times \boldsymbol{CH}$，所以，

$$\boldsymbol{v}_H = \boldsymbol{v}_C + \boldsymbol{\omega}_C \times \boldsymbol{CH} \tag{4-95}$$

而

$$\boldsymbol{\omega}_C \times \boldsymbol{CH} = \begin{vmatrix} \boldsymbol{i} & \boldsymbol{j} & \boldsymbol{k} \\ \omega_{Cx} & \omega_{Cy} & \omega_{Cz} \\ x_{H0} & y_{H0} & z_{H0} \end{vmatrix} = \begin{bmatrix} \omega_{Cy} z_{H0} - \omega_{Cz} y_{H0} \\ \omega_{Cz} x_{H0} - \omega_{Cx} z_{H0} \\ \omega_{Cx} y_{H0} - \omega_{Cy} x_{H0} \end{bmatrix}$$

又$\boldsymbol{v}_C$ 在弹体固连坐标系 $Cxyz$ 中的投影矩阵为

$$\boldsymbol{v}_C = \begin{bmatrix} v_{C_x} \\ v_{C_y} \\ v_{C_z} \end{bmatrix} = \boldsymbol{A} \begin{bmatrix} v_{C_{x0}} \\ v_{C_{y0}} \\ v_{C_{z0}} \end{bmatrix} = \begin{bmatrix} A_{11} v_{C_{x0}} + A_{12} v_{C_{y0}} + A_{13} v_{C_{z0}} \\ A_{21} v_{C_{x0}} + A_{22} v_{C_{y0}} + A_{23} v_{C_{z0}} \\ A_{31} v_{C_{x0}} + A_{32} v_{C_{y0}} + A_{33} v_{C_{z0}} \end{bmatrix}$$

所以由式（4－95），显然有$\boldsymbol{v}_H$ 在单侧翼固连坐标系 $Hxyz$ 中的投影表达式为

$$\boldsymbol{v}_H = \begin{bmatrix} v_{H_x} \\ v_{H_y} \\ v_{H_z} \end{bmatrix} = \begin{bmatrix} v_{C_x} + \omega_{Cy} z_{H0} - \omega_{Cz} y_{H0} \\ v_{C_y} + \omega_{Cz} x_{H0} - \omega_{Cx} z_{H0} \\ v_{C_z} + \omega_{Cx} y_{H0} - \omega_{Cy} x_{H0} \end{bmatrix} \tag{4-96}$$

接着又可得$\boldsymbol{v}_H$ 在单侧翼固连坐标系 $Hx_1y_1z_1$ 中的投影表达式为

$$\boldsymbol{v}_H = \begin{bmatrix} v_{H_{x1}} \\ v_{H_{y1}} \\ v_{H_{z1}} \end{bmatrix} = B^{-1} \begin{bmatrix} v_{H_x} \\ v_{H_y} \\ v_{H_z} \end{bmatrix} = \begin{bmatrix} B_{11} v_{H_x} + B_{21} v_{H_y} + B_{31} v_{H_z} \\ B_{12} v_{H_x} + B_{22} v_{H_y} + B_{32} v_{H_z} \\ B_{13} v_{H_x} + B_{23} v_{H_y} + B_{33} v_{H_z} \end{bmatrix} \tag{4-97}$$

所以，空气动力R_2 在单侧翼固连坐标系 $Hx_1y_1z_1$ 中的投影表达式为

$$R_2 = \begin{bmatrix} R_{2_{x1}} \\ R_{2_{y1}} \\ R_{2_{z1}} \end{bmatrix} = -\frac{1}{2}\rho S_2 \begin{bmatrix} \operatorname{sgn}(v_{H_{x1}})\ v_{H_{x1}}^2 C_{x2} \\ \operatorname{sgn}(v_{H_{y1}})\ v_{H_{y1}}^2 C_{y2} \\ \operatorname{sgn}(v_{H_{z1}})\ v_{H_{z1}}^2 C_{z2} \end{bmatrix} \tag{4-98}$$

式中，$S_2 = L_0M_0$ 是单翼的面积；取 $C_{x2} > 0$、$C_{y2} > 0$、$C_{z2} > 0$；$\mathrm{sgn}(x)$ 是符号函数，即有

$$\mathrm{sgn}(x) = \begin{cases} 1, & x > 0 \\ -1, & x < 0 \\ 0, & x = 0 \end{cases}$$

则 $\boldsymbol{R}_2$ 在弹体固连坐标系 $Cxyz$ 系的投影表达式为

$$\boldsymbol{R}_2 = \begin{bmatrix} R_{2_x} \\ R_{2_y} \\ R_{2_z} \end{bmatrix} = \boldsymbol{B}\begin{bmatrix} R_{2_{x1}} \\ R_{2_{y1}} \\ R_{2_{z1}} \end{bmatrix} = \begin{bmatrix} B_{11}R_{2_{x1}} + B_{12}R_{2_{y1}} + B_{13}R_{2_{z1}} \\ B_{21}R_{2_{x1}} + B_{22}R_{2_{y1}} + B_{23}R_{2_{z1}} \\ B_{31}R_{2_{x1}} + B_{32}R_{2_{y1}} + B_{33}R_{2_{z1}} \end{bmatrix} \tag{4-99}$$

所以$\boldsymbol{R}_2$ 在地面惯性坐标系 $Ox_0y_0z_0$ 中可表示为

$$\boldsymbol{R}_2 = \begin{bmatrix} R_{2_{x0}} \\ R_{2_{y0}} \\ R_{2_{z0}} \end{bmatrix} = \boldsymbol{A}^{-1}\begin{bmatrix} R_{2_x} \\ R_{2_y} \\ R_{2_z} \end{bmatrix} = \begin{bmatrix} A_{11}R_{2_x} + A_{21}R_{2_y} + A_{31}R_{2_z} \\ A_{12}R_{2_x} + A_{22}R_{2_y} + A_{32}R_{2_z} \\ A_{13}R_{2_x} + A_{23}R_{2_y} + A_{33}R_{2_z} \end{bmatrix} \tag{4-100}$$

3. 约束反力 $-\boldsymbol{N}_1$

由式（4-99）可知，约束反力 $-\boldsymbol{N}_1$ 可表示为

$$-\boldsymbol{N}_1 = \begin{bmatrix} -N_{1_{x0}} \\ -N_{1_{y0}} \\ -N_{1_{z0}} \end{bmatrix} \tag{4-101}$$

4.2.4.2 作用于翼端重物上的力矩

作用于翼端重物上的力矩（对其质心 D 而言）包括空气动力矩$\boldsymbol{M}_2$，约束反力 $-\boldsymbol{N}_1$ 对质心 D 的力矩$\boldsymbol{M}_{-N_1}$，J 点处子弹体对翼端重物的约束反力矩 $-\boldsymbol{M}_J$，将它们表示在翼端重物第二基准坐标系 $Dxyz$ 中。

1. 空气动力矩$\boldsymbol{M}_2$

根据力矩的求法知，空气动力矩的表达式为

$$\boldsymbol{M}_2 = \boldsymbol{DH} \times \boldsymbol{R}_2$$

此处近似认为空气动力的压心在 H 点。所以空气动力矩$\boldsymbol{M}_2$ 在翼端重物第二基

准坐标系 $Dxyz$ 中可表示为

$$\boldsymbol{M}_2=\begin{bmatrix}M_{2_x}\\M_{2_y}\\M_{2_z}\end{bmatrix}=\begin{vmatrix}\boldsymbol{i}&\boldsymbol{j}&\boldsymbol{k}\\dh_1&dh_2&dh_3\\R_{2_x}&R_{2_y}&R_{2_z}\end{vmatrix}=\begin{bmatrix}dh_2R_{2_z}-dh_3R_{2_y}\\dh_3R_{2_x}-dh_1R_{2_z}\\dh_1R_{2_y}-dh_2R_{2_x}\end{bmatrix}\tag{4-102}$$

2. 约束反力 $-\boldsymbol{N}_1$ 对质心 D 的力矩 $\boldsymbol{M}_{-N_1}$

根据力矩的表达式有

$$\boldsymbol{M}_{-N_1}=\boldsymbol{DJ}\times(-\boldsymbol{N}_1)$$

而在翼端重物第二基准坐标系 $Dxyz$ 中，约束反力 $-\boldsymbol{N}_1$ 的表达式为

$$-\boldsymbol{N}_1=\begin{bmatrix}-N_{1_x}\\-N_{1_y}\\-N_{1_z}\end{bmatrix}=\boldsymbol{A}\begin{bmatrix}-N_{1_{x0}}\\-N_{1_{y0}}\\-N_{1_{z0}}\end{bmatrix}=\begin{bmatrix}-A_{11}N_{1_{x0}}-A_{12}N_{1_{y0}}-A_{13}N_{1_{z0}}\\-A_{21}N_{1_{x0}}-A_{22}N_{1_{y0}}-A_{23}N_{1_{z0}}\\-A_{31}N_{1_{x0}}-A_{32}N_{1_{y0}}-A_{33}N_{1_{z0}}\end{bmatrix}$$

所以，力矩 $\boldsymbol{M}_{-N_1}$ 在翼端重物第二基准坐标系 $Dxyz$ 中的投影表达式为

$$\boldsymbol{M}_{-N_1}=\begin{bmatrix}M_{-N_{1x}}\\M_{-N_{1y}}\\M_{-N_{1z}}\end{bmatrix}=\begin{vmatrix}\boldsymbol{i}&\boldsymbol{j}&\boldsymbol{k}\\-\boldsymbol{j}d_x&-\boldsymbol{j}d_y&-\boldsymbol{j}d_z\\-N_{1_x}&-N_{1_y}&-N_{1_z}\end{vmatrix}=\begin{bmatrix}\boldsymbol{j}d_yN_{1_z}-\boldsymbol{j}d_zN_{1_y}\\\boldsymbol{j}d_zN_{1_x}-\boldsymbol{j}d_xN_{1_z}\\\boldsymbol{j}d_xN_{1_y}-\boldsymbol{j}d_yN_{1_x}\end{bmatrix}\tag{4-103}$$

3. J 点处的约束反力矩 $-\boldsymbol{M}_J$

由约束反力表达式知，$-\boldsymbol{M}_J$ 在翼端重物第二基准坐标系 $Dxyz$ 中表示为

$$-\boldsymbol{M}_J=\begin{bmatrix}-M_{J_x}\\-M_{J_y}\\-M_{J_z}\end{bmatrix}\tag{4-104}$$

4.2.4.3 翼端重物运动微分方程的建立

1. 翼端重物质心运动微分方程组

据动量定理有

$$m_D\ddot{\boldsymbol{r}}_D=\sum\boldsymbol{F}_D=\boldsymbol{G}_2+\boldsymbol{R}_2-\boldsymbol{N}_1$$

式中，$\sum \boldsymbol{F}_D$ 为作用在翼端重物上的所有外力的矢量和。将该式向地面惯性系 $Ox_0y_0z_0$ 中投影，得标量形式的质心运动微分方程组：

$$\begin{cases} \dot{v}_{D_{x0}} = \dfrac{1}{m_D}(R_{2_{x0}} - N_{1_{x0}}) \\ \dot{v}_{D_{y0}} = \dfrac{1}{m_D}(R_{2_{y0}} - N_{1_{y0}}) \\ \dot{v}_{D_{z0}} = \dfrac{1}{m_D}(R_{2_{z0}} - N_{1_{z0}} - m_D g) \end{cases} \tag{4-105}$$

再考虑运动学方程：

$$\dot{x}_D = v_{D_{x0}},\quad \dot{y}_D = v_{D_{y0}},\quad \dot{z}_D = v_{D_{z0}} \tag{4-106}$$

式（4－105）、式（4－106）一起构成了完整的翼端重物质心运动微分方程组。

2. 翼端重物绕心运动微分方程组

根据动量矩定理得

$$\frac{\mathrm{d}\,K_D}{\mathrm{d}t} = \sum \boldsymbol{M}_D = \boldsymbol{M}_2 + \boldsymbol{M}_{-N_1} - \boldsymbol{M}_J$$

式中，K_D 为翼端重物对质心 D 的动量矩，$\sum \boldsymbol{M}_D$ 为作用在翼端重物上的所有外力矩的矢量和。

设翼端重物关于质心 D 的相对于翼端重物基准坐标系 $Dxyz$ 的惯量张量为 J_D，相对于翼端重物固连坐标系 $Dx_1y_1z_1$ 的惯量张量矩阵为

$$\boldsymbol{J}_{D_1} = \begin{bmatrix} I_{x1x1} & -I_{x1y1} & -I_{x1z1} \\ -I_{y1x1} & I_{y1y1} & -I_{y1z1} \\ -I_{z1x1} & -I_{z1y1} & I_{z1z1} \end{bmatrix}$$

经推导可得其相对于翼端重物基准坐标系 $Dxyz$ 的惯量张量矩阵为

$$\boldsymbol{J}_D = \begin{bmatrix} I_{xx} & -I_{xy} & -I_{xz} \\ -I_{yx} & I_{yy} & -I_{yz} \\ -I_{zx} & -I_{zy} & I_{zz} \end{bmatrix} = \boldsymbol{B}\,\underline{J_{D_1}}\,\boldsymbol{B}^{\mathrm{T}} = \boldsymbol{B}\begin{bmatrix} I_{x1x1} & -I_{x1y1} & -I_{x1z1} \\ -I_{y1x1} & I_{y1y1} & -I_{y1z1} \\ -I_{z1x1} & -I_{z1y1} & I_{z1z1} \end{bmatrix}\boldsymbol{B}^{\mathrm{T}}$$

在此处给出该式的原因是：基本假设中已假定翼端重物母线总与翼面相垂直，因此已知条件一般都为 J_{D_1}，而方程中要用到的却是 J_D。

得方程组

$$\begin{cases}I_{xx}\dot{\omega}_{Dx}+(I_{zz}-I_{yy})\omega_{Dy}\omega_{Dz}-I_{xy}(\dot{\omega}_{Dy}-\omega_{Dx}\omega_{Dz})-I_{xz}(\dot{\omega}_{Dz}+\omega_{Dx}\omega_{Dy})+\\ I_{yz}(\omega_{Dz}^{2}-\omega_{Dy}^{2})=M_{2_x}+M_{-N_{1x}}-M_{J_x}\\ I_{yy}\dot{\omega}_{Dy}+(I_{xx}-I_{zz})\omega_{Dx}\omega_{Dz}-I_{xy}(\dot{\omega}_{Dx}+\omega_{Dy}\omega_{Dz})+I_{xz}(\omega_{Dx}^{2}-\omega_{Dz}^{2})-\\ I_{yz}(\dot{\omega}_{Dz}-\omega_{Dx}\omega_{Dy})=M_{2_y}+M_{-N_{1y}}-M_{J_y}\\ I_{zz}\dot{\omega}_{Dz}+(I_{yy}-I_{xx})\omega_{Dx}\omega_{Dy}-I_{xz}(\dot{\omega}_{Dx}-\omega_{Dy}\omega_{Dz})-I_{yz}(\dot{\omega}_{Dy}+\omega_{Dx}\omega_{Dz})+\\ I_{xy}(\omega_{Dy}^{2}-\omega_{Dx}^{2})=M_{2_z}+M_{-N_{1z}}-M_{J_z}\end{cases}\tag{4-107}$$

再加上运动学方程如下：

$$\begin{cases}\omega_{Dx}=\dot{\psi}\sin\theta\sin\varphi+\dot{\theta}\cos\varphi\\ \omega_{Dy}=\dot{\psi}\sin\theta\cos\varphi-\dot{\theta}\sin\varphi\\ \omega_{Dz}=\dot{\psi}\cos\theta+\dot{\varphi}\end{cases}\tag{4-108}$$

式（4－107）、式（4－108）就构成了翼端重物的绕心运动微分方程组。

3. 翼端重物总的运动微分方程组

将翼端重物质心运动微分方程组以及绕心运动微分方程组联立，即得翼端重物的总运动微分方程组，共 12 个方程。

4.2.5 两刚体间的联系方程

4.2.5.1 角速度间及角加速度间的关系

由前式知

$$\begin{cases}\omega_{Cx}=\omega_{Dx}\\ \omega_{Cy}=\omega_{Dy}\\ \omega_{Cz}=\omega_{Dz}\end{cases}\quad\begin{cases}\dot{\omega}_{Cx}=\dot{\omega}_{Dx}\\ \dot{\omega}_{Cy}=\dot{\omega}_{Dy}\\ \dot{\omega}_{Cz}=\dot{\omega}_{Dz}\end{cases}\tag{4-109}$$

这显然是由于两刚体在 J 点刚性连接且无相对转动的原因。

4.2.5.2　质心速度间及质心加速度间的关系

因为

$$\boldsymbol{r}_D = \boldsymbol{r}_C + \boldsymbol{CD} \tag{4-110}$$

且弹体和单翼刚性连接，$\frac{\mathrm{d}\boldsymbol{CD}}{\mathrm{d}t} = \boldsymbol{\omega}_C \times \boldsymbol{CD}$，所以，

$$\boldsymbol{v}_D = \boldsymbol{v}_C + \boldsymbol{\omega}_C \times \boldsymbol{CD} \tag{4-111}$$

而在弹体固连坐标系 $Cxyz$ 中，

$$\boldsymbol{\omega}_C \times \boldsymbol{CD} = \begin{bmatrix} c_{11} \\ c_{22} \\ c_{33} \end{bmatrix} = \begin{vmatrix} \boldsymbol{i} & \boldsymbol{j} & \boldsymbol{k} \\ \omega_{Cx} & \omega_{Cy} & \omega_{Cz} \\ x_{D0} & y_{D0} & z_{D0} \end{vmatrix} = \begin{bmatrix} \omega_{Cy} z_{D0} - \omega_{Cz} y_{D0} \\ \omega_{Cz} x_{D0} - \omega_{Cx} z_{D0} \\ \omega_{Cx} y_{D0} - \omega_{Cy} x_{D0} \end{bmatrix} \tag{4-112}$$

则它在地面惯性坐标系 $Ox_0y_0z_0$ 中的表达式为

$$\omega_C \times CD = A^{-1} \begin{bmatrix} c_{11} \\ c_{22} \\ c_{33} \end{bmatrix}$$

将其代入式（4－111）得

$$\begin{bmatrix} v_{D_{x0}} \\ v_{D_{y0}} \\ v_{D_{z0}} \end{bmatrix} = \begin{bmatrix} v_{C_{x0}} \\ v_{C_{y0}} \\ v_{C_{z0}} \end{bmatrix} + \begin{bmatrix} A_{11} c_{11} + A_{21} c_{22} + A_{31} c_{33} \\ A_{12} c_{11} + A_{22} c_{22} + A_{32} c_{33} \\ A_{13} c_{11} + A_{23} c_{22} + A_{33} c_{33} \end{bmatrix} \tag{4-113}$$

此式即为质心速度间的关系。

又由式（4－111）有

$$\dot{\boldsymbol{v}}_D = \dot{\boldsymbol{v}}_C + \frac{\mathrm{d}}{\mathrm{d}t}(\boldsymbol{\omega}_C \times \boldsymbol{CD}) = \dot{\boldsymbol{v}}_C + \dot{\boldsymbol{\omega}}_C \times \boldsymbol{CD} + \boldsymbol{\omega}_C \times (\boldsymbol{\omega}_C \times \boldsymbol{CD}) \tag{4-114}$$

式中，$\dot{\boldsymbol{\omega}}_C$ 为在弹体固连坐标系 $Cxyz$ 中的相对导数，因而在弹体固连坐标系 $Cxyz$ 中为

$$\dot{\boldsymbol{\omega}}_C \times \boldsymbol{CD} + \boldsymbol{\omega}_C \times (\boldsymbol{\omega}_C \times \boldsymbol{CD}) = \begin{vmatrix} \boldsymbol{i} & \boldsymbol{j} & \boldsymbol{k} \\ \dot{\omega}_{Cx} & \dot{\omega}_{Cy} & \dot{\omega}_{Cz} \\ x_{D0} & y_{D0} & z_{D0} \end{vmatrix} + \begin{vmatrix} \boldsymbol{i} & \boldsymbol{j} & \boldsymbol{k} \\ \omega_{Cx} & \omega_{Cy} & \omega_{Cz} \\ c_{11} & c_{22} & c_{33} \end{vmatrix}$$

$$= \begin{bmatrix} \dot{\omega}_{Cy} z_{D0} - \dot{\omega}_{Cz} y_{D0} + \omega_{Cy} c_{33} - \omega_{Cz} c_{22} \\ \dot{\omega}_{Cz} x_{D0} - \dot{\omega}_{Cx} z_{D0} + \omega_{Cz} c_{11} - \omega_{Cx} c_{33} \\ \dot{\omega}_{Cx} y_{D0} - \dot{\omega}_{Cy} x_{D0} + \omega_{Cx} c_{22} - \omega_{Cy} c_{11} \end{bmatrix}$$

所以，其在地面惯性坐标系 $Ox_0y_0z_0$ 中的表达式为

$$\dot{\boldsymbol{\omega}}_C \times \boldsymbol{CD} + \boldsymbol{\omega}_C \times (\boldsymbol{\omega}_C \times \boldsymbol{CD}) = \boldsymbol{A}^{-1}\begin{bmatrix} \dot{\omega}_{Cy}z_{D0} - \dot{\omega}_{Cz}y_{D0} + \omega_{Cy}c_{33} - \omega_{Cz}c_{22} \\ \dot{\omega}_{Cz}x_{D0} - \dot{\omega}_{Cx}z_{D0} + \omega_{Cz}c_{11} - \omega_{Cx}c_{33} \\ \dot{\omega}_{Cx}y_{D0} - \dot{\omega}_{Cy}x_{D0} + \omega_{Cx}c_{22} - \omega_{Cy}c_{11} \end{bmatrix}$$

将之代入式（4－114）即得

$$\begin{bmatrix} \dot{v}_{D_{x0}} \\ \\ \\ \dot{v}_{D_{y0}} \\ \\ \\ \dot{v}_{D_{z0}} \\ \\ \\ \end{bmatrix} = \begin{bmatrix} \dot{v}_{C_{x0}} \\ \\ \\ \dot{v}_{C_{y0}} \\ \\ \\ \dot{v}_{C_{z0}} \\ \\ \\ \end{bmatrix} + \begin{bmatrix} A_{11}(\dot{\omega}_{Cy}z_{D0} - \dot{\omega}_{Cz}y_{D0} + \omega_{Cy}c_{33} - \omega_{Cz}c_{22}) + \\ A_{21}(\dot{\omega}_{Cz}x_{D0} - \dot{\omega}_{Cx}z_{D0} + \omega_{Cz}c_{11} - \omega_{Cx}c_{33}) + \\ A_{31}(\dot{\omega}_{Cx}y_{D0} - \dot{\omega}_{Cy}x_{D0} + \omega_{Cx}c_{22} - \omega_{Cy}c_{11}) \\ A_{12}(\dot{\omega}_{Cy}z_{D0} - \dot{\omega}_{Cz}y_{D0} + \omega_{Cy}c_{33} - \omega_{Cz}c_{22}) + \\ A_{22}(\dot{\omega}_{Cz}x_{D0} - \dot{\omega}_{Cx}z_{D0} + \omega_{Cz}c_{11} - \omega_{Cx}c_{33}) + \\ A_{32}(\dot{\omega}_{Cx}y_{D0} - \dot{\omega}_{Cy}x_{D0} + \omega_{Cx}c_{22} - \omega_{Cy}c_{11}) \\ A_{13}(\dot{\omega}_{Cy}z_{D0} - \dot{\omega}_{Cz}y_{D0} + \omega_{Cy}c_{33} - \omega_{Cz}c_{22}) + \\ A_{23}(\dot{\omega}_{Cz}x_{D0} - \dot{\omega}_{Cx}z_{D0} + \omega_{Cz}c_{11} - \omega_{Cx}c_{33}) + \\ A_{33}(\dot{\omega}_{Cx}y_{D0} - \dot{\omega}_{Cy}x_{D0} + \omega_{Cx}c_{22} - \omega_{Cy}c_{11}) \end{bmatrix} \tag{4-115}$$

此式即为两刚体质心加速度间的关系。

4.2.6 方程组的消元与标准化

4.2.6.1 方程组的消元

因 $N_{1_{x0}}$、$N_{1_{y0}}$、$N_{1_{z0}}$、M_{J_x}、M_{J_y}和 M_{J_z}是未知力和力矩，必须从方程组中消去后才能求解，下面进行消元化简。

整理得

$$
\begin{bmatrix} N_{1_{x0}} \\ \\ \\ N_{1_{y0}} \\ \\ \\ N_{1_{z0}} \end{bmatrix} = \begin{bmatrix} R_{2_{x0}} - m_D\dot{v}_{C_{x0}} - m_DA_{11}(\dot{\omega}_{Cy}z_{D0} - \dot{\omega}_{Cz}y_{D0} + \omega_{Cy}c_{33} - \omega_{Cz}c_{22}) - \\ m_DA_{21}(\dot{\omega}_{Cz}x_{D0} - \dot{\omega}_{Cx}z_{D0} + \omega_{Cz}c_{11} - \omega_{Cx}c_{33}) - \\ m_DA_{31}(\dot{\omega}_{Cx}y_{D0} - \dot{\omega}_{Cy}x_{D0} + \omega_{Cx}c_{22} - \omega_{Cy}c_{11}) \\ R_{2_{y0}} - m_D\dot{v}_{C_{y0}} - m_DA_{12}(\dot{\omega}_{Cy}z_{D0} - \dot{\omega}_{Cz}y_{D0} + \omega_{Cy}c_{33} - \omega_{Cz}c_{22}) - \\ m_DA_{22}(\dot{\omega}_{Cz}x_{D0} - \dot{\omega}_{Cx}z_{D0} + \omega_{Cz}c_{11} - \omega_{Cx}c_{33}) - \\ m_DA_{32}(\dot{\omega}_{Cx}y_{D0} - \dot{\omega}_{Cy}x_{D0} + \omega_{Cx}c_{22} - \omega_{Cy}c_{11}) \\ R_{2_{z0}} - m_D\dot{v}_{C_{z0}} - m_DA_{13}(\dot{\omega}_{Cy}z_{D0} - \dot{\omega}_{Cz}y_{D0} + \omega_{Cy}c_{33} - \omega_{Cz}c_{22}) - \\ m_DA_{23}(\dot{\omega}_{Cz}x_{D0} - \dot{\omega}_{Cx}z_{D0} + \omega_{Cz}c_{11} - \omega_{Cx}c_{33}) - \\ m_DA_{33}(\dot{\omega}_{Cx}y_{D0} - \dot{\omega}_{Cy}x_{D0} + \omega_{Cx}c_{22} - \omega_{Cy}c_{11}) - m_Dg \end{bmatrix} \tag{4-116}
$$

记

$$
\begin{aligned}
a_{11} &= -m_DA_{21}z_{D0} + m_DA_{31}y_{D0} \\
a_{21} &= -m_DA_{22}z_{D0} + m_DA_{32}y_{D0} \\
a_{31} &= -m_DA_{23}z_{D0} + m_DA_{33}y_{D0} \\
a_{12} &= m_DA_{11}z_{D0} - m_DA_{31}x_{D0} \\
a_{22} &= m_DA_{12}z_{D0} - m_DA_{32}x_{D0} \\
a_{32} &= m_DA_{13}z_{D0} - m_DA_{33}x_{D0} \\
a_{13} &= -m_DA_{11}y_{D0} + m_DA_{21}x_{D0} \\
a_{23} &= -m_DA_{12}y_{D0} + m_DA_{22}x_{D0} \\
a_{33} &= -m_DA_{13}y_{D0} + m_DA_{23}x_{D0} \\
b_{11} &= \omega_{Cy}c_{33} - \omega_{Cz}c_{22} \\
b_{12} &= \omega_{Cz}c_{11} - \omega_{Cx}c_{33} \\
b_{13} &= \omega_{Cx}c_{22} - \omega_{Cy}c_{11}
\end{aligned}
$$

式（4－89）的第一式可变为

$$
\begin{aligned}
&\dot{v}_{C_{x0}}(m_C + m_D) + \dot{\omega}_{Cx}a_{11} + \dot{\omega}_{Cy}a_{12} + \dot{\omega}_{Cz}a_{13} \\
&= R_{z1_{x0}} + R_{y1_{x0}} + R_{2_{x0}} - m_DA_{11}b_{11} - m_DA_{21}b_{12} - m_DA_{31}b_{13}
\end{aligned} \tag{4-117}
$$

式（4－89）的第二式可变为

$$
\begin{aligned}
&\dot{v}_{C_{y0}}(m_C + m_D) + \dot{\omega}_{Cx}a_{21} + \dot{\omega}_{Cy}a_{22} + \dot{\omega}_{Cz}a_{23} \\
&= R_{z1_{y0}} + R_{y1_{y0}} + R_{2_{y0}} - m_DA_{12}b_{11} - m_DA_{22}b_{12} - m_DA_{32}b_{13}
\end{aligned} \tag{4-118}
$$

式（4－89）的第三式变为

$$
\begin{aligned}
&\dot{v}_{C_{z0}}(m_C + m_D) + \dot{\omega}_{Cx}a_{31} + \dot{\omega}_{Cy}a_{32} + \dot{\omega}_{Cz}a_{33} \\
&= R_{z1_{z0}} + R_{y1_{z0}} + R_{2_{z0}} - (m_C + m_D)g - m_DA_{13}b_{11} - m_DA_{23}b_{12} - m_DA_{33}b_{13}
\end{aligned} \tag{4-119}
$$

至此，式（4－89）就变为式（4－117）~式（4－119），式中已不含约束力及力矩。

下面变化式（4－91）。

式（4－91）即

$$\underline{J_C}\,\underline{\dot{\omega}_C} = \underline{M_C} - \underline{\tilde{\omega}_C}\,\underline{J_C}\,\underline{\omega_C} \tag{4-120}$$

$$\underline{J_D}\,\underline{\dot{\omega}_D} = \underline{M_D} - \underline{\tilde{\omega}_D J_D \omega_D}$$

又可写为

$$\underline{J_D\dot{\omega}_C} = \underline{M_D} - \underline{\tilde{\omega}_C J_D \omega_C} \tag{4-121}$$

式（4－120）+式（4－121）得

$$\underline{K_C\dot{\omega}_C} = (\underline{M_C} + \underline{M_D}) - \underline{\tilde{\omega}_C K_C \omega_C} \tag{4-122}$$

式中，$\underline{K_C} = \underline{J_C} + \underline{J_D}$，即

$$\begin{bmatrix} K_{xx} & -K_{xy} & -K_{xz} \\ -K_{yx} & K_{yy} & -K_{yz} \\ -K_{zx} & -K_{zy} & K_{zz} \end{bmatrix} = \begin{bmatrix} I_{xx}+J_{xx} & -(I_{xy}+J_{xy}) & -(I_{xz}+J_{xz}) \\ -(I_{yx}+J_{yx}) & I_{yy}+J_{yy} & -(I_{yz}+J_{yz}) \\ -(I_{zx}+J_{zx}) & -(I_{zy}+J_{zy}) & I_{zz}+J_{zz} \end{bmatrix} \tag{4-123}$$

而

$$\underline{M_C} + \underline{M_D} = \begin{bmatrix} M_{1_x} + M_{2_x} + M_{N_{1x}} + M_{-N_{1x}} \\ M_{1_y} + M_{2_y} + M_{N_{1y}} + M_{-N_{1y}} \\ M_{1_z} + M_{2_z} + M_{N_{1z}} + M_{-N_{1z}} \end{bmatrix} \tag{4-124}$$

其中，

$$M_{N_1} + M_{-N_1} = CJ \times N_1 + DJ \times (-N_1) = CD \times N_1$$

所以，

$$\begin{bmatrix} M_{N_{1x}} + M_{-N_{1x}} \\ M_{N_{1y}} + M_{-N_{1y}} \\ M_{N_{1z}} + M_{-N_{1z}} \end{bmatrix} = \begin{bmatrix} (A_{31}N_{1_{x0}} + A_{32}N_{1_{y0}} + A_{33}N_{1_{z0}})y_{D0} - (A_{21}N_{1_{x0}} + A_{22}N_{1_{y0}} + A_{23}N_{1_{z0}})z_{D0} \\ (A_{11}N_{1_{x0}} + A_{12}N_{1_{y0}} + A_{13}N_{1_{z0}})z_{D0} - (A_{31}N_{1_{x0}} + A_{32}N_{1_{y0}} + A_{33}N_{1_{z0}})x_{D0} \\ (A_{21}N_{1_{x0}} + A_{22}N_{1_{y0}} + A_{23}N_{1_{z0}})x_{D0} - (A_{11}N_{1_{x0}} + A_{12}N_{1_{y0}} + A_{13}N_{1_{z0}})y_{D0} \end{bmatrix} \tag{4-125}$$

将式（4－116）代入上式第一式并利用矩阵 **A** 的正交性质得

$$\begin{aligned} M_{N_{1x}} + M_{-N_{1x}} = {} & (\boldsymbol{A}_{31}y_{D0} - \boldsymbol{A}_{21}z_{D0})(R_{2_{x0}} - m_D\dot{v}_{C_{x0}}) + (\boldsymbol{A}_{32}y_{D0} - \boldsymbol{A}_{22}z_{D0}) \\ & (R_{2_{y0}} - m_D\dot{v}_{C_{y0}}) + (A_{33}y_{D0} - A_{23}z_{D0})(R_{2_{z0}} - m_D g - m_D\dot{v}_{C_{z0}}) - \\ & m_D y_{D0}(\dot{\omega}_{Cx}y_{D0} - \dot{\omega}_{Cy}x_{D0} + \omega_{Cx}c_{22} - \omega_{Cy}c_{11}) + \\ & m_D z_{D0}(\dot{\omega}_{Cz}x_{D0} - \dot{\omega}_{Cx}z_{D0} + \omega_{Cz}c_{11} - \omega_{Cx}c_{33}) \end{aligned} \tag{4-126}$$

将上式代入式（4－124）第一式，再将所得式代入式（4－122）第一式并整

理得

$$\dot{v}_{C_{x0}}(m_D d_{11}) + \dot{v}_{C_{y0}}(m_D d_{12}) + \dot{v}_{C_{z0}}(m_D d_{13}) + \dot{\omega}_{Cx}[K_{xx} + m_D(y_{D0}^2 + z_{D0}^2)] +$$
$$\dot{\omega}_{Cy}(-K_{xy} - m_D x_{D0} y_{D0}) + \dot{\omega}_{Cz}(-K_{xz} - m_D x_{D0} z_{D0})$$
$$= (K_{yy} - K_{zz})\omega_{Cy}\omega_{Cz} - K_{xy}\omega_{Cx}\omega_{Cz} + K_{xz}\omega_{Cx}\omega_{Cy} + K_{yz}(\omega_{Cy}^2 - \omega_{Cz}^2) + M_{1_x} +$$
$$M_{2_x} + d_{11}R_{2_{x0}} + d_{12}R_{2_{y0}} + d_{13}(R_{2_{z0}} - m_D g) - m_D y_{D0} b_{13} + m_D z_{D0} b_{12} \tag{4-127}$$

式中，

$$d_{11} = A_{31}y_{D0} - A_{21}z_{D0} \quad d_{12} = A_{32}y_{D0} - A_{22}z_{D0} \quad d_{13} = A_{33}y_{D0} - A_{23}z_{D0} \tag{4-128}$$

同理，将式（4－116）代入式（4－125）第二式得

$$M_{N_{1y}} + M_{-N_{1y}} = (\boldsymbol{A}_{11}z_{D0} - \boldsymbol{A}_{31}x_{D0})(R_{2_{x0}} - m_D\dot{v}_{C_{x0}}) + (\boldsymbol{A}_{12}z_{D0} - \boldsymbol{A}_{32}x_{D0})$$
$$(R_{2_{y0}} - m_D\dot{v}_{C_{y0}}) + (\boldsymbol{A}_{13}z_{D0} - \boldsymbol{A}_{33}x_{D0})(R_{2_{z0}} - m_D g - m_D\dot{v}_{C_{z0}}) -$$
$$m_D z_{D0}(\dot{\omega}_{Cy}z_{D0} - \dot{\omega}_{Cz}y_{D0} + \omega_{Cy}c_{33} - \omega_{Cz}c_{22}) +$$
$$m_D x_{D0}(\dot{\omega}_{Cx}y_{D0} - \dot{\omega}_{Cy}x_{D0} + \omega_{Cx}c_{22} - \omega_{Cy}c_{11}) \tag{4-129}$$

将上式代入式（4－124）第二式，再将所得式代入式（4－122）第二式并整理得

$$\dot{v}_{C_{x0}}(m_D d_{21}) + \dot{v}_{C_{y0}}(m_D d_{22}) + \dot{v}_{C_{z0}}(m_D d_{23}) + \dot{\omega}_{Cx}(-K_{xy} - m_D x_{D0} y_{D0}) +$$
$$\dot{\omega}_{Cy}[K_{yy} + m_D(x_{D0}^2 + z_{D0}^2)] + \dot{\omega}_{Cz}(-K_{yz} - m_D y_{D0} z_{D0})$$
$$= (K_{zz} - K_{xx})\omega_{Cx}\omega_{Cz} + K_{xy}\omega_{Cy}\omega_{Cz} + K_{xz}(\omega_{Cz}^2 - \omega_{Cx}^2) - K_{yz}\omega_{Cx}\omega_{Cy} + M_{1_y} +$$
$$M_{2_y} + d_{21}R_{2_{x0}} + d_{22}R_{2_{y0}} + d_{23}(R_{2_{z0}} - m_D g) - m_D z_{D0} b_{11} + m_D x_{D0} b_{13} \tag{4-130}$$

式中，

$$d_{21} = A_{11}z_{D0} - A_{31}x_{D0} d_{22} = A_{12}z_{D0} - A_{32}x_{D0} \quad d_{23} = A_{13}z_{D0} - A_{33}x_{D0} \tag{4-131}$$

同理，将式（4－116）代入式（4－125）第三式得

$$M_{N_{1z}} + M_{-N_{1z}} = (A_{21}x_{D0} - A_{11}y_{D0})(R_{2_{x0}} - m_D\dot{v}_{C_{x0}}) + (A_{22}x_{D0} - A_{12}y_{D0})$$
$$(R_{2_{y0}} - m_D\dot{v}_{C_{y0}}) + (A_{23}x_{D0} - A_{13}y_{D0})(R_{2_{z0}} - m_D g - m_D\dot{v}_{C_{z0}}) -$$
$$m_D x_{D0}(\dot{\omega}_{Cz}x_{D0} - \dot{\omega}_{Cx}z_{D0} + \omega_{Cz}c_{11} - \omega_{Cx}c_{33}) +$$
$$m_D y_{D0}(\dot{\omega}_{Cy}z_{D0} - \dot{\omega}_{Cz}y_{D0} + \omega_{Cy}c_{33} - \omega_{Cz}c_{22}) \tag{4-132}$$

将上式代入式（4－124）第三式，再将所得式代入式（4－122）第三式并整理得

$$\dot{v}_{C_{x0}}(m_D d_{31}) + \dot{v}_{C_{y0}}(m_D d_{32}) + \dot{v}_{C_{z0}}(m_D d_{33}) + \dot{\omega}_{Cx}(-K_{xz} - m_D x_{D0} z_{D0}) +$$
$$\dot{\omega}_{Cy}(-K_{yz} - m_D y_{D0} z_{D0}) + \dot{\omega}_{Cz}[K_{zz} + m_D(x_{D0}^2 + y_{D0}^2)]$$

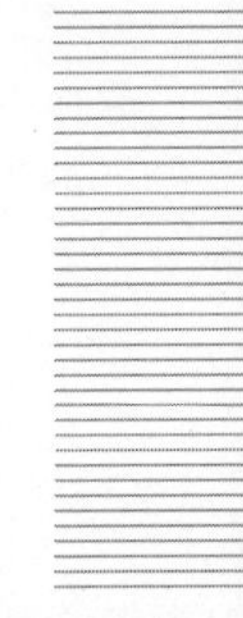

$$= (K_{xx} - K_{yy})\omega_{Cx}\omega_{Cy} - K_{xz}\omega_{Cy}\omega_{Cz} + K_{yz}\omega_{Cx}\omega_{Cz} + K_{xy}(\omega_{Cx}^2 - \omega_{Cy}^2) + M_{1_z} + M_{2_z} + d_{31}R_{2_{x0}} + d_{32}R_{2_{y0}} + d_{33}(R_{2_{z0}} - m_D g) - m_D x_{D0} b_{12} + m_D y_{D0} b_{11} \quad (4-133)$$

式中，

$$d_{31} = A_{21}x_{D0} - A_{11}y_{D0} \quad d_{32} = A_{22}x_{D0} - A_{12}y_{D0} \quad d_{33} = A_{23}x_{D0} - A_{13}y_{D0} \quad (4-134)$$

至此，完成了方程组的消元化简。

4.2.6.2 方程组的标准化

整个无伞末敏弹系统的规范化运动微分方程组可写为

$$\begin{cases}
(0)\ \dot{x}_C = v_{C_{x0}} \\
(1)\ \dot{y}_C = v_{C_{y0}} \\
(2)\ \dot{Z}_C = v_{C_{z0}} \\
(3)\ \dot{\psi}(\sin\theta\sin\varphi) + \dot{\theta}\cos\varphi = \omega_{Cx} \\
(4)\ \dot{\psi}(\sin\theta\cos\varphi) + \dot{\theta}(-\sin\varphi) = \omega_{Cy} \\
(5)\ \dot{\psi}\cos\theta + \dot{\varphi} = \omega_{Cz} \\
(6)\ \dot{v}_{C_{x0}}(m_C + m_D) + \dot{\omega}_{Cx}a_{11} + \dot{\omega}_{Cy}a_{12} + \dot{\omega}_{Cz}a_{13} \\
= R_{z1_{x0}} + R_{y1_{x0}} + R_{2_{x0}} - m_D A_{11} b_{11} - m_D A_{21} b_{12} - m_D A_{31} b_{13} \\
(7)\ \dot{v}_{C_{y0}}(m_C + m_D) + \dot{\omega}_{Cx}a_{21} + \dot{\omega}_{Cy}a_{22} + \dot{\omega}_{Cz}a_{23} \\
= R_{z1_{y0}} + R_{y1_{y0}} + R_{2_{y0}} - m_D A_{12} b_{11} - m_D A_{22} b_{12} - m_D A_{32} b_{13} \\
(8)\ \dot{v}_{C_{z0}}(m_C + m_D) + \dot{\omega}_{Cx}a_{31} + \dot{\omega}_{Cy}a_{32} + \dot{\omega}_{Cz}a_{33} \\
= R_{z1_{z0}} + R_{y1_{z0}} + R_{2_{z0}} - (m_C + m_D)g - m_D A_{13} b_{11} - m_D A_{23} b_{12} - m_D A_{33} b_{13} \\
(9)\ \dot{v}_{C_{x0}}(m_D d_{11}) + \dot{v}_{C_{y0}}(m_D d_{12}) + \dot{v}_{C_{z0}}(m_D d_{13}) + \\
\dot{\omega}_{Cx}[K_{xx} + m_D(y_{D0}^2 + z_{D0}^2)] + \dot{\omega}_{Cy}(-K_{xy} - m_D x_{D0} y_{D0}) + \dot{\omega}_{Cz}(-K_{xz} - m_D x_{D0} z_{D0}) \\
= (K_{yy} - K_{zz})\omega_{Cy}\omega_{Cz} - K_{xy}\omega_{Cx}\omega_{Cz} + K_{xz}\omega_{Cx}\omega_{Cy} + K_{yz}(\omega_{Cy}^2 - \omega_{Cz}^2) + M_{1_x} + M_{2_x} + \\
d_{11}R_{2_{x0}} + d_{12}R_{2_{y0}} + d_{13}(R_{2_{z0}} - m_D g) - m_D y_{D0} b_{13} + m_D z_{D0} b_{12} \\
(10)\ \dot{v}_{C_{x0}}(m_D d_{21}) + \dot{v}_{C_{y0}}(m_D d_{22}) + \dot{v}_{C_{z0}}(m_D d_{23}) + \\
\dot{\omega}_{Cx}(-K_{xy} - m_D x_{D0} y_{D0}) + \dot{\omega}_{Cy}[K_{yy} + m_D(x_{D0}^2 + z_{D0}^2)] + \dot{\omega}_{Cz}(-K_{yz} - m_D y_{D0} z_{D0}) \\
= (K_{zz} - K_{xx})\omega_{Cx}\omega_{Cz} + K_{xy}\omega_{Cy}\omega_{Cz} + K_{xz}(\omega_{Cz}^2 - \omega_{Cx}^2) - K_{yz}\omega_{Cx}\omega_{Cy} + M_{1_y} + M_{2_y} +
\end{cases}$$

$$
\begin{cases}
d_{21}R_{2_{x0}}+d_{22}R_{2_{y0}}+d_{23}(R_{2_{z0}}-m_Dg)-m_Dz_{D0}b_{11}+m_Dx_{D0}b_{13} \\
(11)\ \dot{v}_{C_{x0}}(m_Dd_{31})+\dot{v}_{C_{y0}}(m_Dd_{32})+\dot{v}_{C_{z0}}(m_Dd_{33})+ \\
\dot{\omega}_{Cx}(-K_{xz}-m_Dx_{D0}z_{D0})+\dot{\omega}_{Cy}(-K_{yz}-m_Dy_{D0}z_{D0})+\dot{\omega}_{Cz}[K_{zz}+m_D(x_{D0}^2+y_{D0}^2)] \\
=(K_{xx}-K_{yy})\omega_{Cx}\omega_{Cy}-K_{xz}\omega_{Cy}\omega_{Cz}+K_{yz}\omega_{Cx}\omega_{Cz}+K_{xy}(\omega_{Cx}^2-\omega_{Cy}^2)+M_{1_z}+M_{2_z}+ \\
d_{31}R_{2_{x0}}+d_{32}R_{2_{y0}}+d_{33}(R_{2_{z0}}-m_Dg)-m_Dx_{D0}b_{12}+m_Dy_{D0}b_{11}
\end{cases}
\quad (4-135)
$$

方程组中共 12 个变量：x_C、y_C、z_C，ψ、θ、φ，$v_{C_{x0}}$、$v_{C_{y0}}$、$v_{C_{z0}}$，ω_{Cx}、ω_{Cy}、ω_{Cz}。方程组已成为标准形式，可用矩阵表达如下：

$$U\dot{X}=V \quad (4-136)$$

其中，$U=(u[i][j])(i,\ j=0,\ 1,\ 2,\ \cdots,\ 11)$ 为方程组的系数矩阵，其元素可参照式（4－132）中的 12 个方程写出；$\dot{X}=[\dot{x}_C,\ \dot{y}_C,\ \dot{Z}_C,\ \dot{\psi},\ \dot{\theta},\ \dot{\varphi},\ \dot{v}_{C_{x0}},\ \dot{v}_{C_{y0}},\ \dot{v}_{C_{z0}},\ \dot{\omega}_{Cx},\ \dot{\omega}_{Cy},\ \dot{\omega}_{Cz}]^{\mathrm{T}}$；$V=(v[i])^{\mathrm{T}}(i=0,\ 1,\ 2,\ \cdots,\ 11)$，其中 $v[i]$ 依次为式（4－135）中 12 个方程的右端。

这样，由式（4－136）得

$$\dot{X}=U^{-1}V \quad (4-137)$$

该式即为龙格－库塔法编程中所要使用的方程组，由此方程组可求出龙格－库塔法中所要求的右端函数。

4.2.7　算例分析

以某一末敏弹系统为例进行计算分析，得到末敏弹的各种扫描参数随时间的变化规律，如图 4－26～图 4－44 所示。

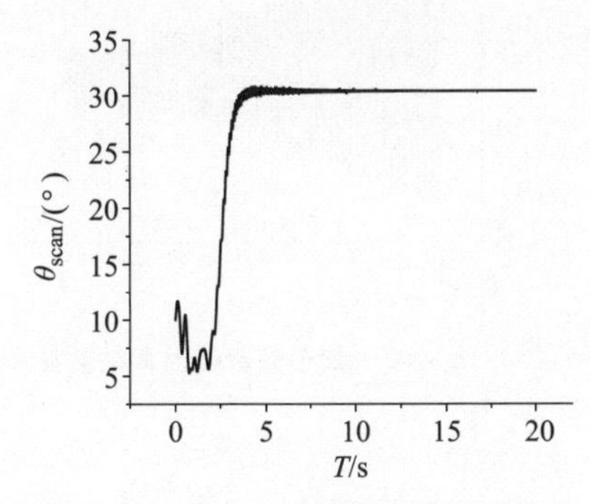

图 4－26　0～20 s 扫描角随时间的变化

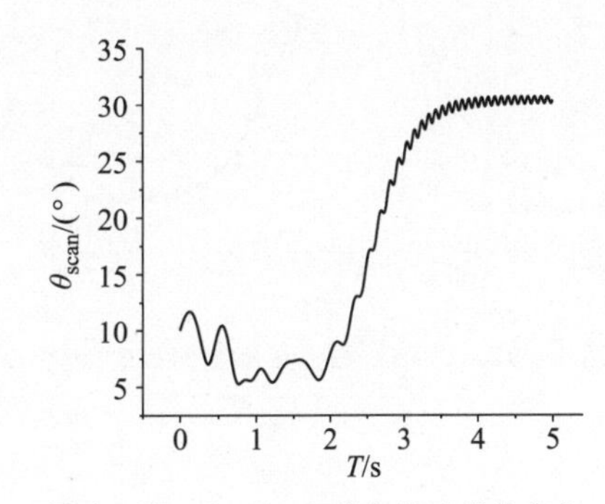

图 4－27　0～5 s 扫描角随时间的变化

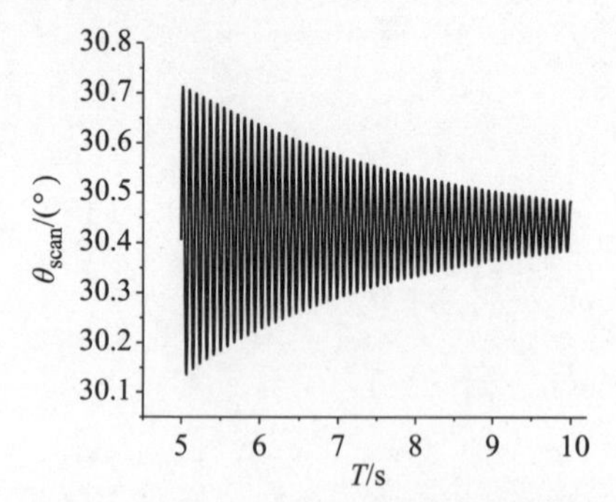

图 4-28　5~10 s 扫描角随时间的变化

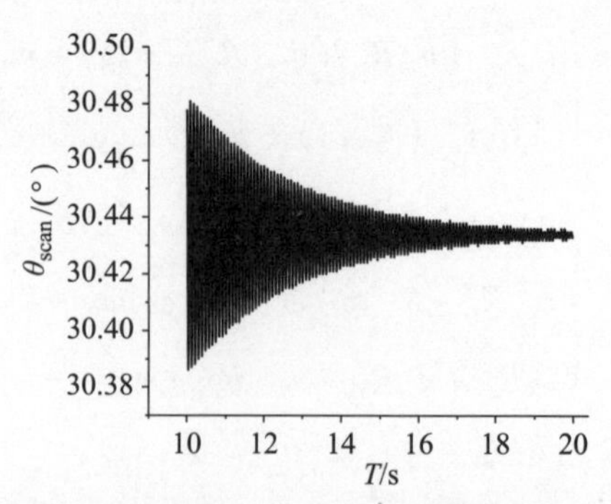

图 4-29　10~20 s 扫描角随时间的变化

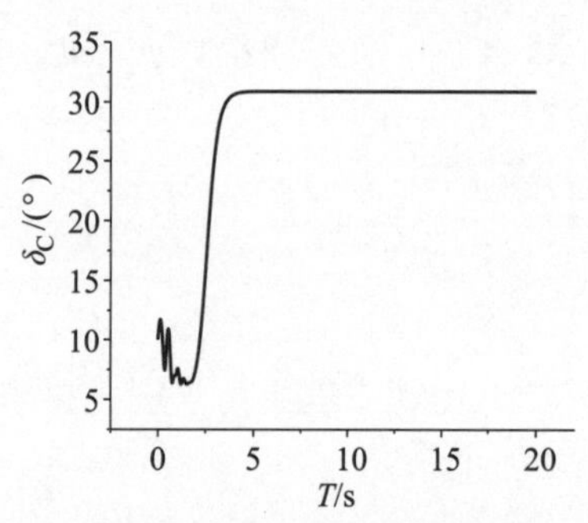

图 4-30　0~20 s 攻角随时间的变化

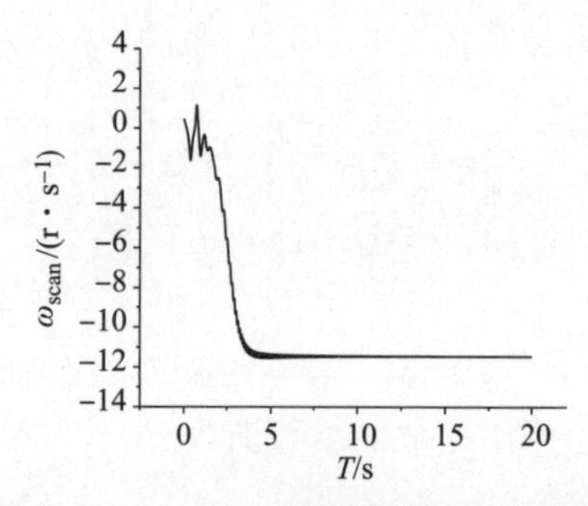

图 4-31　0~20 s 扫描频率随时间的变化

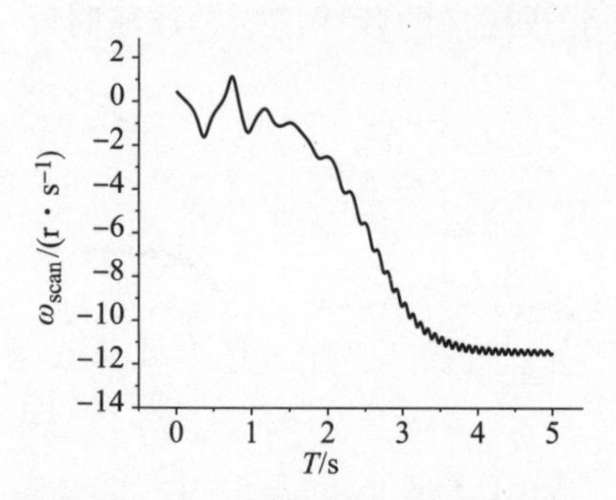

图 4-32　0~5 s 扫描频率随时间的变化

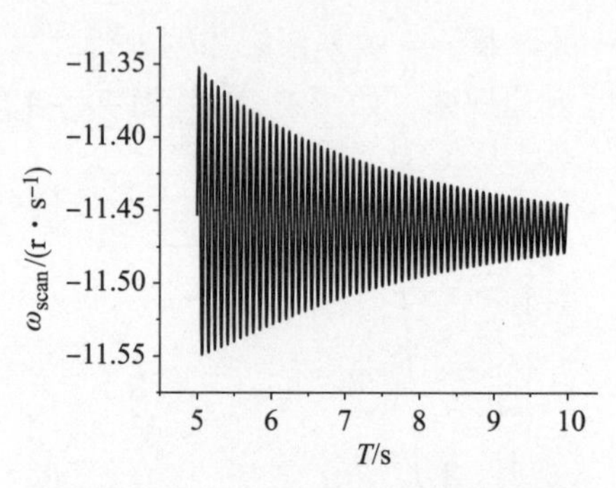

图 4-33　5~10 s 扫描频率随时间的变化

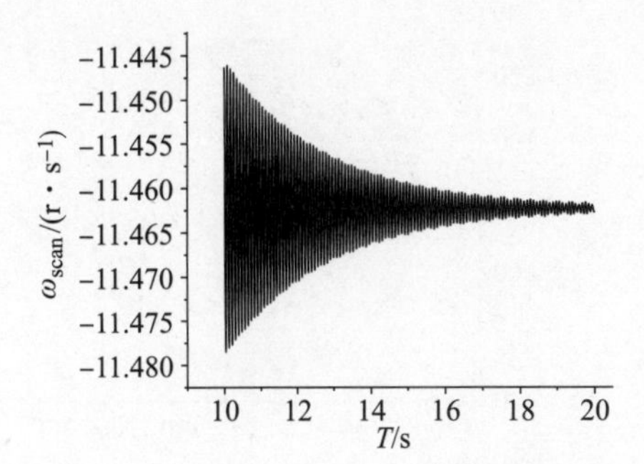

图 4-34　10～20 s 扫描频率随时间的变化

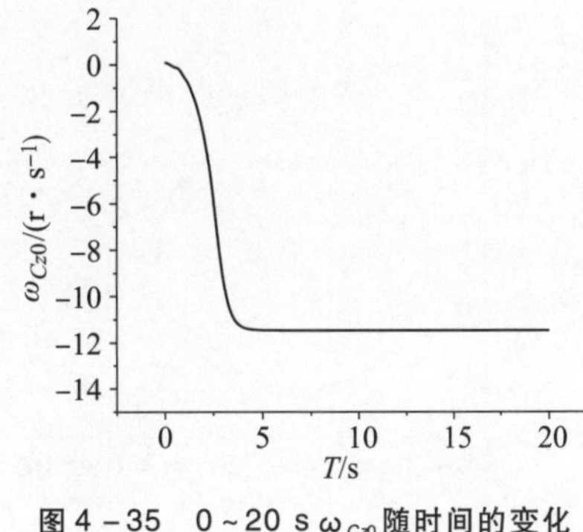

图 4-35　0～20 s ω_{Cz0} 随时间的变化

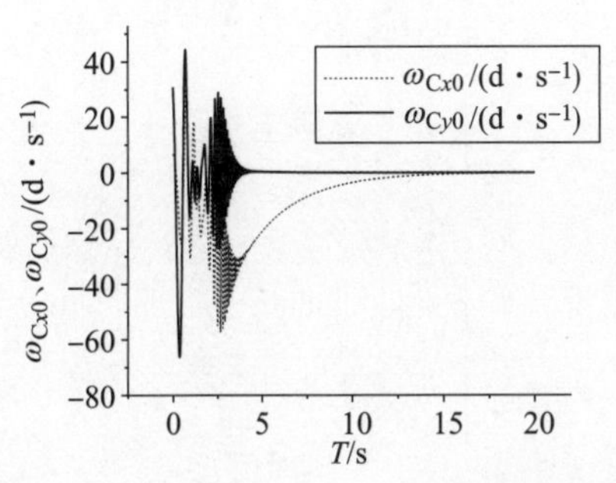

图 4-36　0～20 s ω_{Cx0}、ω_{Cy0} 随时间的变化

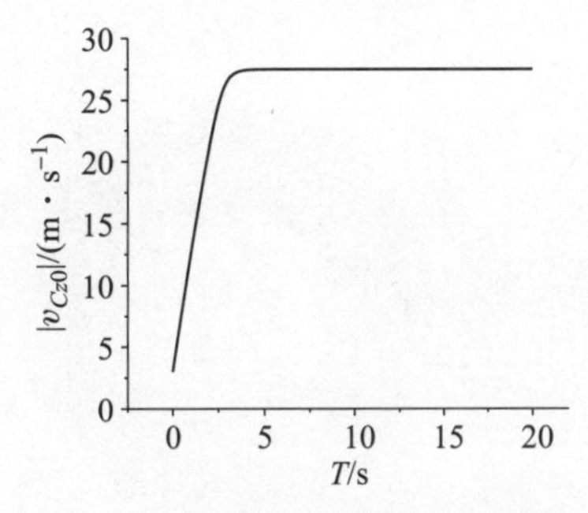

图 4-37　0～20 s 落速随时间的变化

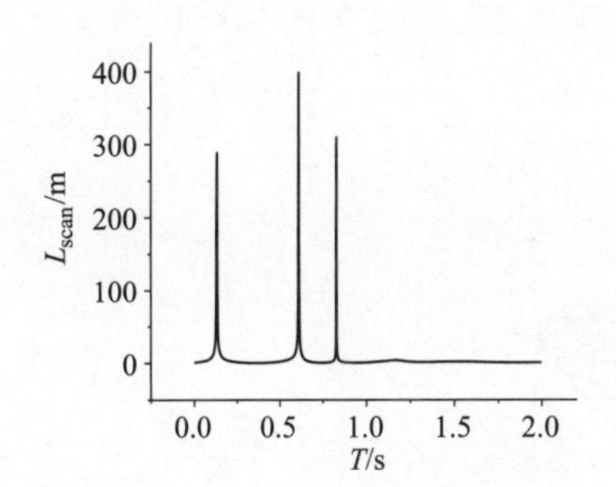

图 4-38　0～2 s 扫描间距随时间的变化

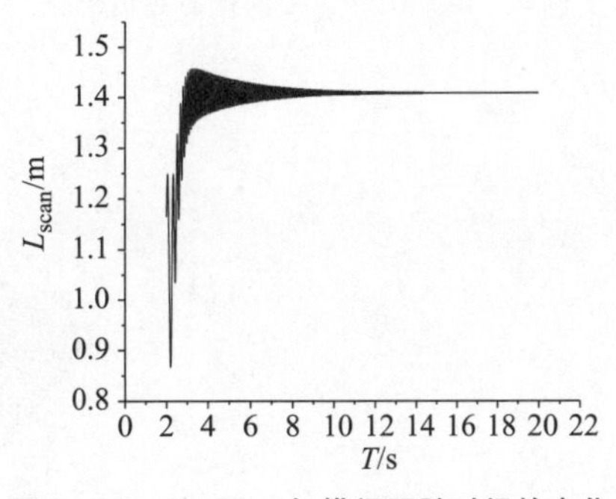

图 4-39　2～20 s 扫描间距随时间的变化

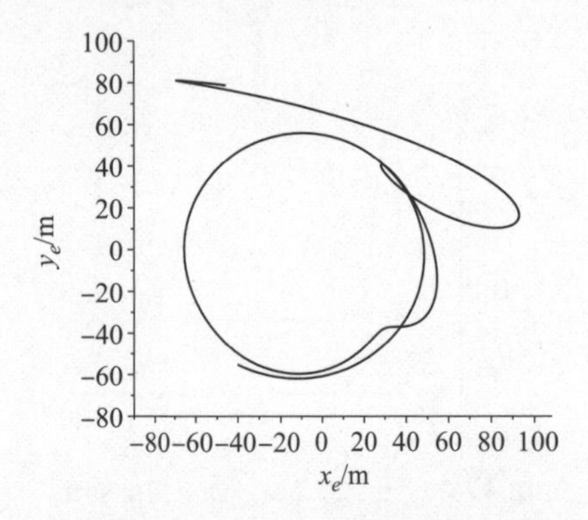

图 4-40　0~2 s 的地面扫描轨迹

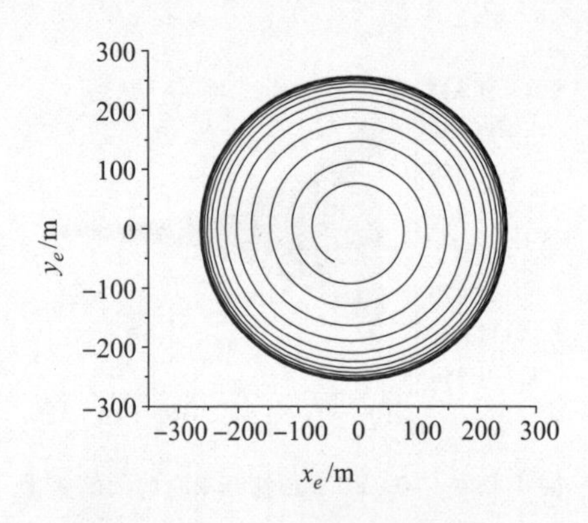

图 4-41　2~4 s 的地面扫描轨迹

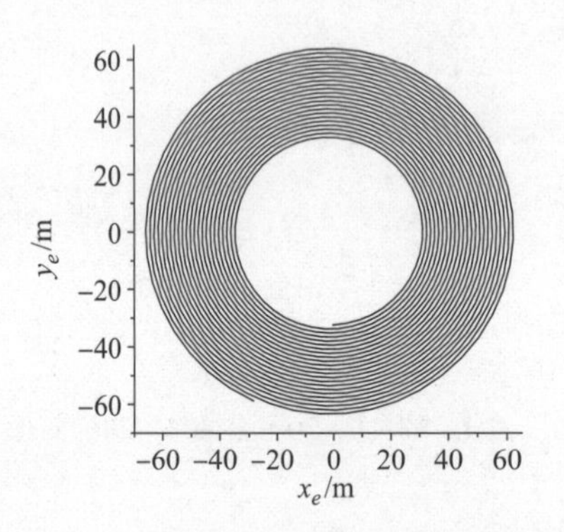

图 4-42　16~18 s 的地面扫描轨迹

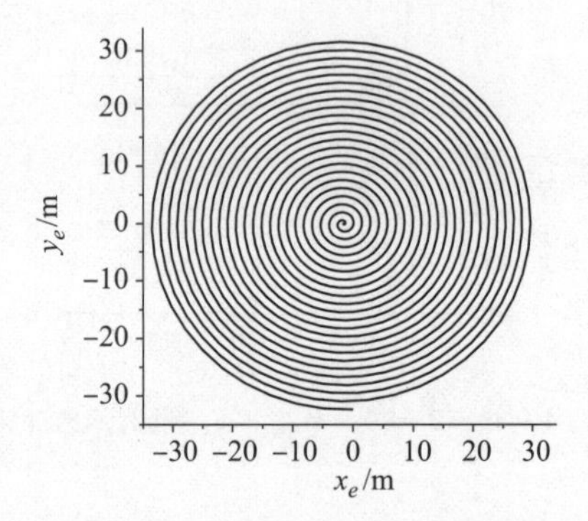

图 4-43　18~20 s 的地面扫描轨迹

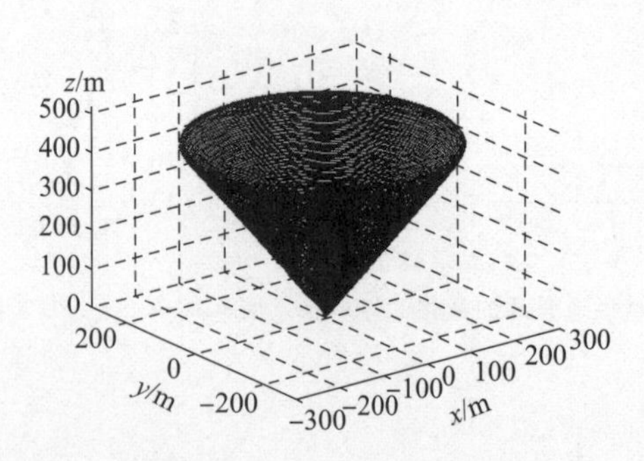

图 4-44　末敏弹扫描覆盖区域随高度的变化关系示意图

对上述计算结果进行分析。

1. 关于扫描角

从图4-26可以看到，扫描角在5 s左右基本达到稳定值30.4°。从图4-27~图4-29可以看到，扫描角在起初的5 s时间内变化较剧烈，而在以后的时间内变化较小且十分规则，近似为衰减的正弦波形式。从图4-26、图4-27中还可以读出扫描角在1 s内变化11~12次，这与系统的扫描频率11.5 r/s是一致的。

2. 关于攻角

将图4-30与图4-26相比较可知，攻角的变化规律与扫描角的变化规律基本相同。这是显而易见的，因为当系统实现稳态扫描后，系统铅直下降，其横向速度近似为0，此时显然有$\delta_C \approx \theta_{\text{scan}}$。

3. 关于扫描频率

从图4-31~图4-34可以看出，扫描频率变化规律与扫描角的变化规律基本相同，开始5 s变化较大，而后变化规则，且稳定值为11.5 r/s。

4. 关于ω_{Cx0}、ω_{Cy0}和ω_{Cz0}

从图4-35可以看出，ω_{Cz0}的变化规律大致与扫描频率的变化规律相同。由矩阵间的转换关系得

$$\omega_{Cz0} = A_{13}\omega_{Cx} + A_{23}\omega_{Cy} + A_{33}\omega_{Cz}$$

考虑到系统实现稳态扫描后$\dot{\theta} \approx 0$、$\dot{\varphi} \approx 0$得

$$\omega_{Cz0} \approx \dot{\psi}$$

得

$$\omega_{Cz0} \approx \omega_{\text{scan}}$$

这就是ω_{Cz0}的变化规律大致与扫描频率变化规律相同的原因。

从图4-36可以看到，ω_{Cx0}和ω_{Cy0}经过起初的剧烈变化后很快回归到接近0值，这正是系统实现稳态扫描的一个必要条件。系统要实现稳态扫描，必须要求ω_{Cx0}和ω_{Cy0}很小，否则系统在空中就会产生摇摆和翻滚。从图中还可以看到，ω_{Cx0}比ω_{Cy0}更难趋向稳定。

5. 关于下降速度

从图4-37可以看到，5s后下降速度很平滑地到达稳态值27.5 m/s，中

间几乎没有多少起伏。这是因为下降速度主要取决于系统的总重和系统所受的空气阻力，而这两个量要么不变，要么变化是不显著的。

6. 关于扫描间距

0~2 s的扫描间距变化很大，有时十分大，有时又瞬间降至0，这是因为在这个阶段系统还没有实现稳态扫描，弹轴有时几乎与地面平行，有时几乎与地面垂直的缘故。到了8 s以后，稳定值达到1.41 m。

7. 关于地面扫描轨迹

由图4-39~图4-43可见，在扫描初期，地面扫描曲线十分紊乱，再经过5 s以后，扫描曲线逐渐规则，16 s后的扫描曲线完全形成等间距的内螺旋曲线。从曲线中可判读出扫描间距为1.4 m。

8. 关于扫描覆盖区

所谓扫描覆盖区，是指末敏弹在一定高度上所能扫描的地面范围。从图4-44可见，随着末敏弹的下落，扫描覆盖区不断减小。这就说明，要想增加系统的扫描范围、提高末敏弹捕捉目标的概率，在条件允许的情况下，必须让系统在尽可能高的高度实现稳态扫描，这就要求系统必须应用先进的扫描机理，采用性能良好的扫描装置。

4.2.8 单翼柔性对单翼末敏弹系统扫描特性影响的分析

前面建立单翼末敏弹系统运动微分方程时，假定单侧翼是刚性的，所以在方程中没有考虑翼的柔性变形。而实际上，一方面在方程中忽略了翼的质量，这就使得单侧翼的体积不能做得很大，导致单侧翼肯定比较薄，从而容易产生柔性变形；另一方面，因为要求翼的质量必须小到可以忽略的程度，故选取翼材料时，不宜选取密度较大的钢、铁等材料，而必须选取密度较小的材料。这种密度较小的材料一般刚性小，所以也容易产生柔性变形。另外，单翼的作用是提供气动力及力矩以使弹体以所需的角速度旋转，由于单翼末敏弹系统较伞弹系统平衡下落速度要快，为了达到由目标大小所确定的扫描间距的要求，必须使弹体的旋转角速度（即扫描频率）较伞弹系统相应提高，这就使得翼所提供的气动力及力矩必须足够大，从而导致必须通过增加翼长以增大翼面积。显然，翼越长，柔性变形就越大。

综合以上分析可以看出，单翼末敏弹系统中单翼的柔性变形是客观存在的，这种柔性变形对扫描角的大小及扫描角变化周期肯定要产生一定的影响，下面进行具体分析。

4.2.8.1　总体分析及基本假设

显然，单翼柔性对单翼末敏弹系统的稳定性肯定要产生不良的影响，为了降低这种影响的程度，在选择翼材料时，一定要选择密度较小但柔性又不大的材料。正因为有这种考虑，所以实际单翼的柔性都是比较弱的。在柔性变形较小的情况下，可以只取一阶振型进行近似分析。基于这种考虑，引入如下基本假设：

（1）单翼柔性的影响仅表现为翼端重物在垂直于翼面的平面内往复振动，其影响程度的大小用翼端重物振动时所受弹性恢复力中的弹性系数大小来等效。

（2）在振动过程中，虽然单翼作垂直于翼面方向的近似于悬臂梁方式的振动，但由于振动很小，因此计算气动力和气动力矩时，忽略翼面形状的微小变形，按未振动状态计算。

在这两个基本假设下，翼端重物在跟随整个末敏弹系统一起作空间刚性运动的同时在垂直于翼面的方向上作往复振动，且在振动的过程中受弹性恢复力作用。因此，考虑翼的柔性时，单翼末敏弹系统是一个七自由度系统，除了刚性翼时的六个自由度外，还有一个自由度，那就是翼端重物在垂直于翼面的方向上的弹性振动。与刚性翼时一样，可以建立柔性翼时的七自由度方程。根据此方程的数值计算结果就可分析出单翼的柔性对系统扫描特性的影响。

下面，先建立翼端重物在垂直于翼面的平面内的振动方程；再将此振动方程与刚性末敏弹系统的六自由度方程进行联立，即可得到基本假设条件下的柔性单翼末敏弹系统的七自由度方程。

4.2.8.2　翼端重物的振动微分方程

1. 坐标系的建立及坐标转换矩阵

在考虑翼的柔性时，在基本假设条件下，翼端重物比刚性翼时多了一个方向的移动。假设翼为柔性时，翼端重物在振动过程中的位置用 D' 表示。为建立翼端重物在垂直于翼面的平面内的振动微分方程，建立如下三个坐标系：

（1）建立翼端重物基准坐标系 $D'x_0y_0z_0$，原点在 D'点，各轴分别平行于刚性翼时的翼端重物基准坐标系 $D'x_0y_0z_0$。

（2）建立翼端重物固连坐标系 $D'x_1y_1z_1$，原点在 D'点，各轴分别平行于刚性翼时的翼端重物固连坐标系 $D'x_1y_1z_1$。

（3）建立翼端重物第二基准坐标系 $D'xyz$ 系，原点在 D'点，各轴分别平行于刚性翼时的翼端重物第二基准坐标系 $D'xyz$。

显然，由 $D'x_0y_0z_0$ 系向 $D'xyz$ 系转换的转换矩阵为 $\boldsymbol{A}$；由翼端重物固连坐标系 $D'x_1y_1z_1$ 向翼端重物第二基准坐标系 $D'xyz$ 转换的转换矩阵为 $\boldsymbol{B}$。

2. 翼端重物的受力分析

在翼端重物固连坐标系 $D'x_1y_1z_1$ 中建立翼端重物的运动微分方程。显然，在此坐标系中，翼端重物受三个外力作用：

（1）重力$\boldsymbol{G}_D=-m_Dg\,\boldsymbol{k}_0$。

（2）弹性恢复力$\boldsymbol{F}=-K\boldsymbol{x}_1\,\boldsymbol{i}_1$，其中 K 为弹性系数，与单翼沿翼展在垂直于翼面方向上的抗弯刚度有关；$\boldsymbol{x}_1=\boldsymbol{x}_1\,\boldsymbol{i}_1$ 为翼端重物在垂直于翼面的方向（即 i_1 方向）上的振动位移，与$\boldsymbol{i}_1$ 方向相同时取为 $x_1>0$，相反时取为 $x_1<0$。

（3）空气阻尼力$\boldsymbol{f}=-r\dot{x}_1\boldsymbol{i}_1$，其中 r 为等效黏性阻尼系数。此空气阻尼是翼及翼端重物相对于整个刚体振动而产生的相对阻尼，而其跟随整个刚体一起运动而产生的牵连阻尼在刚体运动方程中已经考虑，此处不再包括之。在翼端重物的振动速度 $\dot{x}_1$较大时，空气阻尼力应与速度的平方成正比，即$\boldsymbol{f}=-c\dot{x}_1^2\,\boldsymbol{i}_1$。式中，$c$ 为平方阻尼系数。此时，可以通过阻尼等效理论将平方阻尼（非黏性阻尼）用一个等效黏性阻尼来替代。等效的原则是使一个振动周期内非黏性阻尼所消耗的能量和等效后的黏性阻尼所消耗的能量相等。

所以，翼端重物所受外力之和为

$$\boldsymbol{F}_{D'}=-m_Dg\,\boldsymbol{k}_0-Kx_1\,\boldsymbol{i}_1-r\dot{x}_1\boldsymbol{i}_1 \tag{4-138}$$

3. 翼端重物的加速度分解

翼端重物可以看作是一个运动刚体（即整个单翼末敏弹系统）上的一个动点，由高等动力学知识可知，其加速度可以表示为

$$\boldsymbol{a}_{D'}=\boldsymbol{a}_e+\boldsymbol{a}_r+\boldsymbol{a}_{co} \tag{4-139}$$

其中，$\boldsymbol{a}_{D'}$表示翼端重物的总加速度；$\boldsymbol{a}_e$ 表示由于整个末敏弹系统的刚性运动而产生的牵连加速度；$\boldsymbol{a}_r$ 表示翼端重物相对于整个刚体振动运动而产生的相对

加速度；$\boldsymbol{a}_{co}$表示科氏加速度。

显然有

$$\boldsymbol{a}_e = \boldsymbol{a}_C + \dot{\boldsymbol{\omega}}_C \times \boldsymbol{CD}' + \boldsymbol{\omega}_C \times (\boldsymbol{\omega}_C \times \boldsymbol{CD}') \tag{4-140}$$

式中，$\boldsymbol{a}_C$ 为弹体质心 $\boldsymbol{C}$ 的加速度。显然有

$$\boldsymbol{a}_C = \dot{v}_{C_{x0}}\boldsymbol{i}_0 + \dot{v}_{C_{y0}}\boldsymbol{j}_0 + \dot{v}_{C_{z0}}\boldsymbol{k}_0 \tag{4-141}$$

$$\boldsymbol{\omega}_C = \omega_{Cx}\boldsymbol{i} + \omega_{Cy}\boldsymbol{j} + \omega_{Cz}\boldsymbol{k} \tag{4-142}$$

$$\dot{\boldsymbol{\omega}}_C = \dot{\omega}_{Cx}\boldsymbol{i} + \dot{\omega}_{Cy}\boldsymbol{j} + \dot{\omega}_{Cz}\boldsymbol{k} \tag{4-143}$$

又令

$$\begin{aligned}\boldsymbol{CD}' &= x_{D'0}\boldsymbol{i} + y_{D'0}\boldsymbol{j} + z_{D'0}\boldsymbol{k} = \boldsymbol{CD} + x_1 \\ &= (x_{D0} + B_{11}x_1)\boldsymbol{i} + (y_{D0} + B_{21}x_1)\boldsymbol{j} + (z_{D0} + B_{31}x_1)\boldsymbol{k}\end{aligned} \tag{4-144}$$

将式（4-141）~式（4-144）代入式（4-140）并进行简单运算得

$$\begin{aligned}\boldsymbol{a}_e = &(\dot{v}_{C_{x0}}\boldsymbol{i}_0 + \dot{v}_{C_{y0}}\boldsymbol{j}_0 + \dot{v}_{C_{z0}}\boldsymbol{k}_0) + \\ &[\dot{\omega}_{Cy}z_{D'0} - \dot{\omega}_{Cz}y_{D'0} + \omega_{Cy}(\omega_{Cx}y_{D'0} - \omega_{Cy}x_{D'0}) - \omega_{Cz}(\omega_{Cz}x_{D'0} - \omega_{Cx}z_{D'0})]\boldsymbol{i} + \\ &[\dot{\omega}_{Cz}x_{D'0} - \dot{\omega}_{Cx}z_{D'0} + \omega_{Cz}(\omega_{Cy}z_{D'0} - \omega_{Cz}y_{D'0}) - \omega_{Cx}(\omega_{Cx}y_{D'0} - \omega_{Cy}x_{D'0})]\boldsymbol{j} + \\ &[\dot{\omega}_{Cx}y_{D'0} - \dot{\omega}_{Cy}x_{D'0} + \omega_{Cx}(\omega_{Cz}x_{D'0} - \omega_{Cx}z_{D'0}) - \omega_{Cy}(\omega_{Cy}z_{D'0} - \omega_{Cz}y_{D'0})]\boldsymbol{k}\end{aligned} \tag{4-145}$$

下面再求$\boldsymbol{a}_r$。在所取基本假设情况下，翼端重物相对于整个刚体只有垂直于翼面方向的振动，因此，

$$\boldsymbol{a}_r = \ddot{x}_1\boldsymbol{i}_1 \tag{4-146}$$

而科氏加速度为

$$\boldsymbol{a}_{co} = 2\boldsymbol{\omega}_C \times \boldsymbol{v}_r \tag{4-147}$$

式中，$\boldsymbol{v}_r$ 为翼端重物相对于整个刚体的相对振动速度，显然有

$$\boldsymbol{v}_r = \dot{x}_1\boldsymbol{i}_1$$

$$\begin{aligned}\boldsymbol{\omega}_C &= \omega_{Cx}\boldsymbol{i} + \omega_{Cy}\boldsymbol{j} + \omega_{Cz}\boldsymbol{k} \\ &= (B_{11}\omega_{Cx} + B_{21}\omega_{Cy} + B_{31}\omega_{Cz})\boldsymbol{i}_1 + (B_{12}\omega_{Cx} + B_{22}\omega_{Cy} + B_{32}\omega_{Cz})\boldsymbol{j}_1 + \\ &\quad (B_{13}\omega_{Cx} + B_{23}\omega_{Cy} + B_{33}\omega_{Cz})\boldsymbol{k}_1\end{aligned}$$

将上两式代入式（4-147）并计算得

$$\boldsymbol{a}_{co} = 2(B_{13}\omega_{Cx} + B_{23}\omega_{Cy} + B_{33}\omega_{Cz})\dot{x}_1\boldsymbol{j}_1 - 2(B_{12}\omega_{Cx} + B_{22}\omega_{Cy} + B_{32}\omega_{Cz})\dot{x}_1\boldsymbol{k}_1 \tag{4-148}$$

将式（4-145）~式（4-147）代入式（4-139）得

$$\begin{aligned}\boldsymbol{a}_D' = &(\dot{v}_{C_{x0}}\boldsymbol{i}_0 + \dot{v}_{C_{y0}}\boldsymbol{j}_0 + \dot{v}_{C_{z0}}\boldsymbol{k}_0) + \\ &[\dot{\omega}_{Cy}z_{D'0} - \dot{\omega}_{Cz}y_{D'0} + \omega_{Cy}(\omega_{Cx}y_{D'0} - \omega_{Cy}x_{D'0}) - \omega_{Cz}(\omega_{Cz}x_{D'0} - \omega_{Cx}z_{D'0})]\boldsymbol{i} + \\ &[\dot{\omega}_{Cz}x_{D'0} - \dot{\omega}_{Cx}z_{D'0} + \omega_{Cz}(\omega_{Cy}z_{D'0} - \omega_{Cz}y_{D'0}) - \omega_{Cx}(\omega_{Cx}y_{D'0} - \omega_{Cy}x_{D'0})]\boldsymbol{j} +\end{aligned}$$

$$[\dot{\omega}_{Cx}y_{D'0}-\dot{\omega}_{Cy}x_{D'0}+\omega_{Cx}(\omega_{Cz}x_{D'0}-\omega_{Cx}z_{D'0})-\omega_{Cy}(\omega_{Cy}z_{D'0}-\omega_{Cz}y_{D'0})]\boldsymbol{k}+$$
$$\ddot{x}_1\boldsymbol{i}_1+2(B_{13}\omega_{Cx}+B_{23}\omega_{Cy}+B_{33}\omega_{Cz})\dot{x}_1\boldsymbol{j}_1+[-2(B_{12}\omega_{Cx}+B_{22}\omega_{Cy}+B_{32}\omega_{Cz})]\dot{x}_1\boldsymbol{k}_1 \tag{4-149}$$

此式即为翼端重物的加速度表达式。

4. 翼端重物的振动微分方程

将相关表达式代入动量定理$\boldsymbol{F}_D'=m_D\boldsymbol{a}_D'$并整理得

$$\begin{aligned}
&-\boldsymbol{g}\,k_0-\frac{K}{m_D}x_1\boldsymbol{i}_1-\frac{\boldsymbol{r}}{m_D}\dot{x}_1\boldsymbol{i}_1\\
=&(\dot{v}_{C_{x0}}\boldsymbol{i}_0+\dot{v}_{C_{y0}}\boldsymbol{j}_0+\dot{v}_{C_{z0}}\boldsymbol{k}_0)+[\dot{\omega}_{Cy}z_{D'0}-\dot{\omega}_{Cz}y_{D'0}+\omega_{Cy}(\omega_{Cx}y_{D'0}-\omega_{Cy}x_{D'0})-\\
&\omega_{Cz}(\omega_{Cz}x_{D'0}-\omega_{Cx}z_{D'0})]\boldsymbol{i}+[\dot{\omega}_{Cz}x_{D'0}-\dot{\omega}_{Cx}z_{D'0}+\omega_{Cz}(\omega_{Cy}z_{D'0}-\omega_{Cz}y_{D'0})-\\
&\omega_{Cx}(\omega_{Cx}y_{D'0}-\omega_{Cy}x_{D'0})]\boldsymbol{j}+[\dot{\omega}_{Cx}y_{D'0}-\dot{\omega}_{Cy}x_{D'0}+\omega_{Cx}(\omega_{Cz}x_{D'0}-\omega_{Cx}z_{D'0})-\\
&\omega_{Cy}(\omega_{Cy}z_{D'0}-\omega_{Cz}y_{D'0})]\boldsymbol{k}+\ddot{x}_1\boldsymbol{i}_1+2(B_{13}\omega_{Cx}+B_{23}\omega_{Cy}+B_{33}\omega_{Cz})\dot{x}_1j_1+\\
&[-2(B_{12}\omega_{Cx}+B_{22}\omega_{Cy}+B_{32}\omega_{Cz})]\dot{x}_1\boldsymbol{k}_1
\end{aligned} \tag{4-150}$$

因为只需研究翼端重物在垂直于翼面的方向（即$\boldsymbol{i}_1$方向）上的运动（即振动），因此将式（4－150）向$\boldsymbol{i}_1$方向投影得

$$\begin{aligned}
&-g\,\boldsymbol{k}_0\cdot\boldsymbol{i}_1-\frac{K}{m_D}x_1\boldsymbol{i}_1\cdot\boldsymbol{i}_1-\frac{\boldsymbol{r}}{m_D}\dot{x}_1\boldsymbol{i}_1\cdot\boldsymbol{i}_1\\
&=(\dot{v}_{C_{x0}}\boldsymbol{i}_0\cdot\boldsymbol{i}_1+\dot{v}_{C_{y0}}\boldsymbol{j}_0\cdot\boldsymbol{i}_1+\dot{v}_{C_{z0}}\boldsymbol{k}_0\cdot\boldsymbol{i}_1)+\\
&[\dot{\omega}_{Cy}z_{D'0}-\dot{\omega}_{Cz}y_{D'0}+\omega_{Cy}(\omega_{Cx}y_{D'0}-\omega_{Cy}x_{D'0})-\omega_{Cz}(\omega_{Cz}x_{D'0}-\omega_{Cx}z_{D'0})]\boldsymbol{i}\cdot\boldsymbol{i}_1+\\
&[\dot{\omega}_{Cz}x_{D'0}-\dot{\omega}_{Cx}z_{D'0}+\omega_{Cz}(\omega_{Cy}z_{D'0}-\omega_{Cz}y_{D'0})-\omega_{Cx}(\omega_{Cx}y_{D'0}-\omega_{Cy}x_{D'0})]\boldsymbol{j}\cdot\boldsymbol{i}_1+\\
&[\dot{\omega}_{Cx}y_{D'0}-\dot{\omega}_{Cy}x_{D'0}+\omega_{Cx}(\omega_{Cz}x_{D'0}-\omega_{Cx}z_{D'0})-\omega_{Cy}(\omega_{Cy}z_{D'0}-\omega_{Cz}y_{D'0})]\boldsymbol{k}\cdot\boldsymbol{i}_1+\\
&\ddot{x}_1\boldsymbol{i}_1\cdot\boldsymbol{i}_1+2(B_{13}\omega_{Cx}+B_{23}\omega_{Cy}+B_{33}\omega_{Cz})\dot{x}_1\boldsymbol{j}_1\cdot\boldsymbol{i}_1+\\
&[-2(B_{12}\omega_{Cx}+B_{22}\omega_{Cy}+B_{32}\omega_{Cz})]\dot{x}_1\boldsymbol{k}_1\cdot\boldsymbol{i}_1
\end{aligned} \tag{4-151}$$

而由点乘的性质和矩阵$\boldsymbol{A}$、$\boldsymbol{B}$的定义可得

$$\boldsymbol{i}_1\cdot\boldsymbol{i}_1=1,\ \boldsymbol{j}_1\cdot\boldsymbol{i}_1=0,\ \boldsymbol{k}_1\cdot\boldsymbol{i}_1=0 \tag{4-152}$$

$$\begin{cases}\boldsymbol{i}_0\cdot\boldsymbol{i}_1=A_{11}B_{11}+A_{21}B_{21}+A_{31}B_{31}\\ \boldsymbol{j}_0\cdot\boldsymbol{i}_1=A_{12}B_{11}+A_{22}B_{21}+A_{32}B_{31}\\ \boldsymbol{k}_0\cdot\boldsymbol{i}_1=A_{13}B_{11}+A_{23}B_{21}+A_{33}B_{31}\end{cases} \tag{4-153}$$

$$i\cdot i_1=B_{11}\quad j\cdot i_1=B_{21}\quad k\cdot i_1=B_{31} \tag{4-154}$$

将式（4－152）~式（4－154）代入式（4－151）并整理得

$$\ddot{x}_1+\frac{r}{m_D}\dot{x}_1+\frac{K}{m_D}x_1+$$

$$
\begin{aligned}
&(A_{11}B_{11}+A_{21}B_{21}+A_{31}B_{31})\dot{v}_{C_{x0}}+(A_{12}B_{11}+A_{22}B_{21}+A_{32}B_{31})\dot{v}_{C_{y0}}+\\
&(A_{13}B_{11}+A_{23}B_{21}+A_{33}B_{31})(\dot{v}_{C_{z0}}+g)+\\
&B_{11}[\dot{\omega}_{Cy}z_{D'0}-\dot{\omega}_{Cz}y_{D'0}+\omega_{Cy}(\omega_{Cx}y_{D'0}-\omega_{Cy}x_{D'0})-\omega_{Cz}(\omega_{Cz}x_{D'0}-\omega_{Cx}z_{D'0})]+\\
&B_{21}[\dot{\omega}_{Cz}x_{D'0}-\dot{\omega}_{Cx}z_{D'0}+\omega_{Cz}(\omega_{Cy}z_{D'0}-\omega_{Cz}y_{D'0})-\omega_{Cx}(\omega_{Cx}y_{D'0}-\omega_{Cy}x_{D'0})]+\\
&B_{31}[\dot{\omega}_{Cx}y_{D'0}-\dot{\omega}_{Cy}x_{D'0}+\omega_{Cx}(\omega_{Cz}x_{D'0}-\omega_{Cx}z_{D'0})-\omega_{Cy}(\omega_{Cy}z_{D'0}-\omega_{Cz}y_{D'0})]\\
&=0
\end{aligned}
\tag{4-155}
$$

此方程为翼端重物在垂直于翼面的方向上的振动微分方程。显然，此方程是一个二阶微分方程。

4.2.8.3　柔性单翼末敏弹系统七自由度运动微分方程组

1. 关于振动自由度的标准微分方程组

令

$$\dot{x}_1=v_3$$

其中，v_3 即为翼端重物相对于整个刚性单翼末敏弹系统的相对振动速度v_r。则有

$$\dot{x}_1=v_3 \tag{4-156}$$

$$\ddot{x}_1=\dot{v}_3 \tag{4-157}$$

将式（4 – 156）、式（4 – 157）代入式（4 – 155）并整理得

$$
\begin{aligned}
&\dot{v}_{C_{x0}}(A_{11}B_{11}+A_{21}B_{21}+A_{31}B_{31})+\dot{v}_{C_{y0}}(A_{12}B_{11}+A_{22}B_{21}+A_{32}B_{31})+\\
&\dot{v}_{C_{z0}}(A_{13}B_{11}+A_{23}B_{21}+A_{33}B_{31})+\\
&\dot{\omega}_{Cx}(B_{31}y_{D'0}-B_{21}z_{D'0})+\dot{\omega}_{Cy}(B_{11}z_{D'0}-B_{31}x_{D'0})+\dot{\omega}_{Cz}(B_{21}x_{D'0}-B_{11}y_{D'0})+\dot{v}_3\\
&=-\frac{r}{m_D}v_3-\frac{K}{m_D}x_1-(A_{13}B_{11}+A_{23}B_{21}+A_{33}B_{31})g-\\
&\quad B_{11}[\omega_{Cy}(\omega_{Cx}y_{D'0}-\omega_{Cy}x_{D'0})-\omega_{Cz}(\omega_{Cz}x_{D'0}-\omega_{Cx}z_{D'0})]-\\
&\quad B_{21}[\omega_{Cz}(\omega_{Cy}z_{D'0}-\omega_{Cz}y_{D'0})-\omega_{Cx}(\omega_{Cx}y_{D'0}-\omega_{Cy}x_{D'0})]-\\
&\quad B_{31}[\omega_{Cx}(\omega_{Cz}x_{D'0}-\omega_{Cx}z_{D'0})-\omega_{Cy}(\omega_{Cy}z_{D'0}-\omega_{Cz}y_{D'0})]
\end{aligned}
\tag{4-158}
$$

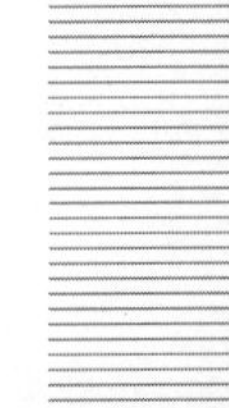

式（4 – 156）和式（4 – 157）即为关于翼端重物在垂直于翼面的方向上的振动自由度的微分方程组。将它和整个单翼末敏弹系统整体运动的六自由度运动微分方程组联立，即可得到在基本假设条件下的柔性单翼末敏弹系统七自由度运动微分方程组。不过，在翼为柔性时，原来的六自由度运动微分方程组也发生了一些微小变化。下面进行具体推导。

2. 系统整体刚性运动六自由度微分方程组

显然，在柔性翼时，原来的弹体运动微分方程组仍然不变，翼端重物的运动微分方程形式不变，只需将其中以 D 为下标的运动参数改为以 D' 为下标，如将 x_D、$v_{D_{x0}}$、ω_{Dx}依次变为 $x_{D'}$、$v_{D'_{x0}}$和 $\omega_{D'x}$。这样改变的实质是以振动过程中翼端重物的实际位置 D'为新的坐标原点建立翼端重物的运动微分方程。

3. 二体间的联系方程

翼为柔性时，在基本假设情况下，二体间角速度及角加速度间的关系不变，只需将其下标中的 D 改为 D'；但弹体与翼端重物质心速度间及质心加速度间的关系发生了较大的变化。下面进行推导。

因为

$$\boldsymbol{r}_D{}' = \boldsymbol{r}_D + \boldsymbol{DD}' = \boldsymbol{r}_D + \boldsymbol{x}_1 \tag{4-159}$$

所以，

$$\boldsymbol{v}_D{}' = \boldsymbol{v}_D + \boldsymbol{v}_3 + \boldsymbol{\omega}_C \times \boldsymbol{x}_1 \tag{4-160}$$

而在 $D'xyz$ 系中，

$$\boldsymbol{\omega}_C \times \boldsymbol{x}_1 = \begin{bmatrix} dd_1 \\ dd_2 \\ dd_3 \end{bmatrix} = \begin{vmatrix} \boldsymbol{i} & \boldsymbol{j} & \boldsymbol{k} \\ \omega_{Cx} & \omega_{Cy} & \omega_{Cz} \\ B_{11}x_1 & B_{21}x_1 & B_{31}x_1 \end{vmatrix} = \begin{bmatrix} x_1\ (B_{31}\omega_{Cy} - B_{21}\omega_{Cz}) \\ x_1\ (B_{11}\omega_{Cz} - B_{31}\omega_{Cx}) \\ x_1\ (B_{21}\omega_{Cx} - B_{11}\omega_{Cy}) \end{bmatrix} \tag{4-161}$$

记

$$\begin{bmatrix} ee_1 \\ ee_2 \\ ee_3 \end{bmatrix} = \begin{bmatrix} A_{11}B_{11} + A_{21}B_{21} + A_{31}B_{31} \\ A_{12}B_{11} + A_{22}B_{21} + A_{32}B_{31} \\ A_{13}B_{11} + A_{23}B_{21} + A_{33}B_{31} \end{bmatrix}$$

$$\begin{bmatrix} ff_1 \\ ff_2 \\ ff_3 \end{bmatrix} = \begin{bmatrix} v_3 ee_1 + A_{11}dd_1 + A_{21}dd_2 + A_{31}dd_3 \\ v_3 ee_2 + A_{12}dd_1 + A_{22}dd_2 + A_{32}dd_3 \\ v_3 ee_3 + A_{13}dd_1 + A_{23}dd_2 + A_{33}dd_3 \end{bmatrix}$$

将式（4－161）代入式（4－160）并将其投影到地面惯性坐标系 $Ox_0y_0z_0$ 中得

$$\begin{bmatrix} v_{D'_{x0}} \\ v_{D'_{y0}} \\ v_{D'_{z0}} \end{bmatrix} = \begin{bmatrix} v_{D_{x0}} + ff_1 \\ v_{D_{y0}} + ff_2 \\ v_{D_{z0}} + ff_3 \end{bmatrix} \tag{4-162}$$

该式即为柔性翼时在基本假设条件下弹体与翼端重物质心速度间的关系。

又由式（4 - 160）有

$$\dot{\boldsymbol{v}}_{D'} = \dot{\boldsymbol{v}}_D + \dot{v}_3 \boldsymbol{i}_1 + 2\,\boldsymbol{\omega}_C \times \boldsymbol{v}_3 + \dot{\boldsymbol{\omega}}_C \times \boldsymbol{x}_1 + \boldsymbol{\omega}_C \times (\boldsymbol{\omega}_C \times \boldsymbol{x}_1) \tag{4-163}$$

而在 $D'xyz$ 系中，

$$\boldsymbol{\omega}_C \times \boldsymbol{v}_3 = \begin{vmatrix} \boldsymbol{i} & \boldsymbol{j} & \boldsymbol{k} \\ \omega_{Cx} & \omega_{Cy} & \omega_{Cz} \\ B_{11}v_3 & B_{21}v_3 & B_{31}v_3 \end{vmatrix} = \begin{bmatrix} v_3(B_{31}\omega_{Cy} - B_{21}\omega_{Cz}) \\ v_3(B_{11}\omega_{Cz} - B_{31}\omega_{Cx}) \\ v_3(B_{21}\omega_{Cx} - B_{11}\omega_{Cy}) \end{bmatrix} = \begin{bmatrix} gg_1 \\ gg_2 \\ gg_3 \end{bmatrix}$$

$$\dot{\boldsymbol{\omega}}_C \times x_1 = \begin{vmatrix} \boldsymbol{i} & \boldsymbol{j} & \boldsymbol{k} \\ \dot{\omega}_{Cx} & \dot{\omega}_{Cy} & \dot{\omega}_{Cz} \\ B_{11}x_1 & B_{21}x_1 & B_{31}x_1 \end{vmatrix} = \begin{bmatrix} x_1(B_{31}\dot{\omega}_{Cy} - B_{21}\dot{\omega}_{Cz}) \\ x_1(B_{11}\dot{\omega}_{Cz} - B_{31}\dot{\omega}_{Cx}) \\ x_1(B_{21}\dot{\omega}_{Cx} - B_{11}\dot{\omega}_{Cy}) \end{bmatrix}$$

$$\boldsymbol{\omega}_C \times (\boldsymbol{\omega}_C \times \boldsymbol{x}_1) = \begin{vmatrix} \boldsymbol{i} & \boldsymbol{j} & \boldsymbol{k} \\ \omega_{Cx} & \omega_{Cy} & \omega_{Cz} \\ dd_1 & dd_2 & dd_3 \end{vmatrix} = \begin{bmatrix} dd_3\omega_{Cy} - dd_2\omega_{Cz} \\ dd_1\omega_{Cz} - dd_3\omega_{Cx} \\ dd_2\omega_{Cx} - dd_1\omega_{Cy} \end{bmatrix} = \begin{bmatrix} hh_1 \\ hh_2 \\ hh_3 \end{bmatrix}$$

记

$$\begin{bmatrix} e_{11} \\ e_{12} \\ e_{13} \end{bmatrix} = \begin{bmatrix} x_1(A_{31}B_{21} - A_{21}B_{31}) \\ x_1(A_{11}B_{31} - A_{31}B_{11}) \\ x_1(A_{21}B_{11} - A_{11}B_{21}) \end{bmatrix}$$

$$\begin{bmatrix} e_{21} \\ e_{22} \\ e_{23} \end{bmatrix} = \begin{bmatrix} x_1(A_{32}B_{21} - A_{22}B_{31}) \\ x_1(A_{12}B_{31} - A_{32}B_{11}) \\ x_1(A_{22}B_{11} - A_{12}B_{21}) \end{bmatrix}$$

$$\begin{bmatrix} e_{31} \\ e_{32} \\ e_{33} \end{bmatrix} = \begin{bmatrix} x_1(A_{33}B_{21} - A_{23}B_{31}) \\ x_1(A_{13}B_{31} - A_{33}B_{11}) \\ x_1(A_{23}B_{11} - A_{13}B_{21}) \end{bmatrix}$$

$$\begin{bmatrix} \boldsymbol{jj}_1 \\ \boldsymbol{jj}_2 \\ \boldsymbol{jj}_3 \end{bmatrix} = \begin{bmatrix} A_{11}(2gg_1 + hh_1) + A_{21}(2gg_2 + hh_2) + A_{31}(2gg_3 + hh_3) \\ A_{12}(2gg_1 + hh_1) + A_{22}(2gg_2 + hh_2) + A_{32}(2gg_3 + hh_3) \\ A_{13}(2gg_1 + hh_1) + A_{23}(2gg_2 + hh_2) + A_{33}(2gg_3 + hh_3) \end{bmatrix}$$

将以上诸式代入到（4 - 162）式整理，并将其投影到地面惯性坐标系 $Ox_0y_0z_0$ 中得

$$\begin{bmatrix} \dot{v}_{D'_{x0}} \\ \dot{v}_{D'_{y0}} \\ \dot{v}_{D'_{z0}} \end{bmatrix} = \begin{bmatrix} \dot{v}_{D_{x0}} + \dot{\omega}_{Cx}e_{11} + \dot{\omega}_{Cy}e_{12} + \dot{\omega}_{Cz}e_{13} + \dot{v}_3 ee_1 + \boldsymbol{jj}_1 \\ \dot{v}_{D_{y0}} + \dot{\omega}_{Cx}e_{21} + \dot{\omega}_{Cy}e_{22} + \dot{\omega}_{Cz}e_{23} + \dot{v}_3 ee_2 + \boldsymbol{jj}_2 \\ \dot{v}_{D_{z0}} + \dot{\omega}_{Cx}e_{31} + \dot{\omega}_{Cy}e_{32} + \dot{\omega}_{Cz}e_{33} + \dot{v}_3 ee_3 + \boldsymbol{jj}_3 \end{bmatrix} \tag{4-164}$$

该式即为柔性翼时在基本假设条件下弹体与翼端重物的质心加速度间的关系。

4. 整个系统的七自由度方程组

得到上述各式后，用与翼为刚性时一样的消元化简方法可得到依次与刚性翼时的相对应的6个方程如下：

$$\begin{aligned}&\dot{v}_{C_{x0}}(m_C+m_D)+\dot{\omega}_{Cx}(a_{11}+m_De_{11})+\dot{\omega}_{Cy}(a_{12}+m_De_{12})+\\&\dot{\omega}_{Cz}(a_{13}+m_De_{13})+\dot{v}_3(m_Dee_1)\\&=R_{z1_{x0}}+R_{y1_{x0}}+R_{2_{x0}}-m_DA_{11}b_{11}-m_DA_{21}b_{12}-m_DA_{31}b_{13}-m_D\boldsymbol{jj}_1\end{aligned}\tag{4-165}$$

$$\begin{aligned}&\dot{v}_{C_{y0}}(m_C+m_D)+\dot{\omega}_{Cx}(a_{21}+m_De_{21})+\dot{\omega}_{Cy}(a_{22}+m_De_{22})+\\&\dot{\omega}_{Cz}(a_{23}+m_De_{23})+\dot{v}_3(m_Dee_2)\\&=R_{z1_{y0}}+R_{y1_{y0}}+R_{2_{y0}}-m_DA_{12}b_{11}-m_DA_{22}b_{12}-m_DA_{32}b_{13}-m_D\boldsymbol{jj}_2\end{aligned}\tag{4-166}$$

$$\begin{aligned}&\dot{v}_{C_{z0}}(m_C+m_D)+\dot{\omega}_{Cx}(a_{31}+m_De_{31})+\dot{\omega}_{Cy}(a_{32}+m_De_{32})+\\&\dot{\omega}_{Cz}(a_{33}+m_De_{33})+\dot{v}_3(m_Dee_3)\\&=R_{z1_{z0}}+R_{y1_{z0}}+R_{2_{z0}}-(m_C+m_D)g-\\&m_DA_{13}b_{11}-m_DA_{23}b_{12}-m_DA_{33}b_{13}-m_D\boldsymbol{jj}_3\end{aligned}\tag{4-167}$$

$$\begin{aligned}&\dot{v}_{C_{x0}}(m_Dd_{11})+\dot{v}_{C_{y0}}(m_Dd_{12})+\dot{v}_{C_{z0}}(m_Dd_{13})+\dot{\omega}_{Cx}[K_{xx}+m_D(y_{D0}^2+z_{D0}^2)-k_{11}]+\\&\dot{\omega}_{Cy}(-K_{xy}-m_Dx_{D0}y_{D0}-k_{12})+\dot{\omega}_{Cz}(-K_{xz}-m_Dx_{D0}z_{D0}-k_{13})+\dot{v}_3(-k_{14})\\&=(K_{yy}-K_{zz})\omega_{Cy}\omega_{Cz}-K_{xy}\omega_{Cx}\omega_{Cz}+K_{xz}\omega_{Cx}\omega_{Cy}+K_{yz}(\omega_{Cy}^2-\omega_{Cz}^2)+M_{1_x}+\\&M_{2_x}+d_{11}R_{2_{x0}}+d_{12}R_{2_{y0}}+d_{13}(R_{2_{z0}}-m_Dg)-m_Dy_{D0}b_{13}+m_Dz_{D0}b_{12}+k_{15}\end{aligned}\tag{4-168}$$

$$\begin{aligned}&\dot{v}_{C_{x0}}(m_Dd_{21})+\dot{v}_{C_{y0}}(m_Dd_{22})+\dot{v}_{C_{z0}}(m_Dd_{23})+\dot{\omega}_{Cx}(-K_{xy}-m_Dx_{D0}y_{D0}-k_{21})+\\&\dot{\omega}_{Cy}[K_{yy}+m_D(x_{D0}^2+z_{D0}^2)-k_{22}]+\dot{\omega}_{Cz}(-K_{yz}-m_Dy_{D0}z_{D0}-k_{23})+\dot{v}_3(-k_{24})\\&=(K_{zz}-K_{xx})\omega_{Cx}\omega_{Cz}+K_{xy}\omega_{Cy}\omega_{Cz}+K_{xz}(\omega_{Cz}^2-\omega_{Cx}^2)-K_{yz}\omega_{Cx}\omega_{Cy}+M_{1_y}+\\&M_{2_y}+d_{21}R_{2_{x0}}+d_{22}R_{2_{y0}}+d_{23}(R_{2_{z0}}-m_Dg)-m_Dz_{D0}b_{11}+m_Dx_{D0}b_{13}+k_{25}\end{aligned}\tag{4-169}$$

$$\begin{aligned}&\dot{v}_{C_{x0}}(m_Dd_{31})+\dot{v}_{C_{y0}}(m_Dd_{32})+\dot{v}_{C_{z0}}(m_Dd_{33})+\dot{\omega}_{Cx}(-K_{xz}-m_Dx_{D0}z_{D0}-k_{31})+\\&\dot{\omega}_{Cy}(-K_{yz}-m_Dy_{D0}z_{D0}-k_{32})+\dot{\omega}_{Cz}[K_{zz}+m_D(x_{D0}^2+y_{D0}^2)-k_{33}]+\dot{v}_3(-k_{34})\\&=(K_{xx}-K_{yy})\omega_{Cx}\omega_{Cy}-K_{xz}\omega_{Cy}\omega_{Cz}+K_{yz}\omega_{Cx}\omega_{Cz}+K_{xy}(\omega_{Cx}^2-\omega_{Cy}^2)+M_{1_z}+\\&M_{2_z}+d_{31}R_{2_{x0}}+d_{32}R_{2_{y0}}+d_{33}(R_{2_{z0}}-m_Dg)-m_Dx_{D0}b_{12}+m_Dy_{D0}b_{11}+k_{35}\end{aligned}\tag{4-170}$$

其中，

$$
\begin{bmatrix} k_{11} \\ k_{12} \\ k_{13} \\ k_{14} \\ k_{15} \end{bmatrix} = \begin{bmatrix} -m_D\ (e_{11}d_{11} + e_{21}d_{12} + e_{31}d_{13}) \\ -m_D\ (e_{12}d_{11} + e_{22}d_{12} + e_{32}d_{13}) \\ -m_D\ (e_{13}d_{11} + e_{23}d_{12} + e_{33}d_{13}) \\ -m_D\ (ee_1 d_{11} + ee_2 d_{12} + ee_3 d_{13}) \\ -m_D\ (jj_1 d_{11} + jj_2 d_{12} + jj_3 d_{13}) \end{bmatrix} \tag{4-171}
$$

$$
\begin{bmatrix} k_{21} \\ k_{22} \\ k_{23} \\ k_{24} \\ k_{25} \end{bmatrix} = \begin{bmatrix} -m_D\ (e_{11}d_{21} + e_{21}d_{22} + e_{31}d_{23}) \\ -m_D\ (e_{12}d_{21} + e_{22}d_{22} + e_{32}d_{23}) \\ -m_D\ (e_{13}d_{21} + e_{23}d_{22} + e_{33}d_{23}) \\ -m_D\ (ee_1 d_{21} + ee_2 d_{22} + ee_3 d_{23}) \\ -m_D\ (jj_1 d_{21} + jj_2 d_{22} + jj_3 d_{23}) \end{bmatrix} \tag{4-172}
$$

$$
\begin{bmatrix} k_{31} \\ k_{32} \\ k_{33} \\ k_{34} \\ k_{35} \end{bmatrix} = \begin{bmatrix} -m_D\ (e_{11}d_{31} + e_{21}d_{32} + e_{31}d_{33}) \\ -m_D\ (e_{12}d_{31} + e_{22}d_{32} + e_{32}d_{33}) \\ -m_D\ (e_{13}d_{31} + e_{23}d_{32} + e_{33}d_{33}) \\ -m_D\ (ee_1 d_{31} + ee_2 d_{32} + ee_3 d_{33}) \\ -m_D\ (jj_1 d_{31} + jj_2 d_{32} + jj_3 d_{33}) \end{bmatrix} \tag{4-173}
$$

根据以上推导，可得柔性单翼末敏弹系统规范化的运动微分方程组如下：

$$
\begin{cases}
(0)\ \dot{x}_C = v_{C_{x0}} \\
(1)\ \dot{y}_C = v_{C_{y0}} \\
(2)\ \dot{Z}_C = v_{C_{z0}} \\
(3)\ \dot{\psi}\,(\sin\theta\sin\varphi) + \dot{\theta}\cos\varphi = \omega_{Cx} \\
(4)\ \dot{\psi}\,(\sin\theta\cos\varphi) + \dot{\theta}\,(-\sin\varphi) = \omega_{Cy} \\
(5)\ \dot{\psi}\cos\theta + \dot{\varphi} = \omega_{Cz} \\
(6)\ \dot{v}_{C_{x0}}(m_C + m_D) + \dot{\omega}_{Cx}(a_{11} + m_D e_{11}) + \dot{\omega}_{Cy}(a_{12} + m_D e_{12}) + \\
\dot{\omega}_{Cz}(a_{13} + m_D e_{13}) + \dot{v}_3(m_D ee_1) \\
= R_{z1_{x0}} + R_{y1_{x0}} + R_{2_{x0}} - m_D A_{11} b_{11} - m_D A_{21} b_{12} - m_D A_{31} b_{13} - m_D \boldsymbol{jj}_1 \\
(7)\ \dot{v}_{C_{y0}}(m_C + m_D) + \dot{\omega}_{Cx}(a_{21} + m_D e_{21}) + \dot{\omega}_{Cy}(a_{22} + m_D e_{22}) + \\
\dot{\omega}_{Cz}(a_{23} + m_D e_{23}) + \dot{v}_3(m_D ee_2) \\
= R_{z1_{y0}} + R_{y1_{y0}} + R_{2_{y0}} - m_D A_{12} b_{11} - m_D A_{22} b_{12} - m_D A_{32} b_{13} - m_D \boldsymbol{jj}_2 \\
(8)\ \dot{v}_{C_{z0}}(m_C + m_D) + \dot{\omega}_{Cx}(a_{31} + m_D e_{31}) + \dot{\omega}_{Cy}(a_{32} + m_D e_{32}) + \\
\dot{\omega}_{Cz}(a_{33} + m_D e_{33}) + \dot{v}_3(m_D ee_3) \\
= R_{z1_{z0}} + R_{y1_{z0}} + R_{2_{z0}} - (m_C + m_D)g - m_D A_{13} b_{11} - m_D A_{23} b_{12} - m_D A_{33} b_{13} - m_D \boldsymbol{jj}_3 \\
(9)\ \dot{v}_{C_{x0}}(m_D d_{11}) + \dot{v}_{C_{y0}}(m_D d_{12}) + \dot{v}_{C_{z0}}(m_D d_{13}) + \dot{\omega}_{Cx}[K_{xx} + m_D(y_{D0}^2 + z_{D0}^2) - k_{11}] + \\
\dot{\omega}_{Cy}(-K_{xy} - m_D x_{D0} y_{D0} - k_{12}) + \dot{\omega}_{Cz}(-K_{xz} - m_D x_{D0} z_{D0} - k_{13}) + \dot{v}_3(-k_{14})
\end{cases}
$$

$$
\begin{cases}
= (K_{yy} - K_{zz})\omega_{Cy}\omega_{Cz} - K_{xy}\omega_{Cx}\omega_{Cz} + K_{xz}\omega_{Cx}\omega_{Cy} + K_{yz}(\omega_{Cy}^2 - \omega_{Cz}^2) + M_{1_x} + M_{2_x} + \\
d_{11}R_{2_{x0}} + d_{12}R_{2_{y0}} + d_{13}(R_{2_{z0}} - m_D g) - m_D y_{D0} b_{13} + m_D z_{D0} b_{12} + k_{15} \\
(10)\ \dot{v}_{C_{x0}}(m_D d_{21}) + \dot{v}_{C_{y0}}(m_D d_{22}) + \dot{v}_{C_{z0}}(m_D d_{23}) + \dot{\omega}_{Cx}(-K_{xy} - m_D x_{D0} y_{D0} - k_{21}) + \\
\dot{\omega}_{Cy}[K_{yy} + m_D(x_{D0}^2 + z_{D0}^2) - k_{22}] + \dot{\omega}_{Cz}(-K_{yz} - m_D y_{D0} z_{D0} - k_{23}) + \dot{v}_3(-k_{24}) \\
= (K_{zz} - K_{xx})\omega_{Cx}\omega_{Cz} + K_{xy}\omega_{Cy}\omega_{Cz} + K_{xz}(\omega_{Cz}^2 - \omega_{Cx}^2) - K_{yz}\omega_{Cx}\omega_{Cy} + M_{1_y} + M_{2_y} + \\
d_{21}R_{2_{x0}} + d_{22}R_{2_{y0}} + d_{23}(R_{2_{z0}} - m_D g) - m_D z_{D0} b_{11} + m_D x_{D0} b_{13} + k_{25} \\
(11)\ \dot{v}_{C_{x0}}(m_D d_{31}) + \dot{v}_{C_{y0}}(m_D d_{32}) + \dot{v}_{C_{z0}}(m_D d_{33}) + \dot{\omega}_{Cx}(-K_{xz} - m_D x_{D0} z_{D0} - k_{31}) + \\
\dot{\omega}_{Cy}(-K_{yz} - m_D y_{D0} z_{D0} - k_{32}) + \dot{\omega}_{Cz}[K_{zz} + m_D(x_{D0}^2 + y_{D0}^2) - k_{33}] + \dot{v}_3(-k_{34}) \\
= (K_{xx} - K_{yy})\omega_{Cx}\omega_{Cy} - K_{xz}\omega_{Cy}\omega_{Cz} + K_{yz}\omega_{Cx}\omega_{Cz} + K_{xy}(\omega_{Cx}^2 - \omega_{Cy}^2) + M_{1_z} + M_{2_z} + \\
d_{31}R_{2_{x0}} + d_{32}R_{2_{y0}} + d_{33}(R_{2_{z0}} - m_D g) - m_D x_{D0} b_{12} + m_D y_{D0} b_{11} + k_{35} \\
(12)\ \dot{x}_1 = v_3 \\
(13)\ \dot{v}_{C_{x0}} ee_1 + \dot{v}_{C_{y0}} ee_2 + \dot{v}_{C_{z0}} ee_3 + \dot{\omega}_{Cx}(B_{31} y_{D'0} - B_{21} z_{D'0}) + \dot{\omega}_{Cy}(B_{11} z_{D'0} - B_{31} x_{D'0}) + \\
\dot{\omega}_{Cz}(B_{21} x_{D'0} - B_{11} y_{D'0}) + \dot{v}_3 = -\dfrac{r}{m_D} v_3 - \dfrac{K}{m_D} x_1 - ee_3 g - B_{11}[\omega_{Cy}(\omega_{Cx} y_{D'0} - \\
\omega_{Cy} x_{D'0}) - \omega_{Cz}(\omega_{Cz} x_{D'0} - \omega_{Cx} z_{D'0})] - B_{21}[\omega_{Cz}(\omega_{Cy} z_{D'0} - \omega_{Cz} y_{D'0}) - \omega_{Cx} \\
(\omega_{Cx} y_{D'0} - \omega_{Cy} x_{D'0})] - B_{31}[\omega_{Cx}(\omega_{Cz} x_{D'0} - \omega_{Cx} z_{D'0}) - \omega_{Cy}(\omega_{Cy} z_{D'0} - \omega_{Cz} y_{D'0})]
\end{cases}
\tag{4-174}
$$

方程组中共 14 个变量：x_C、y_C、z_C，ψ、θ、φ，$v_{C_{x0}}$、$v_{C_{y0}}$、$v_{C_{z0}}$，ω_{Cx}、ω_{Cy}、ω_{Cz}，x_1、v_3。方程组已成为标准形式，用矩阵表示如下：

$$
\boldsymbol{U}\dot{\boldsymbol{X}} = \boldsymbol{V} \tag{4-175}
$$

其中，$\boldsymbol{U} = (u[i][j])(i, j = 0, 1, 2 \cdots\cdots 13)$ 为方程组的系数矩阵；$\dot{\boldsymbol{X}} = (\dot{x}_C, \dot{y}_C, \dot{Z}_C, \dot{\psi}, \dot{\theta}, \dot{\varphi}, \dot{v}_{C_{x0}}, \dot{v}_{C_{y0}}, \dot{v}_{C_{z0}}, \dot{\omega}_{Cx}, \dot{\omega}_{Cy}, \dot{\omega}_{Cz}, \dot{x}_1, \dot{v}_3)^T$；$\boldsymbol{V} = (v[i])^{\mathrm{T}}(i = 0, 1, 2, \cdots, 13)$，其中 $v[i]$ 依次为式（4-171）中 14 个方程的右端。

这样，由式（4-175）得

$$
\dot{\boldsymbol{X}} = \boldsymbol{U}^{-1}\boldsymbol{V} \tag{4-176}
$$

该式即为龙格-库塔法编程中所要使用的方程组，由此方程组可求出龙格-库塔法中所要求的右端函数。

4.2.8.4 扫描参数随时间的变化规律

仅假设翼为柔性，且取弹性系数 $K = 5\ 000$，在初始条件相同的情况下为例进行计算分析，得到末敏弹的各种扫描参数随时间的变化规律如图 4－45～图 4－68 所示。

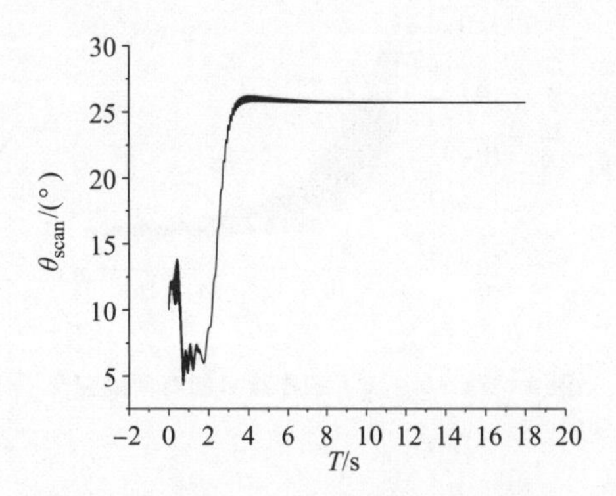

图 4－45　0～18 s 扫描角随时间的变化

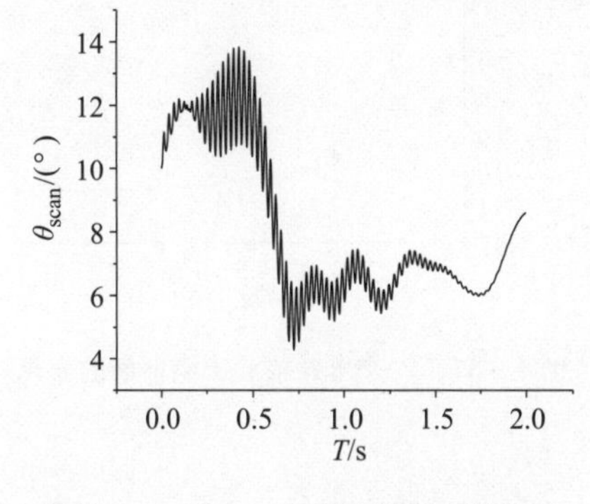

图 4－46　0～2 s 扫描角随时间的变化

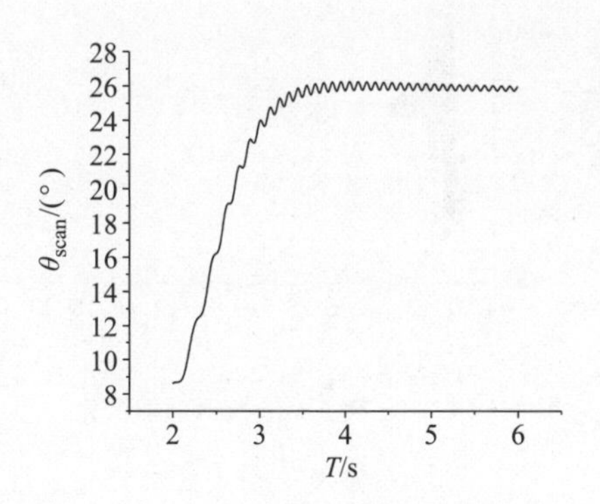

图 4－47　2～6 s 扫描角随时间的变化

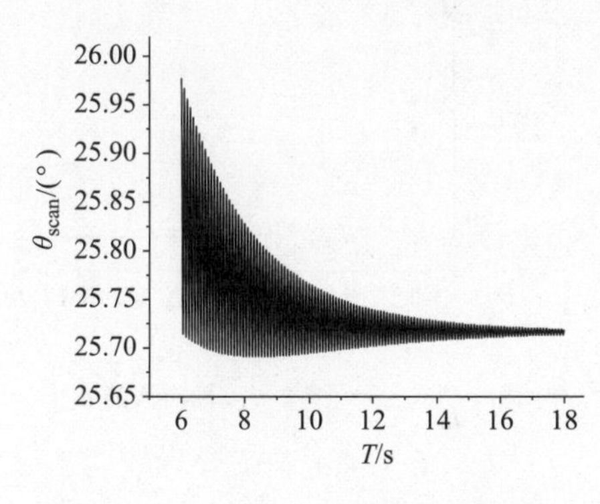

图 4－48　6～18 s 扫描角随时间的变化

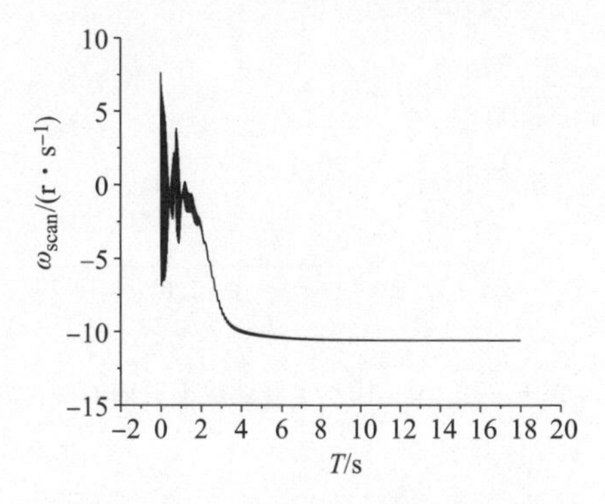

图 4－49　0～18 s 扫描频率随时间的变化

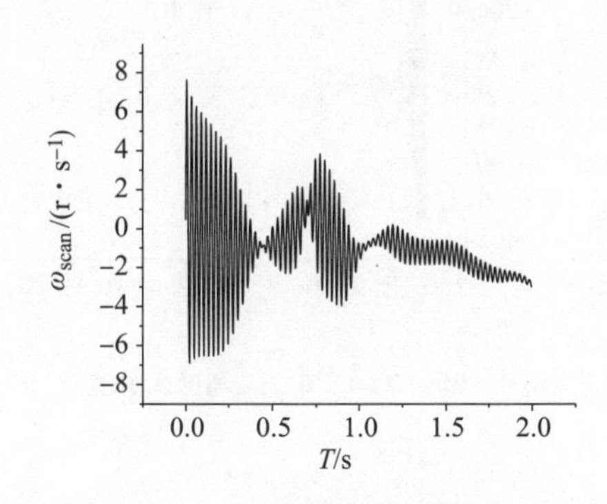

图 4－50　0～2 s 扫描频率随时间的变化

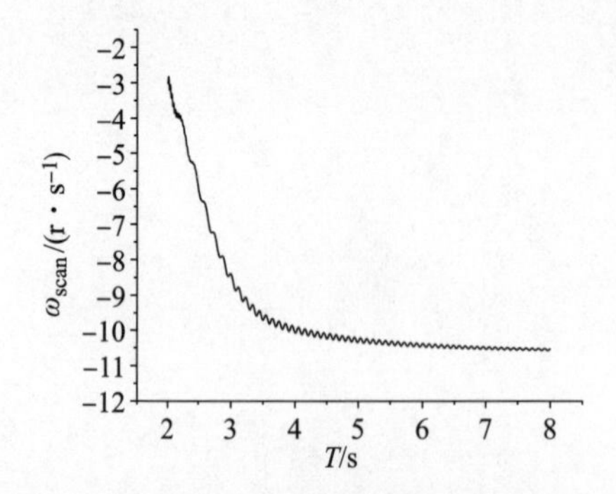

图 4 - 51　2 ~ 8 s 扫描频率随时间的变化

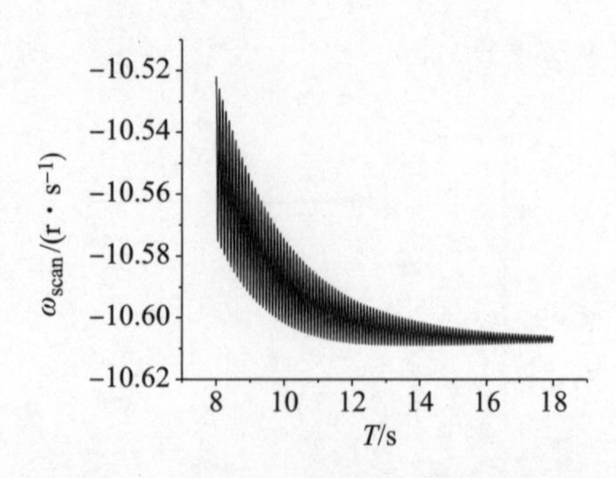

图 4 - 52　8 ~ 18 s 扫描频率随时间的变化

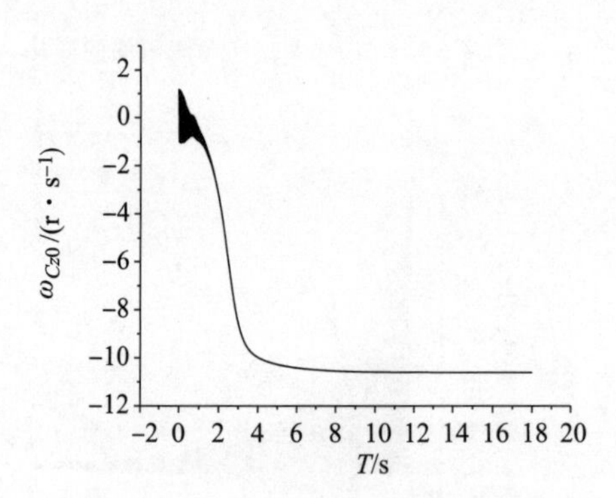

图 4 - 53　0 ~ 18 s ω_{Cz0} 随时间的变化

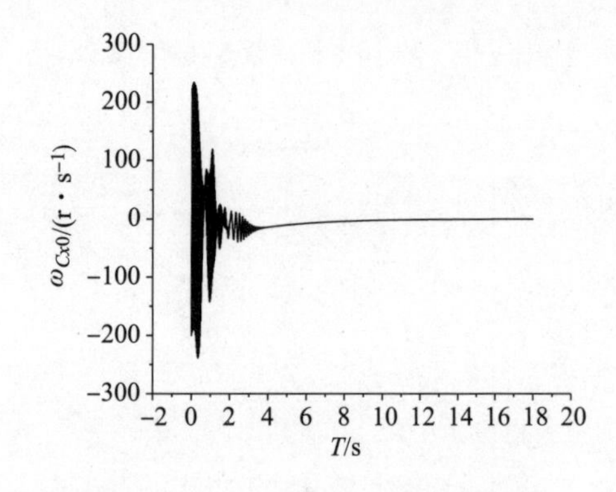

图 4 - 54　0 ~ 18 s ω_{Cx0} 随时间的变化

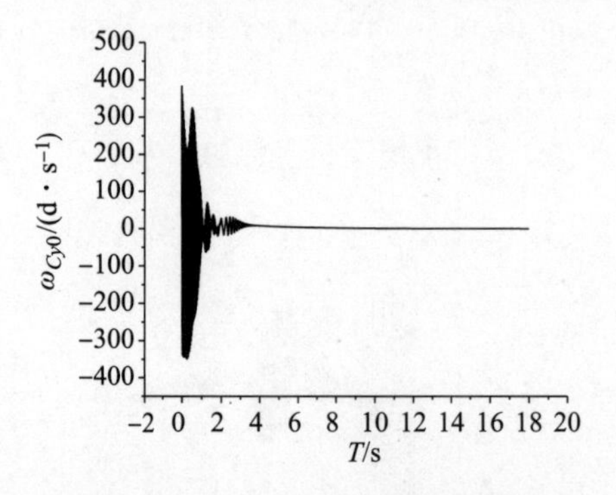

图 4 - 55　0 ~ 18 s ω_{Cy0} 随时间的变化

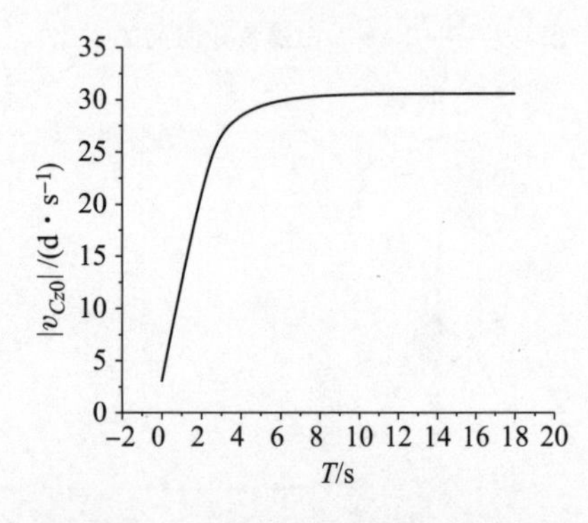

图 4 - 56　0 ~ 18 s 下降速度随时间的变化

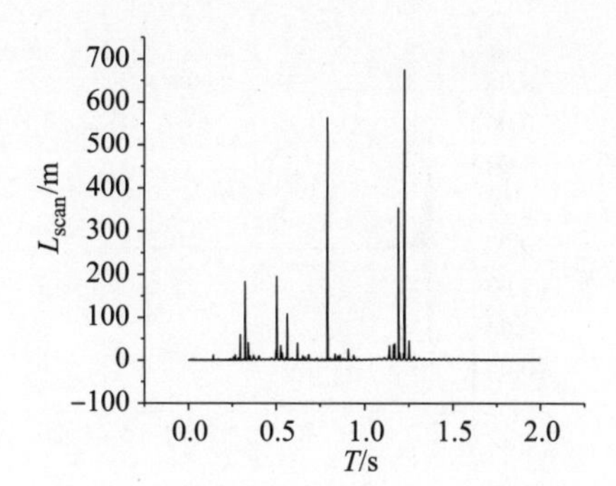

图 4－57　0～2 s 扫描间距随时间的变化

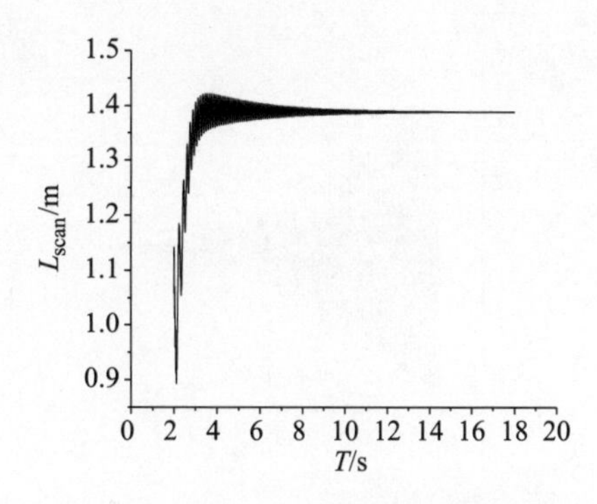

图 4－58　2～18 s 扫描间距随时间的变化

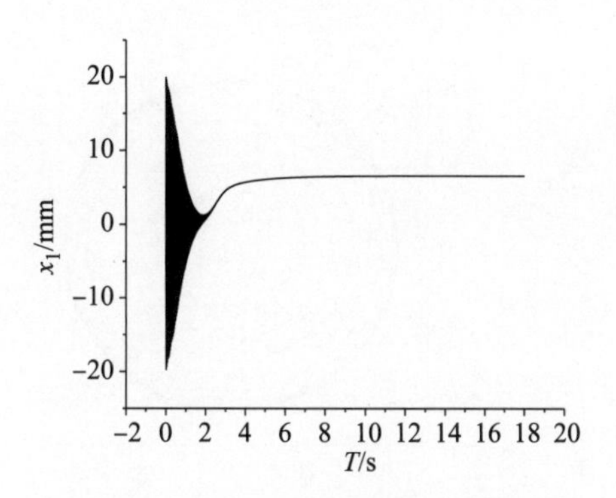

图 4－59　0～18 s 振动位移随时间的变化

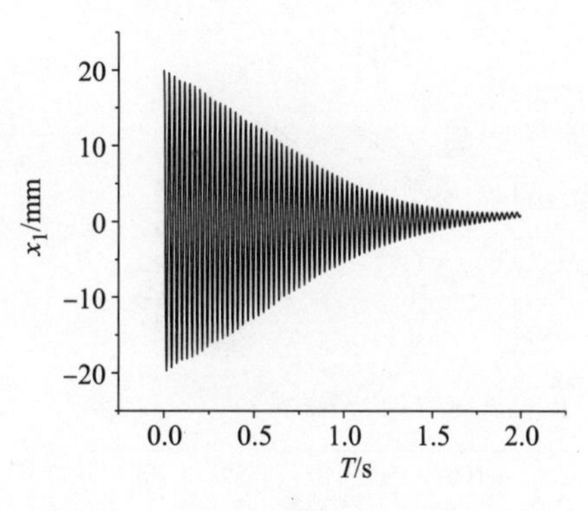

图 4－60　0～2 s 振动位移随时间的变化

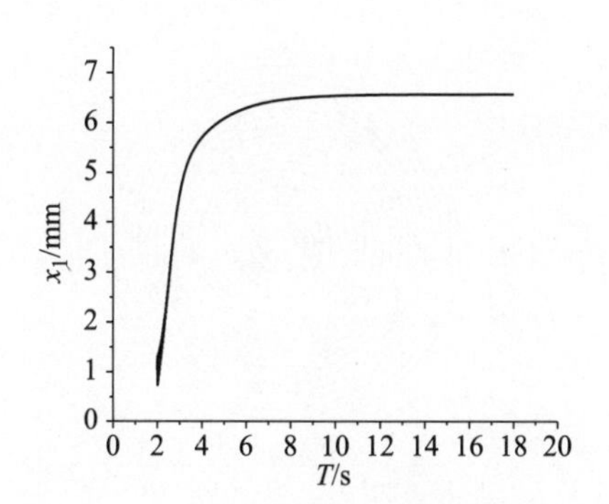

图 4－61　2～18 s 振动位移随时间的变化

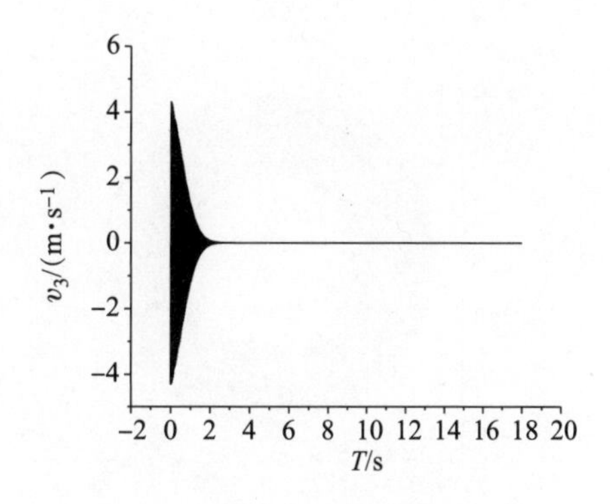

图 4－62　0～18 s 振动速度随时间的变化

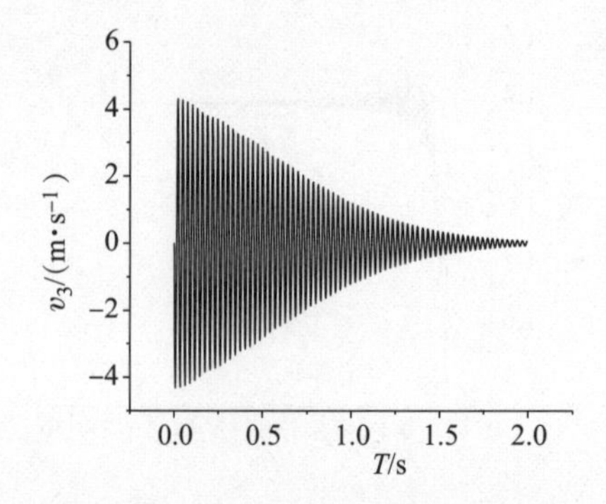

图 4－63　0～2 s 振动速度随时间的变化

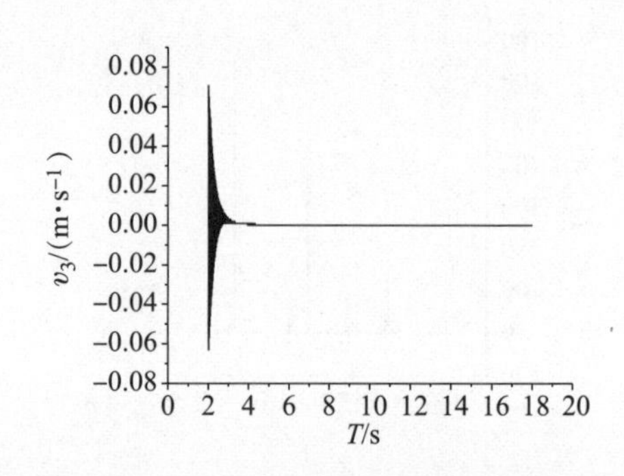

图 4－64　2～18 s 振动速度随时间的变化

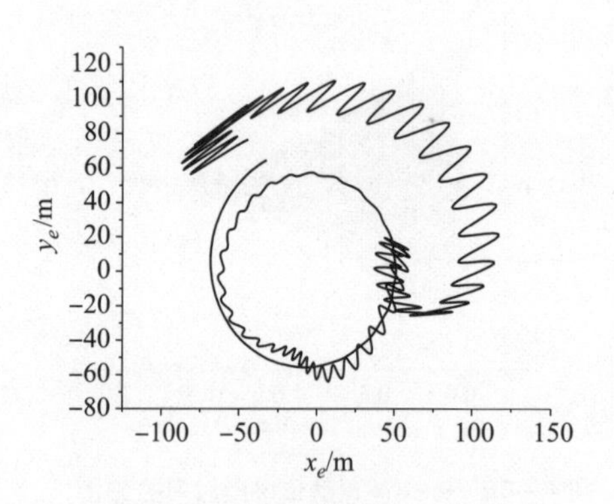

图 4－65　0～2 s 的地面扫描轨迹

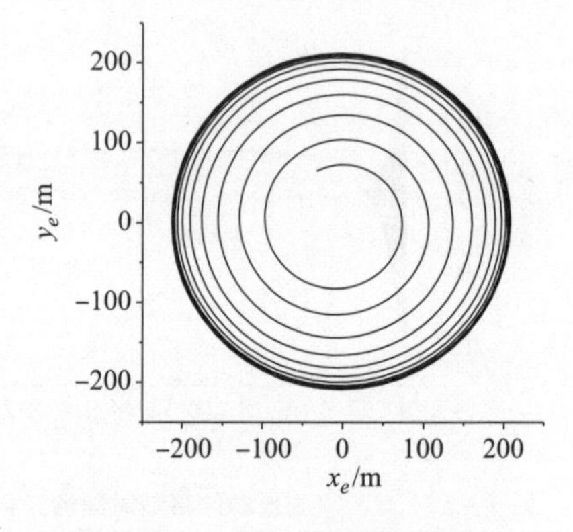

图 4－66　2～4 s 的地面扫描轨迹

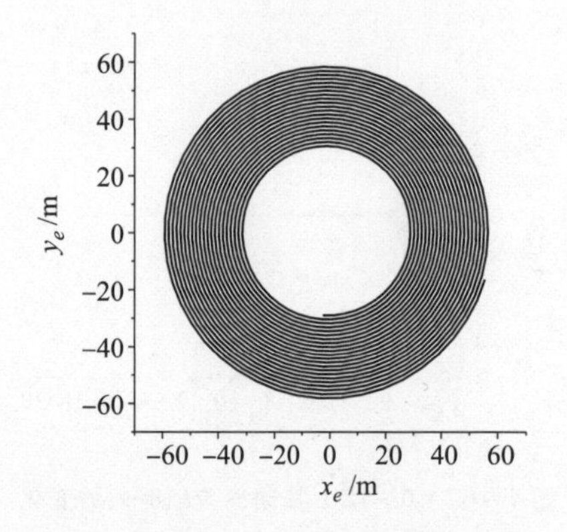

图 4－67　14～16 s 的地面扫描轨迹

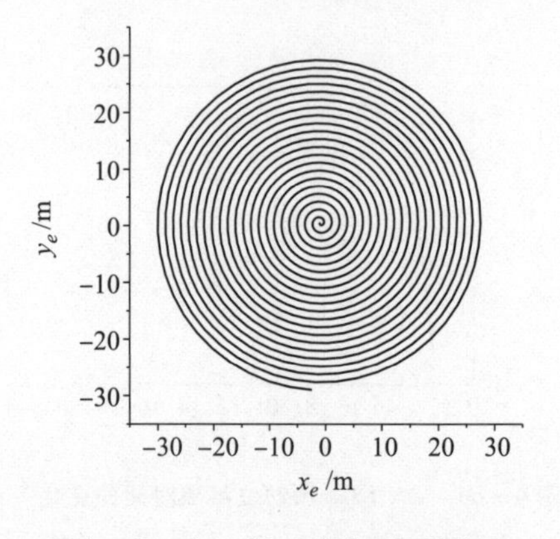

图 4－68　16～18 s 的地面扫描轨迹

将上述计算结果与翼为刚性时的计算结果相比较。

1. 关于扫描角

在结构参数相同的情况下，翼为柔性时的扫描角较翼为刚性时要小（柔性时为25.7°，刚性时为30.4°）。另外，翼为柔性时扫描角起初的变化更剧烈一些，不是近似的衰减正弦波。扫描角在1 s内变化10~11次，这与系统的扫描频率10.6 r/s是一致的，这个规律与刚性翼时完全相同。

2. 关于扫描频率

在结构参数相同的情况下，翼为柔性时的扫描频率较翼为刚性时要稍小一点（柔性时为10.6 r/s，刚性时为11.5 r/s）。从图中还可以看出，柔性翼时扫描频率的变化较刚性翼时复杂，柔性翼时达到稳态扫描大约需要8 s时间，而刚性翼时只需要5 s。

3. 关于下降速度

在结构参数相同的情况下，翼为柔性时的下降速度较翼为刚性时要快（柔性时为30.6 m/s，刚性时为27.5 m/s）。从图中还可以看出，柔性翼时下降速度达到稳定值大约需要8 s，而刚性翼时只需要5 s。

4. 关于扫描间距

在结构参数相同的情况下，翼为柔性时的扫描间距与翼为刚性时基本相同（柔性时为1.39 m，刚性时为1.41 m）。但0~2 s间的变化显然翼为柔性时更为复杂和剧烈。

5. 关于振动位移

翼端重物有振动位移是翼为柔性与翼为刚性相比时的一个最主要的区别，其他的区别都可以从振动位移中得到解释。翼端重物的振动位移开始也是以振荡的规律变化，到8.5 s后稳定于6.5 mm。在0~2 s，近似正弦振荡的规律十分明显。

6. 关于振动速度

从图4-63、图4-64中可以看出，振动速度的变化十分规则，直到很快停止振动，振动速度变为0。

7. 关于地面扫描轨迹

从图4-60、图4-65中可以看出，在扫描初期，地面扫描曲线十分紊乱，比翼为刚性时要复杂得多，在经过5 s以后，扫描曲线逐渐规则，直到最后形成完全等间距的内螺旋曲线。从曲线中可清楚地判读出扫描间距为1.4 m。

4.2.8.5 弹性系数 *K* 对扫描参数的影响规律分析

很显然，单翼的抗弯刚度对整个柔性系统的扫描参数肯定有很大的影响，而抗弯刚度直接决定了计算弹性恢复力时的弹性系数 *K*。在其他结构参数不变的情况下，仅改变弹性系数 *K* 进行了计算，得出各扫描参数值，根据计算值绘出曲线，如图4-69~图4-74所示。

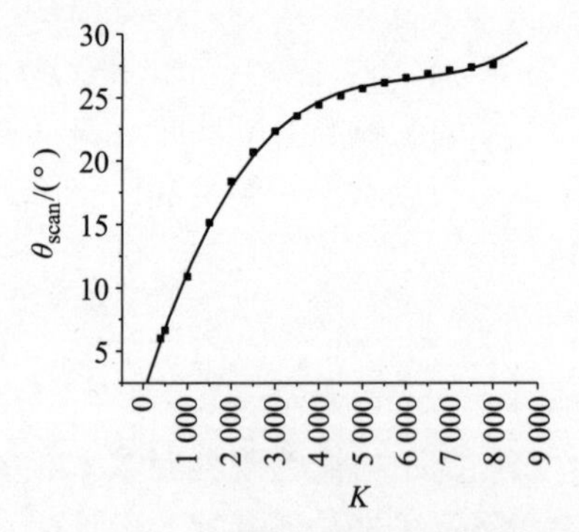

图4-69　不同弹性系数时的扫描角

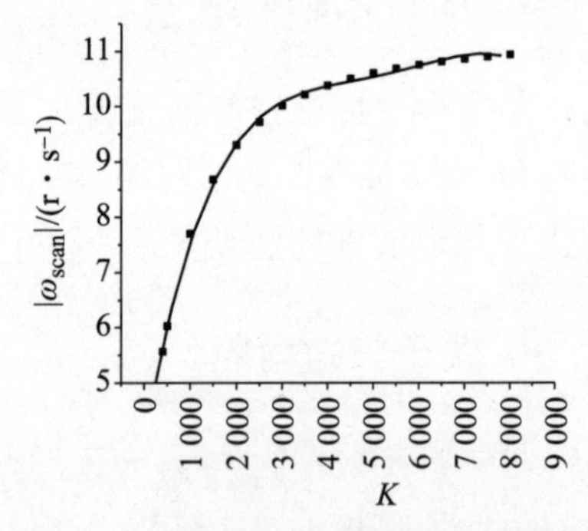

图4-70　不同弹性系数时的扫描频率

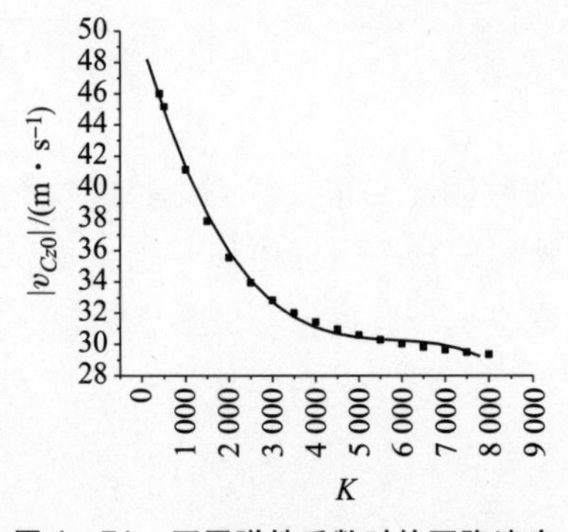

图4-71　不同弹性系数时的下降速度

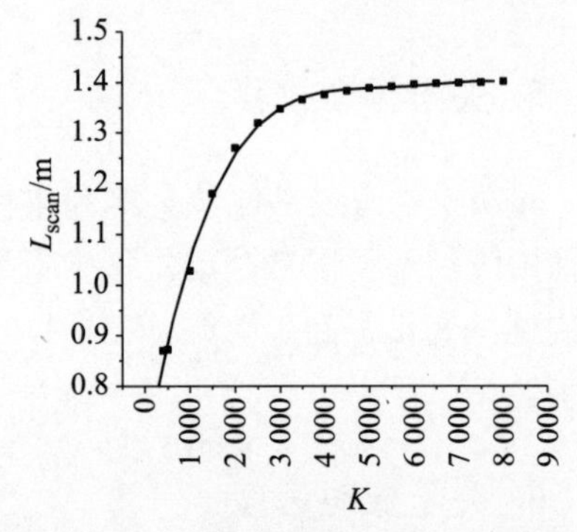

图4-72　不同弹性系数时的扫描间距

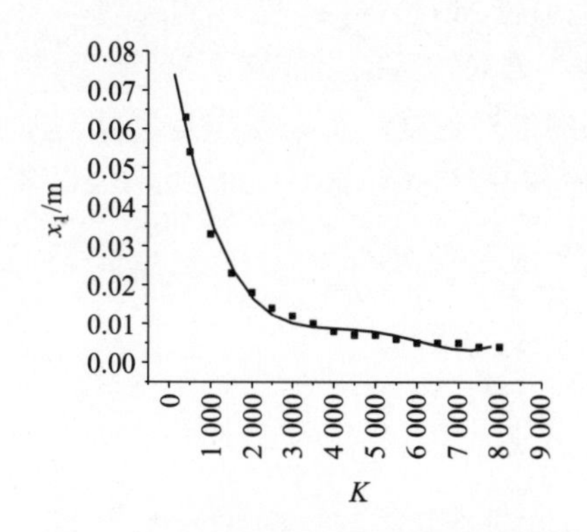

图4－73　不同弹性系数时的振动位移

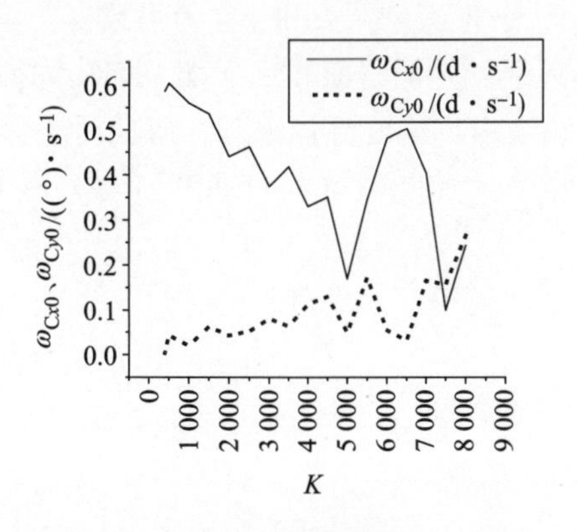

图4－74　不同弹性系数时的 ω_{Cx0}、ω_{Cy0}

从图4－69～图4－74中可以看出，稳态扫描角随弹性系数的增大而增大，扫描频率随弹性系数的增大而增大，系统下降速度随弹性系数的增加而下降，扫描间距随弹性系数的增大而增大，翼端重物的振动位移随弹性系数的增大而减小。这个结果是显然的。可以推导，当弹性系数为无穷大时，翼端重物的振动位移为0。而弹性系数太小时，翼端重物的振动位移将很大，可能远远大于系统的尺寸，系统将不能形成稳态扫描。

4.3　风对单翼末敏弹系统扫描特性的影响规律分析

在末敏子弹的稳态扫描段，目前采用降落伞和翼片两种方式进行导旋与控制落速。采用降落伞方式有一个固有缺点，即系统受风的影响较大，采用翼片结构正是解决这一问题的有效途径。但是，并不是说采用翼片结构后就不受风的影响。实际上，在影响无伞末敏弹的众多影响因素中，风的影响仍占主要部分。因此，本节专门研究风对单翼末敏弹扫描特性的影响规律。

由外弹道学可知，风对弹道的影响主要体现在相对速度的变化引起的空气动力和力矩的变化上。因此，必须首先推导有风情况下作用于子弹体及单侧翼和翼端重物上的空气动力及力矩。为简单起见，仅讨论翼为刚性时的情况。

4.3.1　有风时单翼末敏弹系统的运动微分方程组

取风速为 $\boldsymbol{W}$，其在地面惯性坐标系 $Ox_0y_0z_0$ 三个轴上的投影依次为 W_{x0}、

W_{y0}、W_{z0}。其中，W_{x0}称为横风（方向垂直于射击面 Oy_0z_0）；W_{y0}称为纵风（方向平行于射击面和水平面）；W_{z0}称为铅直风（方向铅直向上或向下）。

根据速度叠加原理，有风时子弹体质心的绝对速度$\boldsymbol{v}_C$ 可以看作是其相对于空气的速度$\boldsymbol{v}_{Cr}$（相对速度）与风速 $\boldsymbol{W}$（牵连速度）的矢量和，即

$$\boldsymbol{v}_C = \boldsymbol{v}_{Cr} + \boldsymbol{W}$$

由此可得相对速度：

$$\boldsymbol{v}_{Cr} = \boldsymbol{v}_C - \boldsymbol{W}$$

写成分量形式为

$$\begin{bmatrix} v_{Crx0} \\ v_{Cry0} \\ v_{Crz0} \end{bmatrix} = \begin{bmatrix} v_{C_{x0}} - W_{x0} \\ v_{C_{y0}} - W_{y0} \\ v_{C_{z0}} - W_{z0} \end{bmatrix} \tag{4-177}$$

其中，v_{Crx0}、v_{Cry0}、v_{Crz0}是相对速度v_{Cr}在 $Ox_0y_0z_0$ 坐标系三轴上的投影。

而相对速度的模（即大小）为

$$v_{Cr} = \sqrt{v_{Crx0}^2 + v_{Cry0}^2 + v_{Crz0}^2} \tag{4-178}$$

4.3.1.1 有风时作用于子弹体上的空气动力和空气动力矩

与无风时不同，有风时的空气动力、空气动力矩的大小和方向均与相对速度的大小和方向有关，而不是与绝对速度的大小和方向有关。

1. 空气动力 $\boldsymbol{R}_1$

（1）空气阻力$\boldsymbol{R}_{z1}$。有风时的空气阻力 R_{z1}是空气动力沿子弹体质心相对速度方向的分量，其方向与质心相对速度方向相反。质心相对速度方向可表示为 $I_{v_{Cr}} = \dfrac{1}{v_{Cr}}[v_{Crx0}, v_{Cry0}, v_{Crz0}]^{\mathrm{T}}$，则空气阻力的方向为 $-I_{v_{Cr}}$，大小为$\dfrac{1}{2}\rho v_{Cr}^2 C_{x1} S$。所以空气阻力 R_{z1}在地面惯性坐标系 $Ox_0y_0z_0$ 中的投影表达式为

$$\boldsymbol{R}_{z1} = \begin{bmatrix} R_{z1_{x0}} \\ R_{z1_{y0}} \\ R_{z1_{z0}} \end{bmatrix} = -\frac{1}{2}\rho v_{Cr} C_{x1} S \begin{bmatrix} v_{Crx0} \\ v_{Cry0} \\ v_{Crz0} \end{bmatrix} \tag{4-179}$$

（2）空气升力$\boldsymbol{R}_{y1}$。有风时的空气升力R_{y1}是空气动力沿垂直于子弹体质心相对速度方向的分量，其方向为在阻力面内且垂直于相对速度，大小为$\dfrac{1}{2}\rho v_{Cr}^2 S C_{y1}' \delta_C$。

已知 $\boldsymbol{I}_{v_{Cr}}$ 表示子弹体的质心相对速度方向，$-\boldsymbol{k}$ 表示弹轴的方向，因此升力 $\boldsymbol{R}_{y1}$ 的方向矢量应为 $\dfrac{\boldsymbol{I}_{v_{Cr}}\times[(-\boldsymbol{k})\times\boldsymbol{I}_{v_{Cr}}]}{|\boldsymbol{I}_{v_{Cr}}\times[(-\boldsymbol{k})\times\boldsymbol{I}_{v_{Cr}}]|}$。经计算知此方向矢量在地面坐标惯性系 $Ox_0y_0z_0$ 中的投影表达式为

$$\begin{bmatrix} I_{y_{x0}} \\ I_{y_{y0}} \\ I_{y_{z0}} \end{bmatrix}=\frac{1}{v_{Cr}^2\sin\delta_C}\begin{bmatrix}(A_{33}v_{Crx0}-A_{31}v_{Crz0})v_{Crz0}-(A_{31}v_{Cry0}-A_{32}v_{Crx0})v_{Cry0}\\(A_{31}v_{Cry0}-A_{32}v_{Crx0})v_{Crx0}-(A_{32}v_{Crz0}-A_{33}v_{Cry0})v_{Crz0}\\(A_{32}v_{Crz0}-A_{33}v_{Cry0})v_{Cry0}-(A_{33}v_{Crx0}-A_{31}v_{Crz0})v_{Crx0}\end{bmatrix}\tag{4-180}$$

因此，升力 $\boldsymbol{R}_{y1}$ 在地面惯性坐标系 $Ox_0y_0z_0$ 中的投影表达式为

$$\boldsymbol{R}_{y1}=\begin{bmatrix} R_{y1_{x0}} \\ R_{y1_{y0}} \\ R_{y1_{z0}} \end{bmatrix}=\frac{\rho v_{Cr}^2 S C'_{y1}\delta_C}{2}\begin{bmatrix} I_{y_{x0}} \\ I_{y_{y0}} \\ I_{y_{z0}} \end{bmatrix}\tag{4-181}$$

其中子弹体的攻角 δ_C（即 v_{Cr} 与 $-Cz$ 轴的夹角）用下列方法求得

记子弹质心相对速度 v_{Cr} 向 Cx、Cy、Cz 轴及 Cxy 平面的投影分别为 v_{Crx}、v_{Cry}、v_{Crz} 及 v_{Crxy}，则显然有

$$\begin{bmatrix} v_{Crx} \\ v_{Cry} \\ v_{Crz} \end{bmatrix}=\boldsymbol{A}\begin{bmatrix} v_{Crx0} \\ v_{Cry0} \\ v_{Crz0} \end{bmatrix},\ v_{Crxy}=\sqrt{v_{Crx}^2+v_{Cry}^2}$$

则子弹体的攻角为

$$\begin{cases}\delta_C=\arcsin\left(\dfrac{v_{Crxy}}{v_{Cr}}\right), & v_{Crz}<0\\[2ex] \delta_C=\dfrac{\pi}{2}+\arccos\left(\dfrac{v_{Crxy}}{v_{Cr}}\right), & v_{Crz}>0\end{cases}\tag{4-182}$$

同样，在计算力与力矩时取式（4-178）的第一式。

2. 空气动力矩 M_1

（1）尾翼导转力矩 M_{xw1}。M_{xw1} 在弹体固连坐标系 $Cxyz$ 中的投影表达式为

$$M_{xw1}=\begin{bmatrix} M_{xw1_x} \\ M_{xw1_y} \\ M_{xw1_z} \end{bmatrix}=\frac{1}{2}\rho v_{Cr}^2 Slm'_{xw1}\varepsilon_w\begin{bmatrix}0\\0\\1\end{bmatrix}\tag{4-183}$$

（2）极阻尼力矩M_{xz1}。M_{xz1}在弹体固连坐标系 $Cxyz$ 中的投影表达式为

$$M_{xz1}=\begin{bmatrix}M_{xz1_x}\\M_{xz1_y}\\M_{xz1_z}\end{bmatrix}=-\frac{1}{2}\rho v_{Cr}Sl^2m'_{xz1}\omega_{Cz}\begin{bmatrix}0\\0\\1\end{bmatrix}\tag{4-184}$$

（3）静稳定力矩M_{z1}。静稳定力矩大小为$\frac{1}{2}\rho v_{Cr}^2Slm'_{z1}\delta_C$，方向矢量为$\frac{(-\boldsymbol{k})\times\boldsymbol{I}_{v_{Cr}}}{|(-\boldsymbol{k})\times\boldsymbol{I}_{v_{Cr}}|}$。$\boldsymbol{I}_{v_{Cr}}$在弹体固连坐标系 $Cxyz$ 上的投影可用它在弹体基准坐标系 $Cx_0y_0z_0$ 上的投影经过矩阵 $\boldsymbol{A}$ 转换得到，即

$$\boldsymbol{I}_{v_{Cr}}=\boldsymbol{A}\frac{1}{\boldsymbol{v}_{Cr}}[v_{Crx0},v_{Cry0},v_{Crz0}]^{\mathrm{T}}=\frac{1}{\boldsymbol{v}_{Cr}}\begin{bmatrix}A_{11}v_{Crx0}+A_{12}v_{Cry0}+A_{13}v_{Crz0}\\A_{21}v_{Crx0}+A_{22}v_{Cry0}+A_{23}v_{Crz0}\\A_{31}v_{Crx0}+A_{32}v_{Cry0}+A_{33}v_{Crz0}\end{bmatrix}$$

所以方向矢量$\frac{(-\boldsymbol{k})\times\boldsymbol{I}_{v_{Cr}}}{|(-\boldsymbol{k})\times\boldsymbol{I}_{v_{Cr}}|}$在弹体固连坐标系 $Cxyz$ 上可表示为

$$\frac{(-\boldsymbol{k})\times\boldsymbol{I}_{v_{Cr}}}{|(-\boldsymbol{k})\times\boldsymbol{I}_{v_{Cr}}|}=\begin{bmatrix}I_{Mz1_x}\\I_{Mz1_y}\\I_{Mz1_z}\end{bmatrix}=\frac{1}{\boldsymbol{v}_{Cr}\sin\delta_C}\begin{bmatrix}A_{21}v_{Crx0}+A_{22}v_{Cry0}+A_{23}v_{Crz0}\\-A_{11}v_{Crx0}-A_{12}v_{Cry0}-A_{13}v_{Crz0}\\0\end{bmatrix}\tag{4-185}$$

所以，静力矩在弹性固连坐标系 $Cxyz$ 上的投影表达式为

$$\boldsymbol{M}_{z1}=\begin{bmatrix}M_{z1_x}\\M_{z1_y}\\M_{z1_z}\end{bmatrix}=\frac{\rho v_{Cr}^2Slm'_{z1}\delta_C}{2}\begin{bmatrix}I_{Mz1_x}\\I_{Mz1_y}\\I_{Mz1_z}\end{bmatrix}\tag{4-186}$$

式中，δ_C 见式（4－182）第一式。

（4）赤道阻尼力矩M_{zz1}。赤道阻尼力矩在弹性固连坐标系 $Cxyz$ 上的投影表达式为

$$\boldsymbol{M}_{zz1}=\begin{bmatrix}M_{zz1_x}\\M_{zz1_y}\\M_{zz1_z}\end{bmatrix}=-\frac{1}{2}\rho v_{Cr}Sl^2m'_{zz1}\begin{bmatrix}\omega_{Cx}\\\omega_{Cy}\\0\end{bmatrix}\tag{4-187}$$

4.3.1.2　有风时作用于翼端重物上的空气动力和空气动力矩

1. 空气动力$\boldsymbol{R}_2$

有风时作用于翼端重物上的空气动力为

$$\boldsymbol{R}_2=\begin{bmatrix}R_{2_{x1}}\\R_{2_{y1}}\\R_{2_{z1}}\end{bmatrix}=-\frac{1}{2}\rho S_2\begin{bmatrix}\text{sgn}\ (v_{Hrx1})\ v_{Hrx1}^2C_{x2}\\\text{sgn}\ (v_{Hry1})\ v_{Hry1}^2C_{y2}\\\text{sgn}\ (v_{Hrz1})\ v_{Hrz1}^2C_{z2}\end{bmatrix}\tag{4-188}$$

下面求出v_{Hrx1}、v_{Hry1}、v_{Hrz1}的表达式。

显然，风速W在单体翼基准坐标系$Hxyz$中的投影表达式为

$$\boldsymbol{W}=\begin{bmatrix}W_x\\W_y\\W_z\end{bmatrix}=\boldsymbol{A}\begin{bmatrix}W_{x0}\\W_{y0}\\W_{z0}\end{bmatrix}=\begin{bmatrix}A_{11}W_{x0}+A_{12}W_{y0}+A_{13}W_{z0}\\A_{21}W_{x0}+A_{22}W_{y0}+A_{23}W_{z0}\\A_{31}W_{x0}+A_{32}W_{y0}+A_{33}W_{z0}\end{bmatrix}$$

则它在单体翼固连坐标系$Hx_1y_1z_1$中的投影表达式为

$$\boldsymbol{W}=\begin{bmatrix}W_{x1}\\W_{y1}\\W_{z1}\end{bmatrix}=\boldsymbol{B}^{-1}\begin{bmatrix}W_x\\W_y\\W_z\end{bmatrix}=\begin{bmatrix}B_{11}W_x+B_{21}W_y+B_{31}W_z\\B_{12}W_x+B_{22}W_y+B_{32}W_z\\B_{13}W_x+B_{23}W_y+B_{33}W_z\end{bmatrix}$$

由此得H点的相对速度v_{Hr}在单侧固连准坐标系$Hx_1y_1z_1$中的投影表达式为

$$\begin{bmatrix}v_{Hrx1}\\v_{Hry1}\\v_{Hrz1}\end{bmatrix}=\boldsymbol{v}_H-\boldsymbol{W}=\begin{bmatrix}v_{H_{x1}}-W_{x1}\\v_{H_{y1}}-W_{y1}\\v_{H_{z1}}-W_{z1}\end{bmatrix}\tag{4-189}$$

2. 空气动力矩$\boldsymbol{M}_2$

空气动力矩$\boldsymbol{M}_2$在翼端重物第二基准坐标系$Dxyz$中仍可表示为

$$\boldsymbol{M}_2=\begin{bmatrix}M_{2_x}\\M_{2_y}\\M_{2_z}\end{bmatrix}=\begin{vmatrix}i&j&k\\dh_1&dh_2&dh_3\\R_{2_x}&R_{2_y}&R_{2_z}\end{vmatrix}=\begin{bmatrix}dh_2R_{2_z}-dh_3R_{2_y}\\dh_3R_{2_x}-dh_1R_{2_z}\\dh_1R_{2_y}-dh_2R_{2_x}\end{bmatrix}\tag{4-190}$$

在计算其中的R_{2_x}、R_{2_y}、R_{2_z}时要用到由式（4-188）导出的计算结果。

4.3.1.3 有风时的运动方程组

有风时单翼末敏弹系统的运动微分方程组的形式和无风时完全相同，只是在计算其中的气动力和力矩时用以上推导出的有风时的计算公式。

4.3.2 风对单翼末敏弹系统的影响规律分析

4.3.2.1 横风对系统扫描特性的影响

假定风速为 $W_{x0}=4$ m/s、$W_{y0}=W_{z0}=0$ m/s，经计算，得到单翼末敏弹系统在横风条件下的各种扫描参数随时间的变化规律如图 4－75 ~ 图 4－82 所示。

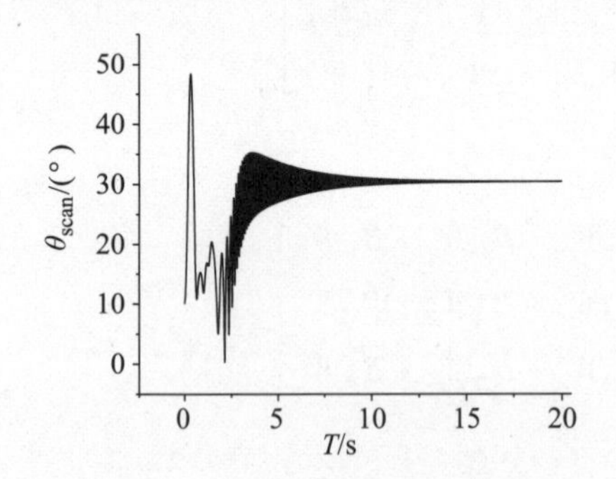

图 4－75　0 ~ 20 s 扫描角随时间的变化

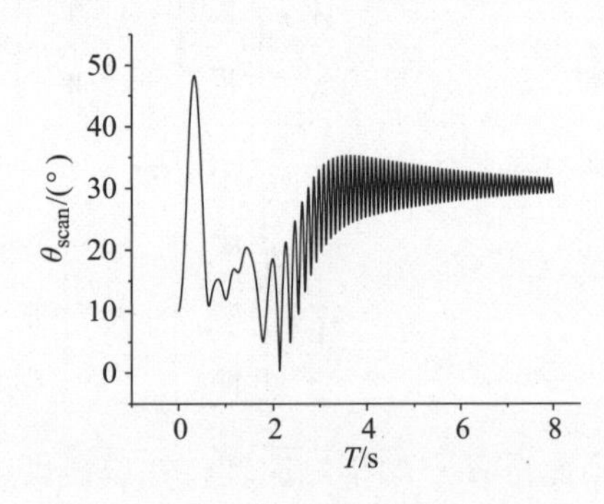

图 4－76　0 ~ 8 s 扫描角随时间的变化

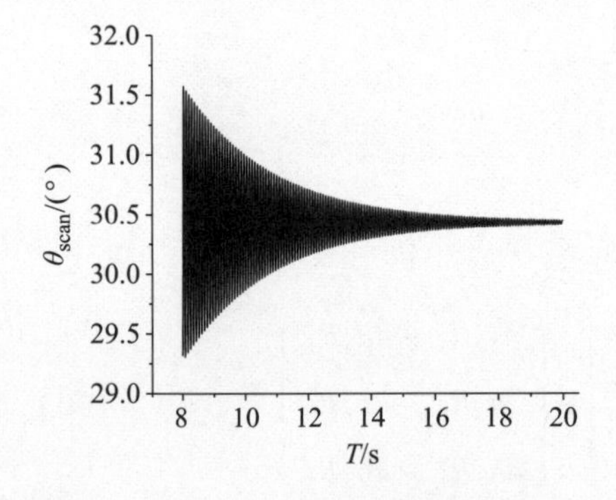

图 4－77　8 ~ 20 s 扫描角随时间的变化

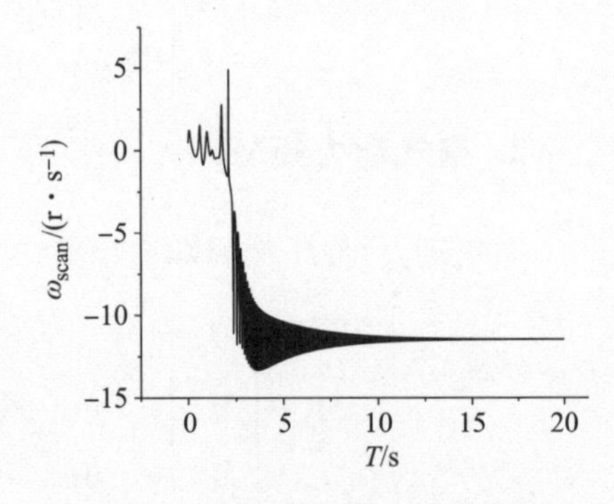

图 4－78　0 ~ 20 s 扫描频率随时间的变化

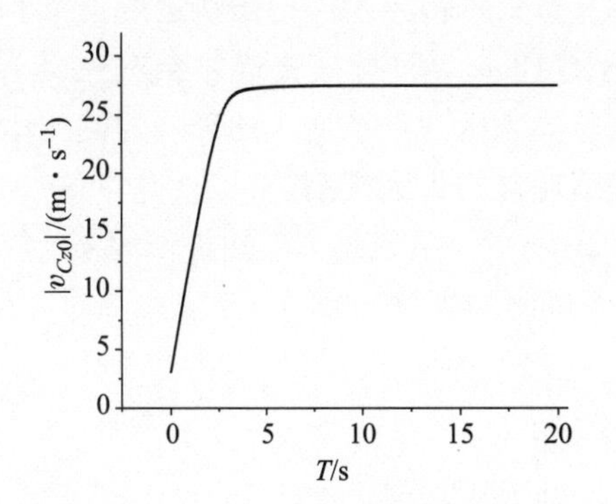

图 4 - 79　0 ~ 20 s 下落速度随时间的变化

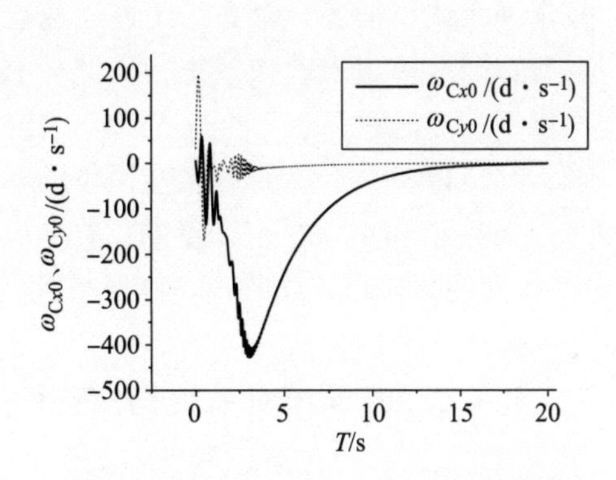

图 4 - 80　0 ~ 20 s ω_{cx0}、ω_{cy0} 随时间变化

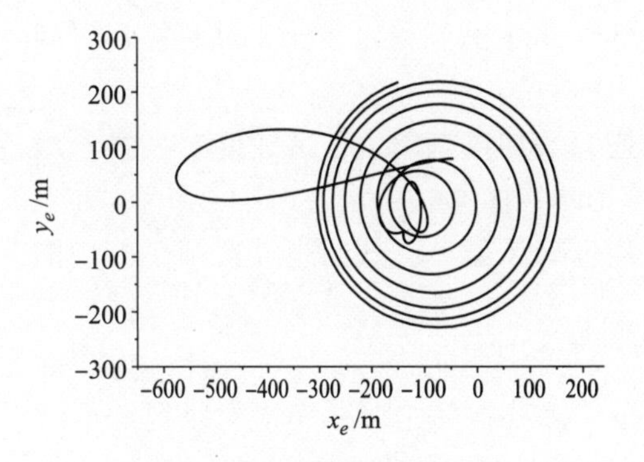

图 4 - 81　0 ~ 3 s 的地面扫描轨迹

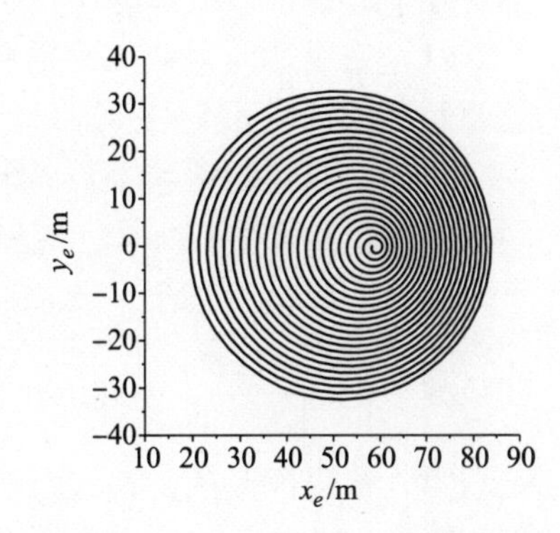

图 4 - 82　18 ~ 20 s 的地面扫描轨迹

由图 4 - 75 ~ 图 4 - 82 分析可得以下结论：

（1）有横风时系统大约需要 10 s 时间才能基本达到稳定，比无横风时需用时间要长（无风时为 5 ~ 8 s）。

（2）有横风时系统最终的稳态扫描角、扫描频率、下落速度等扫描参数与无风时基本完全一致，即横风不影响扫描参数。

（3）有横风时系统的地面扫描轨迹顺风偏移，从而导致顺风侧扫描间距减小 $2\pi\frac{|W_{x0}|}{|\omega_{\mathrm{scan}}|}$，而迎风侧扫描间距增大 $2\pi\frac{|W_{x0}|}{|\omega_{\mathrm{scan}}|}$。

（4）按弹道学术语，定义末敏子弹在下落过程中与炮口水平面的交点为落点，则有横风时落点发生顺风偏差。因此在射击时应考虑对横风进行必要的修正。由计算数据可见，随着风速的增大，落点偏差也增大。

（5）分析结果可知，在相同横风风速和相同抛撒高度情况下，单翼末敏弹系统的落点偏差量比伞弹系统减小了近 3 倍，因此其扫描轨迹的顺风偏移也较伞弹系统小很多。伞弹系统在风速达到 6 m/s 时即会出现扫描轨迹的交叉和重叠，而对单翼末敏弹系统，风速只有达到 18 m/s 时扫描轨迹才会发生交叉与重叠，而通常风速不会这么大。这说明单翼末敏弹系统受风的影响的确比伞弹系统小得多，系统的可靠性和战场环境适应能力大大提高。

（6）由图 4 - 80 可以看出，有横风的条件下，系统绕 Cx_0 轴的转速 ω_{Cx0} 较绕 Cy_0 轴的转速 ω_{Cy0} 难于达到稳定，这与无风时的规律一致。

4.3.2.2 纵风对系统扫描特性的影响

假定风速为 $W_{x0}=4$ m/s、$W_{y0}=W_{z0}=0$ m/s，经计算，得到末敏弹系统在横风条件下的各种扫描参数随时间的数据。经对数据分析可得以下几点结论：

（1）有纵风时系统大约需要 10 s 才能基本达到稳定，比无风时需用时间也要长（无风时为 5 ~ 8 s）；

（2）有纵风时系统最终的稳态扫描角、扫描频率、下落速度等扫描参数与无风时也基本完全一致，即纵风也不影响扫描参数。

（3）有纵风时系统的地面扫描轨迹也顺风偏移，从而也导致顺风侧扫描间距减小 $2\pi\dfrac{|W_{y0}|}{|\omega_{\text{scan}}|}$，而迎风侧扫描间距增大 $2\pi\dfrac{|W_{y0}|}{|\omega_{\text{scan}}|}$。

（4）有纵风时落点也发生顺风偏差。因此在射击时应考虑对纵风进行必要的修正，随着风速的增大，落点偏差也增大。

（5）在相同纵风风速情况下，单翼末敏弹系统的落点偏差量比伞弹系统减小了近 3 倍，因而其扫描轨迹的顺风偏移也较伞弹系统小很多。

（6）由计算得知，在有纵风的条件下，系统绕 Cy_0 轴的转速 ω_{Cy0} 较绕 Cx_0 轴的转速 ω_{Cx0} 难于达到稳定，这与无风时的规律是相反的。

4.3.2.3 铅直风对系统扫描特性的影响

同样，假定风速为 $W_{x0}=4$ m/s、$W_{y0}=W_{z0}=0$ m/s，进行计算，由结果可知铅直风不影响系统的稳态扫描角、扫描频率和落点坐标，但影响系统的下落速度，从而也影响系统的扫描间距。由计算数据得知，有铅直风时，系统的下落速度矢量等于无风时的下落速度矢量与铅直风速矢量的矢量和。

第5章

末敏弹系统效能分析

末敏弹作为一种智能弹药、灵巧弹药，以其复杂的作用机理，实现了常规反装甲弹药所无法达到的毁伤效果。分析末敏弹在作战中所能达到的系统效能是正确进行作战运用的基础。

由于末敏弹是一种子母型弹药，影响其系统效能的因素有很多：有影响母弹飞行的因素，如火炮发射、弹道气象条件等；也有影响末敏子弹的因素，如子弹抛射、减速/减旋、稳态扫描、目标探测识别等。本章以弹道仿真为基础，综合考虑各种影响因素，对末敏弹的系统效能进行分析。

本书通过弹道仿真研究炮射有伞末敏弹的系统效能，因而，弹道模型是计算与分析的基础。前面在第 2 章中已对末敏弹母弹飞行弹道及抛射弹道、在第 3 章中对有伞末敏弹子弹飞行弹道进行了详细的研究，本章所用到的弹道理论均以此为基础，其中，有伞末敏子弹飞行弹道模型采用基于四元数法修正后的模型。

由于有伞末敏弹与无伞末敏弹的弹道原理有类似之处，因此，本章仅以炮射有伞末敏弹为例进行研究。

5.1　末敏弹系统对目标的识别及捕获

末敏子弹由定向稳定系统、红外/毫米波复合敏感器、信号处理器、爆炸成型弹丸战斗部、信号处理系统、自动控制系统、目标识别系统等组成，是一个综合的系统。目标识别是末敏子弹系统最终形成对目标进行打击的一个重要环节，是要考虑的一个模块。能否对目标进行识别决定了能否更好地确定目标中心，从而决定了能否提高对目标的命中率和毁伤率。

以往的目标识别技术使用的单一体制的被动式毫米波敏感器，其识别率不是很理想，抗干扰能力差。随着识别技术的提高，目前用的红外/毫米波复合敏感器，提高了对目标的识别率和抗干扰能力。

对于末敏子弹来说，对目标的识别就是由探测系统和识别系统对目标的类型或属性作出判断。末敏弹的探测装置主要有毫米波辐射计和红外敏感器，识别系统负责对探测到的目标信息进行处理识别。随着识别技术的发展，模糊数学理论、神经网络、多传感器数据融合等技术被应用到目标识别领域。目前，有伞末敏弹较多地使用了红外/毫米波复合的多传感器数据融合技术。

5.1.1　毫米波辐射计的工作原理

末敏弹攻击的目标主要是坦克、自行火炮等集群装甲目标。在实战条件下，战场环境比较复杂，影响目标识别的因素较多，如水坑和湿地等能够反射波线的地形等。应用毫米波辐射计探测系统，能够从地面背景及伪目标中搜索和识别目标，提高命中概率。

毫米波段位于微波和红外之间，波长 1 ~ 10 mm，频率为 30 ~ 300 GHz，受气象和烟尘的影响小，具有一定的全天候作战能力。

5.1.1.1 毫米波辐射计的工作原理

毫米波辐射计是一个能接收微弱信号的高灵敏度接收机，不能发射信号，只能被动地接收地面发射的辐射电磁波。对于各种装甲目标，辐射的电磁波主要来自目标自身的热辐射和目标反射其他辐射源的辐射。毫米波辐射计的基本功能就是测量天线所接收的辐射功率。

辐射计天线接收到的功率和黑体温度的关系。能够在热力学定理允许范围内最大限度地把热能转化成辐射能的理想热辐射体叫黑体。在毫米波段上，黑体就是指在该频段的所有频率上都能吸收落在它上面的全部辐射而没有发生反射的理想物体。

假设在固定温度为 T 的空容器内有一个闭合系统，该容器的内壁以同样速率发射和接收光子，则可把该容器看作黑体。在容器内插入一块有效面积 A_e、归一化功率增益方向图为 $G(\theta,\ \phi)$ 的天线，则在带宽为 Δf 的天线接收到的总功率为

$$W = \frac{\lambda^2}{4\pi}\int_f^{f+\Delta f}\int_{4\pi} L(\theta,\phi)\,G(\theta,\phi)\,\mathrm{d}\Omega\mathrm{d}f \tag{5-1}$$

其中，功率增益方向图 $G(\theta,\ \phi)$ 是一个无量纲的量，$L(\theta,\ \phi)$ 为黑体亮度。

若天线是线极化的，而入射波是单极化的，则天线接收到的总功率为

$$W = \frac{\lambda^2}{8\pi}\int_f^{f+\Delta f}\int_{4\pi} L(\theta,\phi)\,G(\theta,\phi)\,\mathrm{d}\Omega\mathrm{d}f \tag{5-2}$$

黑体亮度指的是单位频率、单位方向角上的功率。其表达式为

$$L_{bb} = \frac{2kT}{\lambda^2} \tag{5-3}$$

代入式（5 - 2）则可得到

$$W = \frac{\lambda^2}{8\pi}\int_f^{f+\Delta f}\int_{4\pi} \frac{2kT}{\lambda^2}G(\theta,\phi)\,\mathrm{d}\Omega\mathrm{d}f \tag{5-4}$$

若天线终端检测的功率限于很窄的带宽，即 $\Delta f \ll f^2$，则上式可简化为

$$W_{bb} = \frac{\lambda^2}{8\pi}\int_f^{f+\Delta f}\int_{4\pi} \frac{2kT}{\lambda^2}G(\theta,\phi)\,\mathrm{d}\Omega\mathrm{d}f = kT\Delta f \tag{5-5}$$

由式（5-5）可以看出，辐射功率和温度存在线性关系。于是，可以把温度作为一个指标研究毫米波的辐射计。

5.1.1.2　物体的表面辐射温度

黑体是一个理想状态下的术语，在实际情况下很难存在，因而在实际情况下称之为灰体。由一个灰体辐射的功率，可以由比该灰体温度更低的等效黑体所辐射的功率来代替。称该黑体的温度为表面辐射温度 T_p，定义 T_p 与物体实际温度 T 之比为该物体的步谱发射率 ε，$\rho = 1 - \varepsilon$ 为物体的反射率。

一般来说，在同一环境条件下，不同物体的物理温度是相同的，但它们的表面辐射温度却可能相差很大。据测试数据表明，金属的辐射温度只是周围泥土、路面、植被的 25%~33%，即相对于周围物体而言是冷的。所以，毫米波辐射计区分金属目标和周围环境的能力很强。末敏弹毫米波辐射计识别目标的工作就是在此原理下实现的。

经测量，在相同频率下，不同物体表面辐射温度的大小关系如下：

天空 < 金属 < 水 < 混凝土 < 沥青 < 裸露土壤 < 草 < 茂密植被

不计电磁波穿过大气的衰减效应，当观测地面时，天线附近的辐射温度可表示为

$$T_{BG}(\Delta f) = \rho_G T_s + \varepsilon_G T_G + \varepsilon_{AT} T_{AT} + \rho_G T_{AT} \varepsilon_{AT} \tag{5-6}$$

式中，Δf 为接收机带宽；ρ_G 为地面反向系数；ε_G、ε_{AT} 为地面和大气的辐射率；T_s、T_G、T_{AT} 为天空、地面和大气的物理温度。

令 ρ_T 为金属目标的反射系数，当天线扫描到金属目标时，天线附近的温度为

$$T_{BG}(\Delta f) = \rho_T T_s + \rho_T T_{AT} \varepsilon_{AT} \tag{5-7}$$

则地面背景与金属目标之间的辐射射温差为

$$\Delta T = T_{BG} - T_{BT} = \rho_G T_s + \varepsilon_G T_G + \varepsilon_{AT} T_{AT} + \rho_G T_{AT} \varepsilon_{AT} - \rho_T T_s - \rho_T T_{AT} \varepsilon_{AT} \tag{5-8}$$

5.1.1.3　全功率辐射计工作原理

全功率辐射计的基本功能是测量天线传输的辐射功率。对一个带宽为 Δf 的接收机来说，在其输入端的有效功率可以用天线的温度 T_a 来表示：

$$W_s = k\Delta f\left[\frac{T_a}{L} + \left(1 - \frac{1}{L}\right)T_0\right] \tag{5-9}$$

式中，T_0 为天线及将电线与接收机输入端相连的传输线的环境湿度；L 为由天

线和传输线引起的欧姆损耗的损耗因子。

将辐射计的信号温度表示为 $T_s = \frac{W_s}{k\Delta f}$，则有

$$T_s = \frac{T_a}{L} + \left(1 - \frac{1}{L}\right)T_0 \tag{5-10}$$

根据交流式全功率辐射计的工作原理，温度经天线接收进来之后，经过混频、中放，再经过平方率检波、视放，将功率转化成电压的形式为

$$U = C_d Gk\Delta f T_s \tag{5-11}$$

式中，C_d 为平方率检波器功率灵敏度常数，V/W；G 为总增益。

当天线波束在温度对比度为 ΔT_T 的热背景和冷背景之间扫描时，天线温度变化率为 ΔT_a，则此时 U 的变化量可表示为

$$U_0 = \frac{C_d Gk\Delta f \Delta T_a}{L} \tag{5-12}$$

即输出电压的变化量与 ΔT_a 成正比。U_0 即为全功率辐射计的输出电压。

5.1.2 辐射计输出信号的特点

5.1.2.1 辐射计输出信号的数学模型

忽略大气衰减及天线副瓣影响，如果辐射计功率增益方向图 $G(\theta, \phi)$，物体的辐射温度为 $T(\theta, \phi)$，则天线温度可表示为

$$T_a = \frac{1}{4\pi}\int_{4\pi} T(\theta,\phi)G(\theta,\phi)\,\mathrm{d}\Omega \tag{5-13}$$

式中，$G(\theta, \phi) = G_0 \mathrm{e}^{-b\theta^2}$；$G_0$ 为天线波束中心的功率增益；b 为波形系数；θ 为扫描点与波束中心夹角。

若目标具有均匀温度 T_T，则由上式得到

$$\begin{aligned} T_a &= \frac{1}{4\pi}\int_{4\pi} T_T G(\theta,\phi)\,\mathrm{d}\Omega + \frac{1}{4\pi}\int_{4\pi} T(\theta,\phi)G(\theta,\phi)\,\mathrm{d}\Omega - \frac{1}{4\pi}\int_{AT} T_{BT} G(\theta,\phi)\,\mathrm{d}\Omega \\ &= \frac{1}{4\pi}\int_{AT} (T_T - T_{BT})G(\theta,\phi)\,\mathrm{d}\Omega + \frac{1}{4\pi}\int_{4\pi} T(\theta,\phi)G(\theta,\phi)\,\mathrm{d}\Omega \\ &= \frac{1}{4\pi}\int_{AT} (T_T - T_{BT})G(\theta,\phi)\,\mathrm{d}\Omega + T_s \end{aligned} \tag{5-14}$$

式中，T_s 为目标周围的温度场景。对式（5-14）进行变换可得

$$\frac{\Delta T_a}{\Delta T_T} = \frac{G_0}{4\pi}\int_{AT} e^{-b\theta^2} d\Omega \tag{5-15}$$

式中，$\Delta T_a = T_a - T_s$ 为天线温度变化量；$\Delta T_T = T_T - T_{BT}$ 为目标和环境之间的辐射温度对比度。

图 5-1 给出了毫米波辐射计与金属目标的交汇关系。

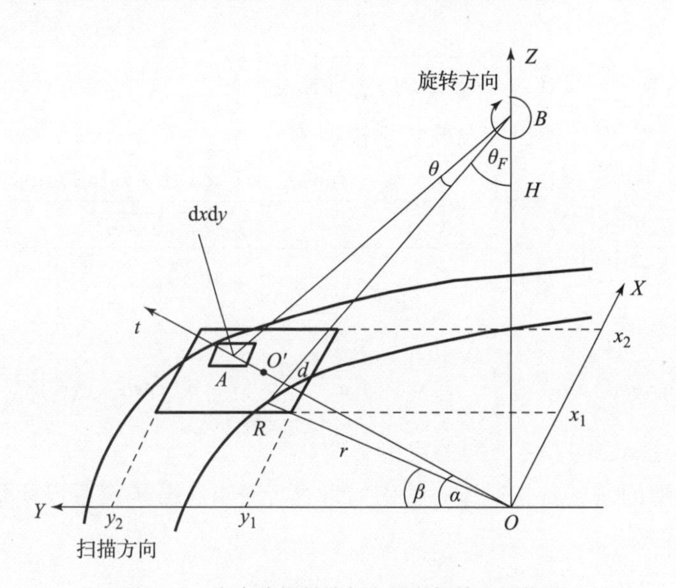

图 5-1　毫米波辐射计与金属目标的交汇关系

式中，R 为天线在地面的扫描点；A 为目标任一微分单元 $dxdy$；α 为目标中心 O' 与坐标顶点 O 边线与 y 轴的夹角；β 为目标 OR 与 y 轴的夹角；d 为在 Ot 方向上扫描点偏离目标中心的偏移量；θ 为目标上任一点偏离天线主瓣的角度；θ_F 为辐射计天线波束中心轴与铅垂线的夹角。

以 Ot 为扫描起点，n 为转速，则有

$$\beta = 2\pi nt \tag{5-16}$$

$$AB = \sqrt{x^2 + y^2 + H^2} \tag{5-17}$$

$$r = oR = H\tan\theta_F \tag{5-18}$$

$$BR = \sec\theta_F \tag{5-19}$$

$$AR = \sqrt{(x - r\sin\beta)^2 + (y - r\cos\beta)^2} \tag{5-20}$$

$$\theta = \arccos\frac{H\cos\theta_F + \sin\theta_F(y\cos\beta + x\sin\beta)}{\sqrt{x^2 + y^2 + H^2}} \tag{5-21}$$

一个微分单元 $dxdy$ 在天线的投影面积为

$$A_e = \frac{H}{\sqrt{x^2 + y^2 + H^2}} \mathrm{d}x\mathrm{d}y \tag{5-22}$$

所对应的微分立方角为

$$\begin{aligned} \mathrm{d}\Omega &= \frac{H}{\sqrt{x^2 + y^2 + H^2}} \mathrm{d}x\mathrm{d}y \frac{1}{x^2 + y^2 + H^2} \\ &= \frac{H}{(x^2 + y^2 + H^2)^{\frac{3}{2}}} \mathrm{d}x\mathrm{d}y \end{aligned} \tag{5-23}$$

得毫米波温度计的目标温度数学模型为

$$\frac{\Delta T_a}{\Delta T_T} = \frac{G_0 H}{4\pi} \int_{y_0}^{y_2} \int^{x_2 x_0} \frac{\exp\left\{ - b\left[\arccos \frac{H\cos\theta_F + (y\cos\beta + x\sin\beta)\sin\theta_F}{\sqrt{x^2 + y^2 + H^2}} \right] \right\}}{(x^2 + y^2 + H^2)^{\frac{3}{2}}} \mathrm{d}x\mathrm{d}y \tag{5-24}$$

式中，$x_1 = (r - d)\sin\alpha - \frac{a}{2}$，$x_2 = x_1 + a$，$y_1 = (r - d)\cos\alpha - \frac{b}{2}$，$y_2 = y_1 + b$，$a$ 和 b 分别为在 x 方向和 y 方向的目标长度。

目标识别的任务就是通过对输出信息进行分析，分辨真假目标及确定目标中心位置。

5.1.2.2 毫米波辐射计输出信号的数学模型

毫米波辐射计探测地面金属目标时的输出波形为近似的钟形脉冲。在实际工作过程中，受烟尘、云雾、地面杂波及目标辐射特性的不均匀性等影响，输出信号表现为近似的钟形脉冲。

试验表明，输出脉冲有如下特点：

（1）近似为钟形脉冲，峰值点对应着与扫描方向垂直的目标中线，具有近似对称性。

（2）峰值随着高度的降低而变大，脉冲变宽。

（3）辐射计输出信号的强弱受目标尺寸的影响，尺寸越大，信号越强。

（4）输出波形的峰值及脉宽同时受到扫描方向角及偏移量的影响。

5.1.3 毫米波/红外探测系统的数据融合

20 世纪 80 年代以来，随着传感器技术的迅猛发展，各种面向复杂背景的多传感器也大量出现。信息表面形式的多样性、信息容量以及信息处理速度等对信息处理能力提出了新的要求，信息融合技术应运而生。信息融合技术也称为多传感器融合技术，它具有稳定性好、时空覆盖区域宽阔、测量维数高、目标空间分辨力好和容错能力强等特点。

5.1.3.1　数据融合的层次

数据融合时，各种传感器根据不同的要求，把处于不同时刻、不同空间位置、具有不同抽象等级的信息传输给信息融合中心，信息融合中心以不同方式对这些信息进行综合处理。

数据融合的层次决定了对原始信息进行如何程度的预处理，在信息处理的哪一个层次上进行融合。一般可分为数据层融合、特征层融合、决策层融合。

（1）数据层融合。数据层融合是直接在采集到的原始数据上进行的融合，在各种传感器的原始预报未经预处理前就进行数据的综合分析。这种融合的优点是能够保持足够多的现场数据，提供更加细微的信息。但是，正因为如此，所处理的数据量庞大、时间长、实时性差。数据层融合是在信息的最底层进行的，传感器原始信息的不确定性、不完全性和不稳定性要求在融合时有较强的容错能力，要求各传感器间要能够精确到一个像素的校准精度，所以，要求各传感器来自同质传感器，也正是由于其所处理的信息量庞大，所以其抗干扰能力差。

（2）特征层融合。特征层融合属于中层融合，它先对来自传感器的原始信息进行特征提取（如目标的边缘、方向、速度等），然后对特征信息进行综合分析与处理。特征层融合的优点在于实现了对可观信息的压缩，有利于实时处理，并且由于所提取的信息直接与决策有关，因而融合效果能最大限度地给出决策分析所需要的特征信息。

（3）决策层融合。决策层融合是一个高层次融合，是指对来自各传感器的传感数据，通过各自独立的预处理机构进行预处理，并且对目标属性进行独立的分类决策，然后对各自得到的分类决策结果进行融合，从而得到整体一致的分类决策结果。该层次的数据融合具有一定的容错能力，即当某一传感器及其预处理过程出现错误时，通过适当的融合处理，系统能够克服由单一传感器所引起的错误，获得正确的决策估计；另外，高层数据融合所使用的融合数据相对来说具有最高的抽象层次，反映的是决策对象的本质特征。

5.1.3.2 数据融合的方法

当各种环境信息通过各种传感器以某种数据形式进入系统后，如何处理这些庞大而又复杂的数据，使之在系统中正确地流动，最终得到有关环境、目标以及系统自身位置和状态的正确描述，这就是数据融合所要解决的问题。

目前，用于数据融合过程中遇到不确定性问题的数学方法主要有贝叶斯法、D-S证据理论法和模糊逻辑法。这里使用D-S证据理论法。

考虑末敏弹的敏感机制，为了提高发现真目标的概率和减少受干扰的机会，采用了红外/毫米波组合传感器，因为毫米波传感器不受雾、烟尘和烟火的影响，却易受电磁干扰和雷达反射物的影响，而红外传感器则相反，所以，采用毫米波与红外复合技术，可大大提高末敏弹识别目标的能力。

在红外/毫米波复合体制中，数据层主要采用的是目标特征层信息融合及决策层信息融合，因为决策层融合具有较强的容错性，在某传感器及预处理出现错误时，通过适当的融合处理，系统就可以克服由某一传感器引起的错误，得到正确的决策估计。

通过仿真计算，得出了红外/毫米波信息融合系统对典型目标分类识别的结果，如表5-1所示。

表5-1 红外/毫米波信息融合系统对典型目标分类识别的结果

目标	传感器	基本概率分配值				识别结果
		目标一	目标二	目标三	不确定	
目标一 3 m×6 m	毫米波辐射计	0.43	0.20	0.05	0.32	目标一
	红外探测系统	0.25	0.13	0.12	0.50	不确定
	信息融合系统	0.503	0.21	0.087	0.2	目标一
目标二 4 m×6 m	毫米波辐射计	0.18	0.34	0.13	0.35	不确定
	红外探测系统	0.05	0.28	0.19	0.48	不确定
	信息融合系统	0.143	0.451	0.194	0.212	目标二
目标三 3 m×4 m	毫米波辐射计	0.19	0.19	0.17	0.45	不确定
	红外探测系统	0.26	0.23	0.48	0.03	目标三
	信息融合系统	0.28	0.249	0.493	0.022	目标三

表5-1中的第一项、第二项表示根据毫米波和红外传感器所得的信号而计算出的基本概率分配值，第三项为用D-S证据理论方法融合得出的结果。

从表中数据可以明显地看出，红外/毫米波信息融合系统明显优于单一优越感器。

5.1.4　寻的波束对目标的捕获条件

末敏子弹从母弹里抛撒出来后的运动可分为两个阶段：减速/减旋阶段和稳态扫描阶段。子弹从母弹里抛撒出来后，速度和转速都较高。在主伞张开前，弹上的减速伞和减旋伞打开，把速度降至主伞强度能够承受的范围。在子弹稳态扫描段，当子弹下落至敏感器工作高度时，就开始对扫描范围内的目标进行扫描，随着高度的降低，扫描范围逐渐减小，如图 5-2 所示。

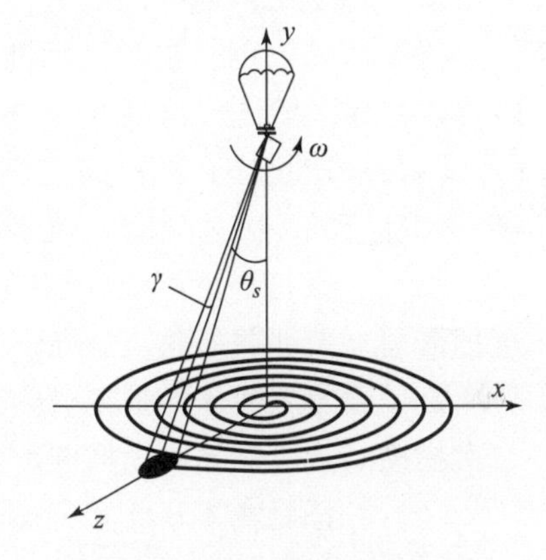

图 5-2　有伞末敏弹扫描示意图

寻的波束对目标的捕获条件如下：

在稳态扫描阶段，末敏弹的敏感器首先通过扫描来发现捕获目标，然后对目标进行识别，之后爆炸成型战斗部根据指令击中并毁伤目标。在这里，先定义以下 4 个概率：

P_1为单发子弹捕获目标的概率；

P_2为在捕获目标条件下的识别概率（条件概率）；

P_3为在捕获、识别目标条件下的命中概率（条件概率）；

P_4为在捕获、识别、命中目标条件下的毁伤概率（条件概率）。

对于上述 4 个概率，不同的捕获准则对应着不同的捕获概率，识别概率、命中概率和毁伤概率也是变化的。也就是说，在目标识别过程中可能会遇到很多种情况。为了能够比较精确地分析这一过程，分 5 种情况进行研究。这 5 种情况便是捕获目标的 5 个准则，如表 5-2 所示。

表 5-2　敏感器捕获准则

准则	模版间隔	扫描次数	占空比
1	每 10 m 间隔一个	一次扫描	满足要求直接打击
2	每 10 m 间隔一个	二次扫描	第一圈识别，第二圈打击
3	每 10 m 间隔一个	扫描距离不小于目标宽度	满足要求直接打击
4	每 5 m 间隔一个	一次扫描	满足要求直接打击
5	区域识别		光轴进入目标区域直接打击

对这5个准则，需要对其中的几个要点作一下解释。

（1）模板。扫描光斑在地面的大小是随着子弹高度的变化而变化的，子弹离地面越高时光斑越大，子弹离地面越低时光斑越小。所以，为了更加精确地进行计算与分析，采用在 y 方向上确定模板的方式来界定光斑的大小，即：令在 y 方向上每10 m或5 m为一个模板，每变化一个模板，就重新计算一次光斑在地面的大小。这样，在计算占空比时就更加精确。

（2）占空比。目标区域进入光斑的面积占光斑总面积的百分比。

（3）区域识别。在对目标进行识别时，不以占空比作为指标，而是以光轴进入目标区域进行识别。

（4）一次扫描。当扫描光斑第一次扫到目标时即进行识别捕获。捕获率高，识别率低，因为只有一次识别的机会。

（5）二次扫描。第一次扫描到目标后，先不进行捕获，而是等到第二圈再扫描后才识别并捕获。这样识别率高，因为有第二次确认识别的机会；但捕获率低，因为末敏子弹是在空中旋转且摇摆，加上受到风等因素的影响，当第二次扫描时，可能弹体已摆向别处，难以捕获目标。

（6）扫描距离不小于目标宽度。光斑的直径不小于目标的宽度。

令伞弹连接点坐标在地面上的投影为（x_j，z_j）。由于 x_j、y_j、z_j 是随机变化的，因而寻的毫米波束在目标上的投影呈现多样性。为了研究方便，令装甲目标在地面的面积为一简化的长方形，长为 L_l，宽为 L_s。由于子弹在稳态扫描过程中弹轴是倾斜的，所以波束在空间是一个倾斜锥体，其宽度角为 2γ，波束在地面的投影为一椭圆，则椭圆的长轴 a_e 与短轴 b_e 可分别表示为

$$a_e = \frac{1}{2} y_j [\tan(\theta_s + \gamma) - \tan(\theta_s - \gamma)] \tag{5-25}$$

$$b_e = \frac{y_j \tan\gamma}{\cos\theta_s} \tag{5-26}$$

式中，θ_s 为扫描角。椭圆波束的面积为

$$S_e = \pi a_e b_e \tag{5-27}$$

为了计算简便，把波束投影近似等效为一个圆，则由公式

$$\pi R_s^2 = \pi a_e b_e \tag{5-28}$$

可求得等效圆的半径为

$$R_s = \sqrt{a_e b_e} \tag{5-29}$$

把式（5-25）与式（5-26）代入得

$$R_s = \sqrt{\frac{y_j^2 \tan\gamma [\tan(\theta_s + \gamma) - \tan(\theta_s - \gamma)]}{2\cos\theta_s}} \tag{5-30}$$

令从起始扫描 t_0 时刻到 t 时刻波束中心在地面上扫过的角度为 θ_t，则

$$\theta_t = \int_{t_0}^{t} \omega(t)\,\mathrm{d}t \tag{5-31}$$

设 θ_0 为初始扫描时刻敏感轴线在地面上的投影与 x 轴的夹角，t 时刻波束投影的圆心坐标为 $(x_s,\ z_s)$，由图 5-3 可得

$$x_s = x_j + y_i \tan\theta_s \cos(\theta_t + \theta_0) \tag{5-32}$$

$$z_s = z_j + y_i \tan\theta_s \sin(\theta_t + \theta_0) \tag{5-33}$$

为了研究方便，定义目标坐标系 $o_t x_t y_t z_t$，o_t 为理想弹道条件下敏感器开始对地面目标进行扫描时目标集群中心点，x_t 沿射弹方向，y_t 沿铅垂线向上，z_t 方向由右手定则确定，则毫米波束在地面投影等效圆方程可写为

$$(x_t - x_s)^2 + (z_t - z_s)^2 = R_s^2 \tag{5-34}$$

在实际战场条件下，装甲集群目标的个数和队形是不定的。设目标个数为 n，在开始扫描时刻 t_0 第 i 个目标的坐标为 $(x_{ti0},\ z_{ti0})$，$i=1,\ 2,\ \cdots,\ n$。为了研究方便，设集群中的目标运行速度一致为 V_t，且假定目标沿着坐标轴方向运动。

假定目标沿着 x 轴方向运动时，则在任意时刻 t 第 i 个目标的坐标为 $(x_{ti0} + V_t \cdot t,\ z_{ti0})$，$i=1,\ 2,\ \cdots,\ n$。则 t 第 i 个目标的位置示意图如图 5-3 所示。

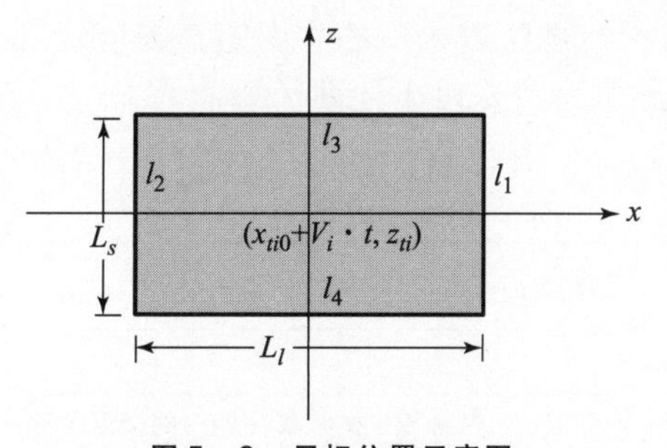

图 5-3　目标位置示意图

图 5-3 中目标四边形的四条边的方程如下：

$$\begin{cases} l_1: x_{t1} = x_{ti0} + V_t \cdot t + \dfrac{L_l}{2} \\ l_2: x_{t2} = x_{ti0} + V_t \cdot t - \dfrac{L_l}{2} \\ l_3: z_{t1} = z_{ti0} + \dfrac{L_s}{2} \\ l_4: z_{t2} = z_{ti0} - \dfrac{L_s}{2} \end{cases} \tag{5-35}$$

5.1.5 捕获条件及波束与目标交集的计算方法

5.1.5.1 采用间隔模板时交集的计算

为了研究方便，首先定义在后续分析中用到的几个变量：

S_1为 t 时刻波束投影区域面积；

S_2为目标投影区域面积；

S_c为 S_1与 S_2的相交区域面积；

L_l为目标投影区域的长边长度；

L_s为目标投影区域的短边长度；

L_{l1}为波束圆截目标上面长边长度（只截一条长边时表示所截长边的长度）；

L_{l2}为波束圆与目标投影区域相交的下面长边长度；

L_{s1}为波束圆截目标左面短边长度（只截一条短边时表示所截短边的长度）；

L_{s2}为波束圆与目标投影区域相交的右面短边长度。

显然，S_c是表示波束对目标投影捕获的重要指标，它体现了波束与目标投影的重叠程度，S_c值越大，表示捕获概率越高。求取 S_c的步骤如图 5-4 所示。

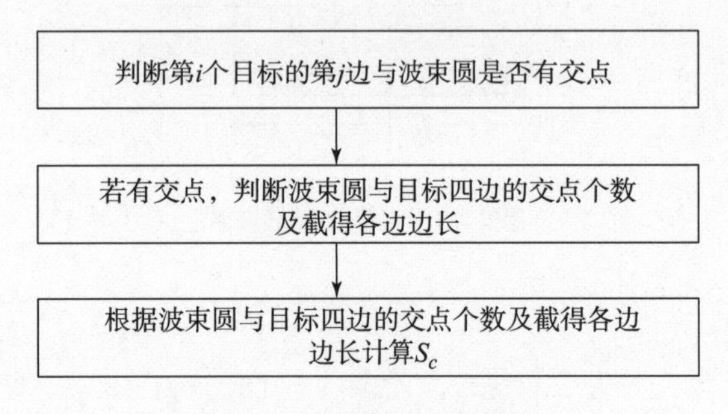

图 5-4 求取 S_c的步骤

设波束圆与目标四边形交点的个数为 n_c，下面通过图示形式分几种情况讨论 n_c取不同值时 S_c的计算方法。

1. $n_c=0$ 的情况

波束圆与目标四边形交点的个数为 0 时有以下 3 种情况，如图 5-5 所示。

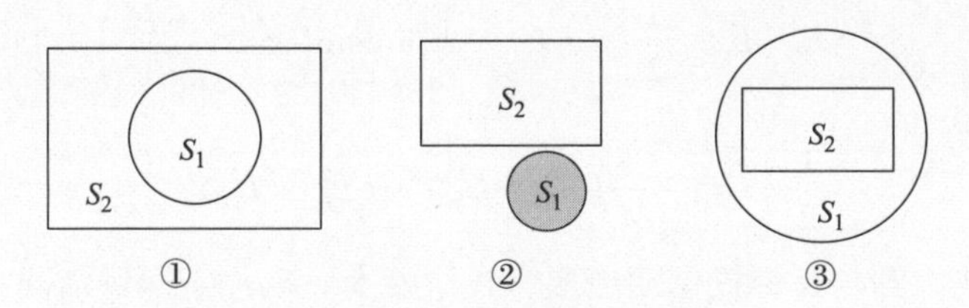

图5-5　波束圆与目标没有交点的情况

（1）波束圆与目标投影四边形的交点个数为0，圆心在目标上，$S_c=\pi R_s^2$。

（2）波束圆与目标投影四边形的交点个数为0，圆心不在目标上，$S_c=0$。

（3）波束圆与目标投影四边形的交点个数为0，目标在圆内，$S_c=L_l\cdot L_s$。

2. $n_c=2$ 的情况

令波束圆与目标四边形交点的个数为2时有6种情况，如图5-6所示。

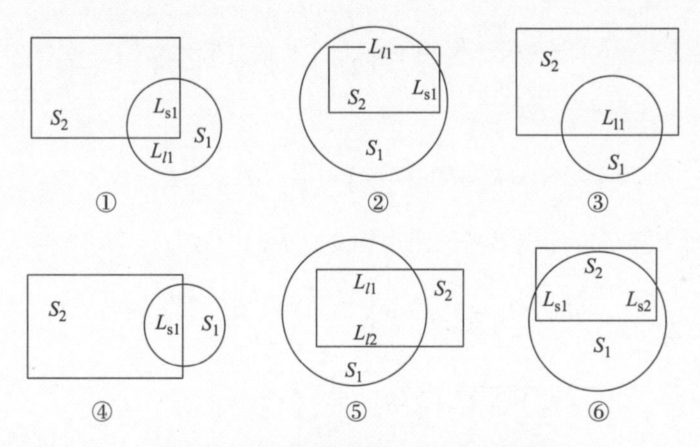

图5-6　波束圆与目标有2个交点的情况

（1）波束圆与目标投影四边形垂直的两边相交，此两边交点位于圆内。此时，

$$S_c=\frac{1}{2}L_{l1}\cdot L_{s1}+R_s^2\arcsin\left(\frac{\sqrt{L_{l1}^2+L_{s1}^2}}{2R_s}\right)-\frac{1}{2}\sqrt{R_s^2-\frac{1}{4}(L_{l1}^2+L_{s1}^2)}\cdot(L_{l1}^2+L_{s1}^2)\tag{5-36}$$

（2）波束圆与目标投影四边形垂直的两边相交，此两边交点位于圆外。此时，

$$S_c = L_l \cdot L_s - \frac{1}{2}L_{l1} \cdot L_{s1} + R_s^2 \arcsin\left(\frac{\sqrt{L_{l1}^2 + L_{s1}^2}}{2R_s}\right) - \frac{1}{2}\sqrt{R_s^2 - \frac{1}{4}(L_{l1}^2 + L_{s1}^2)} \cdot (L_{l1}^2 + L_{s1}^2) \tag{5-37}$$

（3）波束圆与目标投影四边形一长边相交，有如下两种情况：

①圆心在目标上：

$$S_c = \pi R_s^2 - R_s^2 \arcsin\left(\frac{L_{l1}}{2R_s}\right) + \frac{L_{l1}}{2}\sqrt{R_s^2 - \frac{1}{4}L_{l1}^2} \tag{5-38}$$

②圆心不在目标上：

$$S_c = R_s^2 \arcsin\left(\frac{L_{l1}}{2R_s}\right) - \frac{L_{l1}}{2}\sqrt{R_s^2 - \frac{1}{4}L_{l1}^2} \tag{5-39}$$

（4）波束圆与目标投影四边形一短边相交，有如下两种情况：

①圆心在目标上：

$$S_c = \pi R_s^2 - R_s^2 \arcsin\left(\frac{L_{s1}}{2R_s}\right) + \frac{L_{s1}}{2}\sqrt{R_s^2 - \frac{1}{4}L_{s1}^2} \tag{5-40}$$

②圆心不在目标上：

$$S_c = R_s^2 \arcsin\left(\frac{L_{s1}}{2R_s}\right) - \frac{L_{s1}}{2}\sqrt{R_s^2 - \frac{1}{4}L_{s1}^2} \tag{5-41}$$

（5）波束圆与目标相平行的两边相交，此时，

$$S_c = \frac{1}{2}(L_{l1} + L_{l2})L_s + R_s^2 \arcsin\left(\frac{\sqrt{(L_{l1} - L_{l2})^2 + L_s^2}}{2R_s}\right) - \frac{1}{2}\sqrt{(L_{l1} - L_{l2})^2 + L_s^2} \cdot \sqrt{R_s^2 - \frac{1}{2}[(L_{l1} - L_{l2})^2 + L_s^2]} \tag{5-42}$$

（6）波束圆与目标相平行的两边相交，此时，

$$S_c = \frac{1}{2}(L_{s1} + L_{s2})L_l + R_s^2 \arcsin\left(\frac{\sqrt{(L_{s1} - L_{s2})^2 + L_l^2}}{2R_s}\right) - \frac{1}{2}\sqrt{(L_{s1} - L_{s2})^2 + L_l^2} \cdot \sqrt{R_s^2 - \frac{1}{2}[(L_{s1} - L_{s2})^2 + L_l^2]} \tag{5-43}$$

3. $n_c = 4$ 的情况

令波束圆与目标四边形交点的个数为 4 时有 5 种情况，如图 5－7 所示。

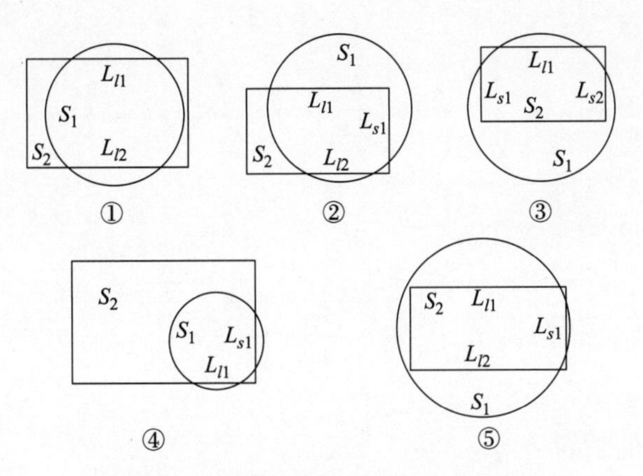

图5-7　波束圆与目标有4个交点的情况

（1）波束圆与目标平行的两长边相交，此时，

$$S_c = \pi R_s^2 + \frac{1}{2}\left(L_{l1}\sqrt{R_s^2 - \frac{1}{4}L_{l1}^2} + L_{l2}\sqrt{R_s^2 - \frac{1}{4}L_{l2}^2}\right) - \left(R_s^2\arcsin\frac{L_{l1}}{2R_s} + R_s^2\arcsin\frac{L_{l2}}{2R_s}\right) \tag{5-44}$$

（2）波束圆同时与目标平行两长边和垂直两短边相交，此时，

$$S_c = \frac{1}{2}L_{l1}\cdot L_{s1} + R_s^2\arcsin\frac{L_{l2}}{2R_s}\left(\frac{\sqrt{L_{l1}^2 + L_{s1}^2}}{2R_s}\right) + \frac{1}{2}L_{l2}\sqrt{R_s^2 - \frac{1}{4}L_{l2}^2} -$$

$$\frac{1}{2}\sqrt{R_s^2 - \frac{1}{4}\left(L_{l1}^2 + L_{s1}^2\right)}\cdot\sqrt{L_{l1}^2 + L_{s1}^2} - R_s^2\arcsin\frac{L_{l2}}{2R_s} \tag{5-45}$$

（3）波束圆与目标平行两短边和一长边相交，此时，

$$S_c = \frac{1}{2}\left(L_{s1} + L_{s2}\right)L_l - \left[R_s^2\arcsin\left(\frac{L_{l1}}{2R_s}\right) - \frac{L_{l1}}{2}\sqrt{R_s^2 - \frac{1}{4}L_{l1}^2}\right] +$$

$$R_s^2\arcsin\frac{\sqrt{(L_{s1} - L_{s2})^2 + L_l^2}}{2R_s} -$$

$$\frac{1}{2}\sqrt{(L_{s1} - L_{s2})^2 + L_l^2}\cdot\sqrt{R_s^2 - \frac{1}{4}\left[(L_{s1} - L_{s2})^2 + L_l^2\right]} \tag{5-46}$$

（4）波束圆同时与目标相垂直的两边相交，此时，

$$S_c = \pi R_s^2 - R_s^2\arcsin\frac{L_{l1}}{2R_s} + \frac{L_{l1}}{2}\sqrt{R_s^2 - \frac{1}{4}L_{l1}^2} - R_s^2\arcsin\frac{L_{s1}}{2R_s} - \frac{L_{s1}}{2}\sqrt{R_s^2 - \frac{L_{s1}^2}{4}} \tag{5-47}$$

（5）波束圆同时与目标相两长边一短边相交，此时，

$$S_c=\frac{1}{2}(L_{l1}+L_{l2})L_s-\left[R_s^2\arcsin\left(\frac{L_{s1}}{2R_s}\right)-\frac{L_{s1}}{2}\sqrt{R_s^2-\frac{1}{4}L_{s1}^2}\right]+$$

$$R_s^2\arcsin\frac{\sqrt{(L_{l1}-L_{l2})^2+L_s^2}}{2R_s}-$$

$$\frac{1}{2}\sqrt{(L_{s1}-L_{s2})^2+L_l^2}\cdot\sqrt{R_s^2-\frac{1}{4}[(L_{l1}-L_{l2})^2+L_s^2]} \tag{5-48}$$

4. $n_c=6$ 的情况

这种情况只有一种，即波束圆与目标两条平等长边和平等一条短边都有两个交点，如图5－8所示。

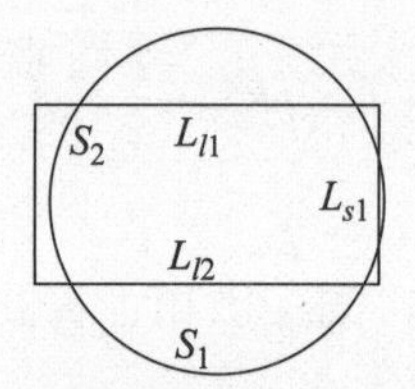

图5－8　波束圆与目标两条平等长边和平等短边都有两个交点的情况

此时，波束与目标投影的交集计算如下：

$$S_c=\pi R_s^2-R_s^2\arcsin\left(\frac{L_{l1}}{2R_s}\right)+\frac{L_{l1}}{2}\sqrt{R_s^2-\frac{1}{4}L_{l1}^2}-R_s^2\arcsin\left(\frac{L_{l2}}{2R_s}\right)+$$

$$\frac{L_{l2}}{2}\sqrt{R_s^2-\frac{1}{4}L_{l2}^2}-R_s^2\arcsin\left(\frac{L_{s1}}{2R_s}\right)+\frac{L_{s1}}{2}\sqrt{R_s^2-\frac{1}{4}L_{s1}^2} \tag{5-49}$$

5.1.5.2　采用区域识别时交集的计算

对于采用区域识别，光轴进入目标中心区域直接打击，目标边界的方程为

$$\begin{cases} l_1: x_{t1} = x_{ti0} + V_t \cdot t + \sigma \dfrac{L_l}{2} \\ l_2: x_{t2} = x_{ti0} + V_t \cdot t - \sigma \dfrac{L_l}{2} \\ l_3: z_{t1} = z_{ti0} + \sigma \dfrac{L_s}{2} \\ l_4: z_{t2} = z_{ti0} - \sigma \dfrac{L_s}{2} \end{cases} \tag{5-50}$$

式中，σ 为比例系数，当 $\sigma = 0.5$ 时，式（5－50）表示$\dfrac{L_l}{2} \times \dfrac{L_s}{2}$目标中心区域；当 $\sigma = 1$ 时，式（5－50）表示 $L_l \times L_s$ 全目标中心区域。此时，计算捕获概率变为在 t 时刻下式是否成立：

$$\begin{cases} |x_s - (x_{ti0} + V_t \cdot t)| \leqslant \sigma \dfrac{L_l}{2} \\ |z_s - z_{ti0}| \leqslant \sigma \dfrac{L_s}{2} \end{cases} \tag{5-51}$$

5.1.5.3　目标捕获的弹道仿真计算

在计算过程中，采用逐步迭代的方法对目标进行扫描，即从初始扫描时刻起，每隔一个时间步长求一次交集（或光轴坐标），看是否满足捕获条件，直到子弹自毁为止。当满足捕获条件时，就把该时刻的光轴坐标作为计算命中概率的瞄准中心。具体的仿真程序如图5－9所示。

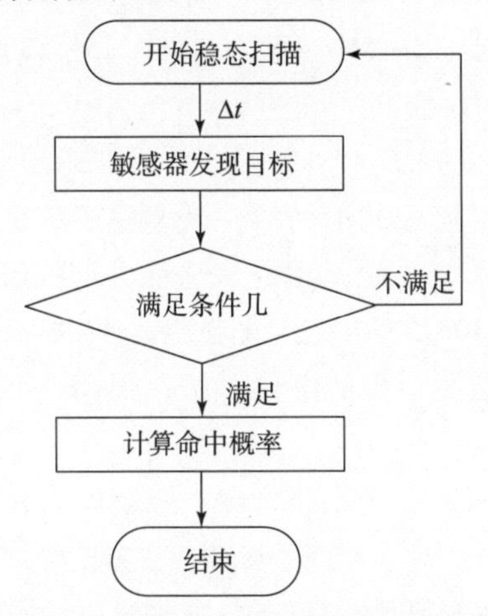

图5－9　捕获目标的弹道仿真程序框图

5.2 爆炸成型弹丸毁伤目标的计算

5.2.1 末敏弹的威力

设爆炸成型弹丸的散布服从概率密度函数，其概率密度函数为

$$f(x,z)=\frac{1}{2\pi\sigma_x\sigma_z}\mathrm{e}^{-\frac{1}{2}\left[\left(\frac{x-x_{sc}}{\sigma_x}\right)^2+\left(\frac{z-z_{sc}}{\sigma_z}\right)^2\right]} \tag{5-52}$$

写成用中间误差表示的形式为

$$f(x,z)=\frac{\rho^2}{2\pi E_x E_z}\mathrm{e}^{-\rho^2\left[\left(\frac{x-x_{sc}}{E_x}\right)^2+\left(\frac{z-z_{sc}}{E_z}\right)^2\right]} \tag{5-53}$$

式中，σ_x，σ_z 为爆炸成型弹丸的散布标准偏差；E_x，E_z 为爆炸成型弹丸的散布中间误差；（x_{sc}，z_{sc}）为爆炸成型弹丸的瞄准点中心，即满足捕获条件时的光轴坐标。$\rho=0.4769$，且有

$$\sigma_x=\frac{E_x}{\sqrt{2}\rho},\ \sigma_z=\frac{E_z}{\sqrt{2}\rho} \tag{5-54}$$

由前面的假设知，在捕获条件下爆炸成形弹丸命中目标的概率为 P_3，有

$$P_3=\iint_{S_2}f(x,z)\,\mathrm{d}x\mathrm{d}z=\int_{x_1}^{x_2}\int_{z_1}^{z_2}f(x,z)\,\mathrm{d}x\mathrm{d}z \tag{5-55}$$

式中的 x_1，x_2，z_1，z_2 由式（5-35）确定。把式（5-53）代入式（5-55）得

$$P_3=\int_{x_1}^{x_2}\frac{\rho}{\sqrt{\pi}E_x}\mathrm{e}^{-\rho^2\left(\frac{x-x_{sc}}{E_x}\right)^2}\mathrm{d}x\int_{z_1}^{z_2}\frac{\rho}{\sqrt{\pi}E_z}\mathrm{e}^{-\rho^2\left(\frac{z-z_{sc}}{E_z}\right)^2}\mathrm{d}z \tag{5-56}$$

在研究末敏弹对装甲目标的毁伤时，就要先了解末敏弹的威力情况。作为一种倾斜攻顶的灵巧弹药，末敏弹爆炸成型战斗部的威力指标为：作用距离为 120 m 时能穿透 50 mm/30°均质钢板，穿透率≥90%。

为了研究末敏弹对装甲目标的毁伤等级，采用 3 个国际上公认的装甲目标的毁伤等级。

M 级毁伤：运动毁伤，完全或部分丧失修复能力，不能在战地修复。

F 级毁伤：火力毁伤，完全或部分丧失射击能力。

K 级毁伤：歼灭，完全歼毁，完全失去效能，不能修复。

根据对资料的收集与分析，得出末敏弹对装甲目标的毁伤因子表，如表5－3所示。

表5－3　末敏弹对装甲目标毁伤因子表

命中部位	毁伤因子			命中部位	毁伤因子		
	M	F	K		M	F	K
发射装药	1	1	1	履带	0.1	—	—
弹药	1	1	1	燃料箱	0.1	—	—
发动机	1	—	—	车长	0.3	0.5	—
主炮射管	—	1	—	炮长	0.3	0.5	—
主炮高低机	—	1	—	装填手	0.1	0.3	—
主炮方向机	—	0.95	—	车长与炮长	0.65	0.95	—
火控系统	—	0.95	—	车长与装填手	0.65	0.70	—
主轮机	1	—	—	炮长与装填手	0.55	0.65	—
传动装置	1	—	—	仅剩一名成员	0.95	0.95	—

5.2.2　典型装甲目标的易损性分析

易损性即目标生命力对不同毁伤手段的反应敏感程度。研究末敏弹对装甲目标的毁伤作用首先要进行目标的易损性分析。在末敏弹的爆炸成型弹丸作用下，要通过目标的易损性分析来判断目标的毁伤程度。

以往在计算对目标的毁伤时，常常认为命中即完全毁伤，这样得出的毁伤结果不免有些粗糙。实际上，末敏弹爆炸成型弹丸击中装甲目标的不同部位所造成的毁伤程度差别很大。为了尽可能做到对目标毁伤的科学判定，可以对不同装甲目标的不同部位受到的毁伤程度加以区别。

随着各国军事技术的发展，装甲目标的种类越来越多，如坦克、步兵战车、履带式自行榴弹炮、履带式自行火箭炮、轮式突击炮等。这里仅对自行榴弹炮、坦克和步战车三种典型装甲目标进行易损性分析。在分析时，由于末敏弹主要攻击装甲集群目标，所以，要对目标的作战配置、大部构成及不同部位的毁伤程度进行分析。

5.2.2.1 自行榴弹炮的易损性分析

自行榴弹炮是一种炮身与车辆底盘构成一体的榴弹炮，是对敌实施火力压制与精确打击的重要火力力量。自行榴弹炮一般以营为单位进行编制，可执行多种射击任务，为前方部队提供有效的火力支援，以常规榴弹与智能弹药相结合。自行榴弹炮有摧毁对方的坚硬目标、杀伤有生力量的强大火力，且有良好的机动性与防护力，是现代战争中不可或缺的火力。但是，自行榴弹炮的装甲较薄，很容易被强大火力毁伤，因而成为末敏弹的重要攻击目标。

自行榴弹炮在使用时，一般先占领待机阵地，当受领打击任务后，冲击发射阵地，遂行火力打击任务。一个自行榴弹炮团一般编制三个炮兵营，一般以营为单位展开。当成一线配置时，一个炮兵连的阵地正面一般不超过 300 m，纵深一般不超过 100 m，榴弹炮间隔为 50 ~ 100 m。随着战争的发展需求，自行榴弹炮的配置还有非一线配置形式，其目的是反敌方的侦察与火力打击。实行非一线配置时，自行榴弹炮在阵地上作纵深梯次配置或沿着某种形状的周边配置，如前三角形、后三角形、梯形或半圆配置。

末敏弹对自行榴弹炮主要可以构成如下毁伤（损伤）：乘员损伤、火力系统毁伤、推进系统毁伤和电气系统毁伤。

末敏弹对自行榴弹炮可造成的毁伤情况分析如表 5 – 4 所示。

表 5 – 4　末敏弹对自行榴弹炮可造成的毁伤情况分析

毁伤类型	情况分析
乘员损伤	自行榴弹炮上有乘员 5 名——炮长、驾驶员、瞄准手和两名炮手，缺一不可。乘员损伤，则自行榴弹炮的作战效能大大降低
火力系统毁伤	火力系统含主炮、控制系统和弹药。火力系统受到损坏即可认为自行榴弹炮失去了战斗能力。火控系统是火力系统的重要组成部分，其部件体积小，种类多，精密仪器多，易损坏。弹药集中放置在车身后部的弹药架上，若被击中，易爆炸
推进系统毁伤	含发动机、传动装置、操纵装置和行走装置。自行榴弹炮的发动机和传动装置在车体前部，若被毁伤则失去机动能力和供电能力
电气系统毁伤	电气系统负责自行榴弹炮的供耗电平衡。电气系统同火控系统及各种检测仪表密切相关，失效后会严重影响自行榴弹炮的战斗能力

根据对某自行榴弹炮的分析，将其平面划分为 9 个毁伤区域：左履带、右履带、驾驶室、火炮身管、动力舱、辅机、炮塔、弹药架、蓄电池。对每一个区域制作毁伤因子，将毁伤因子和毁伤区域的几何形状生成数据文件，作为计

算毁伤概率的输入文件。

需要说明的是，为了计算方便，在对每个毁伤区域划分时，根据现代自行榴弹炮各部分的形状特点，每个部分的平面投影基本上近似为矩形。根据自行是榴弹炮的各部分形状，毁伤区域的划分如图5-10所示。

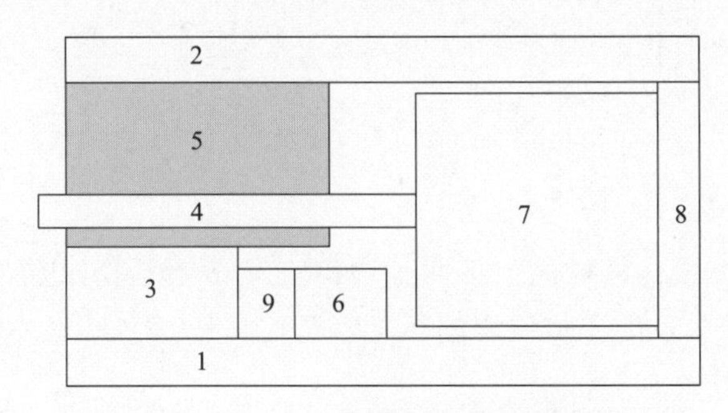

图5-10 某自行榴弹炮毁伤区域划分图

1—左履带；2—右履带；3—驾驶室；4—火炮身管；5—动力舱；6—辅机；7—炮塔；8—弹药架；9—蓄电池

在划分时，把发动机、散热器及风扇并到了一处作为动力舱部分。据所得资料分析，制定了某自行榴弹炮毁伤因子，如表5-5所示。

表5-5 末敏弹对某自行榴弹炮不同区域的毁伤因子表

序号	区域名称	毁伤级别		
		M	F	K
1	左履带	0.27	0	0
2	右履带	0.27	0	0
3	驾驶室	1.0	0.02	0.06
4	火炮身管	0	1.0	0
5	动力舱	1.0	0	0.09
6	辅机	0.52	0.33	0.32
7	炮塔	0.72	0.84	0.48
8	弹药架	1.0	1.0	1.0
9	蓄电池	0.47	0.06	0.01

设某自行榴弹炮群的目标数为 n，第 i 个目标的第 j 块可造成毁伤的区域为 $S_{ij}(i=1, 2, \cdots, n; j=1, 2, \cdots, 9)$。由图5-10知，当 S_{ij} 为矩形时，其各

边的表达式为

$$\begin{cases} l_1: x_{tij1} = x_{ti0} + V_t \cdot t + \dfrac{L_{lj}}{2} \\ l_2: x_{tij2} = x_{ti0} + V_t \cdot t - \dfrac{L_{lj}}{2} \\ l_3: z_{tij1} = z_{ti0} + \dfrac{L_{sj}}{2} \\ l_4: z_{tij2} = z_{ti0} - \dfrac{L_{sj}}{2} \end{cases}, j=1, 2, \cdots, 9 \tag{5-57}$$

式中，l_1、l_2表示毁伤区域的上下两长边；l_3、l_4表示毁伤区域的左右两短边。L_{lj}表示长边的长度，L_{sj}表示短边的长度；（$x_{tij}+V_t \cdot t$，z_{tij}）为区域S_{ij}的中心坐标。

经分析，某自行榴弹炮的各毁伤区域尺寸如图 5－11 所示。

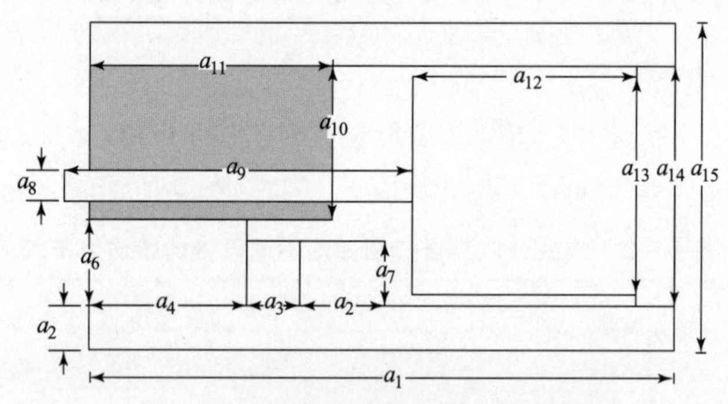

图 5－11　某自行榴弹炮毁伤区域划分图例

将毁伤因子和区域尺寸生成数据文件，作为某自行榴弹炮的毁伤概率计算的输入文件，在弹道模拟计算中加以应用。

5.2.2.2　坦克的易损性分析

坦克由武器系统、防护系统、通信系统、电气系统等组成。

为了便于定量计算，先对某坦克的战术运用进行分析。资料显示，某坦克在进攻战斗时的作战配置如表 5－6 所示。

表5－6　某坦克战术配置

<table>
<tr><td rowspan="8">进攻战斗</td><td colspan="4">待机阵地</td></tr>
<tr><td>距对方前沿</td><td>配置地域长</td><td>连间距</td><td>车间距</td></tr>
<tr><td>40～60km</td><td>0.5～0.7km</td><td>0.8～1.0km</td><td>10～15m</td></tr>
<tr><td colspan="4">向对方开进</td></tr>
<tr><td>展成连纵队时距对方前沿</td><td>连纵队坦克间距</td><td>成临战队形</td><td>突破地段正面坦克密度</td></tr>
<tr><td>4～6 km</td><td>25～50 m</td><td>1.5～4.0 km</td><td>50～80 辆/km</td></tr>
<tr><td rowspan="2">防御战斗</td><td>营防御正面</td><td>连间距</td><td>连配置队形</td><td>连防御正面</td></tr>
<tr><td>5 km</td><td>1.0～1.5 km</td><td>前（后）三角</td><td>1.0～1.5 km</td></tr>
</table>

在坦克师的突破地段正面密度可达50～80辆/km，在距对方前沿50 km左右处选择待机阵地。在待机阵地内，坦克连沿行进路线成纵身疏开配置，长度在1 km之内，连与连间隔为1 km左右。在开进展开时，距对方阵地5 km时，变成连纵队队形，间距不25～50 m。在距对方前沿1.5～4 km时，变成连临战队形；在距对方成1～3 km时，由临战队形变成突击队形。在防御战斗中，坦克营的防御正面为5 km，连间距1.0～1.5 km，成前后三角配置。坦克连的防御正面为1.0～1.5 km。

末敏弹对某坦克造成的毁伤情况分析如表5－7所示。

表5－7　末敏弹对某坦克造成的毁伤情况分析

毁伤类型	情况分析
乘员损伤	车长、炮长、驾驶员缺一不可。对于自动化功能较强的新型坦克，车长或炮长可以互相替代，但是如果两者缺一则效能减半。驾驶员损伤，则坦克丧失一部分机动能力，只能作为一个静止的火力点使用
火力系统毁伤	火力系统含火炮、火控系统和弹药。火炮是坦克的主要武器，火力的损伤即可认为其失去战斗力；火控系统是火力系统的重要组成部分，精密仪器多，易损伤；弹药在坦克内是集中放置的，40发弹集中放置在底甲板的旋转弹架上，加上高机弹药，若被击中易爆炸
推进系统毁伤	含发动机、传动装置、操纵装置和行走装置。发动机是核心，若被毁伤则坦克失去动力和供电能力；传动装置室上有16 mm厚装甲防护，若被损伤，坦克将失去机动能力；行走装置的坦克投影面积的比例较大，易造成毁伤的可能性却较小，若被损坏，则造成运动毁伤
电气系统毁伤	电气系统负责坦克的供耗电平衡，同火控系统及各种检测仪表密切相关，毁伤后会严重影响坦克的战斗能力

经过分析，可根据某坦克的特点将其分成9个区域，其中，末敏弹击中后能够造成毁伤的有6个部位，分别为火炮身管、炮塔顶部、左履带、右履带、发动机、油箱。末敏弹击中后不能造成毁伤的有前装甲和炮塔四周。

对能造成毁伤的区域制定相应的毁伤因子，将毁伤因子和区域的几何坐标生成数据文件，作为坦克毁伤概率计算的输入文件。某坦克的具体区域如图5－12所示，得到某坦克毁伤因子如表5－8所示。

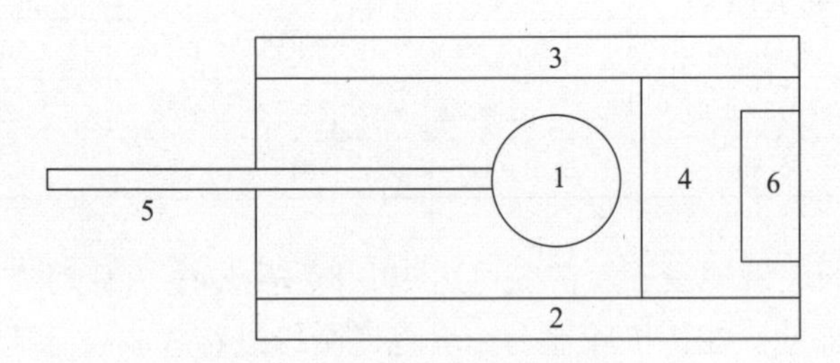

图5－12　某坦克毁伤区域图

1—炮塔顶部；2—左履带；3—右履带；4—发动机；
5—火炮身管；6—油箱

表5－8　某坦克毁伤因子表

序号	区域名称	毁伤级别		
		M	F	K
1	炮塔顶部	0.75	0，85	0.80
2	行走部分	0.33	0.00	0.04
3	行走部分	0.33	0.00	0.04
4	发动机	1.00	0.00	0.09
5	火炮身管	0.00	0.98	0.00
6	油箱	0.47	0.28	0.20

5.2.2.3　步兵战车的易损性分析

步兵战车是步兵在全装甲防护下协同坦克作战或独立战斗的高机动性车辆，也是末敏弹要打击的对象之一。

某步兵战车由推进系统、武器系统、防护系统以及通信、电气系统组成，其动力—传动装置前置，炮塔武器安装在车体中央，车体后部作为步兵战斗室，搭载乘员8名。其战术配置情况如表5－9所示。

表5-9　某步兵战车战术配置情况

待机阵地	距对方前沿 40~60 km	配置地域长 0.5~0.7 km	连间距 0.8~1.0 km	车间距 10~15 m
向对方开进	展成营纵队时距离对方前沿 8~12 km	第一梯队成一路纵队距离 4~6 km	第一梯队展成三路排纵队距离 2~3 km	展成冲击队形距离 0.4~1.0 km

经过以上分析，可将某步兵战车划分成12个区域，分别是驾驶员室、左履带、右履带、1组油箱、2组油箱、左乘员室、右乘员室、炮塔顶部、车长室、散热装置、发动机、火炮身管，如图5-13所示。

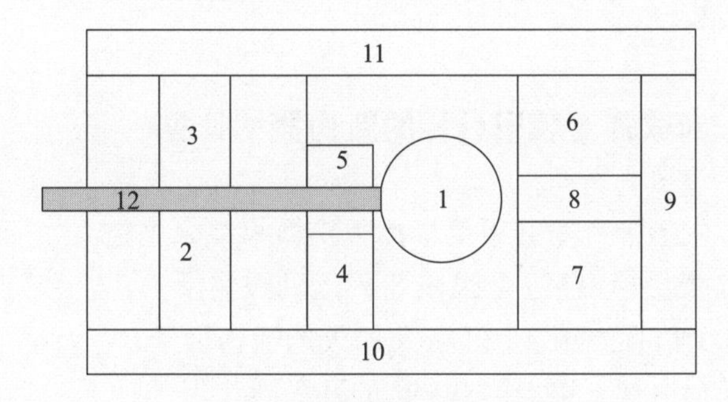

图5-13　某步战车毁伤区域图

1—炮塔顶部；2—左乘员室；3—右乘员室；4—驾驶员室；5—车长室；6—1组油箱；7—2组油箱；8—散热装置；9—发动机；10—左履带；11—右履带；12—火炮身管

末敏弹命中这些区域，会造成一定程度的毁伤。对每一个区域制定相应的毁伤因子，如表5-10所示。

表5-10　某步兵战车毁伤因子表

序号	划分区域	毁伤级别		
		M	F	K
1	炮塔顶部	0.83	0.94	0.92
2	左乘员室	0.02	0.24	0.03
3	右乘员室	0.02	0.24	0.03
4	驾驶员室	0.53	0.03	0.04
5	车长室	0.27	0.33	0.03
6	1组油箱	0.53	0.34	0.31

续表

序号	划分区域	毁伤级别		
		M	F	K
7	2 组油箱	0.53	0.34	0.31
8	散热装置	1.00	0.01	0.05
9	发动机室	1.00	0.00	0.05
10	左履带	0.36	0.03	0.00
11	右履带	0.36	0.03	0.00
12	火炮身管	0.00	0.52	0.00

将毁伤因子和区域的几何坐标生成数据文件，作为仿真模拟中对某步兵战车毁伤的输入文件。

5.2.2.4 末敏弹对装甲目标的毁伤概率计算

在求取爆炸成形弹丸对装甲目标的毁伤概率前，先定义如下量：

τ_{mij}为对第 i 个目标上第 j 个区域 S_{ij}的运动毁伤因子；

τ_{fij}为对第 i 个目标上第 j 个区域 S_{ij}的火力毁伤因子；

τ_{kij}为对第 i 个目标上第 j 个区域 S_{ij}的歼灭毁伤因子；

P_{4mij}为对第 i 个目标上第 j 个区域 S_{ij}的运动毁伤概率；

P_{4fij}为对第 i 个目标上第 j 个区域 S_{ij}的火力毁伤概率；

P_{4kij}为对第 i 个目标上第 j 个区域 S_{ij}的歼灭毁伤概率。

（1）当被击中区域 S_{ij}为矩形时，由式（5－56）得

$$P_{4mij} = \tau_{mij} \cdot \int_{x_{tij1}}^{x_{tij2}} \frac{\rho}{\sqrt{\pi} E_x} e^{-\rho^2\left(\frac{x-x_{sc}}{E_x}\right)^2} dx \int_{z_{tij1}}^{z_{tij2}} \frac{\rho}{\sqrt{\pi} E_z} e^{-\rho^2\left(\frac{z-z_{sc}}{E_z}\right)^2} dz \tag{5-58}$$

$$P_{4fij} = \tau_{fij} \cdot \int_{x_{tij1}}^{x_{tij2}} \frac{\rho}{\sqrt{\pi} E_x} e^{-\rho^2\left(\frac{x-x_{sc}}{E_x}\right)^2} dx \int_{z_{tij1}}^{z_{tij2}} \frac{\rho}{\sqrt{\pi} E_z} e^{-\rho^2\left(\frac{z-z_{sc}}{E_z}\right)^2} dz \tag{5-59}$$

$$P_{4kij} = \tau_{kij} \cdot \int_{x_{tij1}}^{x_{tij2}} \frac{\rho}{\sqrt{\pi} E_x} e^{-\rho^2\left(\frac{x-x_{sc}}{E_x}\right)^2} dx \int_{z_{tij1}}^{z_{tij2}} \frac{\rho}{\sqrt{\pi} E_z} e^{-\rho^2\left(\frac{z-z_{sc}}{E_z}\right)^2} dz \tag{5-60}$$

（2）当被击中区域 S_{ij}为圆形时，其方程为

$$[x_j - (x_{cij} + V_t \cdot t)]^2 + (z_j - z_{cij})^2 = R_j^2 \tag{5-61}$$

式中，$(x_{cij} + V_t \cdot t, z_{cij})$ 为圆心坐标，R_j 为半径。毁伤概率计算公式为

$$P_{4mij} = \tau_{mij} \cdot \iint_{S_{ij}} \frac{\rho^2}{2\pi E_x E_z} e^{-\rho^2\left[\left(\frac{x-x_{sc}}{E_x}\right)^2+\left(\frac{z-z_{sc}}{E_z}\right)^2\right]} dxdz \tag{5-62}$$

$$P_{4fij} = \tau_{fij} \cdot \iint_{S_{ij}} \frac{\rho^2}{2\pi E_x E_z} e^{-\rho^2\left[\left(\frac{x-x_{sc}}{E_x}\right)^2+\left(\frac{z-z_{sc}}{E_z}\right)^2\right]} \mathrm{d}x\mathrm{d}z \quad (5-63)$$

$$P_{4kij} = \tau_{kij} \cdot \iint_{S_{ij}} \frac{\rho^2}{2\pi E_x E_z} e^{-\rho^2\left[\left(\frac{x-x_{sc}}{E_x}\right)^2+\left(\frac{z-z_{sc}}{E_z}\right)^2\right]} \mathrm{d}x\mathrm{d}z \quad (5-64)$$

对第 i 个自行火炮目标上 9 个毁伤区域的运动毁伤概率、火力毁伤概率和歼灭毁伤概率累加即可得到单发末敏弹对该目标的毁伤概率。在计算公式中的方差 E_x 和 E_z 通过每次的蒙特卡洛仿真求出。

5.3　有伞末敏弹毁伤计算分析

炮射有伞末敏弹作为一种子弹药，既不同于无控子母弹，也不同于有控精确制导弹药，其工作原理与弹道计算方法与其他的弹药也不相同；另外，其工作过程复杂，影响因素多。因此，在进行计算机仿真时，采用蒙特卡洛方法进行模拟打靶，才能恰当模拟工作过程。

5.3.1　蒙特卡洛方法

5.3.1.1　蒙特卡洛方法的基本思想

蒙特卡洛方法也称为随机模拟方法，有时也称为随机抽样技术或统计试验方法，是确定描述物理过程的微分方程组大量求解结果概率特性的最通用方法之一。这种方法通过概率分布或概率密度进行求解，是在全概率的基础上进行的，因而是一种精确的模拟方法。

蒙特卡洛方法的基本思想：为了求解数学、物理、工程技术等方面的问题，首先建立一个概率模型或随机过程，使它的参数等于问题的解；然后通过对概率模型或随机过程的观察或抽样试验来计算所求参数的统计特征，最后给出所求解的近似值，而解的精确度可用估计值的标准误差来估计。换句话说，即通过所谓“抽签试验”来确定包含众多随机因素的物理过程的概率特性。用该方法模拟某一现象时，基本要素是被模拟现象的一个随机现实，而每一个现实都是通过“抽签试验”随机取得的。

假设所求量 x 的随机变量 ξ 的数学期望 $E(\xi)$，那么近似求取 x 的方法是对

ξ 进行 N 次重复抽样，产生相互独立的 ξ 的序列 ξ_1，ξ_2，…，ξ_N，并计算出其算术平均值为

$$\bar{\xi}_N = \frac{1}{N}\sum_{n=1}^{N}\xi_N \tag{5-65}$$

根据柯尔莫罗夫加强大数定理有

$$P(\lim_{N\to\infty}\bar{\xi}_N = x) = 1 \tag{5-66}$$

因此当 N 充分大时，$\bar{\xi}_N \approx E(\xi) = x$ 的概率等于 1，也就是说，可以用 $\bar{\xi}_N$ 作为所求量 x 的估计值。

用蒙特卡洛方法可以解决各种问题，总的来说，视其是否涉及随机过程的性态和结果，可以将这些问题分为两大类。

第一类是确定性的数学问题。用蒙特卡洛方法求解这些问题的方法是：首先建立一个与所求解有关的概率模型，使所求解就是建立的模型的概率分布或数学期望；然后对这个模型进行随机抽样观察，产生随机变量；最后用其算术平均值作为所求值的近似估计值。

第二类是随机问题。这类问题所求解的值不仅受确定性因素影响，而且更多地受到随机性的影响。对于这类问题，虽然有时可表示为多重积分或某些函数方程，并进而可考虑用随机抽样方法求解，然而，这些是间接模拟的方法，一般情况下不用，而是根据实际物理问题的概率法则，采用直接模拟的方法，用电子计算机进行抽样试验。

因此，应用蒙特卡洛方法解决实际问题时存在以下 3 种情况：

（1）对所求解问题可建立简单而又便于实现的概率模型或统计模型，使所求的解恰好是所建立模型的概率分布或数学期望。

（2）根据概率统计模型的特点和计算实践的需要，可以减小方差和降低费用，提高计算效率。

（3）可以建立对随机变量的抽样方法，其中包括建立伪随机数的方法和建立对所遇到的分布产生随机变量的随机抽样方法。

由于蒙特卡洛方法通常是用某个随机变量 x 的简单子样 x_1，x_2，…，x_N 的算术平均值 $\bar{x}_N = \frac{1}{N}\sum_{n=1}^{N}x_n$ 作为求解 I 的近似值。当 $E(x) = I$ 时，算术平均值 $\bar{x}_N$ 以概率 1 收敛到 I，即

$$P(\lim_{N\to\infty}\bar{x}_N = I) = 1 \tag{5-67}$$

设 σ 为随机变量 X 的标准差，当 $\sigma \neq 0$ 时，蒙特卡洛方法的误差 ε 为

$$\varepsilon = \frac{\lambda_o\sigma}{\sqrt{N}} \tag{5-68}$$

式中，λ_o 为正态差，o 为显著水平，且 λ_o 与 o 一一对应。

分析式（5-68）可以看出，蒙特卡洛方法的误差 ε 是由 σ 和 $\sqrt{N}$ 决定的。在固定 σ 的情况下，要想精确提高度一位数字，就要增加 100 倍的工作量。从另外一个角度看，在固定一个误差 ε 和抽样产生一个 x 的平均费用 C' 不变的情况下，如果 σ 减小 10 倍，则可减小 100 倍的工作量。若 C' 是不固定的，它可以随着方法的改变而改变。由于 $N=(\lambda_o\sigma/\varepsilon)^2$，$NC'=(\lambda_o/\varepsilon)^2\sigma^2C'$，因此，蒙特卡洛方法的效率是与 σ^2C' 成正比的。

可以看出，作为提高蒙特卡洛方法效率的重要方向，既不是增加抽样数 N，也不是简单地减小标准差 σ，而应该是在减小标准差的同时兼顾考虑减小费用大小，使方差 σ^2 与费用 C' 的乘积尽量减小。

通过以上介绍，可以看出蒙特卡洛方法作为一种数值计算方法具有如下优点：

（1）蒙特卡洛方法及其程序结构简单。

例如，用平均值方法计算定积分

$$I=\int_0^1 g(x)\,\mathrm{d}x \tag{5-69}$$

的数值，其计算步骤为：

①产生均匀分布在［0，1］上的随机数 r_n，$n=1，2，\cdots，N$；

②计算 $g(r_n)$，$n=1，2，\cdots，N$；

③用平均值 $\bar{I}=\dfrac{1}{N}\sum\limits_{n=1}^{N}g(x_n)$ 作为 I 的近似值。

由上面例子可以看出，蒙特卡洛方法计算积分是通过大量简单的重复抽样实现的，因而方法和程序都很简单。

（2）蒙特卡洛方法收敛的概率性和收敛速度与问题的维数无关。

对于蒙特卡洛方法来讲，虽然不能断言其误差不超过某个值，但能指出其误差接近 1 的概率不超过某个界限，因而它不算作一般意义下的收敛或一致收敛。

蒙特卡洛方法的误差 ε 只与标准差 σ 和样本容量 N 有关，而与样本中的元素所在空间无关。也就是说，蒙特卡洛方法的收敛速度与问题的维数无关，而其他数值方法则不然。这也就决定了蒙特卡洛方法对多维问题的适应性。

另外，蒙特卡洛方法的误差可用随机变量的标准差或方差来量度，因此可以在解题过程的同时加以计算。

（3）蒙特卡洛方法的适应性强。

蒙特卡洛方法的适应性最显见的是在求解问题时受问题条件限制的影响较

小，而其他数值计算方法受问题条件限制的影响较大。

5.3.1.2 蒙特卡洛方法的基本步骤

采用蒙特卡洛方法进行数学仿真的基本步骤如下：

（1）建立比较精确的系统模型。

（2）确定末敏弹武器系统工作过程中的各种随机扰动因素及分布规律。

（3）根据各随机扰动因素的分布规律，构造相应的数学概率模型，以产生各种随机影响因素的抽样值。

（4）将随机变量的抽样值输入数学模型，进行一定次数的模拟打靶，获得所求参数的子样。

（5）对模拟结果进行统计处理。

对于步骤（1），在前面已经建立了炮射母弹的弹道模型、末敏子弹减速/减旋至稳态扫描模型、敏感器对目标的捕获条件及爆炸成型弹丸对目标的毁伤模型。接下来需要完成步骤（2）工作，即对末敏弹武器系统工作过程中的各种随机扰动因素及分布规律进行分析。

5.3.1.3 蒙特卡洛法在末敏弹毁伤计算中的运用

在末敏弹工作过程中，影响因素众多，有许多参数不确定，从试验与分析可知，这些参数大多数服从正态分布。把末敏弹工作过程中的影响参数看作随机变量，令其服从正态分布，可以得到参数的随机变量。炮射末敏弹由榴弹炮发射，较之火箭炮精度要高得多。但是，为了尽可能做到计算的精确性，对榴弹炮发射后在目标上空区域的散布误差也要考虑。

对于整个末敏弹武器系统来说，影响末敏弹射击密集度的因素很多，有火炮方面的因素，如每次发射时炮射的温度、炮膛干净程度的差异、炮射的随机弯曲、火炮放列的倾斜度、炮身振动、药室与炮射的磨损、弹炮相互作用等；也有弹药方面的，如发射药重量的差异、温度差异，弹丸的几何尺寸、弹丸发射的初速等；还有气象方面的，如地面与空中的气温、气压、风速、风向的差异等。

母弹到达目标上空之后，将子弹抛撒出来。此时，影响子弹捕获目标的参数因素主要为弹道参数，如子弹下落速度、子弹旋转速度、扫描角、最大探测距离、目标识别率、敏感器定位精度、EFP 中间误差等。在仿真计算时取一些主要的影响因素进行分析，如表 5 - 11 所示。

表 5 - 11　末敏弹毁伤计算参数影响因素

序号	参数影响因素	分布规律	随机变量期望	随机变量偏差
1	母弹初速	正态分布	850 m/s	5 m/s
2	母弹药温	正态分布	15°	5°
3	气压	正态分布	750 Pa	5 pa
4	子弹下落速度	正态分布	10 m/s	2 m/s
5	子弹旋转速度	正态分布	4 r/min	1 r/min
6	扫描角	正态分布	30°	5°
7	最大探测距离	正态分布	120 m	10 m
8	目标识别率	正态分布	0. 85	0. 05
9	敏感器定位精度	正态分布	0. 3 m	0. 1 m
10	EFP 中间误差	正态分布	0. 3 m	0. 1 m
11	风速 W_x	正态分布	0 m/s	8 m/s
12	风速 W_y	正态分布	0 m/s	5 m/s
13	风速 W_z	正态分布	0 m/s	5 m/s

5. 3. 2　不同因素对炮射有伞末敏弹毁伤率的影响

炮射有伞末敏弹作为一种子弹药，可以由炮射榴弹、火箭弹和迫击炮弹作为载行器进行发射。只有末敏子弹进入了有效扫描区域，才能够对目标进行扫描。在末敏弹的试验过程中，就出现过按照通常的射击方法决定诸元发射母弹，子弹到了目标上空后正常抛撒、减速/减旋，但到最后子弹却落入目标区域以外，扫描黑匣子显示并没扫描到目标，而这种情况是发生在所设立的目标靶区域较大的情况下。更有严重的，在子弹抛撒与稳态扫描试验中，受天气影响，有伞末敏子弹的落点与预计落点区域相比发生了很大漂移，到了目标区以外，如图 5 - 14 的 *B* 点。为了找回试验数据，动用大批人员以拉网式在大区域内进行搜寻，耗费了大量的人力和时间，凸显了环境因素对有伞末敏弹的影响。此外，目标的不同配置、弹道参数的变化、目标与捕获与识别的不同准则等，都对末敏弹的毁伤概率产生影响。因此，在对有伞末敏弹的毁伤效能进行分析时，有必要专门来探讨各种因素对有伞末敏弹产生的影响。

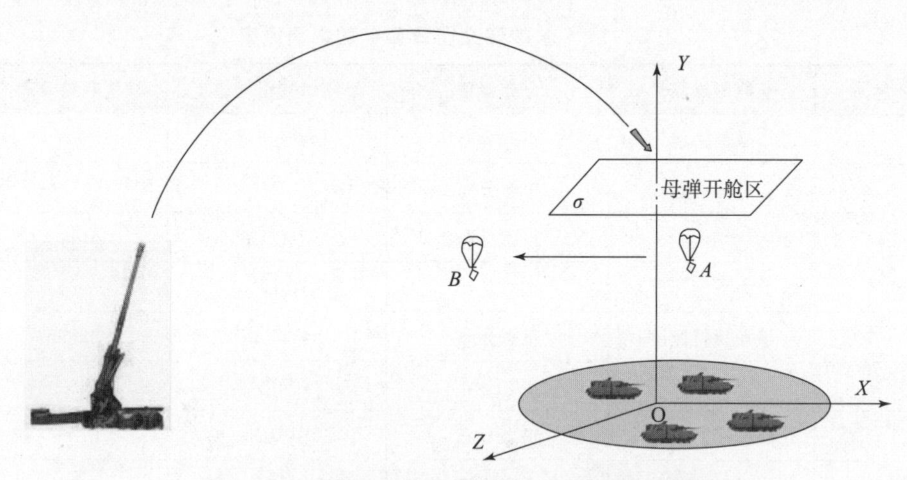

图5-14　环境因素对有伞末敏弹产生的影响示意图

5.3.2.1　捕获准则对捕获、命中概率及毁伤概率的影响

前面已将末敏弹在稳态扫描段分为5个捕获准则。根据某末敏弹总体研究指标，取末敏子弹稳态扫描弹道参数如下：落速为10 m/s，转速为4 r/s，扫描角取30°，敏感器最大探测距离120 m，识别目标概率取0.85，敏感器定位精度取0.3 m，爆炸成型弹丸中间误差0.3 m，在仿真计算中分别取随机数。子弹初始位置为子弹经过发射、飞行、抛撒和减速过程后到达目标上空的随机点。

取目标间距不同时，分别运用不同的捕获准则进行计算，得出对自行榴弹炮的毁伤概率。对于红外/毫米波复合敏感器，先分别对单一敏感体制进行计算分析。

1. 红外敏感体制

目标间距100 m×100 m、150 m×150 m时末敏弹对自行榴弹炮捕获、命中和毁伤概率的影响如表5-12、表5-13所示。

表5-12　红外敏感体制目标间距100 m×100 m时末敏弹对自行榴弹炮捕获、命中和毁伤的影响

概率	捕获准则			
	1	2	3	4
捕获概率	0.614	0.613	0.603	0.618
命中概率	0.592	0.558	0.602	0.587

续表

概率	捕获准则			
	1	2	3	4
M级毁伤概率	0.454	0.328	0.388	0.431
F级毁伤概率	0.230	0.191	0.306	0.210
K级毁伤概率	0.190	0.111	0.165	0.175

表5-13　红外敏感体制目标间距150 m×150 m时末敏弹对自行榴弹炮捕获、命中概率及M级、F级和K级毁伤概率的影响

概率	捕获准则			
	1	2	3	4
捕获概率	0.570	0.568	0.543	0.571
命中概率	0.542	0.519	0.542	0.528
M级毁伤概率	0.408	0.300	0.367	0.389
F级毁伤概率	0.203	0.170	0.276	0.190
K级毁伤概率	0.166	0.099	0.155	0.159

2. 毫米波敏感体制

目标间距100 m×100 m、150 m×150 m时末敏弹对自行榴弹炮捕获、命中概率及M级、F级和K级毁伤概率的影响，如表5-14、表5-15所示。

表5-14　毫米波敏感体制目标间距100 m×100 m时末敏弹对自行榴弹炮捕获、命中概率及M级、F级和K级毁伤概率的影响

概率	捕获准则			
	1	2	3	4
捕获概率	0.582	0.581	0.511	0.583
命中概率	0.438	0.447	0.509	0.406
M级毁伤概率	0.272	0.228	0.283	0.271
F级毁伤概率	0.142	0.136	0.243	0.138
K级毁伤概率	0.095	0.079	0.115	0.090

表 5-15　毫米波敏感体制目标间距 150 m×150 m 时末敏弹对自行榴弹炮捕获、命中概率及 M 级、F 级和 K 级毁伤概率的影响

概率	捕获准则			
	1	2	3	4
捕获概率	0.472	0.469	0.410	0.477
命中概率	0.311	0.346	0.409	0.297
M 级毁伤概率	0.195	0.173	0.226	0.190
F 级毁伤概率	0.102	0.092	0.195	0.093
K 级毁伤概率	0.067	0.056	0.093	0.063

对于第 5 个捕获准则，即“区域识别，光轴进入目标区域直接打击”，在计算时，中心系数取 0.5~1.0，分别计算了目标间距100 m×100 m 时、150 m×150 m 时末敏弹对自行榴弹炮捕获、命中及毁伤概率的影响，如表 5-16、表 5-17 所示。

表 5-16　准则 5 目标间距 100 m×100 m 时末敏弹对自行榴弹炮捕获、命中概率及 M 级、F 级和 K 级毁伤概率的影响

概率	中心系数			
	1.0	0.9	0.7	0.5
捕获概率	0.615	0.614	0.613	0.609
命中概率	0.311	0.477	0.592	0.606
M 级毁伤概率	0.165	0.283	0.389	0.410
F 级毁伤概率	0.059	0.114	0.183	0.238
K 级毁伤概率	0.052	0.103	0.132	0.143

表 5-17　准则 5 目标间距 150 m×150 m 时末敏弹对自行榴弹炮捕获、命中概率及 M 级、F 级和 K 级毁伤概率的影响

概率	中心系数			
	1.0	1.0	1.0	1.0
捕获概率	0.571	0.568	0.566	0.563
命中概率	0.292	0.429	0.535	0.560
M 级毁伤概率	0.154	0.247	0.349	0.372
F 级毁伤概率	0.054	0.099	0.164	0.220
K 级毁伤概率	0.047	0.089	0.118	0.122

由前面的计算可以看出：

（1）准则 1 和准则 2 比较：采用 10 m 间隔模板，对于毫米波敏感体制，准则 2 优于准则 1。原因是毫米波的光斑大，满足条件时，有不少光斑中心在目标以外，造成第二圈打击时毁伤概率高；对于红外敏感体制，准则 2 差于准则 1，原因是红外光斑小，当占空比条件满足时，全部光斑中心都在目标上，造成第二圈打击时毁伤概率低。

（2）对于准则 3：准则 3 中增加了光轴行程的判断。采用 10 m 间隔模板，对于红外敏感体制，当满足准则时光轴比较靠近目标内部，而运动毁伤和歼灭性毁伤的重要部位都位于目标外侧，火力毁伤的重要部位大都位于目标内侧，所以，各级毁伤概率都有所降低；对于毫米波敏感体制而言，捕获概率虽然低了，但由于条件概率大大提高了，所以命中概率和毁伤概率也提高了。

（3）对于准则 4：采用 5 m 间隔模板，捕获概率有所提高，命中概率和毁伤概率降低。因为采用 5 m 间隔模板使捕获条件容易满足，但满足条件时的位置不利于打击，造成命中概率和毁伤概率降低。

（4）对于准则 5：捕获区域小时，捕获概率降低，命中概率提高，毁伤概率提高；捕获区域大时，捕获概率提高，命中概率降低，毁伤概率降低。因为越靠内侧，光轴越难经过，但若光轴经过则打击时越准确。

（5）相比较而言，对于红外敏感体制，准则 1 是最优的；对于毫米波敏感体制，准则 3 是最优的。

5.3.2.2　稳态扫描参数变化对捕获命中概率及毁伤概率的影响

末敏弹是一个复杂的武器系统，在弹道上的影响因素很多，特别是在稳态扫描段，参数的变化造成的影响也较大。下面就对各种主要的参数造成的影响进行计算分析。

1. 子弹落速的影响

取子弹扫描角为 30°，转速为 4 r/s，敏感器最大探测距离为 120 m；毫米波敏感体制，采用最优敏感准则，即准则 3，目标间距取 100 m × 100 m。考查子弹落速的变化对捕获概率、命中概率及 M 级毁伤概率、F 级毁伤概率和 K 级毁伤概率的影响，计算值如表 5 – 18 所示。

表 5-18　目标间距 100 m×100 m 时落速变化对捕获、命中概率及 M 级、F 级和 K 级毁伤概率的影响

概率	落速/($m \cdot s^{-1}$)								
	7	8	9	10	11	12	13	14	15
捕获概率	0.544	0.537	0.522	0.517	0.493	0.483	0.447	0.442	0.430
命中概率	0.541	0.535	0.520	0.515	0.491	0.480	0.445	0.440	0.428
M 级毁伤概率	0.310	0.303	0.289	0.286	0.271	0.262	0.240	0.239	0.234
F 级毁伤概率	0.263	0.258	0.248	0.247	0.234	0.227	0.208	0.207	0.200
K 级毁伤概率	0.126	0.123	0.119	0.118	0.110	0.106	0.098	0.097	0.095

由表 5-18 中数据可以看出，当敏感器最大探测距离一定时，随着落速的增大，捕获概率、命中概率和 M 级毁伤概率、F 级毁伤概率和 K 级毁伤概率都减小。主要原因是落速的增大引起地面扫描螺线距的增大。

2. 子弹转速的影响

取子弹扫描角为 30°，落速为 10 m/s，敏感器最大探测距离为 120 m；毫米波敏感体制，采用最优敏感准则，即准则 3，目标间距取 100 m×100 m。考查子弹转速的变化对捕获概率、命中概率及 M 级毁伤概率、F 级毁伤概率和 K 级毁伤概率的影响，计算值如表 5-19 所示。

表 5-19　目标间距 100 m×100 m 时转速变化对捕获、命中概率及 M 级、F 级和 K 级毁伤概率的影响

概率	转速/($r \cdot s^{-1}$)						
	3.0	**3.5**	**4.0**	**4.5**	**5.0**	**5.5**	**6.0**
捕获概率	0.459	0.485	0.515	0.519	0.531	0.549	0.551
命中概率	0.457	0.483	0.512	0.517	0.530	0.546	0.549
M 级毁伤概率	0.247	0.260	0.279	0.288	0.298	0.309	0.312
F 级毁伤概率	0.215	0.222	0.243	0.248	0.261	0.265	0.265
K 级毁伤概率	0.099	0.102	0.116	0.118	0.126	0.127	0.129

由计算值可以看出，转速增加，捕获概率、命中概率、M 级毁伤概率、F 级毁伤概率和 K 级毁伤概率都减增加。主要原因是转速的增大引起地面扫描螺线距的减小。

3. 扫描角的影响

取子弹落速为 10 m/s，敏感器最大探测距离为 120 m；毫米波敏感体制，

采用最优敏感准则，即准则3，目标间距取100 m×100 m，考查子弹扫描角的变化对捕获概率、命中概率及M级毁伤概率、F级毁伤概率和K级毁伤概率的影响，计算值如表5－20所示。

表5－20　目标间距100 m×100 m时扫描角变化对捕获、命中概率及M级、F级和K级毁伤概率的影响

概率	扫描角/(°)						
	25	27	29	30	31	33	35
捕获概率	0.510	0.515	0.518	0.523	0.489	0.450	0.391
命中概率	0.507	0.512	0.515	0.521	0.487	0.448	0.390
M级毁伤概率	0.284	0.286	0.292	0.298	0.264	0.246	0.207
F级毁伤概率	0.235	0.240	0.242	0.249	0.229	0.217	0.183
K级毁伤概率	0.109	0.115	0.117	0.117	0.107	0.100	0.082

由计算值可以看出，当敏感器最大探测距离一定时，随着扫描角增大，捕获概率、命中概率、M级毁伤概率、F级毁伤概率和K级毁伤概率都是先增大后减小，中间存在一个最优值，为30°左右。其主要原因是扫描角增大了，搜索的范围随之增大，扫描圈内所包含的目标就越来越多，所以捕获概率、命中概率、M级毁伤概率、F级毁伤概率和K级毁伤概率先增大。但是，扫描角的增大会导致扫描螺线间距的增大，所以漏掉目标的概率也增大。

4. 探测器最大探测距离的影响

取子弹落速为10 m/s，转速4 r/s，毫米波敏感体制；采用最优敏感准则，即准则3，目标间距取100 m×100 m。考查探测器最大探测距离的变化对捕获概率、命中概率及M级毁伤概率、F级毁伤概率和K级毁伤概率的影响，计算值如表5－21所示。

表5－21　目标间距100×100时最大探测距离变化对捕获、命中概率及M级、F级和K级毁伤概率的影响

概率	作用距离/m				
	100	110	120	130	140
捕获概率	0.605	0.620	0.635	0.654	0.655
命中概率	0.592	0.61	0.608	0.632	0.633
M级毁伤概率	0.411	0.452	0.476	0.490	0.490
F级毁伤概率	0.211	0.228	0.232	0.238	0.239
K级毁伤概率	0.187	0.194	0.197	0.200	0.200

由计算值可以看出，随着敏感器最大探测距离的增大，捕获概率、命中概率和M级毁伤概率、F级毁伤概率和K级毁伤概率也随之增大，这是因为敏感器的扫描范围增大，目标被扫描到的机会自然增大。

5.3.2.3 恒风对捕获命中概率及毁伤概率的影响

恒风对有伞末敏弹来说是一个重要的影响因素。若风太大，子弹被抛撒后就有可能被吹到目标区域以外；另外，风会使扫描角等扫描参数发生变化。

取子弹扫描角为30°，转速为4 r/s，敏感器最大探测距离为120 m，识别目标概率取0.85，敏感器定位精度0.3 m；EFP中间误差0.3 m。红外敏感体制，采用最优敏感准则，即准则1。打击目标为自行榴弹炮，目标间距取100 m×100 m，考查风速的变化对捕获概率、命中概率和M级毁伤概率、F级毁伤概率和K级毁伤概率的影响。风对捕获概率、命中概率及M级毁伤概率、F级毁伤概率和K级毁伤概率的影响情况，计算值如表5-22所示。

表5-22 风速变化时末敏弹对自行榴弹炮捕获、命中概率及M级、F级和K级毁伤概率的影响

$W_{VX}/(\mathrm{m\cdot s^{-1}})$	$W_{VY}/(\mathrm{m\cdot s^{-1}})$	捕获概率	命中概率	M毁伤概率	F毁伤概率	K毁伤概率
0	0	0.669	0.638	0.474	0.231	0.198
1	1	0.648	0.625	0.470	0.188	0.161
2	0	0.641	0.618	0.457	0.182	0.159
0	2	0.640	0.618	0.469	0.200	0.163
2	2	0.638	0.614	0.408	0.156	0.128
4	0	0.640	0.618	0.460	0.131	0.116
0	4	0.642	0.622	0.463	0.175	0.134
4	4	0.632	0.612	0.363	0.092	0.076
6	6	0.625	0.608	0.336	0.085	0.068
8	8	0.612	0.597	0.306	0.075	0.064

根据表5-22中数据，可得风速对捕获、命中概率及M级、F级和K级毁伤概率的影响情况，如图5-15所示。

由图5-15可以看出，风速对捕获概率的影响很大，风速越大，捕获概率越小；相应地，命中概率、毁伤概率也就减小。所以，在有伞末敏弹的设计与使用中，都要充分考虑到风速的影响。

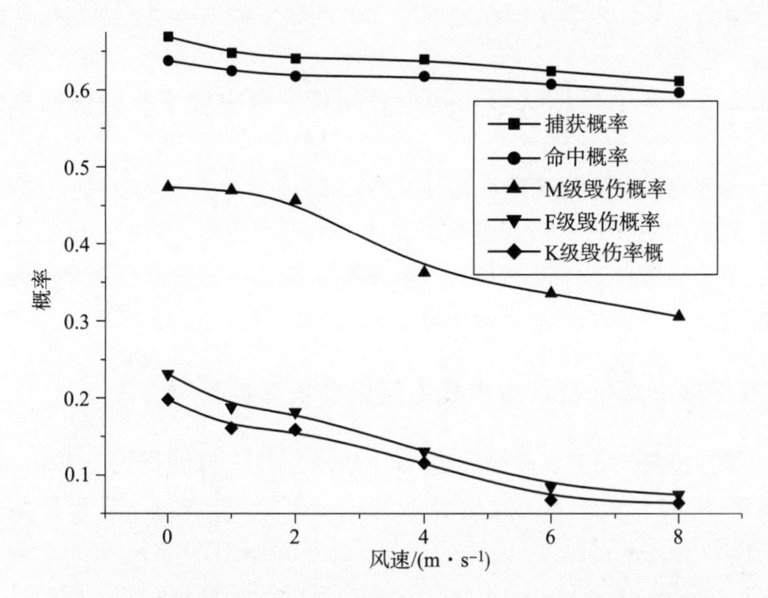

图5-15　风速对捕获、命中概率及M级、F级和K级毁伤率的影响

5.3.2.4　EFP中间误差对捕获命中概率及毁伤概率的影响

取子弹扫描角为30°，转速为4 r/s，敏感器最大探测距离为120 m，识别目标概率取0.85，敏感器定位精度0.3 m；红外敏感体制，采用最优敏感准则，即准则1。打击目标为自行榴弹炮，目标间距取100 m×100 m，在［0.1，0.5］间取中间误差，考查EFP中间误差的变化对捕获概率、命中概率、M级毁伤概率、F级毁伤概率和K级毁伤概率的影响，计算值如表5-23所示。

表5-23　目标间距100 m×100 m时EFP中间误差变化对捕获、命中概率及M级、F级和K级毁伤概率的影响

概率	中间误差				
	0.1	0.2	0.3	0.4	0.5
捕获概率	0.635	0.636	0.635	0.635	0.655
命中概率	0.631	0.627	0.608	0.756	0.544
M级毁伤概率	0.513	0.507	0.470	0.436	0.400
F级毁伤概率	0.250	0.245	0.224	0.213	0.197
K级毁伤概率	0.223	0.212	0.195	0.179	0.161

由计算值可知，随着中间误差的增大，捕获、命中概率及毁伤概率减小。

5.3.2.5 装甲目标队形和间距对捕获、命中概率及毁伤概率的影响

在作战运用时，集群装甲目标从集结、开进到冲击都会保持一定的队形，而不同队形对末敏弹打击目标是有影响的。从战术上看，目标的队形主要有均匀分布、单个目标、一字队形和之字队形。下面，以打击自行榴弹炮为例分析不同队形对捕获、命中概率及毁伤概率的影响。

1. 目标队形对捕获、命中概率及毁伤概率的影响

取子弹扫描角为30°，转速为4 r/s，敏感器最大探测距离为120 m，识别目标概率取0.85，敏感器定位精度0.3 m；红外敏感体制，采用最优敏感准则，即准则1。打击目标为自行榴弹炮，目标间距取100 m×100 m，考查目标队形为均匀分布、单个目标、一字队形、之字队形的变化对捕获概率、命中概率及M级毁伤概率、F级毁伤概率和K级毁伤概率的影响，计算值如表5-24所示。

表5-24 不同目标队形对捕获、命中概论及M级、F级和K级毁伤概率的影响

概率	目标队形				
	100 m间距均匀分布	200 m间距均匀分布	单个目标	一字队形	之字队形
捕获概率	0.636	0.251	0.251	0.288	0.398
命中概率	0.611	0.241	0.241	0.273	0.376
M级毁伤概率	0.456	0.189	0.189	0.208	0.285
F级毁伤概率	0.236	0.090	0.090	0.106	0.138
K级毁伤概率	0.200	0.079	0.079	0.082	0.107

由计算值可以看出，目标队形的不同对于末敏弹的捕获命中及毁伤概率影响很大，原因为队形不一样，则目标间距设置也不一样，从而导致捕获、命中概率及毁伤概率不一样。

2. 目标间距对捕获、命中概率及毁伤概率的影响

取子弹扫描角为30°，转速为4 r/s，敏感器最大探测距离为120 m，识别目标概率取0.85，敏感器定位精度0.3 m；红外敏感体制，采用最优敏感准

则，即准则 1。打击目标为自行榴弹炮，目标间距取 100 m × 100 m，考查均匀分布队形不同目标间距对捕获概率、命中概率及 M 级毁伤概率、F 级毁伤概率和 K 级毁伤概率的影响，计算值如表 5 - 25 所示。

表 5 - 25　均匀分布队形不同目标间距对捕获概率、命中概率及 M 级、F 级和 K 级毁伤概率的影响

概率	目标间距/m			
	200	150	100	50
捕获概率	0.397	0.501	0.636	0.566
命中概率	0.380	0.483	0.611	0.533
M 级毁伤概率	0.291	0.373	0.456	0.398
F 级毁伤概率	0.150	0.193	0.236	0.201
K 级毁伤概率	0.126	0.157	0.200	0.166

由计算值可以看出，目标间距不一样则捕获概率、命中概率和毁伤概率也不一样。原因为炮射有伞末敏弹在开始稳态扫描时，两枚子弹间距大约为 80 m，当目标间距为 200 m 时，对于 120 m 的最大扫描圈直径来说，两子弹不可能同时捕获两个目标，其可能情况为：

（1）两枚子弹都没捕获到目标。

（2）仅一枚子弹捕获到目标。

（3）两枚子弹同时捕获同一个目标。当目标间距变为 150 m 时，两枚子弹捕获不同目标的概率增加；当目标间距变为 50 m 时，目标群所占总面积变小，捕获概率总的来说降低。然而，在此情况下，一发母弹的两枚子弹同时捕获同一目标的可能性增加，但造成条件命中概率降低。经过计算，当目标间距为 120 m 左右时，捕获概率和命中概率都超过 0.7，是比较理想的间距。

通过上面的分析可以看出，不同捕获准则、稳态扫描参数、子弹落速、子弹转速、最大探测距离、光轴中心系数、风速、目标队形、爆炸成型弹丸中间误差和敏感体制等因素对末敏弹捕获概率、命中概率和毁伤概率有不同程度的影响。在设计与使用时，各个因素要综合考虑，消除不利因素，才能得到好的捕获效果。

5.4　炮射有伞末敏弹系统效能分析

武器装备系统的效能是指在特定条件下，武器装备系统被用来执行规定作战作用任务时所能达到的预期目标的程度。对于不同的武器装备系统，可以用不同的方法定义其系统效能。美国工业界武器装备系统效能咨询委员会认为，系统效能是衡量一个系统满足一组特定任务要求的程度的量度，是系统的可用性、可信赖性和能力的函数，即系统效能由系统的可用性、可信赖性和能力三个方面共同组成。可用性是对系统在开始执行任务时系统状态的量度；可信赖性是对系统在执行任务过程中系统状态的量度；能力是系统完成被赋予它的任务的能力。

这种评价系统效能的方法是较为客观的一种方法。但是，当所研究的武器系统较为复杂时，上述的三个基本问题（可用性、可信赖性、能力）就会变得难以解决，以至于不能用简单的模型来回答这些问题。因此，往往只能在上述系统效能概念的指导下，结合有关专家的主观判断及较为粗略的方法评价该种复杂系统的效能水平。

为了评价某个武器系统的作战性能的优劣，就要采用某种定量尺度去度量该武器的效能，这种定量尺度称为效能指标或效能量度。例如，用单发毁伤概率去度量炮弹的射击效能，则效能指标是单发毁伤概率。

5.4.1 效能分析的步骤

进行效能分析的主要步骤如下：

（1）确定效能量度。把毁伤相同目标时所需要的耗弹量作为效能分析的量度。目标为典型装甲目标（自行榴弹炮、坦克、步兵战车）。在确定毁伤程度时，按照运动毁伤、火力毁伤和歼灭毁伤进行区分。

（2）分析系统的可用性和可信赖性。末敏弹是一个复杂的系统，必须把可用性与可信赖性合在一起进行分析，进行总的可靠性分析。

（3）建立模型。本质上，效能模型是对与武器装备系统及其作用有关的目标和资源之间的相互关系所作的数学描述、逻辑描述或实物描述，对于复杂武器系统的效能，模型一般取数学模型或用计算机程序模拟系统的运行情况，或者同时取以上两种形式。本节根据前文建立的末敏弹母弹飞行模型、子弹稳态扫描模型、捕获目标概率等模型进行计算机仿真模拟。

（4）分析系统的能力。编制计算程序进行计算，运用蒙特卡洛法开发效能分析计算软件，将母弹在目标上空的随机落点作为稳态扫描的起始点。在稳态扫描过程中，考虑最大探测距离、子弹落速、子弹转速、扫描角、风的随机误差进行计算。对于准则 1～4，占空比的计算是很重要的。由于扫描中心点 X_L和 Z_L与目标的相对位置是随机的，扫描高度 Y_L也是随机的。毁伤概率计算流程如图 5－16 所示。

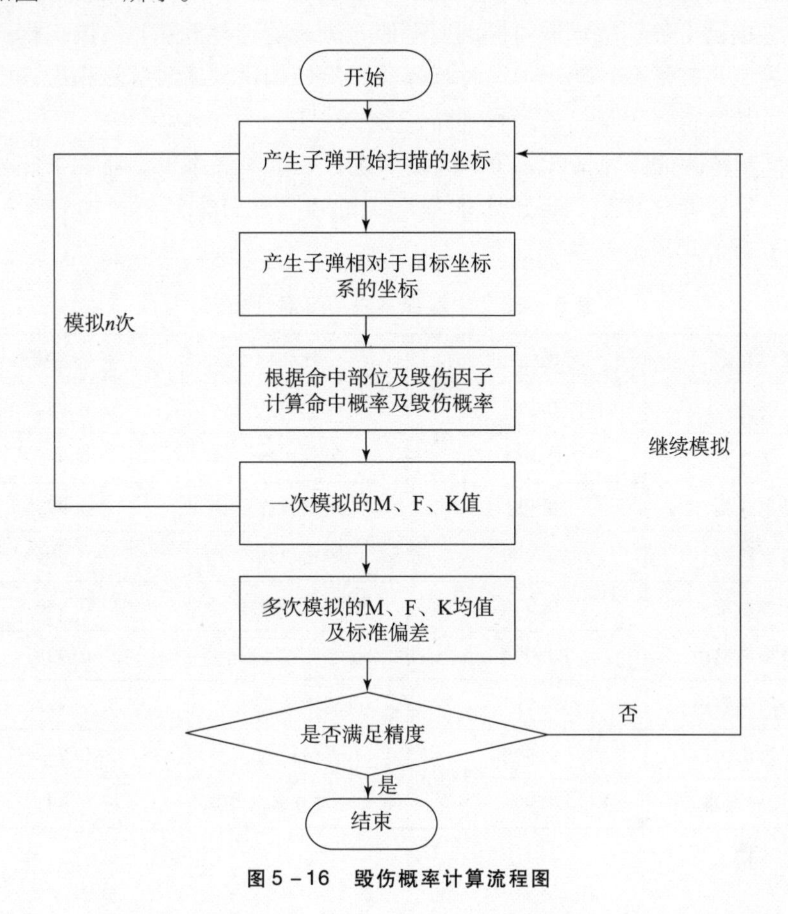

图 5－16　毁伤概率计算流程图

（5）评价结果。根据选定的量度，经过仿真模拟之后，对所得到的结果进行评价。根据对不同目标毁伤概率计算，得出耗弹量，评价末敏弹在反装甲作战中的能力优劣。

5.4.2　炮射有伞末敏弹系统可用性与可靠性分析

末敏弹由母弹和发射装药组成。母弹由弹体、时间引信、抛射机构、抛射药和敏感子弹等构成，爆炸成型弹丸战斗部由战斗部装药、引爆机构、自毁装置、保险机构组成；敏感器由毫米波测距仪、毫米波辐射计、红外探测仪、中央控制器、信号处理器、电源激活组成；减速/减旋和稳态扫描装置由抛筒、开伞机构、导旋装置、阻力伞、导旋伞组成。

在这样一个复杂的系统中，减速/减旋与稳态扫描装置主要是通过空气动力装置为子弹提供稳定扫描平台；电源激活装置为子弹中的中央处理器、红外探测器等提供电能；敏感器对探测所得信号进行处理与识别；引爆机构通过火工品与控制系统配合，使子弹适时起爆；保险机构用来适时解除保险；中央处理器进行数字信号采集、处理和判断，形成决策。

根据末敏弹的实际情况，考虑到复杂度、技术发展水平、环境条件和功能等因素，经过专家意见，得出末敏弹系统的可靠性分配指标，如表 5 – 26 所示，用于对仿真模拟提供依据。

表 5 – 26　末敏弹系统的可靠性指标

组件名称	可靠性概率	组件名称	可靠性概率
药筒	0.999	时间引信	0.984
母弹	0.951	触发机构	0.991
抛射机构	0.981	延期机构	0.999
分离机构	0.999	隔爆机构	0.994
子弹系统	0.970	减速/减旋装置	0.990
开伞抛筒机构	0.994	稳态扫描主伞	0.990
复合敏感系统	0.989	电源激活装置	0.999
引爆机构	0.999	保险机构	0.999
中央处理器	0.998	爆炸成型弹丸战斗部	0.991

5.4.3　炮射有伞末敏弹系统效能计算方法

对炮射有伞末敏弹进行效能分析的基础是单发母弹对集群装甲目标的毁伤概率。有了单发母弹对集群装甲目标的毁伤概率之后，就可以计算 n 发母弹对集群装甲目标的毁伤概率。

令：

P_{M1}为单发母弹对集群装甲目标的运动毁伤概率；

P_{F1}为单发母弹对集群装甲目标的火力毁伤概率；

P_{K1}为单发母弹对集群装甲目标的歼灭毁伤概率；

P_{Mn}为 n 发母弹对集群装甲目标的运动毁伤概率；

P_{Fn}为 n 发母弹对集群装甲目标的火力毁伤概率；

P_{Kn}为 n 发母弹对集群装甲目标的歼灭毁伤概率。

则有

$$P_{M_n}=1-(1-P_{M_1})^n \tag{5-70}$$

$$P_{F_n}=1-(1-P_{F_1})^n \tag{5-71}$$

$$P_{K_n}=1-(1-P_{K_1})^n \tag{5-72}$$

考虑母弹的可靠性后，令可靠性系数为 c，则对集群目标射击的毁伤概率计算公式变为

$$P_{M_n}=1-(1-cP_{M_1})^n \tag{5-73}$$

$$P_{F_n}=1-(1-cP_{F_1})^n \tag{5-74}$$

$$P_{K_n}=1-(1-cP_{K_1})^n \tag{5-75}$$

假定目标的毁伤率达到 x 就认为目标已被毁伤，对应运动毁伤、火力毁伤和歼灭毁伤的最小弹药消耗量分别为 Q_M、Q_F、Q_K，则有

$$Q_M=\frac{\lg(1-x)}{\lg(1-cP_{M_1})} \tag{5-76}$$

$$Q_F=\frac{\lg(1-x)}{\lg(1-cP_{F_1})} \tag{5-77}$$

$$Q_K=\frac{\lg(1-x)}{\lg(1-cP_{K_1})} \tag{5-78}$$

以上计算的基础是建立在对母弹与子弹工作的正确计算，而这种计算是基于母弹的弹道模型与子弹稳态扫描模型、子弹捕获概率模型等。

计算所用到的弹道方程中各个系数是不断变化的，每一组系数所决定的弹道是唯一的，也即唯一决定母弹开舱点的高度、距离、速度等参数。在计算时，将弹道参数视为随机变量，利用蒙特卡洛法随机生成每次射击的弹道开舱点，而每个随机开舱点即为子弹每次扫描的起始点。

有了起始扫描点之后，就可根据捕获准则，把子弹落速、子弹转速、最大探测距离、扫描角、恒风等因素作为随机变量，用稳态扫描模型进行计算，确定爆炸成型弹丸的地面落点坐标；再根据目标在地面的位置坐标，确定击中的部位，然后根据毁伤因子求出毁伤概率；最后，根据式（5-70）~式(5-78)计算出耗弹量。

5.4.4　炮射有伞末敏弹与榴弹和子母弹效能比较

为了说明炮射有伞末敏弹效能的优劣，采用与其他弹种对比的方法进行分

析。采用第一准则，为了使比较更加客观，榴弹与子母弹都采用与末敏弹母弹同一口径的。在分析时，分别探讨对单个目标和集群目标的毁伤情况。对集群目标射击时，目标取自行榴弹炮连。

5.4.4.1 对单个目标的毁伤比较

不同弹种对单个坦克的毁伤、单个自行榴弹炮的毁伤情况，计算值如表5-27、表5-28所示。

表5-27 不同弹种对单个坦克的命中概率和毁伤概率及摧毁所需总弹数

概率/总弹数	弹种	
	榴弹	末敏弹
命中概率	1.0	0.682
M级毁伤概率	0.003 84	0.350
F级毁伤概率	0.001 98	0.040 4
K级毁伤概率	0.001 98	0.049 0
摧毁所需总弹数/发	1 515	62

表5-28 不同弹种对单个自行榴弹炮的命中概率和毁伤概率及摧毁所需总弹数

概率/总弹数	弹种	
	榴弹	末敏弹
命中概率	1.0	0.682
M级毁伤概率	0.003 70	0.534
F级毁伤概率	0.002 65	0.278
K级毁伤概率	0.002 65	0.234
摧毁所需总弹数/发	1 133	10

5.4.4.2 对集群目标的毁伤比较

以自行榴弹炮连为例进行比较分析。根据战术想定，自行榴弹炮连采用两种队形，分别是一字队形和之字队形，如图5-17、图5-18所示。

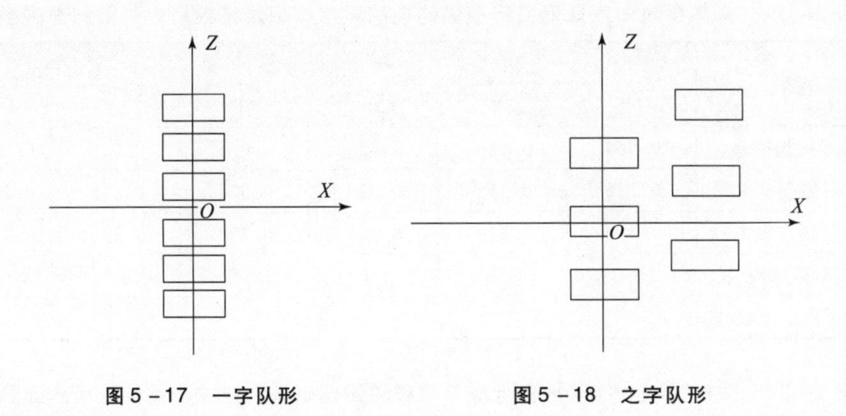

图5-17　一字队形　　图5-18　之字队形

经过计算，得出结果，如表5-29～表5-32所示。

表5-29　榴弹对一字队形自行榴弹炮连的毁伤概率及摧毁所需弹数和总弹数

概率	自行榴弹炮连					
	1P	2P	3P	4P	5P	6P
M级毁伤概率	0.007 2	0.008 2	0.008 2	0.008 2	0.008 2	0.007 2
F级毁伤概率	0.004 8	0.005 5	0.005 6	0.005 6	0.005 6	0.004 8
K级毁伤概率	0.004 8	0.005 5	0.005 6	0.005 6	0.005 6	0.004 8
摧毁所需弹数/发	617	543	533	533	543	617
摧毁所需总弹数/发	3 385发					

表5-30　榴弹对之字队形自行榴弹炮连的毁伤概率及摧毁所需弹数和总弹数

概率	自行榴弹炮连					
	1P	2P	3P	4P	5P	6P
M级毁伤概率	0.011 3	0.012 4	0.008 2	0.008 2	0.012 4	0.011 3
F级毁伤概率	0.007 6	0.007 8	0.005 6	0.005 6	0.007 8	0.007 6
K级毁伤概率	0.006 6	0.006 8	0.004 8	0.004 8	0.006 8	0.006 6
摧毁所需弹数/发	450	435	619	619	435	450
摧毁所需总弹数/发	3 008					

表5-31　末敏弹对一字队形自行榴弹炮连的毁伤概率及摧毁所需弹数和总弹数

概率	自行榴弹炮连					
	1P	2P	3P	4P	5P	6P
M级毁伤概率	0.564	0.626	0.638	0.638	0.626	0.564
F级毁伤概率	0.286	0.318	0.324	0.324	0.318	0.286
K级毁伤概率	0.250	0.278	0.284	0.284	0.278	0.250
摧毁所需弹数/发	10.2	8.1	8.0	8.0	8.1	10.2
摧毁所需总弹数/发	53					

表5-32　末敏弹对之字队形自行榴弹炮连的毁伤概率及摧毁所需弹数和总弹数

概率	自行榴弹炮连					
	1P	2P	3P	4P	5P	6P
M级毁伤概率	0.818	0.860	0.654	0.654	0.860	0.818
F级毁伤概率	0.416	0.436	0.336	0.336	0.436	0.416
K级毁伤概率	0.364	0.382	0.290	0.290	0.482	0.364
摧毁所需弹数/发	6.6	6.2	9.7	9.7	6.2	6.6
摧毁所需总弹数/发	45					

由以上计算结果可以得出，不同弹种对目标的毁伤效能比较结果如表5-33所示。

表5-33　不同弹种的毁伤效能比较

目标	摧毁耗弹量比较	比较结果
单个坦克	末敏弹:榴弹	1:24
单个自行榴弹炮	末敏弹:榴弹	1:113
一字队形自行榴弹炮连	末敏弹:榴弹	1:64
之字队形自行榴弹炮连	末敏弹:榴弹	1:67

从比值可以看出，末敏弹的效能远远高于榴弹，充分说明末敏弹是一种高精度智能弹药。打击单个自行榴弹炮时，用普通榴弹要用到上百发炮弹，而用末敏弹只需一发；同时，打击单个坦克，用普通榴弹要用到20多发炮弹，而用末敏弹只需一发。

第6章

决定射击开始诸元理论分析

末敏弹是一种子弹药，通常需要由母弹载到目标上空，而后抛撒出去。由于末敏弹的扫描高度和扫描范围有限，因而，能否将末敏弹准确地搭载到目标上空成为末敏弹能否准确击中目标的重要因素之一。也就是说，无论是对于炮弹还是火箭弹，母弹的射击开始诸元精度成为子弹精确命中的必要条件，所以，本章对母弹的射击开始诸元理论和方法进行分析。

6.1　射击误差及其分类

射击时据以决定射击开始诸元的点称为瞄准点，发射误差就是指任一发炸点（弹着点）对瞄准位置的偏差。

构成发射误差的任意一种误差因素或各种误差因素的综合统称为射击误差。为了描述射击误差，建立如下坐标系：以目标中心为原点 O，x 轴表示纵向，沿射击方向为正，z 表示横向，朝右为正，如图 6 - 1 所示。

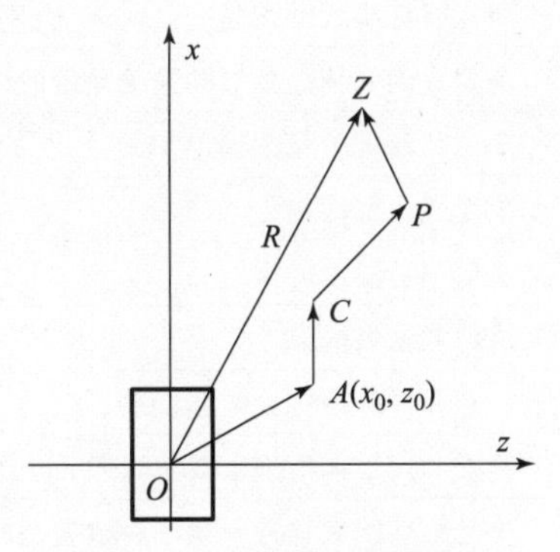

图 6 - 1　子弹射击误差组成

射击准备时选择瞄准位置为 A，其坐标已知记为（x_0，z_0）。由于任何一种决定诸元的方法都要进行许多测量、计算等工作，每一环节都不可避免地会产生误差，这些误差的共同作用，使效力射击诸元相应的平均弹道在坐标面上的

落点 C（称为母弹散布中心）是随机点，称 C 对 A 的误差为诸元误差。另外，进行射击时，各次发射的弹道，由于存在弹道散布而不与平均弹道重合。记1发母弹的子弹散布中心为 P，它是随机的，称 P 对母弹散布中心 C 的偏差为母弹散布误差。另外，由于母弹抛撒子弹时，每发子弹的落点 Z 各不相同，故它也是随机的，子弹落点 Z 对子弹中心 P 的偏差称为子弹散布误差。1发母弹的子弹散布中心 P 对瞄准位置而言的各种误差称为母弹射击误差，子弹弹着点 Z 对瞄准位置而言的各种误差称为子弹射击误差。

需要特别说明的是，这里的子弹落点表示末敏子弹被抛射出后到导旋伞作用前的位置，并不包括稳态扫描阶段。

6.1.1 决定诸元误差

任何一种方法决定诸元，在进行测量和计算时都会产生误差，以计算法决定开始诸元为例，存在多种误差根源，如表6-1所示。下面对各种误差根源产生的诸元误差逐项进行分析。

表6-1 计算法决定诸元的误差根源

误差分类	误差根源
测地准备误差	决定炮阵地（观察所）坐标的误差
	决定炮阵地（观察所）高程的误差
	赋予和检查火炮基准射向误差
目标位置误差	决定目标坐标的误差
	决定目标高程的误差
弹道准备误差	决定火炮和装药批号初速偏差量的误差
	决定药温偏差量的误差
气象准备误差	决定气压的误差
	决定弹道温偏的误差
	决定弹道风的误差
技术准备误差	检查并排除炮尾检查座误差
	检查和规正火炮瞄准装置误差
	检查瞄准线偏移和射角不一致偏差的误差
	决定火炮单修误差
	检查并排除或修正个别火炮的异常特性误差
	检查和规正观测器材误差

续表

误差分类	误差根源
射表误差	试验射击误差
	弹道模型误差
	理论计算方法误差

1. 决定炮阵地（观察所）坐标的误差

炮阵地坐标（观察所坐标）通常由测地勤务分队利用控制点测量获得。联测炮阵地（观察所）时，可以从任何方向上的起始点和起始方向线开始联测，因而联测所产生的向量误差在任意方向上的中间误差都相等，这种误差称为圆误差。由这项误差引起的诸元误差的协方差阵为

$$\sum_{\alpha}=\begin{bmatrix}\dfrac{E_{\alpha}^{2}}{2\rho^{2}} & 0\\ 0 & \dfrac{E_{\alpha}^{2}}{2\rho^{2}}\end{bmatrix} \tag{6-1}$$

其中，

$$E_{\alpha}=\begin{cases}2\sim4\ \text{m}, & \text{精密联测}\\ 10\sim30\ \text{m}, & \text{简易联测或使用空中照片}\end{cases}$$

2. 决定炮阵地高程的误差

决定炮阵地高程误差产生的诸元误差为

$$\begin{bmatrix}\Delta H_{p}\cot\theta_{c}\\ 0\end{bmatrix} \tag{6-2}$$

其协方差阵为

$$\sum_{\beta}=\begin{bmatrix}\dfrac{E_{hp}^{2}\cot^{2}\theta_{c}}{2\rho^{2}} & 0\\ 0 & 0\end{bmatrix} \tag{6-3}$$

式中，θ_c为落角；ΔH_p为决定阵地高程的误差；E_{hp}为决定阵地高程的中间误差。

用精密联测决定炮阵地高程时 $E_{hp}=1$ m，利用地图决定阵地高程时 E_{hp}可由下式决定：

$$E_{hp} = \sqrt{E_{h0}^2 + (E_\alpha^2 + E_m^2)\tan^2\alpha}$$

式中，E_{h0}为地图等高线的中间误差（用1∶50 000地图时，$E_{h0} \approx 2$ m）；E_m为在地图上图解定点的中间误差（E_m图上长为0.2 mm）；α为地面平均倾斜角（在中等起伏地上$\alpha \approx 3°$）。

3. 决定目标坐标的误差

若目标坐标是由航空照片或飞机侦察决定的，引起的诸元误差属于圆误差，其协方差阵为

$$\Sigma_\gamma = \begin{bmatrix} \dfrac{E_\gamma^2}{2\rho^2} & 0 \\ 0 & \dfrac{E_\gamma^2}{2\rho^2} \end{bmatrix} \tag{6-4}$$

式中，E_γ为决定目标坐标误差的中间误差。

当使用航空照片时E_γ图上长为1 mm，飞机侦察时E_γ为100～150 m。

若目标坐标由观察所根据观目距离观目方向角决定，则协方差阵Σ_γ为

$$\Sigma_\gamma = \begin{bmatrix} \dfrac{E_{d\gamma}^2}{2\rho^2} & 0 \\ 0 & \dfrac{E_{f\gamma}^2}{2\rho^2} \end{bmatrix} \tag{6-5}$$

其中，

$$\begin{aligned} E_{d\gamma} &= \sqrt{E_{dGM}^2 \cos^2 j + (0.001 E_{fGM} D_{GM} \sin j)^2 + E_\alpha^2} \\ E_{f\gamma} &= 0.001 D_m \sqrt{E_{dGM}^2 \sin^2 j + (0.001 E_{fGM} D_{GM} \cos j)^2 + E_\alpha^2} \end{aligned} \tag{6-6}$$

式中，E_{dGM}为测定观目距离的中间误差；E_{fGM}为测定观目方向角的中间误差；D_{GM}为观目距离；j为观炮夹角。

测定观目距离和观目方向角的中间误差数值如表6－2所示。

表6-2　测定观目距离和观目方向角的中间误差

<table>
<tr><th colspan="3">决定观目距离</th></tr>
<tr><th colspan="2">方法和条件</th><th>中间误差</th></tr>
<tr><td rowspan="2">1m体视测距机</td><td>$D_{GM} \leqslant 3\ 000$ m</td><td>$(1\%\sim1.5\%)D_{GM}$</td></tr>
<tr><td>$3\ 000\ \text{m} < D_{GM} \leqslant 5\ 000$ m</td><td>$(1.5\%\sim3\%)D_{GM}$</td></tr>
<tr><td colspan="2">激光测距机</td><td>5 m以内</td></tr>
<tr><td colspan="2" rowspan="2">侦-1型雷达</td><td>固定目标1.5 m</td></tr>
<tr><td>活动目标5 m</td></tr>
<tr><td colspan="2">秒表</td><td>30~50 m</td></tr>
<tr><td colspan="2">声测</td><td>$1\% D_{GM}$</td></tr>
<tr><td rowspan="2">交会侦察（交会角≥1°~00°）</td><td>使用经纬仪</td><td>$(0.4\%\sim0.8\%)D_{GM}$</td></tr>
<tr><td>使用炮队镜</td><td>$(0.8\%\sim1.2\%)D_{GM}$</td></tr>
<tr><td colspan="2">利用地图现地对照（比例尺1:5万，目标附近有已知点）</td><td>20~40 m</td></tr>
<tr><td colspan="2">辛伯林雷达</td><td>40 m</td></tr>
</table>

<table>
<tr><th colspan="3">测定观目方向角</th></tr>
<tr><th colspan="2">方法和条件</th><th>中间误差/mil</th></tr>
<tr><td rowspan="2">望远镜</td><td>夹角<0°~50°</td><td>1~2</td></tr>
<tr><td>夹角0°~50°~1°~00°</td><td>2~3</td></tr>
<tr><td rowspan="3">方向盘炮队镜</td><td>天气良好、目标明显、细小</td><td>0.35</td></tr>
<tr><td>一般</td><td>0.5</td></tr>
<tr><td>目标不清晰</td><td>1</td></tr>
<tr><td rowspan="2">经纬仪</td><td>天气良好、目标明显、细小</td><td>0.17</td></tr>
<tr><td>一般</td><td>0.3</td></tr>
<tr><td rowspan="2">侦-1型雷达</td><td>固定目标</td><td>1</td></tr>
<tr><td>活动目标</td><td>2</td></tr>
<tr><td colspan="2">辛伯林雷达</td><td>40 m</td></tr>
</table>

4. 决定目标高程的误差

决定目标高程的误差引起的诸元误差为

$$x_{\delta} = \begin{bmatrix} \Delta H_m \cot\theta_c \\ 0 \end{bmatrix} \tag{6-7}$$

其协方差阵为

$$\sum\nolimits_{\delta} = \begin{bmatrix} \dfrac{E_{hm}^2 \cot^2\theta_c}{2\rho^2} & 0 \\ 0 & 0 \end{bmatrix} \tag{6-8}$$

式中，E_{hm}为决定目标高程的中间误差。

当用地图决定目标高程时：

$$E_{hm} = \sqrt{E_{h0}^2 + (E_d^2 + E_m^2)\tan^2\alpha}$$

当从观察所测定观目距离高低角决定目标高程时：

$$E_{hm} = \sqrt{E_{hG}^2 + [(0.001 E_{GM} D_{GM} E_{\varepsilon})^2 + (\varepsilon \cdot E_{dGM})^2]} \tag{6-9}$$

式中，E_{hG}为决定观察所高程的中间误差；ε 为测定的观目高低角；E_{ε} 为测定观目高低角有中间误差，通常可取 1 mil。

5. 决定火炮和装药批号初速偏差量的误差

决定初速偏差量误差引起的诸元误差为

$$x_{\varepsilon} = \begin{bmatrix} \Delta V_0 \cdot \Delta X_{V0} \\ 0 \end{bmatrix} \tag{6-10}$$

式中，ΔV_0为决定初速偏差量的误差（$\% V_0$）；ΔX_{V0}为初速改变 $1\% V_0$时射击距离的改变量。

该项误差的协方差阵为

$$\sum\nolimits_{\varepsilon} = \begin{bmatrix} \dfrac{E_{V0}^2 \Delta X_{V0}^2}{2\rho^2} & 0 \\ 0 & 0 \end{bmatrix} \tag{6-11}$$

式中，E_{V0}为决定初速偏差量误差的中间误差。

$$E_{V_0} = \begin{cases} 0.3\% V_0 ，使用测速仪测定 \\ (0.4\% \sim 0.9\%) V_0 ，用药室增长量或发射弹数决定 \end{cases}$$

对火箭炮则是决定火箭弹批号速度偏差量。

6. 决定药温偏差量的误差

决定药温偏差量误差引起的诸元误差的协方差阵为

$$\sum\nolimits_{\xi} = \begin{bmatrix} \dfrac{E_{ty}^2 \Delta X_{ty}^2}{2\rho^2} & 0 \\ 0 & 0 \end{bmatrix} \tag{6-12}$$

式中，E_{ty}为决定药温偏差量误差的中间误差（℃）；ΔX_{ty}为药温改变 1℃时射击距离的改变量。

由本连测定药温时，E_{ty}对分装式炮弹 <1℃，对定装式炮弹≪2℃；若全营用平均药温，则 E_{ty}对分装式炮弹为 1～2℃，对定装式炮弹为 2～3℃。

7. 决定气压偏差的误差

决定气压偏差误差引起的诸元误差的协方差阵为

$$\sum\nolimits_{\eta} = \begin{bmatrix} \dfrac{E_{\Delta p}^2 \Delta X_{p}^2}{2\rho^2} & 0 \\ 0 & 0 \end{bmatrix} \tag{6-13}$$

式中，$E_{\Delta p}$为决定气压偏差量误差的中间误差，通常可取 173. 319 Pa；ΔX_p为气压改变 133. 323 Pa（1 mmHg）时射击距离的改变量。

8. 决定弹道温偏的误差

决定弹道温偏误差引起的诸元误差的协方差阵为

$$\sum_{\theta} = \begin{bmatrix} \frac{E_t^2 \Delta X_t^2}{2\rho^2} & 0 \\ 0 & 0 \end{bmatrix} \tag{6-14}$$

式中，E_t为决定弹道温偏误差的中间误差，通常可取 1. 3 ℃；ΔX_t为气温改变 1 ℃ 时射击距离的改变量。

9. 决定弹道风的误差

决定弹道风误差引起的诸元误差为

$$x_l = \begin{bmatrix} \Delta W \cdot \Delta X_W \\ \Delta W \cdot \Delta Z_W \end{bmatrix} \tag{6-15}$$

其协方差阵为

$$\sum_{l} = \begin{bmatrix} \frac{E_W^2 \Delta X_W^2}{2\rho^2} & 0 \\ 0 & \frac{E_W^2 \Delta Z_W^2}{2\rho^2} \end{bmatrix} \tag{6-16}$$

式中，ΔW 为决定弹道风的误差；E_W为决定弹道风误差的中间误差；ΔX_W为纵风风速改变 1 m/s 射击距离的改变量；ΔZ_W为横风风速改变 1 m/s 方向上的改变量（m）。

10. 火炮定向误差

火炮定向误差包括作为基准方位的误差、操作作业的误差和取瞄准点标定分划的误差，该项误差引起的诸元误差的协方差阵为

$$\sum_{\kappa} = \begin{bmatrix} 0 & 0 \\ 0 & \frac{E_j^2}{2\rho^2} \end{bmatrix} \tag{6-17}$$

式中，E_j 为火炮定向误差的中间误差。

各种定向方法的中间误差如表 6-3 所示。

表6-3　各种定向方法的中间误差

定向方法和条件		中间误差/mil
方向盘法（统一测定磁坐偏角）	修正磁针周日偏差	1.5
	不修正磁针周日偏差	2~3
角导线法或天体法	用经纬仪	0.7
	用方向盘	1
惯导系统自主寻北误差		0.5

11. 高低规正误差

高低规正误差引起的诸元误差的协方差阵为

$$\sum\nolimits_{\lambda}=\begin{bmatrix}\dfrac{E_{\theta}^{2}\Delta X_{\alpha}^{2}}{2\rho^{2}} & 0\\ 0 & 0\end{bmatrix} \tag{6-18}$$

式中，ΔX_{α}为射角改变1 mil射击距离改变量（m）；E_{θ}为高低规正误差的中间误差（mil）。

12. 方向规正误差

方向规正误差引起的诸元误差的协方差阵为

$$\sum\nolimits_{\mu}=\begin{bmatrix}0 & 0\\ 0 & \dfrac{(0.001D_{m})^{2}E_{\psi}^{2}}{2\rho^{2}}\end{bmatrix} \tag{6-19}$$

式中，E_{ψ}为方向规正误差的中间误差。

13. 射表误差

射表误差产生的诸元误差的协方差阵为

$$\sum\nolimits_{\nu}=\begin{bmatrix}\dfrac{E_{dv}^{2}}{2\rho^{2}} & 0\\ 0 & \dfrac{E_{fv}^{2}}{2\rho^{2}}\end{bmatrix} \tag{6-20}$$

式中，E_{dv}为射表误差的距离中间误差，通常取（0.3%~0.6%）D_{m}；E_{fv}为射表误差的方向中间误差，通常取0.5~1 mil。

以上这些误差根源综合形成散布中心对瞄准点的偏差，即决定诸元误差。

由概率论中的中心极限定理可知，大量小误差之和服从正态分布，因此，决定诸元误差是正态随机变量。着发射击时，决定诸元误差是二维正态随机变量$(X_c,\ Z_c)$，记决定诸元的误差为向量$\boldsymbol{X}_c$，其中距离误差为X_c，方向误差为Z_c，距离中间误差为E_d，方向中间误差为E_f，协方差为$\sum_c(X_c,Z_c)$，则决定诸元误差向量的概率密度为

$$\varphi_c(x_c)=\frac{1}{2\pi\left|\sum_c\right|^{1/2}}\mathrm{e}^{-\frac{1}{2}x_c'\sum_c^{-1}x_c} \tag{6-21}$$

一般可假定决定诸元的距离和方向误差是相互独立的，于是有

$$\varphi_c(x_c,z_c)=\frac{\rho^2}{\pi E_d E_f}\mathrm{e}^{-\rho^2\left(\frac{x_c^2}{E_d^2}+\frac{z_c^2}{E_f^2}\right)} \tag{6-22}$$

6.1.2　母弹散布误差

用同一门火炮、相同的弹药装定同一射击诸元，由相同炮手用相同的手法操作，连续发射多发，射弹并不在同一弹道上，而是分布在一定范围内，这种现象称为射弹散布。

假设末敏弹母弹在目标上空抛射子弹前的射弹散布为一水平面上的散布，如图6－2所示。

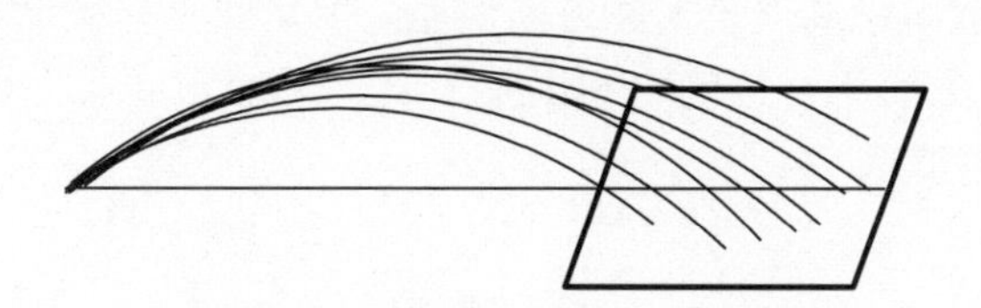

图6－2　末敏弹母弹射弹散布示意图

1. 产生射弹散布的原因

（1）火炮。每次发射时，炮射温度、炮膛洁净程度和炮射跳动的微小差异。

（2）弹药。每发弹头的重量、直径、形状、重心位置、弹带硬度和弹体表面粗糙度的微小差异，发射药的重量、质量、温度、湿度的微小差异，空炸引信作用时间的微小差异。

（3）气象。每发射弹在空中飞行时，气温、气压的微小差异，风向、风速的微小变化。

(4) 炮手操作和阵地设置。每次装定分划，居中气泡，瞄准位置的微小差异；装填炮弹和拉火的力量、手法的微小差异；火炮两轮的驻锄在发射中土质松动的微小差异。

2. 火箭炮产生散布误差的原因

(1) 推力偏心。由火箭炮发射火箭弹（母弹）时，其推力方向与火箭弹质心及弹轴不重合而产生的推力偏心影响母弹的距离和方向散布。

(2) 随机风。发射每发火箭弹时，主动段随机风的大小和方向都有微小差别，它影响母弹的方向和距离散布。

(3) 时间引信。发射末敏弹时，母弹在目标区域上方一定高度处将大量的子弹抛撒出来，其抛撒时间由时间引信控制。由于每发母弹的时间引信装定不可能完全一样，因而也将产生散布误差，使母弹产生距离散布。

(4) 目标区域上方的地面风。主要影响子弹的飞行，使之产生方向上和距离上的散布误差。

(5) 初始扰动。

(6) 气动偏心和质量偏心。

以上原因综合的结果，使炸点偏离散布中心。炸点对散布中心的偏差叫散布误差。

一般认为，散布距离误差 x_b 和方向误差 z_b 相互独立并服从正态分布，记散布的距离中间误差为 B_d，方向中间误差为 B_f，以散布中心为坐标原点，(x_b，z_b) 的概率分布密度为

$$\varphi_b(x_b, z_b) = \frac{\rho^2}{\pi B_d B_f} e^{-\rho^2\left(\frac{x_b^2}{B_d^2} + \frac{z_b^2}{B_f^2}\right)} \tag{6-23}$$

6.1.3 子弹散布误差

子弹落点散布由两方面的因素决定：①母弹抛撒机构作用的结果。通常母弹开舱点的弹道诸元有一个大致的确定范围，在抛撒机构的作用下，子弹也必将在一个确定的范围内分布。②受各种随机因素的影响，例如抛撒时母弹运动的存速、转速、姿态和抛撒机构作用方式的散布直接影响子弹运动的初始条件；又如气象条件散布和气动外形的散布都对子弹落点产生影响。通常子弹群在一定范围内呈均匀分布，而且其方向和距离分布并不完全独立，这给误差分析和评定射击效率带来许多不便，为此需要作适当的变换，下面以子弹在圆内均匀分布为例进行变换说明。

设任一发母弹抛撒出的子弹在以 R 为半径的圆内均匀分布，如图6-3所示。

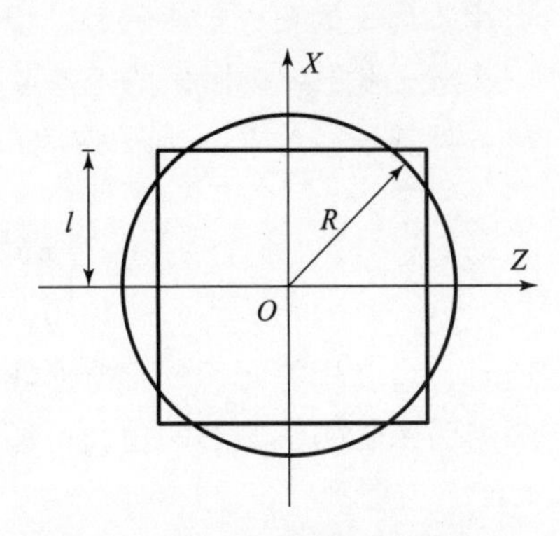

图6-3　一发母弹抛撒出的子弹在以R为半径的圆内均匀分布

那么子弹散布误差的概率密度函数为

$$f(x,z)=\begin{cases}\dfrac{1}{\pi R^2}, x^2+z^2\leqslant R^2\\0, x^2+z^2>R^2\end{cases}\tag{6-24}$$

则 x、z 的边缘密度函数为

$$f_x(x)=\int_{-\infty}^{+\infty}f(x,z)\,\mathrm{d}z=\frac{2}{\pi R^2}\sqrt{R^2-x^2}$$

同理，

$$f_z(z)=\frac{2}{\pi R^2}\sqrt{R^2-z^2}$$

可见

$$f_x(x)\cdot f_z(z)\neq f(x,z)$$

从而 x、z 相互不独立。如果用等面积的正方形代替圆，令 $2l=\sqrt{\pi R^2}$，$2l$ 为正方形的边长，把子弹的散布范围看作边长为 $2l$ 的正方形。这样，x、z 的联合密度函数为

$$f(x,z)=\begin{cases}\dfrac{1}{4l^2}, & -l\leqslant x\leqslant l, -l\leqslant z\leqslant l\\0, & \text{其他}\end{cases}\tag{6-25}$$

则 x、z 的边缘密度函数为

$$f_x(x)=\int_{-\infty}^{+\infty}f(x,z)\,dz=\frac{1}{2l}$$

同理，

$$f_z(z)=\frac{1}{2l}$$

此时，

$$f_x(x)\cdot f_z(z)=f(x,z)$$

可见，作等面积代换后，x、z 相互独立。下面再对其他几种分布形式进行讨论。

（1）圆周上和圆环内均匀分布。

沿圆周呈均匀分布时，其联合密度函数为

$$f(x,z)=\begin{cases}\dfrac{1}{2\pi R}, & x^2+z^2=R^2\\0, & \text{其他}\end{cases}\tag{6-26}$$

可用等周长的正方形来代替，设正方形的边长为 $2l$，则有 $8l=2\pi R$。

当一发母弹抛撒出的子弹在一圆环内呈均匀分布时，设圆环的内圆半径为 R_1、外圆半径为 R_2，则子弹散布的联合密度函数为

$$f(x,z)=\begin{cases}\dfrac{1}{\pi R_2^2-\pi R_1^2}, & R_1^2\leqslant x^2+z^2\leqslant R_2^2\\ 0, & 其他\end{cases} \tag{6-27}$$

这时，可以用等面积的正方形环来代替，设两正方形的面积分别等于内圆和外圆的面积，两正方形的边长可通过下式计算：

$$4l_1^2=\pi R_1^2,\ 4l_2^2=\pi R_2^2$$

这样变换后，子弹散布误差的联合概率密度函数为

$$f(x,z)=\begin{cases}\dfrac{1}{4(l_2^2-l_1^2)}, & l_1\leqslant|x|\leqslant l_2, l_1\leqslant|z|\leqslant l_2\\ 0, & 其他\end{cases} \tag{6-28}$$

（2）椭圆内、椭圆周上和椭圆环内均匀分布。

当子弹在一长轴为 $2a$、短轴为 $2b$ 的椭圆内均匀分布时，其联合密度函数为

$$f(x,z)=\begin{cases}\dfrac{1}{\pi ab}, & \dfrac{x^2}{a^2}+\dfrac{z^2}{b^2}\leqslant 1\\ 0, & \dfrac{x^2}{a^2}+\dfrac{z^2}{b^2}>1\end{cases} \tag{6-29}$$

这种情况下，用等面积的长方形代替，设长方形的长为 $\sqrt{\pi}a$、宽为 $\sqrt{\pi}b$，其联合概率密度为

$$f(x,z)=\begin{cases}\dfrac{1}{\pi ab}, & |x|\leqslant\sqrt{\pi}a, |z|\leqslant\sqrt{\pi}b\\ 0, & 其他\end{cases} \tag{6-30}$$

当子弹在一椭圆环内均匀分布时，设内椭圆的长、短轴分别为 $2a_1$ 和 $2b_1$，外椭圆的长短轴分别为 $2a_2$ 和 $2b_2$，则其联合密度函数为

$$f(x,z)=\begin{cases}\dfrac{1}{\pi a_2b_2-\pi a_1b_1}, & \dfrac{x^2}{a_1^2}+\dfrac{z^2}{b_1^2}\geqslant 1\cap\dfrac{x^2}{a_2^2}+\dfrac{z^2}{b_2^2}\leqslant 1\\ 0, & 其他\end{cases} \tag{6-31}$$

这种情况下，可以用等面积的长方形来代换，长方形的长和宽分别为

$$\sqrt{\pi}a_1, \sqrt{\pi}a_2, \sqrt{\pi}b_1;\ \sqrt{\pi}b_2$$

这样，$f(x,z)$ 表达式为

$$f(x,z)=\begin{cases}\dfrac{1}{\pi a_2 b_2-\pi a_1 b_1}, & \sqrt{\pi}a_1\leqslant |x|\leqslant \sqrt{\pi}a_2, \sqrt{\pi}b_1\leqslant |z|\leqslant \sqrt{\pi}b_2\\ 0, & \text{其他}\end{cases}$$

(6－32)

当子弹沿一长轴为 $2a$、短轴为 $2b$ 的椭圆周上均匀分布时，其联合密度函数为

$$f(x,z)=\begin{cases}\dfrac{1}{l}, & \dfrac{x^2}{a^2}+\dfrac{z^2}{b^2}=1\\ 0, & \text{其他}\end{cases} \tag{6-33}$$

式中，l 为椭圆周长，即

$$l=\pi\left[\frac{3}{2}(a+b)-\sqrt{ab}\right]$$

或

$$l=\frac{\pi}{2}\left[(a+b)+\sqrt{2(a^2+b^2)}\right] \tag{6-34}$$

这种情况下，用等周长的长方形来代换，设长方形的长和宽分别为 $2l_1$、$2l_2$，则 l_1 和 l_2 由下式决定：

$$\begin{cases}2(l_1+l_2)=\dfrac{l}{2}\\ \dfrac{l_1}{a}=\dfrac{l_2}{b}\end{cases} \tag{6-35}$$

这样代换后，子弹散布的联合密度函数为

$$f(x,z)=\begin{cases}\dfrac{1}{l}, & |x|=l_1, |z|=l_2\\ 0, & \text{其他}\end{cases} \tag{6-36}$$

显然，上述各种变换的目的都是评定射击效率时便于计算，当然，如果子弹散布误差服从正态分布，也就没有必要做这样的变换了。

6.2　误差的分组与射击的相关性

营连射击时，射击误差比较复杂，为了便于研究问题，将误差进行适当的分组。先作如下假设：

各连的发射阵地比较靠近，对同一目标射击时各炮的间射距离和射击方向

的差别可以忽略不计，当任何一项射击误差按营（连）的平均射击方向分解为距离误差和方向误差时，认为它们之间相互独立。

6.2.1 误差分组

6.2.1.1 连射击时的误差分组

连射击时，射击误差可分为4组。第一组为炮兵连共同误差，这是在决定诸元误差中对全部炸点均重复的误差，其主要误差根源有决定目标位置的误差、决定气象条件偏差量的误差等。连共同误差是二维随机变量，服从$N(0,\boldsymbol{\Sigma}_{1g})$，$\boldsymbol{\Sigma}_{1g}$为连共同误差的协方差阵，它是一个对角阵，即

$$\boldsymbol{\Sigma}_{1g}=\begin{bmatrix}\dfrac{E_{x1g}^2}{2\rho^2} & 0\\ 0 & \dfrac{E_{z1g}^2}{2\rho^2}\end{bmatrix} \tag{6-37}$$

第二组为各炮单独误差，由决定诸元误差中对本炮炸点为重复而对其他炮炸点为非重复的误差组成，其主要根源是各炮自行规正瞄准装置的误差、测量药室长度的误差等。各炮单独误差也是二维随机变量，服从$N(0,\boldsymbol{\Sigma}_{pd})$，$\boldsymbol{\Sigma}_{pd}$为各炮单独误差的协方差阵，它是一个对角阵，即

$$\boldsymbol{\Sigma}_{pd}=\begin{bmatrix}\dfrac{E_{xpd}^2}{2\rho^2} & 0\\ 0 & \dfrac{E_{zpd}^2}{2\rho^2}\end{bmatrix} \tag{6-38}$$

第三组为母弹误差，它也是二维随机变量，服从$N(0,\boldsymbol{\Sigma}_b)$，其中，$\boldsymbol{\Sigma}_b$表达式为

$$\boldsymbol{\Sigma}_{b}=\begin{bmatrix}\dfrac{B_d^2}{2\rho^2} & 0\\ 0 & \dfrac{B_f^2}{2\rho^2}\end{bmatrix} \tag{6-39}$$

第四组是子弹散布误差，这项误差通常服从均匀分布，为了研究方便，将其协方差阵写为

$$\sum_{z} = \begin{bmatrix} \frac{l^2}{12} & 0 \\ 0 & \frac{l^2}{12} \end{bmatrix} \tag{6-40}$$

式中，l 为子弹矩形边长之半。

连共同误差、炮单独误差、母弹散布误差、子弹散布误差是相互独立的，前三项服从正态分布，最后一项服从均匀分布，将其化为正态分布后，连射击时发射误差的协方差可写为

$$\sum = \sum_{1g} + \sum_{pd} + \sum_{b} + \sum_{z} \tag{6-41}$$

6.2.1.2　营射击时的误差分组

营射击时，射击误差可分为 5 组，第一组为营共同误差，由决定诸元中对全部炸点均重复的误差组成，其协方差阵 $\sum_{yg}$ 为

$$\sum_{yg} = \begin{bmatrix} \frac{E_{xyg}^2}{2\rho^2} & 0 \\ 0 & \frac{E_{zyg}^2}{2\rho^2} \end{bmatrix} \tag{6-42}$$

第二组为连单独误差，由决定诸元误差中对本连炸点为重复而对其他各连炸点为非重复的误差组成，其协方差阵 $\sum_{ld}$ 为

$$\sum_{ld} = \begin{bmatrix} \frac{E_{xld}^2}{2\rho^2} & 0 \\ 0 & \frac{E_{zld}^2}{2\rho^2} \end{bmatrix} \tag{6-43}$$

第三组为炮单独误差，第四组为母弹散布误差，第五组为子弹散布误差，后三项误差与连射击时相同。

同样，营射击时发射误差的协方差可写为

$$\sum = \sum_{yg} + \sum_{ld} + \sum_{pd} + \sum_{b} + \sum_{z} \tag{6-44}$$

6.2.2　射击的相关性

对同一目标射击时，任意两发炸点的发射误差中总是含有重复的误差根源，因而使它们的位置具有“相关性”，称作射击相关性或发射相关性。

第 i 发和第 j 发炸点之间有 4 个相关系数：

（1）第 i 发距离误差与第 j 发距离误差的相关系数称为距离相关系数。

（2）第 i 发方向误差与第 j 发方向误差的相关系数称为方向相关系数。

（3）第 i 发的距离误差与第 j 发的方向误差的相关系数称为距离方向相关系数。

（4）第 i 发的方向误差与第 j 发的距离误差的相关系数称为方向距离相关系数。

假定重复误差椭圆的主半轴、非重复误差椭圆的主半轴和坐标轴都一致，则和均为 0，此时，各相关系数可由下列各式给出：

单炮相关系数

$$r_x^p = \frac{E_d^2}{E_x^2}, \quad r_z^p = \frac{E_f^2}{E_x^2} \tag{6-45}$$

连相关系数

$$r_x^l = \frac{E_{x\mathrm{lg}}^2}{E_x^2}, \quad r_z^l = \frac{E_{z\mathrm{lg}}^2}{E_x^2} \tag{6-46}$$

营相关系数

$$r_x^y = \frac{E_{xyg}^2}{E_x^2}, \quad r_z^y = \frac{E_{zyg}^2}{E_x^2} \tag{6-47}$$

6.3 将多组误差型转化为“两组误差型”

营连射击时射击误差比较复杂，为了便于计算射击效力，通常用近似方法将多组误差型转化为“二组误差型”。下面以营射击为例进行讨论。

6.3.1 平均散布中心法

平均散布中心方法的实质是：取参加射击的全部火炮的散布中心的平均位置（平均散布中心）作为“单炮”的散布中心，任一发炸点对平均散布中心的误差作为该发炸点对“单炮”的散布中心的误差。

对于末敏弹射击，进一步作如下叙述：取全部子弹散布中心的平均位置作为“单炮”的散布中心，任一发子弹对平均散布中心的误差作为该发子弹对“单炮”散布中心的误差。

设炮兵营由 m 个连组成，每连由 n 门炮编成，火箭炮每炮身管数 η（线膛炮射击时 η 为发射次数），每发母弹携带 m'发子弹，则炮兵营一次齐射发射的总母弹数为 $M' = mn\eta$，总子弹数为 $N = mn\eta m'$，将五组误差型化为两组误差型的计算公式为

$$\begin{cases} \sum_c^* = \sum_{yg} + \dfrac{1}{m}\sum_{ld} + \dfrac{1}{mn}\sum_{pd} + \dfrac{1}{mn\eta}\sum_b \\ \sum_b^* = \left(1 - \dfrac{1}{m}\right)\sum_{ld} + \left(1 - \dfrac{1}{mn}\right)\sum_{pd} + \left(1 - \dfrac{1}{mn\eta}\right)\sum_b + \sum_z \end{cases} \tag{6-48}$$

式中，$\sum_c^*$ 为化为两组误差型后的诸元误差；$\sum_b^*$ 为化为两组误差型后的散布误差。下面给出公式的推导过程。

设第 i 连第 j 炮第 k 发母弹的子弹散布中心对瞄准位置的误差为 X_{cijk}，则

$$X_{cijk} = x_{yg} + x_{ldi} + x_{pdij} + x_{bijk}$$

平均散布中心对瞄准点的误差是

$$\begin{aligned} \boldsymbol{x}_c &= \frac{1}{mn\eta}\sum_{i=1}^{m}\sum_{j=1}^{n}\sum_{k=1}^{\eta}\boldsymbol{x}_{cijk} \\ &= \boldsymbol{x}_{yg} + \frac{1}{m}\sum_{i=1}^{m}\boldsymbol{x}_{ldi} + \frac{1}{mn}\sum_{i=1}^{m}\sum_{j=1}^{n}\boldsymbol{x}_{pdij} + \frac{1}{mn\eta}\sum_{i=1}^{m}\sum_{j=1}^{n}\sum_{k=1}^{\eta}\boldsymbol{x}_{bijk} \end{aligned}$$

所以，

$$\sum_c^* = \sum_{yg} + \frac{1}{m}\sum_{ld} + \frac{1}{mn}\sum_{pd} + \frac{1}{mn\eta}\sum_b \tag{6-49}$$

又发射误差为

$$\sum = \sum_{yg} + \sum_{ld} + \sum_{pd} + \sum_b + \sum_z \tag{6-50}$$

根据误差不变原理，应有

$$\sum_c^* + \sum_b^* = \sum$$

所以，

$$\sum_b^* = \sum - \sum_c^* \tag{6-51}$$

将式（6-49）、式（6-50）代入式（6-51），得

$$\sum_b^* = \left(1 - \frac{1}{m}\right)\sum_{ld} + \left(1 - \frac{1}{mn}\right)\sum_{pd} + \left(1 - \frac{1}{mn\eta}\right)\sum_b + \sum_z \tag{6-52}$$

证毕。

6.3.2 相关系数的算术平均法

相关系数的算术平均法的实质是：取全部相关系数的算术平均值 r^* 作为

“单炮”的相关系数，即

$$r^* = \frac{1}{C_N^2}\sum_{i\neq j}^{N} r_{x_i x_j}$$

式中，$r_{x_i x_j}$是第 i 发子弹与第 j 发子弹的距离相关系数，转换的公式为

$$\begin{cases}\Sigma_c^* = \Sigma_{yg} + \dfrac{m'\eta - 1}{N-1}\Sigma_{ld} + \dfrac{m'n\eta - 1}{N-1}\Sigma_{pb} + \dfrac{(m'-1)}{N-1}\Sigma_b \\ \Sigma_b^* = \dfrac{m'\eta n(m-1)}{N-1}\Sigma_{ld} + \dfrac{m'\eta(mn-1)}{N-1}\Sigma_{pd} + \dfrac{m'(\eta mn-1)}{N-1}\Sigma_b + \Sigma_z\end{cases} \tag{6-53}$$

证明如下：

营射击时，任意两发炸点的相关系数随发射单位而异，而 C_N^2 个相关系数中有 $mn\eta C_m^2{}'$个母弹相关系数 r_m，$mnC_\eta^2 m'^2$ 个炮相关系数 r_p，$mC_n^2(\eta m')^2$ 个连相关系数 r_L，$C_m^2(n\eta m')^2$ 个营相关系数 r_y。

则 C_N^2 个相关系数的平均值为

$$r^* = \frac{1}{C_N^2}[mn\eta C_m^2{}'r_m + mnC_\eta^2 m'^2 r_p + mC_n^2({}^\eta m')2r_L + C_m^2({}^n\eta m')2r_y]$$

$$= \frac{m'-1}{N-1}r_m + \frac{m'(\eta-1)}{N-1}r_p + \frac{m'\eta(n-1)}{N-1}r_L + \frac{m'\eta n(m-1)}{N-1}r_y$$

相关系数的定义（例如母弹的距离相关系数）

$$r_x^m = (E_{xyg}^2 + E_{xld}^2 + E_{xpd}^2 + B_d^2)/E_x^2$$

代入上式，便可得到式（6－53）中 Σ_c^* 的表达式，再根据误差不变原理 $\Sigma_b^* = \Sigma - \Sigma_c^*$，便可得到 Σ_b^* 的表达式。

6.3.3 温氏法

温氏法亦称命中弹数分布法，它的实质是：使两者的命中弹数的数学期望和方差保持相等。计算“单炮”相关系数的公式为

$$r_y = \left\{1 - (mn\eta m' - 1)\Big/\left[\frac{m'-1}{\sqrt{[1-(r_x^m)^2][1-(r_z^m)^2]}} + \frac{m'(\eta-1)}{\sqrt{[1-(r_x^p)^2][1-(r_z^p)^2]}} + \frac{m'\eta(n-1)}{\sqrt{[1-(r_x^l)^2][1-(r_z^l)^2]}} + \frac{m'\eta n(m-1)}{\sqrt{[1-(r_x^y)^2][1-(r_z^y)^2]}}\right]\right\}^{\frac{1}{2}}$$

这样求出的 r_y即是距离和方向的相关系数，则有

$$\begin{cases}\sum_c = r_y \cdot \sum \\ \sum_b = \sum - \sum_c\end{cases} \tag{6-54}$$

下面给出表达式的证明过程。

设发射 N 发子弹的命中弹数为 Z，第 i 发子弹的命中概率为 P_i，第 i 发的命中弹数为 Z_i，Z_i是随机变量，它的数学期望为

$$M(Z_i) = P_i$$

方差为

$$D(Z_i) = P_i(1 - P_i)$$

设第 i 发和第 j 发子弹的命中弹数的协方差为 K_{ij}，则

$$K_{ij} = M[(Z_i - P_i)(Z_j - P_j)] = M(Z_iZ_j) - P_iP_j$$

随机变量 Z_i、Z_j的取值分别为 0 和 1，相应的概率分别为 P_iP_j和（$1 - P_i P_j$），所以，

$$K_{ij} = P_{ij} - P_iP_j$$

随机变量 $Z = \sum_{i=1}^{N} Z_i$，其数学期望和方差分别为

$$M(Z) = \sum_{i=1}^{N} M(Z_i) = \sum_{i=1}^{N} P_i$$

$$\begin{aligned} D(Z) &= D\left(\sum_{i=1}^{N} Z_i\right) \\ &= \sum_{i=1}^{N} D(Z_i) + \sum_{i \neq j} K_{ij} \\ &= \sum_{i=1}^{N} D(Z_i) + \sum_{i \neq j} (P_{ij} - P_iP_j) \\ &= \sum_{i=1}^{N} P_i + \sum_{i \neq j} P_{ij} - \left(\sum_{i=1}^{N} P_i\right)^2 \end{aligned}$$

设化为两组误差型以后，发射 N 发子弹的命中弹数为 Z^*，第 i 发的命中概率为 P_i^*，第 i 发子弹和第 j 发同时命中的命中概率为 $P_{i\ j}^*$，于是有

$$\begin{cases} M(Z^*) = \sum_{i=1}^{N} P_i^* \\ D(Z^*) = \sum_{i=1}^{N} P_i^* + \sum_{i \neq j} P_{ij}^* - (\sum_{i=1}^{N} P_i^*)2 \end{cases}$$

由温氏法的实质，有

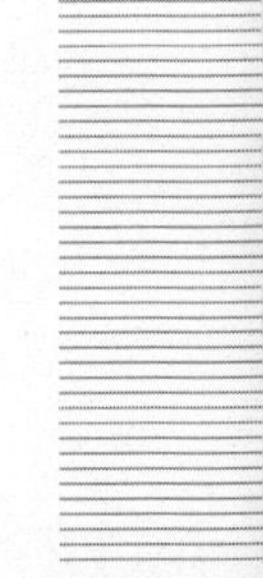

$$\begin{cases}\sum_{i=1}^{N} P_i = \sum_{i=1}^{N} P_i^* \\ \sum_{i\neq j} P^{ij} = \sum_{i\neq j} P_{ij}^* \end{cases} \tag{6-55}$$

由于子母弹的发射误差可认为是服从正态分布，设其方差为 σ_x^2，σ_x^2。

r_{xij}和 r_{zij}表示第 i 发和第 j 发子弹的射击误差的距离和方向相关系数；r_{xij}^* 和 r_{zij}^* 表示简化后的射击误差距离和方向相关系数。

设第 i 发和第 j 发子弹的射击误差的联合概率密度为 $\varphi(x_i,z_i,x_j,z_j)$，而

$$\varphi(x_i,z_i,x_j,z_j)=\varphi_1(x_i,z_i)\varphi_2(x_j,z_j|x_i,z_i)$$

其中，$\varphi_1(x_i,z_i)$ 是二维正态分布，$\varphi_2(x_j,z_j| x_i,z_i)$ 是第 i 发炸点为 (x_i,z_i) 下第 j 为炸点的条件分布密度，即

$$\varphi_1(x_i,z_i) = \frac{1}{2\pi\sigma_{xi}\sigma_{zi}}e^{-\frac{1}{2}\left[\left(\frac{x_i-x_0}{\sigma_{xi}}\right)^2+\left(\frac{z_i-z_0}{\sigma_{zi}}\right)^2\right]}$$

$$\varphi_2(x_j,z_j| x_i,z_i) = \frac{1}{2\pi\sigma_{xj}\sigma_{zj}\sqrt{(1-r_{xij}^2)(1-r_{zij}^2)}}e^{-\frac{1}{2}\left\{\left[\frac{x_j-x_0-r_{xij}(x_i-x_0)}{\sigma_{xj}\sqrt{1-r_{xij}^2}}\right]^2+\left[\frac{z_j-z_0-r_{zij}(z_i-z_0)}{\sigma_{zj}\sqrt{1-r_{zij}^2}}\right]^2\right\}}$$

则第 i 发与第 j 发均命中的概率 P_{ij}为

$$P_{ij} = \iint_v\iint_v\varphi(x_i,z_i,x_j,z_j)\,dx_i dx_j\,dz_i\,dz_j = \iint_v\iint_v\varphi_1(x_i,z_i)\varphi_2(x_j,z_j\,\Big|\,x_i,z_i)\,dx_i dx_j\,dz_i\,dz_j$$

$$= \iint_v\varphi_1(x_i,z_i)\left\{\left[\Phi\left(\frac{x_0+r_{xij}(x_i-x_0)+l}{\sigma_{xj}\sqrt{1-r_{xij}^2}}\right)-\Phi\left(\frac{x_0+r_{xij}(x_i-x_0)+l}{\sigma_{xj}\sqrt{1-r_{xij}^2}}\right)\right]\cdot\right.$$

$$\left.\left[\Phi\left(\frac{z_0+r_{zij}(z_i-z_0)+l}{\sigma_{zj}\sqrt{1-r_{zij}^2}}\right)-\Phi\left(\frac{z_0+r_{zij}(z_i-z_0)+l}{\sigma_{zj}\sqrt{1-r_{zij}^2}}\right)\right]\right\}dx_i dz_i$$

对于标准正态分布函数 $\Phi(x)$，在 $|x|$ 不大时用线性近似函数代替，即

$$\Phi(x) = kx+\frac{1}{2},\ \Phi(0) = 0.5$$

这样，P_{ij}可简化为

$$P_{ij} = \iint_v\varphi_1(x_i,z_i)\frac{4k^2l^2}{\sigma_{xj}\sigma_{zj}\sqrt{(1-r_{xij}^2)(1-r_{zij}^2)}}dx_i dz_j = \frac{4k^2l^2P_i}{\sigma_{xj}\sigma_{zj}\sqrt{(1-r_{xij}^2)(1-r_{zij}^2)}}$$

由射击误差不变性原理，得

$$\sigma^{xj} = \sigma_{xj}^* = \sigma_x$$

而当射击误差的均方差相同时，发射 1 发的命中概率是相同的，于是，

$$P_1 = P_2 = \cdots P_N = P_1^* = P_2^* = \cdots P_N^*$$

由 $\sum_{i\neq j}P^{ij}=\sum_{i\neq j}P_{ij}^{*}$，可得

$$\sum_{i\neq j}\frac{1}{\sqrt{(1-r_{xij}^{2})(1-r_{zij}^{2})}}=\sum_{i\neq j}\frac{1}{\sqrt{(1-r_{xij}^{*2})(1-r_{zij}^{*2})}} \qquad (6-56)$$

假设简化后的距离相关系数和方向相关系数相等，即 $r_{xij}^{*}=r_{zij}^{*}=r_{y}^{*}$，营发射总的子弹数 $N=mn\eta m'$发，则

$$\sum_{i\neq j}\frac{1}{\sqrt{(1-r_{xij}^{2})(1-r_{zij}^{2})}}=\frac{N(N-1)}{1-r_{y}^{*2}}$$

对于 $\sum_{i\neq j}\frac{1}{\sqrt{(1-r_{xij}^{2})(1-r_{zij}^{2})}}$，任意两发的相关系数共有4种。

(1) 任两发子弹属1发母弹的相关系数 $r_x^m(r_z^m)$，共有 $2mn\eta C_m^2{}'$个值。

(2) 任两发子弹属同一炮发射，但不属同一母弹的相关系数 $r_x^p(r_z^p)$，共有 $2mnC_\eta^2m'^2$ 个值。

(3) 任两发子弹不属同一炮发射，但属同一连发射的连相关系数$r_x^l(r_z^l)$，共有 $2mC_n^2(\eta m')^2$ 个值。

(4) 任两发子弹属同一营但不属同一连射的营相关系数 $r_x^y(r_z^y)$，共有 $2C_m^2(n\eta m')^2$ 个值。

则

$$\begin{aligned}\sum_{i\neq j}\frac{1}{\sqrt{(1-r_{xij}^{2})(1-r_{zij}^{2})}}&=\frac{2mn\eta C_m^2{}'}{\sqrt{[1-(r_x^m)^2][1-(r_z^m)^2]}}+\frac{2mn\eta C_\eta^2m'^2}{\sqrt{[1-(r_x^p)^2][1-(r_z^p)^2]}}+\\&\quad\frac{2mC_n^2(\eta m')^2}{\sqrt{[1-(r_x^l)^2][1-(r_z^l)^2]}}+\frac{2mC_m^2(n\eta m')^2}{\sqrt{[1-(r_x^y)^2][1-(r_z^y)^2]}}\\&=\frac{N(m'-1)}{\sqrt{[1-(r_x^m)^2][1-(r_z^m)^2]}}+\frac{N(\eta-1)m'}{\sqrt{[1-(r_x^p)^2][1-(r_z^p)^2]}}+\\&\quad\frac{N(n-1)\eta m'}{\sqrt{[1-(r_x^l)^2][1-(r_z^l)^2]}}+\frac{N(m-1)n\eta m'}{\sqrt{[1-(r_x^y)^2][1-(r_z^y)^2]}}\end{aligned}$$

于是可得

$$r_y^{*}=\left\{1-(N-1)\Big/\left[\frac{m'-1}{\sqrt{[1-(r_x^m)^2][1-(r_z^m)^2]}}+\frac{m'(\eta-1)}{\sqrt{[1-(r_x^p)^2][1-(r_z^p)^2]}}+\frac{m'\eta(n-1)}{\sqrt{[1-(r_x^l)^2][1-(r_z^l)^2]}}+\frac{m'\eta n(m-1)}{\sqrt{[1-(r_x^y)^2][1-(r_z^y)^2]}}\right]\right\}^{\frac{1}{2}}$$

证毕。

上述几种误差转换方法，只要令 $m=1$，便可用于连射击；令 $m=1$，$n=$

1，便可用于单炮射击。

6.4 把对数个瞄准位置射击化为对一个瞄准位置射击

炮兵营对面积目标射击时，通常在方向上以连为单位构成适宽射击，在距离上每炮以数个表尺分划进行射击。这时，每炮每表尺都有各自的瞄准位置，而不是把目标中心作为唯一的瞄准位置。这种情况下，如果对数个位置分别计算毁伤概率则过于复杂，通常难以实施，因此是将对多个瞄准位置的射击简化为对一个瞄准位置射击。其实质是用一种较为简单的概率分布（正态分布或均匀分布）来代替炸点的实际分布，而令两者低阶矩（数学期望、方差、协方差）相等。

6.4.1 对数个瞄准位置射击时的炸点分布与数值表征

设单炮以 k 个表尺分划射击，第 i 个分划的散布中心的坐标为（$\bar{x}_i, \bar{z}_i$），在第 i 个分划上发射 N_i发，发射总弹数为 N 发，则任一发炸点对炸点分布中心（全连或全营）距离偏差量 x_b的条件分布密度函数为

$$\varphi_b(x_b) = \sum_{i=1}^{k} \frac{N_i \rho}{N\sqrt{\pi} B_d} \mathrm{e}^{-\rho^2 \frac{(x_b - \bar{x}_i)^2}{B_d^2}} \tag{6-57}$$

距离散布误差的数学期望为

$$\begin{aligned} M(X_b) &= \int_{-\infty}^{+\infty} x_b \varphi(x_b) \mathrm{d}x_b \\ &= \frac{1}{N}\sum_{i=1}^{k} N_i \int_{-\infty}^{+\infty} x_b \frac{\rho}{\sqrt{\pi} B_d} \mathrm{e}^{-\rho^2 \frac{(x_b - \bar{x}_i)^2}{B_d^2}} \mathrm{d}x_b \\ &= \frac{1}{N}\sum_{i=1}^{k} N_i \bar{x}_i \end{aligned} \tag{6-58}$$

同理，方向散布的数学期望为

$$M(Z_b) = \frac{1}{N}\sum_{i=1}^{k} N_i \bar{z}_i$$

散布误差的方差为

$$\begin{cases} D(X_b) = M(X_b^2) - M^2(X_b) \\ D(Z_b) = M(Z_b^2) - M^2(Z_b) \end{cases} \tag{6-59}$$

式中，

$$
\begin{cases}
M(X_b^2) = \dfrac{B_d^2}{2\rho^2} + \dfrac{1}{N}\sum\limits_{i=1}^{k} N_i \bar{x}_i^2 \\
M(Z_b^2) = \dfrac{B_f^2}{2\rho^2} + \dfrac{1}{N}\sum\limits_{i=1}^{k} N_i \bar{z}_i^2
\end{cases}
\tag{6-60}
$$

下面证明式（6-60）。

$$
\begin{aligned}
M(X_b^2) &= \int_{-\infty}^{+\infty} x_b^2 \varphi_b(x_b)\,\mathrm{d}x_b \\
&= \frac{1}{N}\sum_{i=1}^{k} N_i \int_{-\infty}^{+\infty} x_b^2 \frac{\rho}{\sqrt{\pi} B_d} \mathrm{e}^{-\rho^2 \frac{(x_b-\bar{x}_i)^2}{B_d^2}} \mathrm{d}x_b
\end{aligned}
$$

设

$$u = x_b - \bar{x}_i$$

则

$$x_b^2 = u^2 + 2\bar{x}_i u + \bar{x}_i^2$$

$$\mathrm{d}x_b = \mathrm{d}u$$

那么有

$$
M(X_b^2) = \frac{1}{N}\sum_{i=1}^{k} N_i \left[\int_{-\infty}^{+\infty} u^2 \frac{\rho}{\sqrt{\pi} B_d} \mathrm{e}^{-\rho^2 \frac{u^2}{B_d^2}} \mathrm{d}u + 2\bar{x}_i \int_{-\infty}^{+\infty} u \frac{\rho}{\sqrt{\pi} B_d} \mathrm{e}^{2\frac{u^2}{B_d^2}} \mathrm{d}u + \bar{x}_i^2 \int_{-\infty}^{+\infty} \frac{\rho}{\sqrt{\pi} B_d} \mathrm{e}^{2\frac{u^2}{B_d^2}} \mathrm{d}u \right]
$$

因为

$$\int_{-\infty}^{+\infty} u^2 \frac{\rho}{\sqrt{\pi} B_d} \mathrm{e}^{2\frac{u^2}{B_d^2}} \mathrm{d}u = \frac{B_d^2}{2\rho^2}$$

$$\int_{-\infty}^{+\infty} u \frac{\rho}{\sqrt{\pi} B_d} \mathrm{e}^{2\frac{u^2}{B_d^2}} \mathrm{d}u = 0$$

$$\int_{-\infty}^{+\infty} \frac{\rho}{\sqrt{\pi} B_d} \mathrm{e}^{2\frac{u^2}{B_d^2}} \mathrm{d}u = 1$$

所以，

$$M(X_b^2) = \frac{B_d^2}{2\rho^2} + \frac{1}{N}\sum_{i=1}^{k} N_i \bar{x}_i^2$$

同理，

$$M(Z_b^2) = \frac{B_f^2}{2\rho^2} + \frac{1}{N}\sum_{i=1}^{k} N_i \bar{z}_i^2$$

若以 t 个表尺分划射击，相邻表尺分划的距离差均为 h，取 t 个表尺散布中心的平均位置作为坐标原点，则

$$M(X_b) = \frac{1}{N}\sum_{i=1}^{k} N_i \bar{x}_i = \frac{1}{t}\sum_{i=1}^{k} \bar{x}_i = 0$$

$$
\begin{aligned}
D(X_b) = M(X_b^2) &= \frac{B_d^2}{2\rho^2} + \frac{1}{N}\sum_{i=1}^{k} N_i \bar{x}_i^2 \\
&= \frac{B_d^2}{2\rho^2} + \frac{1}{t}\sum_{i=1}^{k}\left(i - \frac{t+1}{2}\right)^2 h^2 \\
&= \frac{B_d^2}{2\rho^2} + \frac{h^2(t^2-1)}{12}
\end{aligned} \tag{6-61}
$$

同理，以 n 个方向分划射击，方向差为 I 时，有

$$M(z_b) = 0$$

$$D(X_b) = \frac{B_f^2}{2\rho^2} + \frac{I^2(n^2-1)}{12} \tag{6-62}$$

6.4.2 将单炮数个瞄准位置射击化为一个瞄准位置射击

把单炮对数个瞄准位置射击化为对一个瞄准位置射击，就是以正态分布或以均匀分布代替实际分布，并求代替后的散布表征，下面对两种情况分别给予讨论。

1. 把炸点分布近似看作正态分布

实际采用的火力分配方法其散布误差对坐标原点多是对称的，因此代替前和代替后的散布误差的数学期望都等于 0，使代替后的距离散布误差的中间误差与代替前的相等。

$$\frac{B'^2_d}{2\rho^2} = \frac{B_d^2}{2\rho^2} + \frac{h^2(t^2-1)}{12}$$

所以，

$$B'_d = \sqrt{B_d^2 + \frac{\rho^2}{6}h^2(t^2-1)} = \sqrt{B_d^2 + 0.0379h^2(t^2-1)} \tag{6-63}$$

同理，

$$B'_f = \sqrt{B_f^2 + \frac{\rho^2}{6}I^2(n^2-1)} = \sqrt{B_f^2 + 0.0379I^2(n^2-1)} \tag{6-64}$$

2. 把炸点分布近似看作均匀分布

假设替代后的炸点分布服从均匀分布，且 X_b 和 Z_b 相互独立。以距离误差为例，它的参数为 L_x，方差为 $L_x^2/3$。令代替后的散布方差与代替前的相等，即

$$\frac{L_x^2}{3}=\frac{B_d^2}{2\rho^2}+\frac{h^2(t^2-1)}{12}$$

那么，

$$L_x=\sqrt{\frac{3B_d^2}{2\rho^2}+\frac{h^2(t^2-1)}{4}}=\sqrt{6.594B_d^2+0.25h^2(t^2-1)} \quad (6-65)$$

同理，

$$L_z=\sqrt{\frac{3B_f^2}{2\rho^2}+\frac{I^2(n^2-1)}{4}}=\sqrt{6.594B_f^2+0.25I^2(n^2-1)} \quad (6-66)$$

用正态分布或均匀分布代替炸点的实际分布都会产生一定误差。当替代后的散布中间误差 $B'_d(B'_f)$ 不大于决定诸元的中间误差 $E_d(E_f)$ 时，宜用正态分布替代；当代替后的参数 $L_x \geqslant 7.5B_d$，$L_z \geqslant 7.5B_f$时，宜用均匀分布代替。上述情况下产生的替代误差一般不超过1%~2%。

6.4.3 将炮兵营、连数个瞄准位置射击化为一个瞄准位置射击

炮兵营、连数个表尺分划、适宽射向射击时，可先将营、连射击化为单炮射击，再将单炮对数个瞄准位置射击化为单炮对一个瞄准位置射击。所以可以用式（6-63）~式（6-66）计算营、连射击的散布中间误差 $B'_d(B'_f)$ 或均匀分布参数 $L_x(L_z)$。但式中的 $B_d(B_f)$ 应用营、连射击化为单炮射击后的散布中间误差 $B_d^*(B_f^*)$ 代替。

首先将营、连射击简化为单炮射击，再将单炮数个瞄准位置射击化为单炮、一个瞄准位置，因此简化后的各数值指标仍可仿前得出。

若假定一个瞄准位置射击的散布误差遵循正态分布，散布中间误差按下式计算：

$$B'_d=\sqrt{B_d^{*2}+\frac{\rho^2}{6}h^2(t^2-1)}=\sqrt{B_d^{*2}+0.0379h^2(t^2-1)}$$

同理，

$$B'_f=\sqrt{B_f^{*2}+\frac{\rho^2}{6}I^2(n^2-1)}=\sqrt{B_f^{*2}+0.0379I^2(n^2-1)}$$

若假定一个瞄准位置射击的散布误差遵循均匀分布，散布中间误差按下式计算：

$$L_x=\sqrt{\frac{3B_d^{*2}}{2\rho^2}+\frac{h^2(t^2-1)}{4}}=\sqrt{6.594B_d^{*2}+0.25h^2(t^2-1)}$$

同理，

$$L_z = \sqrt{\frac{3B_f^{*2}}{2\rho^2} + \frac{I^2(n^2-1)}{4}} = \sqrt{6.594B_f^{*2} + 0.25I^2(n^2-1)}$$

式中，B_d^*（B_f^*）为单炮散布的公算偏差。

6.5 末敏弹决定射击开始诸元方法分析

末敏弹作为一种新型智能弹种，其作用机理较为复杂，因而，在决定射击开始诸元时具有自身特点。

利用射表决定射击开始诸元是目前炮兵常用的方法。由于末敏弹为子母弹，因而，依靠射表决定射击开始诸元仍然是一种重要方法。在弹箭射表编制过程中，通常采用弹道计算与试验数据符合相结合的方法进行，编制末敏弹射表仍可采用此法。

6.5.1 末敏弹射表编制的思路

一个成熟的射表需要大量的实弹射击完成数据积累。对于常规弹药来说，在某一射角下，根据实弹射击落点数据符合弹道系数，确定出该射程上的表定数据。对于末敏弹射表编制与此法类同，只不过需要统计的落点是各末敏子弹的落点。

用于装载末敏子弹的母弹既有无控弹，也有有控弹。对于无控弹，其射表编制方法可按传统方法进行；对于有控弹，其弹道符合的方法与无控弹有所不同。下面以有控火箭末敏弹为例，分析其射表编制过程中的关键问题。

有控火箭末敏弹的作用过程为：母弹飞抵目标上空，抛出子弹组合体，子弹组合体减速/减旋后按设定时序抛出末敏子弹，末敏子弹通过稳态扫描识别、攻击目标。在此作用过程中，母弹弹道较容易确定，关键是要确定子弹组合体的飞行轨迹和末敏子弹落点。因此，在试验过程中可通过雷达测量组合体的飞行轨迹数据，确定各子弹的稳态扫描段起始位置数据，然后，统计各子弹的落点数据，求出平均弹着点，作为母弹的平均落点值。根据此值符合弹道系数，确定表定射击诸元。

6.5.2 末敏弹弹道因素对弹道状态的影响

有控火箭末敏弹由于控制系统的存在，其弹道因素（如起始扰动、风、气动力参数的变化等）对弹道状态参数的影响与无控火箭末敏弹有很大的不同，图6－4～图6－8显示了有控及无控偏航起始扰动 ω_{y0} 及横风对主动段终点倾偏角的不同影响。

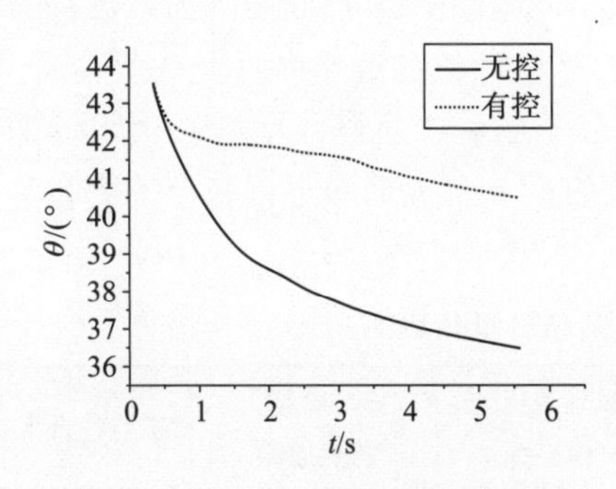

图6－4 ω_{y0} =0.1 rad/s时的弹道倾角

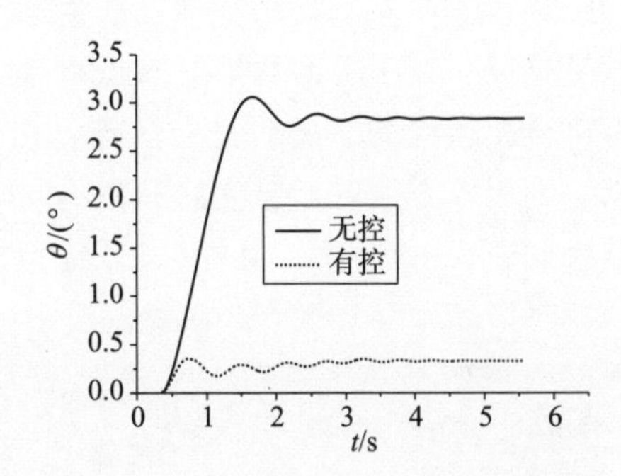

图6－5 ω_{y0} =0.1 rad/s时的弹道偏角

从图6－4、图6－5中可以看出，控制系统的作用使起始扰动等弹道因素对弹道状态参数的影响大为减小。为了考查有控火箭弹的符合方法受控制系统的影响程度和无控火箭弹的符合方法与有控火箭弹的差异，在讨论有控火箭弹符合方法之前，先介绍无控火箭弹的符合方法对有控火箭弹的适用性。

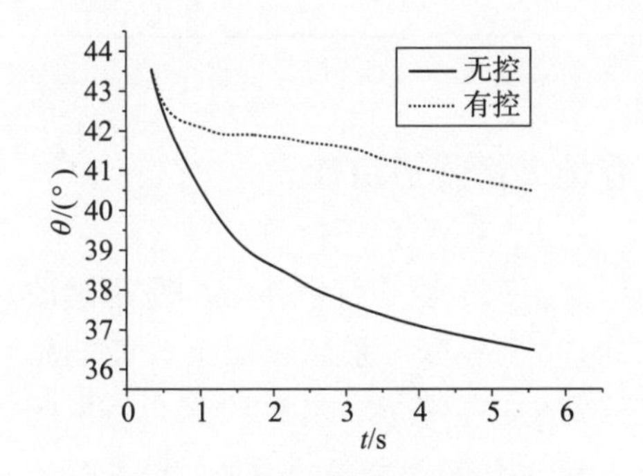

图6－6 10 m/s横风时的弹道倾角

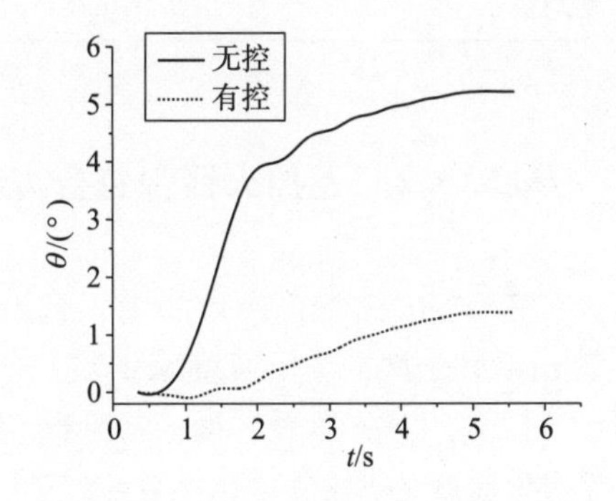

图6－7 10 m/s横风时的弹道偏角

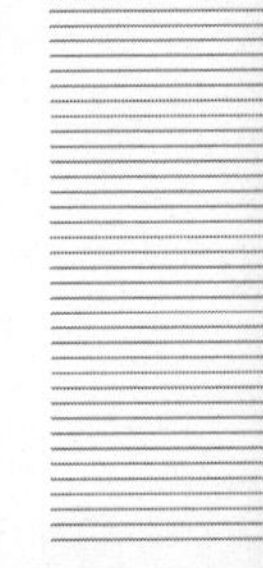

6.5.3 无控火箭弹符合方法对有控火箭弹适用性分析

6.5.3.1 无控火箭弹的符合方法简介

在无控火箭弹射表编拟中最常采用且较为成熟的符合方法是以推力符合主动段终点速度、以起始扰动符合主动段终点倾偏角、以被动段阻力系数符合落点纵坐标、以压心系数符合落点横坐标。符合计算的通常顺序是先符合推力，再符合起始扰动，最后符合落点，得到的符合系数经统计平均后用于弹道计算。利用本方法对无控火箭弹在不同时间发射6发火箭弹进行符合计算，计算结果如表6－4所示。其中，起始扰动符合系数单位为rad/s。

表6－4 无控火箭弹计算结果

弹序	推力符合系数	偏航起始扰动符合系数	俯仰起始扰动符合系数	被动段阻力符合系数	压心符合系数
1	0.989 630	－0.042 215	－0.007 22	0.951 824	0.999 335
2	0.984 210	－0.046 416	－0.072 588	0.986 204	0.937 446
3	0.985 644	－0.005 432	－0.086 381	0.992 511	1.029 521
4	0.999 318	－0.023 867	－0.063 995	0.943 137	0.956 786
5	0.999 305	0.043 042	－0.072 380	0.946 016	1.003 500
6	0.998 675	0.010 287	－0.082 467	0.945 962	0.970 259
平均值	0.992 797	－0.010 767	－0.064 172	0.960 942	0.982 808

6.5.3.2 无控火箭弹符合方法对有控火箭弹适用性

在无控火箭弹符合方法中，起始扰动符合系数、压心符合系数均是通过改变无控火箭弹摆动角速度来实现符合目的的（压心符合系数表面上改变的是阻质心距，但在弹道方程中实际改变的是稳定力矩，稳定力矩的改变必然引起摆动角速度的改变）。由图6－5可以发现，对于有控火箭弹，由于姿控系统的控制作用，起始扰动对主动段偏角的影响大为减小。可以推断，其他通过改变火箭弹摆动角速度来实现改变弹道形状的弹道因素，在姿控系统的控制作用下，其作用效果也将大大降低。因此，无控火箭弹的符合方法能否适用于有控火箭弹，需要进行深入分析。由于调整压心系数符合落点横偏其实质是通过改变主动段偏角来实现的，因此，可以把分析的重点放在主动段倾偏角的符合上。

表 6－5、表 6－6 列出了标准气象条件下无控火箭弹主动段终点倾偏角对压心系数、起始扰动变化的灵敏度，表 6－7、表 6－8 列出了标准气象条件下有控火箭弹主动段终点倾偏角对控制力、压心系数、起始扰动变化的灵敏度。

表 6－5　无控火箭弹主动段终点倾角对压心系数、起始扰动变化的灵敏度

弹序	压心系数灵敏度	偏航起始扰动灵敏度	俯仰起始扰动灵敏度
1	1.418 494	1.021 000	20.743 770
2	1.157 504	1.054 360	21.773 842
3	1.096 023	1.058 118	21.925 102
4	1.060 597	1.030 268	22.137 444
5	1.160 880	0.998 762	21.726 885
6	1.096 626	1.053 942	21.877 362

表 6－6　无控火箭弹主动段终点偏角对压心系数、起始扰动变化的灵敏度

弹序	压心系数灵敏度	偏航起始扰动灵敏度	俯仰起始扰动灵敏度
1	－0.396 567	21.807 409	－1.030 413
2	－0.383 305	27.126 746	－1.274 305
3	－0.380 883	28.648 256	－1.345 754
4	－0.365 894	29.818 710	－1.351 602
5	－0.366 245	26.989 993	－1.203 700
6	－0.379 605	28.537 926	－1.337 414

表 6－7　有控火箭弹主动段终点倾角对控制力、压心系数、起始扰动变化的灵敏度

弹序	控制力灵敏度	压心系数灵敏度	偏航起始扰动灵敏度	俯仰起始扰动灵敏度
1	1.279 718	－2.841 513	0.363 449	4.642 883
2	1.284 654	－2.853 693	0.212 988	4.686 212
3	1.266 408	－2.824 171	0.277 977	4.611 572
4	1.257 927	－2.830 058	0.335 219	4.478 371
5	1.213 383	－2.779 888	0.322 166	4.309 063
6	1.226 600	－2.808 432	0.555 370	4.465 103

表 6－8　有控弹主动段终点偏角对控制力、压心系数、起始扰动变化的灵敏度

弹序	控制力灵敏度	压心系数灵敏度	偏航起始扰动灵敏度	俯仰起始扰动灵敏度
1	0.000 831	0.165 524	0.763 137	－0.377 452
2	0.002 389	0.173 210	0.999 721	－0.423 167
3	－0.001 326	0.197 291	0.721 072	－0.360 182
4	0.029 395	0.168 572	0.627 729	－0.280 203
5	0.024 730	0.171 888	0.383 560	－0.157 203
6	0.020 573	0.121 826	0.394 887	－0.432 603

分析表 6－5、表 6－6 中数据可以发现，主动段终点倾角灵敏度最大的是俯仰起始扰动，它是压心系数灵敏度、偏航起始扰动灵敏度的近 20 倍；主动段终点偏角灵敏度最大的是偏航起始扰动灵敏度，它是处于第 2 位的俯仰起始扰动灵敏度的 20 倍，比压心系数灵敏度大将近 2 个数量级。

而在表 6－7、表 6－8 中，主动段终点倾角灵敏度最大的仍是俯仰起始扰动灵敏度，但它已不到处于第 2 位的压心系数灵敏度的 2 倍（对 6 发平均值而言）；主动段终点偏角灵敏度最大的仍是偏航起始扰动灵敏度，但它也已不到处于第 2 位的俯仰起始扰动灵敏度的 2 倍。

对无控火箭弹、有控火箭弹灵敏度进行横向对比，发现 2 个特点。

（1）对于主动段终点倾角，有控弹的俯仰起始扰动灵敏度平均只有无控弹的 45%，压心系数灵敏度有控弹平均是无控弹的 2 倍多且两者的符号是相反的，有控弹的偏航起始扰动灵敏度平均只有无控弹的 1/3。

（2）对于主动段终点偏角，有控弹的偏航起始扰动灵敏度平均比无控弹缩小近 40 倍；有控弹的俯仰起始扰动灵敏度平均只有无控弹的 1/3；有控弹的压心系数灵敏度平均只有无控弹的 1/2 且两者的符号是相反的。

如果仍采用无控弹的符合方法对有控弹进行符合，将产生以下问题：

（1）测试误差对符合结果的影响将极为显著。例如，假设主动段倾角的平均测试误差绝对值为 0.3°，其引起的俯仰起始扰动符合系数误差绝对值对于无控弹只有 0.014 rad/s，而对有控弹则可达到 0.067 rad/s，这一误差可能比符合系数真值还要大，致使符合结果不可信，而测试误差总是存在的。

（2）不管是有控弹还是无控弹，弹道方程对被动段横风测量误差的描述误差都是相同的，这一误差若都折入压心符合系数中，那么与 1.0 相比有控弹的偏差量肯定要比无控弹大，即有控弹和无控弹的压心符合系数不一致，而对于弹长、弹径、质心位置、转动惯量等弹体参数基本相同的有控及无控弹，其压心符合系数应该基本上是一样的。

（3）由于有控弹各灵敏度之间没能拉开差距，因而符合计算时各因素的相互耦合影响将十分显著，符合计算很可能不收敛。

为验证上述分析问题存在的可能性，采用无控弹符合方法对有控弹进行符合，其过程如表6－9所示。

表6－9　采用无控弹符合方法对有控弹符合过程

迭代次数	偏航起始扰动符合系数	俯仰起始扰动符合系数	被动段阻力符合系数	压心符合系数
1	0.0070 62	－0.140 671	1.007 212	0.961 034
2	－0.006 253	－0.152 963	1.005 017	0.936 144
3	－0.018 879	－0.160 683	1.004 929	0.912 964
4	－0.031 858	－0.169 354	1.003 267	0.894 965
5	－0.044 088	－0.175 630	1.004 023	0.877 944

继续迭代下去，起始扰动符合系数、压心符合系数持续减小，直至弹道发散为止。从第5次迭代结果看，偏航起始扰动符合系数已是无控弹的4倍、俯仰起始扰动符合系数已接近无控弹的3倍，这个结果已不可信；无控弹的压心符合系数平均值为0.982 808（见表6－4），而有控弹迭代到第5次时只有0.877 944（见表6－9），已明显不可信了；起始扰动符合系数、压心符合系数同步减小，说明各系数间的耦合影响十分显著。

无控弹符合方法不适用于有控弹，其根本原因在于姿态控制系统的存在。在姿态控制系统的数学模型中，火箭弹的摆动角速度为其输入量。起始扰动符合系数、压心符合系数本质上都是通过改变火箭弹摆动角速度来达到符合目的的，这对于无控弹很有效，但对于有控弹的效果则大打折扣，这一点可以从图6－4、图6－5中得到证明。

综合以上分析，可以得出这样一个结论：无控弹的符合方法不适用于有控弹，对于有控弹其符合系数应避免选择与姿态控制系统有关系的参数，尤其是避免选择以改变火箭弹摆动角速度为手段的参数。

6.5.4　有控弹符合方法

6.5.4.1　有控弹符合系数的选择

在地炮射表编拟中有“符合跳角”这样一个概念，将其引入有控弹的符

合计算中，即在主动段起点同时调整速度倾角、弹轴倾角及速度偏角、弹轴偏角（保持攻角不变，因而摆动角速度基本不变），使主动段倾偏角计算值与实测值一致。这两个倾偏角修正量分别称为弹道符合倾角、弹道符合偏角，记为 F_{θ}、F_{ψ_1}，其物理意义可以理解为由起始扰动、姿控系统误差等因素导致的综合弹道倾偏角误差。

对于落点横偏的符合，通过调整主动段终点偏角实现，因为对于尾翼式火箭弹，改变横偏的最有效手段是改变弹道偏角（无控弹符合压心系数来符合横偏本质上也是通过改变主动段终点偏角来实现的）。这个修正量称为主动段终点符合偏角，记为 F_{ψ_2}。

F_{ψ_1}、F_{ψ_2}可合并为一个系数。

主动段终点速度符合仍由推力符合实现，落点纵坐标仍由被动段阻力系数符合实现。

除上述符合系数外，对于有控弹还应增加 2 个符合系数：一是滑轨段推力符合系数，记为 F_{p_1}（主动段推力符合系数则记为 F_{p_2}），用于调整滑轨段推力，使火箭弹离轨转速（实际符合的是离轨速度，但由于火箭弹在定向器沿螺旋导槽转动，故离轨转速是离轨速度的函数）计算值与实测值一致；二是转速符合系数，记为 $F_{\dot{\gamma}}$，用于调整滚转力矩（滚转阻尼力矩与尾翼导转力矩的和矩），使姿态控制段弹道转速计算值与实测值一致。之所以增加这 2 个符合系数，是因为姿态控制系统的输出量含有转速调制部分，计算转速与实际值一致可以保证姿态控制系统数学模型的控制效果与实际系统控制效果相一致。

这样，有控弹的符合系数为滑轨段推力符合系数 F_{p_1}、转速符合系数 $F_{\dot{\gamma}}$、主动段推力符合系数 F_{p_2}、弹道符合倾角 F_{θ}、弹道符合偏角 F_{ψ_1}、被动段阻力符合系数 F_{KR}、主动段终点符合偏角 F_{ψ_2}。

6.5.4.2 符合计算方法

符合计算分两步进行：①先符合滑轨段推力符合系数 F_{p_1}，使火箭弹离轨速度计算值与实测值一致；②进行迭代计算，顺序符合转速符合系数 $F_{\dot{\gamma}}$、主动段推力符合系数 F_{p_2}、弹道符合倾角 F_{θ}、弹道符合偏角 F_{ψ_1}、被动段阻力符合系数 F_{KR}、主动段终点符合偏角 F_{ψ_2}，直到相邻两次迭代的符合系数之差在允许误差范围内。

1. 滑轨段推力符合方法

在实际条件下，将 F_{p_1} 代入弹道方程组，积分至离轨点，若满足

$$|V_{Le}-V_{Lc}|\leqslant\varepsilon \tag{6-67}$$

式中，V_{Le} 为离轨速度实测值；V_{Lc} 为离轨速度计算值；ε 为符合精度，一般取 $0.1\% V_{Le}$。

则结束符合计算，否则调整 F_{p_1} 重新计算弹道直至满足式（6-67）要求。调整 F_{p_1} 时可解下列方程求出 F_{p_1} 的增量：

$$\frac{\partial V_L}{\partial F_{p_1}}\Delta F_{p_1}=\Delta V_L \tag{6-68}$$

式中，ΔF_{p1} 为滑轨段推力符合系数增量；ΔV_L 为离轨速度实测值与计算值的差值。

2. 转速符合方法

转速符合采用总体符合法，迭代方程为

$$\sum_{i=1}^{N}\left(\frac{\partial\dot{\gamma}_c}{\partial F_{\dot{\gamma}}}\right)_i^2\Delta F_{\dot{\gamma}}=\sum_{i=1}^{N}(\dot{\gamma}_{ei}-\dot{\gamma}_{ci})\left(\frac{\partial\dot{\gamma}_c}{\partial F_{\dot{\gamma}}}\right)_i \tag{6-69}$$

式中，$\Delta F_{\dot{\gamma}}$ 为转速符合系数增量；$\dot{\gamma}_e$ 为转速实测值；$\dot{\gamma}_c$ 为转速计算值；N 为转速实测数据总点数。

在进行迭代计算时，首先给出 $F_{\dot{\gamma}}$ 初值，解方程（6-69），然后取

$$F_{\dot{\gamma}}^{(1)}=F_{\dot{\gamma}}^{(0)}+\Delta F_{\dot{\gamma}}$$

以此新的参数重新进行计算，直到相邻两次的残差平方和之差在允许范围内。

3. 主动段推力符合方法

主动段推力符合方法与滑轨段推力符合方法完全相同。

4. 弹道符合倾角、符合偏角符合方法

弹道符合倾角、符合偏角符合采用总体符合法，迭代方程组为

$$\begin{bmatrix}a_{11} & a_{12}\\ a_{21} & a_{22}\end{bmatrix}\begin{bmatrix}\Delta F_{\theta}\\ \Delta F_{\psi_1}\end{bmatrix}=\begin{bmatrix}b_1\\ b_2\end{bmatrix}$$

$$\left\{\begin{aligned}
a_{11} &= \sum_{i=1}^{N}\left[\left(\frac{\partial\theta_c}{\partial F_\theta}\right)_i^2+\left(\frac{\partial\psi_c}{\partial F_\theta}\right)_i^2\right]\\
a_{12} = a_{21} &= \sum_{i=1}^{N}\left[\left(\frac{\partial\theta_c}{\partial F_\theta}\right)_i\left(\frac{\partial\psi_c}{\partial F_{\psi_1}}\right)_i+\left(\frac{\partial\psi_c}{\partial F_\theta}\right)_i\left(\frac{\partial\theta_c}{\partial F_{\psi_1}}\right)_i\right]\\
a_{22} &= \sum_{i=1}^{N}\left[\left(\frac{\partial\psi_c}{\partial F_{\psi_1}}\right)_i^2+\left(\frac{\partial\theta_c}{\partial F_{\psi_1}}\right)_i^2\right]\\
b_1 &= \sum_{i=1}^{N}\left[(\theta_{ei}-\theta_{ci})\left(\frac{\partial\theta_c}{\partial F_\theta}\right)_i+(\psi_{ei}-\psi_{ci})\left(\frac{\partial\psi_c}{\partial F_\theta}\right)_i\right]\\
b_2 &= \sum_{i=1}^{N}\left[(\psi_{ei}-\psi_{ci})\left(\frac{\partial\psi_c}{\partial F_{\psi_1}}\right)_i+(\theta_{ei}-\theta_{ci})\left(\frac{\partial\theta_c}{\partial F_{\psi_1}}\right)_i\right]
\end{aligned}\right. \tag{6-70}$$

式中，ΔF_θ 为弹道符合倾角增量；ΔF_{ψ_1} 为弹道符合偏角增量；θ_e 为主动段倾角实测值；θ_c 为主动段倾角计算值；ψ_e 为主动段偏角实测值；ψ_c 为主动段偏角计算值；N 为主动段倾偏角实测值总数。

在进行迭代计算时，首先给出 F_θ、F_{ψ_1} 初值，解方程组（6－70），然后取

$$F_\theta^{(1)} = F_\theta^{(0)} + \Delta F_\theta$$
$$F_{\psi_1}^{(1)} = F_{\psi_1}^{(0)} + \Delta F_{\psi_1}$$

以此新的参数重新进行计算，直到相邻两次的残差平方和之差在允许范围内。

5. 落点符合方法

在实际条件下，将 F_{KR}、F_{ψ_2} 代入弹道方程组，积分至落点（子母弹积分至母弹开舱点），若满足

$$\begin{cases}|X_e - X_c| \leqslant \varepsilon_x\\ |Z_e - Z_c| \leqslant \varepsilon_z\end{cases} \tag{6-71}$$

式中，X_e 为试验纵坐标；X_c 为实际条件下计算纵坐标；ε_x 为纵向符合精度，一般取 0.01% X_e；Z_e 为试验横坐标；Z_c 为实际条件下计算横坐标；ε_z 为横向符合精度，一般取 0.1% Z_e。

则结束符合计算。否则调整 F_{KR}、F_{ψ_2} 重新计算弹道直至满足式（6－71）要求。

调整 F_{KR}、F_{ψ_2} 时，可解下列方程组求出 F_{KR}、F_{ψ_2} 的增量：

$$\begin{cases}\dfrac{\partial X}{\partial F_{KR}}\Delta F_{KR}+\dfrac{\partial X}{\partial F_{\psi_2}}\Delta F_{\psi_2}=\Delta X\\\dfrac{\partial Z}{\partial F_{KR}}\Delta F_{KR}+\dfrac{\partial Z}{\partial F_{\psi_2}}\Delta F_{\psi_2}=\Delta Z\end{cases}\tag{6-72}$$

式中，ΔF_{KR}为阻力符合系数增量；ΔF_{ψ_2}为主动段终点符合偏角增量；ΔX 为纵坐标试验值与计算值差值；ΔZ 为横坐标试验值与计算值差值。

第7章

末敏弹射击效力评定

末敏弹作为一种灵巧弹药，是一种真正意义上的“打了不用管”的弹药，它解决了以往炮兵弹药无法有效对付战场上大量出现的装甲目标的问题。

末敏弹作为一种灵巧弹药，在弹道末段具备一定的探测能力，能够依靠弹药头部的敏感装置发现目标，并依靠弹上的解算装置决定起爆时间，确保从顶部攻击装甲目标。但是，末敏弹本身没有纠正飞行轨迹的控制装置，不能根据弹药头部探测器探测到的目标位置自主改变弹道，它在发射后至开始探测目标前的运动过程与榴弹无异。但是，末敏弹在飞抵预定目标上空后，能够依靠弹药头部的遥感装置在一定范围内对目标进行探测。因而，末敏弹命中目标的过程又与普通榴弹有较大区别，在使用方法和评定射击效力方面都有其自身的特殊规律，需要分析其与普通榴弹的联系和区别，建立评定末敏弹射击效力的合适方法。

由于末敏弹的作用机理复杂，影响因素多，既与母弹的飞行有关，又与末敏子弹的作用有关。本章首先对末敏弹射击与指挥特点进行分析，之后对与末敏弹射击效力评定方法及与之相关的内容进行综合分析，为末敏弹射击效力评定提供理论依据。

7.1　末敏弹射击与射击指挥特点分析

7.1.1　射击实施特点

7.1.1.1　射击目标的选择

从末敏弹系统工作流程来看，末敏弹既区别于无控的一般炮弹打击面目标，又区别于有控的制导武器打击点目标。但末敏弹毕竟属于精确打击弹药，与普通榴弹相比，末敏弹有着较高的命中精度，因此，在利用末敏弹射击选择射击目标时，首先应遵循“重点打击重要或非直接命中不能毁伤的目标”的原则。

末敏弹在其稳态扫描过程中捕获、识别了目标，才能起爆战斗部攻击目标。因而，在末敏弹选择射击目标时，应选择便于末敏弹识别的目标，如坦克、装甲车、自行火炮、导弹发射架等，而诸如指挥所、观察所等虽重要但不利于识别的目标，则不宜进行末敏弹射击。

另外，发射末敏弹时，由于母弹抛撒子弹后，子弹的落速较小，且子弹下降并探测目标过程中还存在扫描间隔。因此，末敏弹比较适合对固定目标和不易机动目标射击，也可对运动速度较慢且运动方向比较确定的集群装甲目标射击，而不太适合对运动速度快的目标和易机动目标射击。

末敏弹一般主要打击集群装甲目标。

7.1.1.2 使用时机的选择

根据寻的制导技术的不同，可将末敏弹分为两种：毫米波敏感体制的末敏弹，红外敏感体制的末敏弹。红外敏感体制的末敏弹在使用中受云、雾和烟尘的影响较大，并且会被曳光弹、红外诱饵、阳光和其他热源干扰。而毫米波敏感体制的末敏弹，其全天候能力强，抗干扰性好。

因此，在使用末敏弹射击时，应根据天候、干扰等情况确定是否进行末敏弹射击，以及选择何种末敏弹射击。末敏弹使用时机选择正确与否，关系到射击效果的好坏。有的末敏弹采用红外/毫米波复合探测器，则可以有更多的使用时机。

7.1.1.3 确定参加射击的兵力

末敏弹为精确打击弹药，在确定参加射击的兵力时，应考虑如下因素：目标幅员内目标的数量、射击任务、目标的机动性、射击的持续时间、末敏弹的可靠性等。一般情况下，可根据末敏弹的毁伤概率、射击持续时间等条件计算完成射击任务的弹药消耗量，以决定参加末敏弹射击的兵力。

当目标机动性较大、射击持续时间较短或歼灭（重点压制）射击时，可调用较多的兵力参加。

另外，在确定参加射击的兵力时，还应考虑到这种情形：同一门火炮既可以发射普通榴弹又可以进行末敏弹射击，此时，需综合考虑单炮所担任的射击能力，从而确定参加射击的兵力。

7.1.1.4 选取捕获准则

末敏弹虽具有识别目标的功能，但它不能准确地测出弹上瞄准中心与目标中心的相对偏差，也不能修正自身的运动轨迹和姿态，但是其敏感轴线可多次扫描和敏感到扫描区域的同一个装甲目标。捕获准则就是以末敏弹战斗部起爆的最佳时机为出发点，而确定的敏感器识别并发出起爆信号。不同捕获准则的选取对应着末敏弹的不同命中概率。

捕获准则有3种选择：

(1) 一次扫描，即敏感轴一次扫描到目标，就认为是捕获了目标，便可以发出起爆战斗部的信号。

(2) 二次扫描，即敏感轴二次扫描到同一目标，才认为是捕获了目标，可以发出起爆战斗部的信号。

(3) 目标中心区扫描，即只有敏感轴扫描到目标某一预先设定的中心区，才算是捕获了目标，具备了发出起爆战斗部信号的条件。

一般情况下，目标静止时，可采用二次扫描和目标中心区扫描的捕获准则；目标运动时，可采用一次扫描和目标中心区扫描的捕获准则。

若在计算机作业条件下，则应根据具体的稳态扫描参数等条件计算不同捕获准则所对应的命中概率，以选取对应命中概率最大的捕获准则。

7.1.1.5　装药号的选择

通常，为了减速/减旋应选择小号装药。

在同一射距离上，选择不同的装药号，末敏弹的子弹分离距离是不一样的，而子弹的分离距离对命中概率是有影响的。

对单目标来说，子弹分离距离在70～100 m时，命中概率最大；对多目标，最佳的子弹分离距离与目标队形、间距有关。对子弹分离距离的优选，应用对单目标的命中概率指标为评优标准，因为这种情况直接反映出末敏弹的覆盖概率。对子弹的分离距离在70～100 m选取为宜。

因此，在选择装药号时，应考虑对应命中概率较大的子弹最佳分离距离：70～100 m。

7.1.1.6　射击修正

当末敏弹的扫描区域不在射击幅员内时，或是半数以上末敏弹子弹落地自毁时，应进行射击修正，适当修正距离或方向。

当抛射点高度散布较大或是其他诸如上升（下降）气流因素影响，末敏弹不能正常作用，这时应修正时间引信分划或高低。

若目标机动或转移到新的区域时，也应随之进行射击修正，或是重新决定射击开始诸元。

7.1.1.7 末敏弹对运动目标的射击特点

对易机动目标射击，则要注重首发命中率和首群覆盖率，要求精确决定目标的射击开始诸元，力求不经试射直接效力射，在可能的条件下，调用足够的火炮参加首群射击。当敌遭到射击后进行机动时，则按对运动目标射击的要领进行。

对运动目标射击时，首先要确定方向提前量。方向提前量的确定方法类似于普通榴弹，不同点在于：考虑飞行时间时，发射末敏弹则是由两部分组成，即母弹飞行时间和子弹下落至有效作用高度的时间；另外，还应该尽量使子弹下落至有效作用高度时，运动目标正好进入末敏弹扫描范围。根据末敏弹的作用原理，当运动目标的运动速度较大时，末敏弹可能探测不到目标。当运动目标的速度大于一定数值时，则不应发射末敏弹。

目标的运动速度为 V_T(m/s)，末敏弹绕轴线旋转速度为 ω_0(rad/s)，扫描角为 θ，下降速度为 V_P(m/s)，有效作用高度为 h，那么要使末敏弹能探测到目标，则要求在末敏弹绕轴线旋转 1 周时间内，目标不应离开扫描范围，即

$$V_T \cdot \frac{2\pi}{\omega_0} \leqslant 2h \cdot \tan\theta \tag{7-1}$$

即

$$V_T \leqslant \frac{h\omega_0 \tan\theta}{\pi} \tag{7-2}$$

当运动目标的速度大于 $\frac{h\omega_0 \tan\theta}{\pi}$ 时，不应发射末敏弹。

7.1.2 射击指挥特点

7.1.2.1 作战使用

末敏弹为炮兵新型弹种，一般情况下，同一门火炮既可以发射普通榴弹，又可以发射末敏弹。因此，在作战使用时，可以每门火炮按比例携带普通榴弹和末敏弹，也可以选择技术条件较好的火炮专门进行末敏弹射击，或是单独组成末敏弹射击的炮兵排、连、营。

末敏弹射击力求不经试射，通常利用精密法决定诸元，要领同一般炮弹，但需根据目标状况选取捕获准则。

末敏弹射击时，由于子弹滞空时间较长，易被敌发现并采取规避措施，因此，应注重首发命中率和首群覆盖率。在进行毫米波末敏弹射击时，可以同时发烟弹射击以迷盲敌人。

对运动目标射击时，应根据目标运动速度选取目标中心区系数（所谓目标中心区系数，是指设定的目标中心区尺寸与目标自身尺寸的比值）。如对运动速度在10 m/s以下的目标射击时，中心区系数取0.5~0.7，都能达到较高的命中概率。

指挥员应及时根据战场情况，自主地组织指挥末敏弹射击。对纵深内的重要目标射击时，或在其他紧急情况下，可实施越级射击指挥。

在实施射击指挥时，应尽可能使用射击指挥自动化系统。

7.1.2.2　射击样式

根据末敏弹的特点，结合其他弹种，采用较合适的射击样式，将会综合提高射击效果。

虽然末敏弹的命中概率较高，属于精确打击弹药，但不一定适合任何目标，如对敌观察所、空降兵和其他暴露有生力量与火器射击时就不适宜使用末敏弹。因为对这类目标，单发命中概率不起主要作用，决定的因素是毁伤概率。而对于桥梁、渡口和飞机场这类面积目标，要同时配合使用普通榴弹，发挥末敏弹的精确性和普通榴弹的密集性两个作用，才能达到最佳的毁伤效果。

1. 末敏弹一般射击样式

（1）对于单个目标，一般情况下，可进行单炮末敏弹单发射击；若目标极重要或一发不能予以毁伤时，可进行数发射击，也可以数门火炮进行齐射。

（2）对于集群目标，应以炮兵连、营为单位，进行数分划射击，适时修正，以免多发末敏弹扫描区域相互重叠过多。根据射击任务要求，还可进行等速射，对某区域目标反复打击。

2. 与普通榴弹配合射击

末敏弹与普通榴弹配合射击，一方面是考虑到末敏弹相对普通榴弹的较高费用，更主要的则是根据战术要求，以获得较好的射击效果。

例如，对一面积目标射击，可用末敏弹对其中的坦克、装甲车等重点目标进行精度高、威力大的射击，对其他部位就可以用普通榴弹进行射击。

又如，对坦克冲击队形射击，可先用普通榴弹射击，打散其队形，迟滞其行动，而后用末敏弹射击，进行精确打击。

可利用同一门火炮进行末敏弹与普通榴弹交替射击。当然，同一火炮进行末敏弹与普通榴弹的交替射击，一方面发射间隔可能影响射击效果，另一方面不同弹种的射击方法、射击指挥的交替转换也带来一些不便，因而，可在同一射击单位内利用不同火炮进行不同弹种射击。

如六门制的炮兵连实施射击任务时，可以分配单数炮发射末敏弹，双数炮发射普通榴弹。当然，也可以根据火炮的技术条件或是弹药准备等情况指定一些火炮发射末敏弹，另一些火炮发射普通榴弹。

3. 与其他特种弹配合射击

其他特种弹有子母弹、布雷弹等。利用子母弹进行目标区域覆盖、大面积的杀伤射击；利用布雷弹进行拦阻、迟滞敌行动射击，采用末敏弹射击进行点打击。

7.1.2.3 安全措施

末敏弹射击时，为了防止误伤己方，需采取安全措施。

（1）末敏弹射击时，应派专人观察射击情况，随时了解我方的行动和位置。如危及我方安全时，需及时停止末敏弹射击。

（2）对靠近我方的目标进行末敏弹射击时，可利用普通榴弹先进行试射，而后利用成果进行末敏弹射击。

（3）若敌目标与我方靠近且相似时，不应进行末敏弹射击。

（4）确定适当的安全界。

7.2 基于毁伤概率的末敏弹射击效力评定

7.2.1 射击误差分析

末敏弹飞行过程包括母弹飞行段、减速/减旋段、稳态扫描段 3 段弹道，对此，其主要误差有以下几项。

7.2.1.1　诸元误差

末敏弹母弹弹道是指从母弹出炮口到母弹开舱点这一段弹道。开舱点是由母弹上时间引信控制的，母弹飞行段弹道可以说是典型的榴弹弹道，因而，末敏弹发射时的诸元误差也与一般普通榴弹的诸元误差相同。

7.2.1.2　母弹散布误差

母弹散布误差主要包括母弹开舱点的距离散布误差、方向散布误差和高度散布误差，三者相互独立并且服从正态分布规律，母弹散布误差产生的根源主要为：

（1）射击条件测量、计算误差。

（2）时间引信引起的开舱时间误差。

7.2.1.3　子弹散布误差

子弹的飞行弹道主要分为减速/减旋段和稳态扫描段。

减速/减旋段指子弹从母弹抛出到敏感子弹二次抛筒开伞这一段过程。稳态扫描段指从敏感子弹张开主伞到末敏弹作用流程结束，即敏感子弹命中目标或落地这一过程。其具体又包括 3 个阶段：主伞拉直充气过程，稳态扫描过渡过程，稳态扫描过程。

每发末敏弹母弹内装 2 枚敏感子弹，因而就有 2 条子弹弹道，相对应的子弹散布误差有以下几项。

1. 开舱抛撒过程引起的子弹散布误差

末敏弹母弹在飞行中，时间引信作用，点燃抛射药，2 枚敏感子弹以一定的速度被抛出来这一过程叫作抛撒过程。该过程产生子弹散布误差的误差源如下：

（1）各发子弹的制造误差。

（2）抛射药诸如装药量、药温等因素的差异所造成的误差。

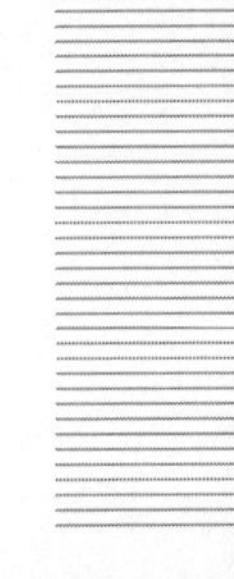

2. 控制减速/减旋段结束的时间误差引起的子弹散布误差

减速/减旋段的结束条件是由装在敏感子弹上的中央控制器给出时间信号控制的。具体工作过程：事先在中央控制器内装定时间 $T_{装定}$，当母弹开舱抛撒后，激活热电池；热电池从激活到能正常稳定工作需要一个反应时间 $T_{反应}$，经过 $T_{反应}$时间后，中央控制器上电复位工作，开始产生时间计数；当达到时间 $T_{稳定}$时，中央控制器发出信号，控制子弹抛射机构开舱（即抛掉减速/减旋伞，张开稳态扫描主伞）。一般地，受热电池微小特性差异和装定差异的影响，对每发子弹的 $T_{反应}$和 $T_{装定}$都存在误差。

3. 随机风引起的减速/减旋段子弹的散布误差

随机风是影响减速/减旋段子弹散布误差的重要因素。由于减速/减旋段子弹的运动时间较短，只有 5 ~ 7 s，因此对具体的一发敏感子弹可认为在减速/减旋段仅受一恒定风的影响，

4. 子弹结构差异引起的子弹散布误差

子弹的弹形、弹重和伞形状、伞面积、翼片加工情况都影响减速/减旋段弹道，这些因素对弹道的影响有的比较大，有的比较小。受制造方法和加工精度的影响，这些因素会产生误差，使减速/减旋段弹道偏离标准弹道。

7.2.1.4 子弹命中概率误差

在敏感子弹稳态扫描过程中子弹以稳定的落速、转速和扫描角运动。同时，弹上的敏感器工作，随子弹的运动进行捕获、探测、识别、定位目标的工作，一旦敏感器捕获识别目标，就发出信号起爆爆炸成型弹丸战斗部，形成爆炸成型弹丸飞向目标。

在该过程中，如落速、扫描角、敏感器性能参数等误差源引起的命中概率差异，称为子弹命中概率误差，主要包括以下几项误差。

1. 扫描运动参数误差引起的子弹命中概率误差

敏感子弹稳态扫描运动参数有 3 个：落速、转速、扫描角。

一般在不考虑落速误差对敏感器探测识别性能影响的前提下，落速在 (12 ± 1) m/s 范围内变化。扫描角满足条件：摆动幅值 $A \leqslant 5°$，摆动频率 $\omega_0 \leqslant$

6 Hz；转速在（4 ± 0.5）r/s 范围内变化时，对命中概率影响很小。

2. 敏感器定位误差引起的子弹命中概率误差

该误差与捕获准则有关。

3. 爆炸成型弹丸战斗部误差引起的子弹命中概率误差。

引起爆炸成型弹丸战斗部命中点偏离瞄准点的主要因素是其飞行中的散布误差，爆炸成型弹丸战斗部误差近似为一圆误差。

4. 敏感器性能参数误差引起的子弹命中概率误差。

敏感器捕获了目标，是指敏感轴和目标的相对几何位置满足了捕获准则，敏感器具备了识别目标的条件。但是，能否正确地识别目标，或在识别目标前不误作用则取决于敏感器的性能。敏感器的性能主要包括识别概率、虚警概率、扫描线切向定位精度、敏感距离以及对目标/背景环境的要求（如温度差）。

敏感距离和爆炸成型弹丸战斗部的作用距离，决定了敏感子弹起始扫描的高度，即扫描区域的范围。定位精度将影响爆炸成型弹丸战斗部的命中，能否正确识别目标取决于敏感器的识别概率和虚警概率。

5. 扫描间隔所产生的子弹命中概率误差

末敏弹进入稳态扫描段后，子弹一边下落，一边旋转扫描。探测器位于子弹头部，其中心轴与铅垂方向成一定角度，即静态扫描角。正是因为存在这一角度，末敏弹的扫描轨迹理想情况下为阿基米德螺线。

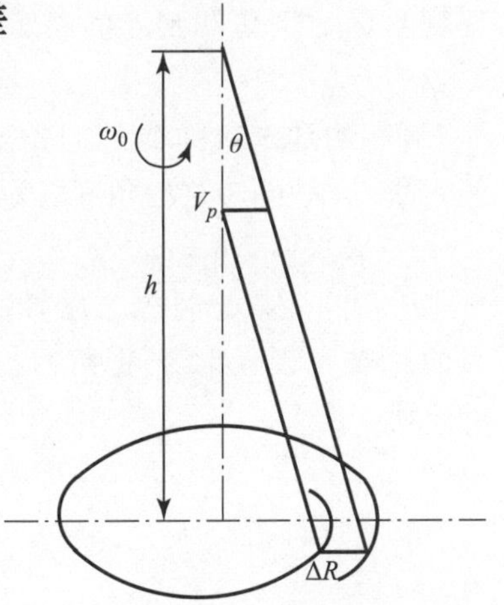

图 7-1　末敏弹扫描间隔确定示意图

当某发末敏弹的扫描范围覆盖目标时，目标不一定被末敏弹扫描到，因而产生扫描误差。产生这项误差的主要原因是，由于末敏弹下落过程中，以角速度 ω_0（又称扫描速度）旋转，并且存在扫描角 θ，对水平面的扫描范围并不是一个连续的区域，而是存在扫描间隔，因而目标有可能不被扫描到，如图 7-1 所示。

图 7-1 中，ΔR 为扫描间隔，h 为末敏弹有效作用距离，V_p 为末敏弹下落

速度，ω_0为扫描角速度。由图 7 - 1 可知：

$$\Delta R = h \cdot \tan\theta - (h - V_p \cdot \Delta t) \cdot \tan\theta = V_p \cdot \Delta t \cdot \tan\theta$$

而

$$\Delta t = \frac{2\pi}{\omega_0}$$

所以，

$$\Delta R = \frac{2\pi V_p}{\omega_0} \cdot \tan\theta \tag{7-3}$$

例如，扫描角 θ 为 30°，下降速度为$V_p = 10$ m/s，转速 ω_0为 8 r/s，则扫描间隔 ΔR 为

$$\Delta R = \frac{10}{4} \cdot \tan 30° = 1.44(\mathrm{m})$$

7.2.2 毁伤幅员

根据末敏弹探测目标的规律，末敏弹扫描轨迹在水平面的投影是渐开线，其原因主要是因为末敏弹在下落过程中还要以一定的角度 θ 绕垂直轴线旋转。要求出末敏弹的毁伤幅员，首先要计算出末敏弹扫描轨迹的长度。

设末敏弹下降速度为 V_p，绕轴线旋转速度为 ω_0，下落初始点的高度为 h，如图 7 - 2 所示。

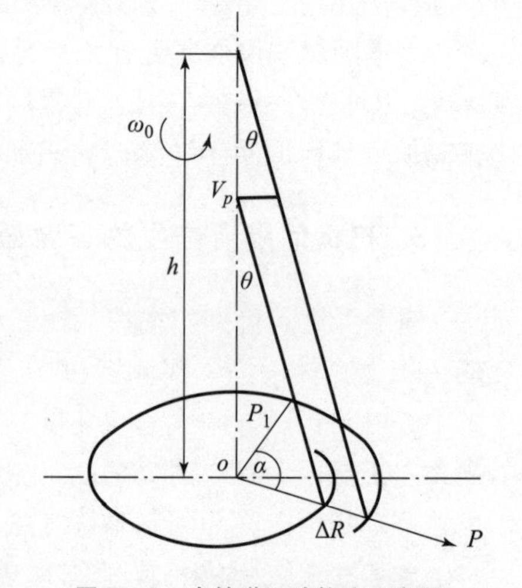

图 7 - 2　末敏弹运动轨迹示意图

α 指的是末敏弹转过的角度，经过时间 t 后，末敏弹转过的角度应为

$$\alpha = \omega_0 \cdot t$$

P_1指的是某一时刻末敏弹扫描点距 O 点的距离，设此时末敏弹的扫描高度为 h_1，则

$$P_1 = h_1 \times \tan\theta$$

而经过时间 t，h_1应为

$$h_1 = h - V_p \cdot t$$

从而有

$$p_1 = (h - V_p \cdot t)\tan\theta$$

在 t 时刻，若再经过 dt 时间，末敏弹扫描的长度 dl_m应为

$$\mathrm{d}l_m = \omega_0 p_1 \mathrm{d}t = \omega_0 (h - V_p t)\tan\theta \mathrm{d}t$$

由于末敏弹下落的总时间为 h/V_p，所以末敏弹扫描的总长度 l_m 为

$$l_m = \int_0^{\frac{h}{V_p}} \omega_0 (h - V_p t) \tan\theta \mathrm{d}t = \frac{\omega_0 h^2 \tan\theta}{V_p} \tag{7-4}$$

若末敏弹的探测半径为 r，目标的宽度为 l，则末敏弹的毁伤幅员 S_m 为

$$S_m = \frac{2\omega_0 h^2 \tan\theta}{V_p}(r+l) \tag{7-5}$$

即只要目标中心落在 S_m 范围内，则目标一定被毁伤。

例：设目标为静止的坦克，$l = 1$ m，$r = 0.5$ m，末敏弹下落的速度为 20 m/s，旋转速度为 12 rad/s，$h = 40$ m，$\theta = 30°$，求末敏弹的毁伤幅员。

解：

$$l_m = \frac{\omega_0 h^2 \tan\theta}{V_p} = \frac{12 \times 40^2 \times \tan 30^0}{20} = 554.26 \text{ (m)}$$

那么 S_m 范围为

$$S_m = 554.26 \times 2 \times (1 + 0.5) = 1\ 662.78 (\mathrm{m}^2)$$

若不存在扫描间隔 ΔR，末敏弹的毁伤幅员为

$$S_m = \pi (h \cdot \tan\theta)^2 = \pi \times (40 \times \tan 30°)^2 = 1\ 675.5 (\mathrm{m}^2)$$

此结果与上面计算出的 1 662.78 m^2 相近。这就说明了此时目标的宽度和扫描宽度之和已达到扫描间隔 ΔR 的一半。实际上此时有

$$\Delta R = \frac{2\pi V_p}{\omega_0}\tan\theta = \frac{40\pi}{12}\tan 30° = 6.04 (\mathrm{m})$$

在求 ΔR 时 ω_0 的单位为 r/s。所以当目标的幅员较大时，可认为不存在扫描间隔。

7.2.3　射击效力评定

在求取末敏弹毁伤幅员时，已经讨论过，当末敏弹的扫描间隔 ΔR 不大于末敏弹的扫描宽度和目标毁伤幅员正面之和的 2 倍时，可近似认为末敏弹的毁伤幅员 S_m 为

$$S_m = \pi (h \cdot \tan\theta)^2$$

即认为此时不存在扫描空隙，此时，就可以把 1 发末敏弹的威力处理成 1 发大威力的“榴弹”，因而可以用各种评定榴弹射击效力的方法评定末敏弹射击效力。值得注意的是，采用均匀分布法评定射击效力时，由于相当“榴弹”后的毁伤幅员比较大，所以不能直接运用现有的评定榴弹射击效力的方法，而应

该推导出适合于毁伤幅员较大时评定射击效力的均匀分布法。

7.2.3.1 不存在扫描空隙时的均匀分布法

下面主要研究单枚末敏弹的射击效力。

设瞄准位置在目标中央，目标毁伤幅员的正面和纵深均为 $\sqrt{S_m}$。以目标中心为原点，射击方向为纵轴建立坐标系，设散布中心的纵坐标为 x，那么当 x 取不同的数时，射击幅员（设其纵深为 $2Lx$，正面为 $2L_z$）与毁伤幅员具有不同的覆盖关系，分析如下。

1. 当 $-L_x-\sqrt{S_m}\leqslant x\leqslant\sqrt{S_m}-L_x$ 时

此时射击幅员的纵深对毁伤幅员的纵深只是部分覆盖，覆盖的长度为 $L_x+\sqrt{S_m}+x$，覆盖条件下的命中概率为 $\dfrac{L_x+\sqrt{S_m}+x}{2L_x}$，因此，这种情况下任意1枚末敏弹在纵深上命中目标毁伤幅员的概率为

$$
\begin{aligned}
P_{11} &= \int_{-L_x-\sqrt{S_m}}^{\sqrt{S_m}-L_x}\frac{\rho}{\sqrt{\pi}E_d}\mathrm{e}^{-\frac{\rho^2x^2}{E_d^2}}\cdot\frac{L_x+\sqrt{S_m}+x}{2L_x}\mathrm{d}x \\
&= \int_{-L_x-\sqrt{S_m}}^{\sqrt{S_m}-L_x}\frac{\rho}{\sqrt{\pi}E_d}\mathrm{e}^{-\frac{\rho^2x^2}{E_d^2}}\cdot\frac{L_x+\sqrt{S_m}}{2L_x}\mathrm{d}x+\int_{-L_x-\sqrt{S_m}}^{\sqrt{S_m}-L_x}\frac{\rho}{\sqrt{\pi}E_d}\mathrm{e}^{-\frac{\rho^2x^2}{E_d^2}}\cdot\frac{x}{2L_x}\mathrm{d}x \\
&= \frac{L_x+\sqrt{S_m}}{4L_x}\left[\Phi\left(\frac{\sqrt{S_m}-L_x}{E_d}\right)+\Phi\left(\frac{L_x+\sqrt{S_m}}{E_d}\right)\right]+ \\
&\quad \frac{E_d}{4\rho\sqrt{\pi}L_x}\left[\mathrm{e}^{-\frac{\rho^2(L_x+\sqrt{S_m})^2}{E_d^2}}-\mathrm{e}^{-\frac{\rho^2(L_x-\sqrt{S_m})^2}{E_d^2}}\right]
\end{aligned}
\tag{7-6}
$$

2. 当 $\sqrt{S_m}-L_x\leqslant x\leqslant L_x-\sqrt{S_m}$ 时

这种情况下，射击幅员完全覆盖毁伤幅员，覆盖的长度为 $\sqrt{S_m}$，那么覆盖条件下的命中概率为 $\dfrac{\sqrt{S_m}}{2L_x}$，因此，1枚末敏弹在纵深上命中目标的概率为

$$
P_{12}=\int_{\sqrt{S_m}-L_x}^{L_x-\sqrt{S_m}}\frac{\rho}{\sqrt{\pi}E_d}\mathrm{e}^{-\frac{\rho^2x^2}{E_d^2}}\cdot\frac{\sqrt{S_m}}{2L_x}\mathrm{d}x
$$

$$= \frac{\sqrt{S_m}}{2L_x}\left[\Phi\left(\frac{L_x - \sqrt{S_m}}{E_d}\right)\right] \tag{7-7}$$

3. 当 $L_x - \sqrt{S_m} \leqslant x \leqslant \sqrt{S_m} + L_x$ 时

这时在纵深上射击幅员部分覆盖毁伤幅员，覆盖的长度为 $L_x + \sqrt{S_m} - x$，覆盖条件下的毁伤概率为$\frac{L_x + \sqrt{S_m} - x}{2L_x}$，此时有

$$P_{13} = \int_{L_x - \sqrt{S_m}}^{\sqrt{S_m} + L_x} \frac{\rho}{\sqrt{\pi}E_d} e^{-\frac{\rho^2 x^2}{E_d^2}} \cdot \frac{L_x + \sqrt{S_m} - x}{2L_x} dx$$

$$= \frac{L_x + \sqrt{S_m}}{4L_x}\left[\Phi\left(\frac{\sqrt{S_m} + L_x}{E_d}\right) + \Phi\left(\frac{L_x - \sqrt{S_m}}{E_d}\right)\right] + \frac{E_d}{4\rho\sqrt{\pi}L_x}\left[e^{-\frac{\rho^2 (L_x + \sqrt{S_m})^2}{E_d^2}} - e^{-\frac{\rho^2 (L_x - \sqrt{S_m})^2}{E_d^2}}\right] \tag{7-8}$$

综合上述 3 种情况，在纵深上命中目标毁伤幅员的概率为

$$P_x = \frac{L_x + \sqrt{S_m}}{2L_x}\left[\Phi\left(\frac{L_x + \sqrt{S_m}}{E_d}\right) - \Phi\left(\frac{L_x - \sqrt{S_m}}{E_d}\right)\right] + \frac{\sqrt{S_m}}{2L_x}\Phi\left(\frac{L_x - \sqrt{S_m}}{E_d}\right) + \frac{E_d}{2\rho\sqrt{\pi}L_x}\left[e^{\frac{-\rho^2 (L_x + \sqrt{S_m})^2}{E_d^2}} - e^{\frac{-\rho^2 (L_x - \sqrt{S_m})^2}{E_d^2}}\right] \tag{7-9}$$

同理可得，在方向上命中目标毁伤幅员的概率为

$$P_z = \frac{L_z + \sqrt{S_m}}{2L_z}\left[\Phi\left(\frac{L_z + \sqrt{S_m}}{E_f}\right) - \Phi\left(\frac{L_z - \sqrt{S_m}}{E_f}\right)\right] + \frac{\sqrt{S_m}}{2L_z}\Phi\left(\frac{L_z - \sqrt{S_m}}{E_f}\right) + \frac{E_f}{2\rho\sqrt{\pi}L_z}\left[e^{\frac{-\rho^2 (L_z + \sqrt{S_m})^2}{E_f^2}} - e^{\frac{-\rho^2 (L_z - \sqrt{S_m})^2}{E_f^2}}\right] \tag{7-10}$$

那么 1 枚末敏弹毁伤目标的概率为

$$R_N = P_x P_z \tag{7-11}$$

7.2.3.2　存在扫描空隙时的评定方法

当扫描间隔较大、目标幅员较小时，存在扫描空隙。这时，不能利用相当“榴弹”的办法评定射击效力，而应该根据末敏弹的扫描规律进行分析。

设诸元误差为（x_c，z_c），在此条件下散布误差的概率密度为

$$h(x,z) = \frac{\rho^2}{\pi B_d B_f} e^{-\rho^2\left[\frac{(x-x_c)^2}{B_d^2}+\frac{(z-z_c)^2}{B_f^2}\right]} \tag{7-12}$$

那么在诸元误差为（x_c，z_c）条件下，1 枚末敏弹毁伤目标的概率为

$$R_1(x,z) = \iint_D \frac{\rho^2}{\pi B_d B_f} e^{-\rho^2\left[\frac{(x-x_c)^2}{B_d^2}+\frac{(z-z_c)^2}{B_f^2}\right]} \mathrm{d}x\mathrm{d}z \tag{7-13}$$

其中，积分区域 D 指的是毁伤幅员的分布规律，下面分析 D 的范围。

在末敏弹下落过程中，一方面作匀速下降运动，另一方面绕弹轴旋转。为了便于分析问题，采用极坐标的形式进行分析：以末敏弹开始探测时刻质心位置在水平面的投影为圆心，开始探测到的位置与圆心的连线为极轴建立极坐标系，如图 7－3 所示。

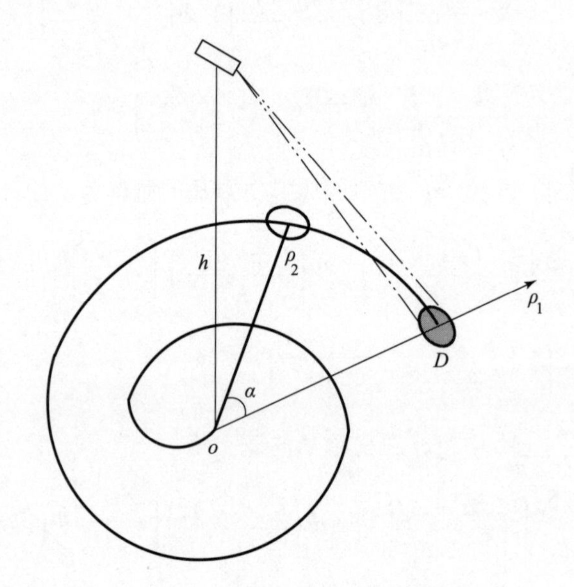

图 7－3　末敏弹的毁伤幅员示意图

设末敏弹绕轴线旋转的角速度为 ω_0(rad/s)，抛撒高度为 h，下降速度为 V_p(m/s)，那么经过 t 时间后末敏弹探测的位置（p_1，α）为

$$\alpha = \omega_0 t$$

$$p_1 = (h - V_p t)\tan\theta$$

而 t 的取值范围为（0，h/V_p），从而可得 α 得取值范围为（0，$\omega_0 h/V_p$）p_1与 α 的关系，可由上式求得为

$$p_1 = \left(h - \frac{V_p \alpha}{\omega_0}\right)\tan\theta \tag{7-14}$$

1 枚末敏弹毁伤目标的概率，用极坐标形式表示：

$$R_1(x_c,z_c) = \int_0^{\frac{\omega_0 h}{V_p}} \int_{(h-\frac{V_p\alpha}{\omega_0})\mathrm{tg}\theta-(r+l)}^{(h-\frac{V_p\alpha}{\omega_0})\mathrm{tg}\theta+(r+l)} \frac{\rho^2}{\pi B_d B_f} \mathrm{e}^{-\rho^2\left[\frac{(p_1\cos\alpha-x_c)^2}{B_d^2}+\frac{(p_1\sin\alpha-z_c)^2}{B_f^2}\right]} p_1 \mathrm{d}p_1 \mathrm{d}\alpha \quad (7-15)$$

那么，N 发末敏弹对目标的毁伤全概率为

$$R_N = \int_{-\infty}^{\infty}\int_{-\infty}^{\infty} \frac{\rho^2}{\pi E_d E_f} \mathrm{e}^{-\rho^2\left(\frac{x_c^2}{E_d^2}+\frac{z_c^2}{E_f^2}\right)} \cdot \{1-[1-R_1(x_c,z_c)]^N\} \mathrm{d}x_c \mathrm{d}z_c \quad (7-16)$$

式中，r 为末敏弹的探测半径，l 为目标的宽度。

7.3　末敏弹毁伤概率分析

7.3.1　基于解析法的末敏弹毁伤概率分析

由于末敏弹的作用机理复杂，影响因素众多，因而采用解析法对其射击效力进行评定的方法较少，主要困难在于很难用解析模型有效处理一次发射中各子弹毁伤目标之间的相关性问题。本节对这个问题进行探讨。

7.3.1.1　单枚子弹扫描幅员对目标幅员的“相对毁伤幅员”

设子弹的扫描半径为 r，则扫描区域 $D_p=\pi r^2$。将扫描区域面积划分为等效面积 $2L_x \times 2L_z$ 的矩形 D_p。令目标幅员 $D_t=2T_x\times 2T_z$，母弹散布中心为坐标系 OXZ 原点。目标中心 T_o 的坐标为（m_x，m_z），D_{pt} 为扫描区域面积与目标幅员的交叉区域面积（相当于毁伤区域），则 1 枚子弹有效扫描幅员相对于目标幅员的平均相对覆盖面积为

$$M = E\left(\frac{D_{pt}}{D_t}\right) = \frac{E_x E_z}{16 T_x T_z}\left[\hat{\psi}\left(\frac{T_x+L_x+m_x}{E_x}\right)+\hat{\psi}\left(\frac{T_x+L_x-m_x}{E_x}\right)-\hat{\psi}\left(\frac{T_x-L_x+m_x}{E_x}\right)-\hat{\psi}\left(\frac{T_x-L_x-m_x}{E_x}\right)\right]\cdot\left[\hat{\psi}\left(\frac{T_z+L_z+m_z}{E_z}\right)+\hat{\psi}\left(\frac{T_z+L_z-m_z}{E_z}\right)-\hat{\psi}\left(\frac{T_z-L_z+m_z}{E_z}\right)-\hat{\psi}\left(\frac{T_z-L_z-m_z}{E_z}\right)\right] \quad (7-17)$$

式中，E_x、E_z 分别为距离和方向诸元误差；$\hat{\psi}(x)$ 为简化的拉普拉斯函数积分，即

$$\hat{\psi}(x) = \int_0^x \hat{\varphi}(x)\,\mathrm{d}x = x\hat{\varphi}(x) - \frac{1}{\rho\sqrt{\pi}}(1 - \mathrm{e}^{-\rho^2 x^2}) \tag{7-18}$$

其中，

$$\hat{\varphi}(x) = \frac{2\rho}{\sqrt{\pi}}\int_0^x \mathrm{e}^{-\rho^2 t^2}\mathrm{d}t \tag{7-19}$$

7.3.1.2　扫描幅员内有目标概率

设目标幅员内有 n 个装甲目标，则子弹扫描幅员内有目标的概率为

$$P_m = 1 - (1 - M)^n \tag{7-20}$$

7.3.1.3　单枚子弹命中 1 个目标的概率

扫描幅员内有目标时子弹的命中概率为 P_a，则单枚子弹命中任意 1 个目标的概率为

$$P_1 = P_m P_a = [1 - (1 - M)^n] P_a \tag{7-21}$$

7.3.1.4　独立发射时一次发射毁伤任意 1 个目标的概率

设一次发射末敏弹数为 N，每发母弹装有 L 发子弹，毁伤目标平均必须命中子弹数为 ω，毁伤概率服从指数分布。当各发母弹发射之间相互独立时，一次发射毁伤任意 1 个目标的概率为

$$P_2 = 1 - \left(1 - \frac{P_1}{\omega}\right)^{NL} = 1 - \left\{1 - \frac{[1 - (1 - M)^n] P_a}{\omega}\right\}^{NL} \tag{7-22}$$

7.3.1.5　相关发射时一次发射毁伤任意 1 个目标的概率

由于在一次发射中母弹之间的诸元误差相同，一发母弹中各子弹之间抛出点的误差相同，因此各子弹之间和各母弹之间毁伤目标的概率是相关的，用式（7－21）计算出的值与相关射击的实际值误差很大。设该次发射中各子弹间的平均相关系数为 μ，则一次发射目标毁伤概率 P 可用下式计算：

$$P = (P^{(1)} - P^{(0)})\sqrt{1-\mu^2}1 - \left(1 - \frac{P_1}{\omega}\right)^{NL} = 1 - \left\{1 - \frac{[1-(1-M)^n]P_a}{\omega}\right\}^{NL} \tag{7-23}$$

7.3.1.6　一次发射平均毁伤目标数

一次发射平均毁伤目标数为

$$N' = Pn \tag{7-24}$$

7.3.1.7　精度检验

为了考查以上解析模型的计算精度，以国外某自行火炮为例进行计算检验。在不同距离发射不同弹药数量，毁伤目标为三代坦克。一种方法为本解析算法，另一种采用传统的统计试验法。

计算假设条件如下：

(1) 采用连射击，目标幅员为 300 m × 300 m，目标幅员内有 10 辆主战坦克，目标毁伤平均必须命中子弹数为 3 发。

(2) 每发母弹携带 2 枚末敏子弹，子弹扫描半径取 70 m。

(3) 若在扫描幅员内有目标，目标被命中的概率为 0.9。

根据计算数据得对比曲线如图 7-4 所示。

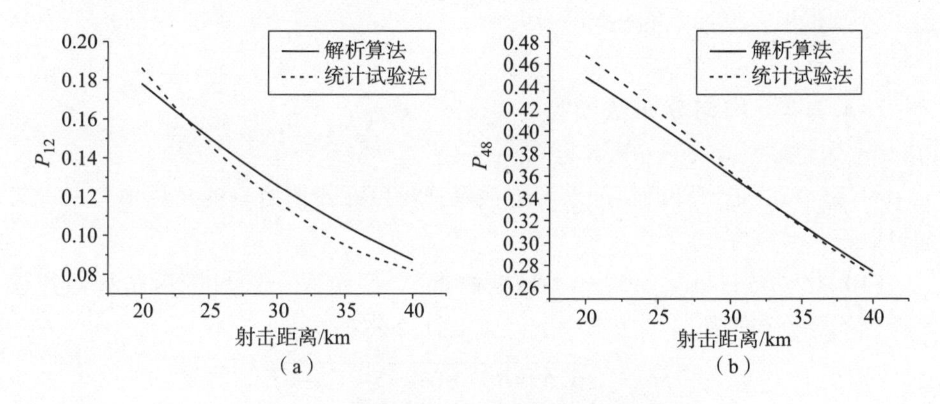

图 7-4　解析算法与统计试验法毁伤概率对比

(a) 发射母弹 12 发；(b) 发射母弹 48 发

图 7-4 中，P_{12}和 P_{48}分别表示发射母弹为 12 发和 48 发时的毁伤概率。由计算得知，该解析模型的相对精度一般为 2%~5%，可以满足射击要求。

7.3.2 基于改进“相当榴弹”的末敏弹毁伤概率分析

7.3.2.1 毁伤幅员

末敏弹的母弹一般携带数枚子弹，当各子弹的扫描区域完全重叠时，母弹内各子弹对任意目标的毁伤具有强相关性，其“相当榴弹”的毁伤幅员为

$$S_m = S_z \times \left(1 - \frac{P}{\omega}\right)^n \tag{7-25}$$

式中，S_m 为末敏弹母弹的“相当榴弹”毁伤幅员；n 为 1 发母弹所载子弹数；ω 为毁伤目标所需要的平均命中子弹数；P 为扫描区域内有目标时，末敏子弹命中目标的概率；S_z 为子弹有效扫描幅员，且有

$$S_z = \pi r^2 \tag{7-26}$$

式中，r 为子弹有效扫描半径。

当各子弹的扫描区域不重叠时，末敏母弹内各子弹对任意目标的毁伤具有独立性，其“相当榴弹”的毁伤幅员为

$$S_m = \frac{nPS_z}{\omega} \tag{7-27}$$

通常情况下，母弹内各子弹的扫描区域重叠较小，可用式（7－27）来确定末敏弹“相当榴弹”毁伤幅员。

7.3.2.2 均匀分布法模型

均匀分布法是一种近似地求解炮兵榴弹对目标毁伤概率的常用模型，一般通过以下几步来完成。

（1）化“数分划”为“一个瞄准位置”。假定“一表尺”射击的散布误差遵循均匀分布规律，则散布中间误差的计算公式为

$$\begin{cases} L_x = \sqrt{6.594B_d^{*2} + 0.25h^2(t^2-1)} \\ L_z = \sqrt{6.594B_f^{*2} + 0.25I^2(t^2-1)} \end{cases} \tag{7-28}$$

式中，B_f^* 和 B_d^* 分别表示方向和距离散布中间误差；h 为距离误差；I 为射向间隔；t 为射击距离数；n 为射向间隔数。

（2）化集群目标为单个目标。当射击地段幅员不很大时，单个目标的诸

元误差服从正态分布，其中间误差为

$$\begin{cases}E'_d = \sqrt{E_d^{*2} + 0.125L_d^2} \\ E'_f = \sqrt{E_f^{*2} + 0.125L_f^2}\end{cases} \tag{7-29}$$

式中，L_d 和 L_f 分别表示射击地段的纵深和正面的一半；E'_d和 E'_f是对射击地段中心决定诸元的距离和方向中间误差。

（3）平均毁伤目标百分数。假定毁伤幅员相对于射击幅员较小时，末敏弹的平均毁伤目标百分数 M 为

$$M = \phi\left(\frac{L_Z}{E'_f}\right) \cdot \phi\left(\frac{L_x}{E'_d}\right)\left[1 - \left(1 - \frac{S_m}{4L_xL_z}\right)^{m'}\right] \tag{7-30}$$

式中，$\phi\left(\frac{L_Z}{E'_f}\right) \cdot \phi\left(\frac{L_x}{E'_d}\right)$表示射击幅员覆盖目标幅员的概率；$\frac{S_m}{4L_xL_z}$表示射击幅员覆盖目标幅员的条件下，1 发榴弹毁伤任意一个目标的概率；m'表示发射榴弹数。

7.3.2.3 模型的改进

由于近似均匀分布法是在一定的假定条件下获得的，因此在某些特别情况下（如射击区域内目标密度较大等），“相当榴弹”会带来一定误差。为了提高计算精度，对以上均匀分布模型进行改进。

1. 对平均毁伤目标百分数 *M* 的改进

在式（7－30）中，假定榴弹的毁伤幅员相对于射击幅员较小，否则误差较大。而末敏弹的“相当榴弹”毁伤幅员有时接近射击幅员，此时，式（7－27）会有较大的计算误差，故对式（7－30）作如下改进：

$$M = \phi\left(\frac{L_Z}{E'_f}\right) \cdot \phi\left(\frac{L_x}{E'_d}\right)\left[1 - \left(1 - \frac{S_m}{4(L_x + l)(L_z + l)}\right)^{m'}\right] \tag{7-31}$$

式中，$l = \frac{1}{2}\sqrt{S_z}$。

2. 考虑目标数量对毁伤百分数的影响

对于榴弹来讲，只要目标落入榴弹毁伤幅员内，即认为目标被毁伤。实际上，末敏子弹不管有多少个目标落入其有效扫描幅员内，结果最多只能有 1 个

目标被毁伤。因此，当目标的分布密度较小时，“相当榴弹”模型的精度较好；而当目标的分布密度较大时，就会出现多个目标落入1发末敏子弹有效扫描幅员内的情况，此时“相当榴弹”模型的精度就会变差。

为了修正目标幅员内目标数量对毁伤目标百分数的影响，按下式对结果进行修正：

$$M' = \begin{cases} M, & \dfrac{S}{N} \leqslant S_z \\ \left[1 - \left(\dfrac{S}{NS_z} - 1\right)^2 \beta\right] M, & \dfrac{S}{N} > S_z \end{cases} \tag{7-32}$$

式中，M'为修正后的目标毁伤百分数；N为目标幅员内的目标数；S为目标幅员；β为经验修正系数。

3. 系统误差的修正

由于种种原因，上述计算模型仍存在一定的系统误差。为了提高模型的计算精度，将系统误差看作一个常数χ，对式（7-32）进行修正：

$$M'' = (1-\chi) M' \tag{7-33}$$

式中，M''为修正后的目标毁伤百分数。

通过计算对比得知，改进后的模型计算精度是有保证的。与高精度的统计试验法相比，该模型的计算工作量小，适于大批量计算。

7.3.3 末敏弹破片战斗部毁伤概率分析

末敏弹的主要用途是打击装甲目标。装甲目标作为一个目标系统无论多么复杂，总可以按照一定方法划分成多个子系统，各子系统通常又是由许多部件构成的。一些部件的毁伤直接影响着整个系统的正常工作，甚至会导致整个系统毁伤，这些部件称为要害部件。在分析对装甲目标的毁伤概率时，应主要考虑对目标要害部件的毁伤。因此，研究末敏弹的破片战斗部对装甲目标的毁伤概率具有很强的现实意义。

7.3.3.1 破片与目标要害部件的交汇

1. 动态空间破片场的确定

对末敏弹战斗部来说，在弹体坐标系下，动态空间破片场为空间锥形区域，如图 7 - 5 所示。

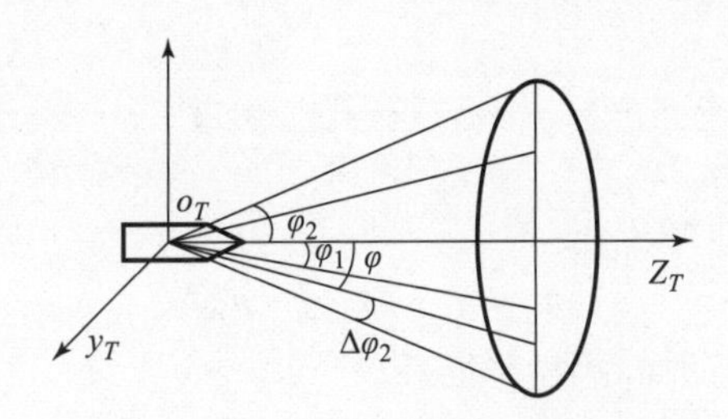

图 7 - 5　弹体坐标系下动态空间破片场

相对于弹体坐标系，空间破片场可以使用两个参数来描述：破片平均飞散方向角 $\bar{\varphi}$，飞散角 Ω，且有

$$\bar{\varphi} = \frac{\varphi_1 + \varphi_2}{2}, \Omega = \varphi - \varphi_1 \tag{7 - 34}$$

破片在飞散区域［φ_1，φ_2］内随 φ 成正态分布。破片在空间的面分布密度为

$$\sigma = \frac{N_{eR}}{2\pi R^2} \cdot \frac{\Delta F_{\sigma}(\varphi)}{\Delta\varphi \cdot \sin\varphi} \tag{7 - 35}$$

式中，R 为破片飞行距离；N_{eR}为距离 R 处的有效破片数；$\Delta F_{\sigma}(\varphi)$ 为动态时在 $\Delta\varphi$ 内的破片分布概率。

2. 破片与目标要害部件的交汇

目标要害部件的结构形状多种多样，为便于计算，对装甲目标内部的要害部件可根据其形状特征分别简化成长方体、截锥体和圆柱体等不同形体，再将要害部件的外表划分成许多面元，在弹体坐标系下来讨论目标与要害部件的交汇情况。通过坐标转换确定在弹体坐标系下要害部件的空间描述。设在弹体坐标系下面元 i 的中心点 O_i坐标为（x_i，y_i，z_i），则破片与该面元的交汇条件为

$$\varphi_1 \leqslant \varphi_i \leqslant \varphi_2 \tag{7 - 36}$$

式中，φ_i 为面元 i 中心点与弹体坐标系原点 O_T的连线与坐标轴 O_TZ_T的夹角，其大小为

$$\varphi_i = \arccos \frac{z_i}{\sqrt{x_i^2 + y_i^2 + z_i^2}} \tag{7 - 37}$$

在忽略破片重力对飞行的影响的条件下，破片的飞行弹道为直线。命中面元 i 的破片的轨迹可表示为

$$L_i = x_i \boldsymbol{i} + y_i \boldsymbol{j} + z_i \boldsymbol{k} \tag{7-38}$$

其单位方向矢量为

$$\boldsymbol{n}_{pi} = \frac{x_i}{\sqrt{x_i^2 + y_i^2 + z_i^2}} \boldsymbol{i} + \frac{y_i}{\sqrt{x_i^2 + y_i^2 + z_i^2}} \boldsymbol{j} + \frac{z_i}{\sqrt{x_i^2 + y_i^2 + z_i^2}} \boldsymbol{k} \tag{7-39}$$

设面元 i 的法线方向为：

$$\boldsymbol{n}_{si} = \boldsymbol{n}_{s1} \boldsymbol{i} + \boldsymbol{n}_{s2} \boldsymbol{j} + \boldsymbol{n}_{s3} \boldsymbol{k} \tag{7-40}$$

面元 i 在破片飞行方向的投影面积为

$$s_i' = s_i \cos\theta_i \tag{7-41}$$

式中，s_i 为面元 i 的几何面积；θ_i 为矢量 $\boldsymbol{n}_{pi}$ 和 $\boldsymbol{n}_{si}$ 的夹角。

与面元交汇的破片数（即命中面元 i 的破片数）由下式确定：

$$n_i = \sigma s_i' \tag{7-42}$$

式中，σ 为在该面元处的破片分布密度。

命中目标要害部件的破片数量由该要害部件的各个面元的命中破片数量和得到。

7.3.3.2 目标毁伤计算模型

假设末敏弹破片战斗部在目标坐标系下一定位置爆炸时，对目标造成 j 级毁伤的贡献要害部件有 N_j 个，而这 N_j 个要害部件中第 k 要害部件的毁伤对目标造成 j 级毁伤的贡献因子为 C_k，则目标 j 级毁伤概率计算模型为

$$P_i = 1 - \prod_{k=1}^{n_j} (1 - C_k P_k) \tag{7-43}$$

式中，P_i 为要害部件的 j 级毁伤概率。

末敏弹破片战斗部在一定的位置以一定的姿态爆炸时命中某一目标要害部件的破片常常不是一个，而是多个。在假设各个破片对相同部件的毁伤效应和毁伤能力都相同的条件下，n_k 个命中破片对目标要害部件 k 的毁伤概率计算模型为

$$P = 1 - \mathrm{e}^{-n_k P_{k1}} \tag{7-44}$$

式中，P_{k1} 为单枚破片对要害部件 k 的毁伤概率。

单枚破片对部件的作用包括击穿作用、引燃作用和引爆作用，根据不同的毁伤程度计算要求可获取不同的贡献因子来计算破片击穿概率 P_{pi}、引燃概率 P_{di}。

当单枚破片对某一要害部件的毁伤效应存在两种或两种以上时，要根据这

些效应发生事件之间的关系来确定对部件的毁伤概率。

7.3.4　末敏弹探测特性对毁伤概率的影响

末敏弹作为一种灵巧弹药，在弹道末段具备一定的探测能力，能够依靠弹药头部的敏感装置发现目标，并依靠弹上的解算装置决定起爆时间，确保从顶部攻击装甲目标。但是，末敏弹本身没有纠正飞行路线的动力装置，不能根据弹药头部的探测器探测到的目标位置自主改变弹道，它在发射后至开始探测目标前的运动过程与榴弹无区别。但是，它在飞抵预定目标上空后，能够依靠弹药头部的遥感装置在一定范围内对目标进行探测。因而，末敏弹命中目标的过程又与普通榴弹有较大区别，在使用方法和评定射击效力方面都有其自身的特殊规律，需要找出其与普通榴弹的联系和区别，建立评定末敏弹射击效力的合适方法。除了前面所作的研究，本节再探讨末敏弹探测特性对毁伤概率产生的影响。

7.3.4.1　末敏弹射击参数的确定

由于末敏弹对目标探测的起始位置是随机的，目标在末敏弹探测幅员内具体位置也是随机的，因而，在计算末敏弹对目标的扫描半径和计算目标按方向分布的平均长度时，认为目标在末敏弹探测幅员内的分布规律服从角度上的均匀分布比较合乎实际情况。同理，目标运动方向相对于末敏弹探测扫描轨道的分布规律也应服从角度上的随机均匀分布。

1. 目标在扫描轨迹上的平均投影长度

假设目标短边长度为 a，长边长度为 b，对角线长度为 $l=\sqrt{a^2+b^2}$，短边与对角线的夹角 $\beta=\arctan(b/a)$，ψ 为对角线与扫描轨迹法向夹角，如图7-6所示。

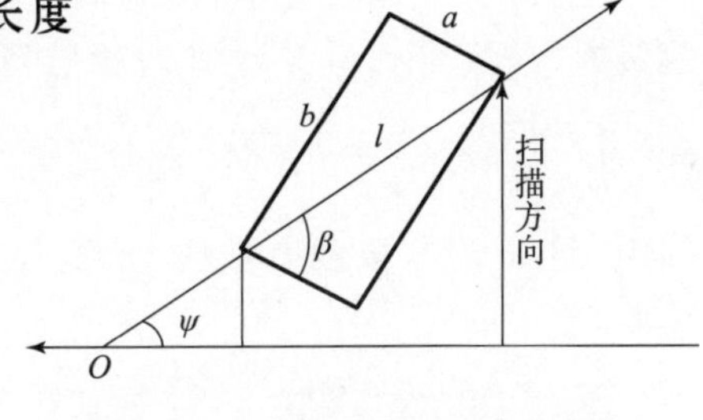

图7-6　计算车体平均长度示意图

分以下4种情况进行讨论：

（1）当 $0\leqslant\psi\leqslant\beta$ 时，目标在扫描线上的投影 $l_t=l\cos\psi$。

（2）当 $\beta\leqslant\psi\leqslant2\beta$ 时，目标在扫描线上的投影 $l_t=l\cos(2\beta-\psi)$。

（3）当 $2\beta\leqslant\psi\leqslant\pi/2+\beta$ 时，目标在扫描线上的投影 $l_t=l\cos(\psi-2\beta)$。

（4）当 $\pi/2+\beta\leqslant\psi\leqslant\pi$ 时，目标在扫描线上的投影 $l_t=l\cos(\pi-\psi)$。

根据上面 4 种情况可求得目标在扫描轨迹上投影长度的期望值为

$$\bar{l}=\frac{1}{\pi}\int_0^{\pi}l_t\mathrm{d}\psi=\frac{2(\sin\beta+\cos\beta)}{\pi}l=\frac{2(a+b)}{\pi} \tag{7-45}$$

2. 末敏弹平均扫描半径

由末敏弹探测目标的规律可知，在末敏弹下落过程中，其探测头以一定角速度绕垂直轴旋转，从而完成对目标区域的扫描。由数学理论得知，末敏弹扫描轨迹在水平面的投影是渐开线，以末敏弹开始探测时质心位置在水平面的投影为原点，开始探测到的位置与原点的连线为极轴建立极坐标系。设末敏弹在水平面上的投影点为 O，初始扫描点为 A，相应的初始高度为 h_0，落速为 V_p，弹上探测装置绕轴线旋转的角速度为 ω_0，θ 为末敏弹在开始扫描后经瞬时间 t 转过的角度，如图 7－7 所示。

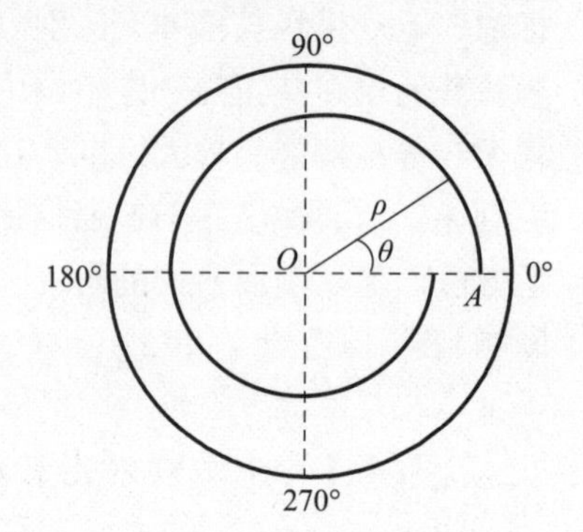

图 7－7　末敏弹扫描平面示意图

设末敏弹上探测装置发射出的扫描传播方向与轴线的夹角为 α，则经过时间 t 后末敏弹探测到的目标位置的极坐标为（ρ，θ），ρ 为时刻 t 扫描点到 O 的距离。

关于（ρ，θ）的极坐标方程为

$$\begin{cases}\theta=\omega_0 t\\ \rho=(h_0-v_p t)\tan\alpha\end{cases} \tag{7-46}$$

在末敏弹下落过程中，θ 的取值范围为 $[0,\ \omega_0 h_0/v_p]$。根据末敏弹扫描探测目标的规律得知，末敏弹对相应目标的最大扫描探测面积 S 的计算公式为 $S=\int_0^{2\pi}\frac{1}{2}(\rho+r+\bar{l})^2\mathrm{d}\theta$，积分区间 $[0,\ 2\pi]$ 表示末敏弹开始扫描至扫描一周相应的 θ 的取值范围，r 为末敏弹扫描轨迹线的宽度，$\bar{l}$ 为目标平均投影长度。

令 $c=h_0\tan\alpha+r+\bar{l}$，$d=(v_p/\omega_0)\tan\alpha$，可得

$$S=\int_0^{2\pi}\frac{1}{2}\rho^2\mathrm{d}\theta=\pi c^2+\frac{4}{3}\pi^3 d^2-2\pi^2 cd \tag{7-47}$$

可求得末敏弹的平均扫描半径为

$$\bar{R}=\sqrt{\frac{S}{\pi}}=\sqrt{c^2+\frac{4}{3}\pi^2 d^2-2\pi^2 cd} \tag{7-48}$$

3. 末敏弹平均扫描间隔

设在末敏弹扫描一周的过程中，弹丸上的探测装置也以大致均匀的速度 v_p 下降。根据前面建立的极坐标可计算出末敏弹在探测过程中的扫描间隔 ΔR。末敏弹探测装置随弹丸转一周的时间间隔 ΔT 为

$$\Delta T = \frac{2\pi}{\omega_0} \tag{7-49}$$

根据末敏弹在 ΔT 时间内下降的高度，可求得末敏弹的扫描探测间隔为

$$\Delta R = \frac{2\pi v_p \tan\alpha}{\omega_0} \tag{7-50}$$

7.3.4.2　扫描幅员覆盖目标时的发现概率

当目标短边长度 $a \geqslant \Delta R$ 时，若目标落入末敏弹的扫描幅员内，此时目标被扫描到的概率为 1，未被扫描到的概率为 0；当 $a < \Delta R$ 时，需要计算扫描幅员覆盖目标条件下发现目标的概率。

1. 小目标落入扫描间隔的概率

定义目标短边长度小于末敏弹的扫描间隔 ΔR 的目标为小目标，则有

（1）当 $l < \Delta R$ 时。

根据末敏弹飞抵预定目标上空探测目标的随机性和目标在扫描幅员内分布的随机性，若假定目标在扫描幅员内呈均匀分布状态，则目标落入扫描间隔内的概率 P_1 满足

$$P_1 = \frac{\Delta R}{r + \Delta R} \tag{7-51}$$

（2）当 $l \geqslant \Delta R$ 时。

当 l 在末敏弹扫描轨迹法线上的投影长度等于 ΔR 时，此时 l 与扫描轨迹法线方向的夹角为 γ，l、γ、ΔR 之间满足关系 $\Delta R = l\sin\gamma$，所以，可求得

$$\gamma = \arcsin\left(\frac{\Delta R}{l}\right) \tag{7-52}$$

当 $0 \leqslant \gamma \leqslant \arcsin(\Delta R/l)$ 时，目标将被末敏弹扫描探测到；当 $\arcsin(\Delta R/l) \leqslant \gamma \leqslant \frac{\pi}{2}$ 时，此时目标将有可能不被末敏弹扫描探测到，在此种情况下，目标投影落入末敏弹的扫描间隔内的概率为

$$P'_1 = 1 - \frac{2\arcsin(\Delta R/l)}{\pi} \tag{7-53}$$

2. 小目标未被扫描发现的概率

假设小目标在扫描幅员内呈现均匀分布状态，则计算小目标落入扫描间隔内未被探测到的概率时，又需分 $l < \Delta R$ 和 $l \geqslant \Delta R$ 两种情况进行讨论。

（1）当 $l < \Delta R$ 时。

此时，可求得小目标的平均长度 $\bar{l}$，小目标未被探测到的概率为

$$P_{wt} = \frac{\Delta R - \bar{l}}{\Delta R} \tag{7-54}$$

所以，目标未被扫描探测到的概率为

$$P_w = P_1 P_{wt} = \frac{\Delta R - \bar{l}}{r + \Delta R} \tag{7-55}$$

目标被扫描探测到的概率为

$$P_{T1} = 1 - P_w = \frac{r + \bar{l}}{r + \Delta R} \tag{7-56}$$

（2）当 $l \geqslant \Delta R$ 时。

当 $\arcsin(\Delta R/l) \leqslant \gamma \leqslant \frac{\pi}{2}$ 时，可以求得小目标未被扫描探测到的概率为

$$P'_{wt} = \frac{1}{\pi/2 - \arcsin(\Delta R/l)} \int_{\arcsin(\Delta R/l)}^{\frac{\pi}{2}} \frac{\Delta R - l\sin\gamma}{\Delta R} \mathrm{d}\gamma \tag{7-57}$$

所以，目标未被扫描探测到的概率为

$$P'_w = P'_1 P'_{wt} \tag{7-58}$$

同理，可以求得目标被扫描探测到的概率为

$$P_{T2} = 1 - P'_w \tag{7-59}$$

7.3.4.3　末敏弹对目标的毁伤概率

在前面的内容中探讨了一些毁伤概率计算方法。这里根据式（7－45）～式(7－59）探讨末敏弹对目标的毁伤概率。末敏弹主要用于攻击装甲目标顶部，而装甲目标有可能是静止目标，也有可能是行进中的运动目标。对于运动目标，末敏弹的命中概率计算较为复杂。

然而，由末敏弹的作用机理可知，当弹上探测装置探测、识别目标后，在爆炸成型装药作用下，战斗部以高速度（超过 2 000 m/s）攻击目标顶部。在

这样高的速度下，再加上扫描、攻击的高度通常不会太高，则攻击时间极短，在如此短的时间内，目标的移动量也极小，因而可近似地看作静止目标。所以，以下的方法以静止目标为对象在理想情况下（风速为0、不考虑开舱散布误差）进行分析。

由式（7－50）得知，ΔR 的取值范围与初始扫描半径相比很小，所以可认为末敏弹对目标扫描的探测幅员概略为圆形。为便于计算，可将探测幅员近似看作正方形。按照面积等效原则，根据式（7－48）计算得到的 S，可以求得转换后相应的末敏弹对目标探测幅员的正面和纵深。假设转换后的探测幅员为正方形，即正面为 $2l_z$ 与纵深 $2l_x$ 与相等，即满足条件

$$\begin{cases}S = 2l_z \times 2l_x \\ l_z = l_x\end{cases} \tag{7-60}$$

可得 $l_z = l_x = \frac{1}{2}\sqrt{S}$。

为描述射击误差，建立如下坐标系：以目标中心为原点 O，射击方向为 x 轴的正方向，朝右的方向为 z 轴的正方向。设单炮决定诸元误差的距离中间误差为 E_d，方向中间误差为 E_f，在某次发射时，相应于该次发射的实际诸元误差为（x_c，z_c），则根据诸元误差的散布规律，可计算出此种情况发生的概率密度为

$$f(x_c, z_c) = \frac{\rho^2}{\pi E_{\mathrm{d}} E_{\mathrm{f}}} \mathrm{e}^{-\rho^2\left(\frac{x_c^2}{E_{\mathrm{d}}^2}+\frac{z_c^2}{E_{\mathrm{f}}^2}\right)} \tag{7-61}$$

设单炮距离散布的中间误差为 B_d，方向散布的中间误差为 B_f，当散布中心在坐标原点时，散布误差的概率密度函数为

$$\varphi(x, z) = \frac{\rho^2}{\pi B_{\mathrm{d}} B_{\mathrm{f}}} \mathrm{e}^{-\rho^2\left(\frac{x_c^2}{B_{\mathrm{d}}^2}+\frac{z_c^2}{B_{\mathrm{f}}^2}\right)} \tag{7-62}$$

当以瞄准位置为坐标原点，在某发弹实际诸元误差为（x_c，z_c）的条件下，散布误差的概率密度为

$$\varphi(x, z) = \frac{\rho^2}{\pi B_{\mathrm{d}} B_{\mathrm{f}}} \mathrm{e}^{-\rho^2\left[\frac{(x-x_c)^2}{B_{\mathrm{d}}^2}+\frac{(z-z_c)^2}{B_{\mathrm{f}}^2}\right]} \tag{7-63}$$

设瞄准位置在目标中心，在某发弹实际诸元误差为（x_c，z_c）的条件下，任一发炮弹对目标有效探测幅员的条件命中概率为

$$\begin{aligned}P_1(x_c, z_c) &= \int_{-l_x}^{l_x}\int_{-l_z}^{l_z} \frac{\rho^2}{\pi B_{\mathrm{d}} B_{\mathrm{f}}} \mathrm{e}^{-\rho^2\left[\frac{(x-x_c)^2}{B_{\mathrm{d}}^2}+\frac{(z-z_c)^2}{B_{\mathrm{f}}^2}\right]} \mathrm{d}x\mathrm{d}z \\ &= \frac{1}{4}\left[\Phi\left(\frac{x_{\mathrm{c}}+l_x}{B_d}\right)-\Phi\left(\frac{x_{\mathrm{c}}-l_x}{B_d}\right)\right]\left[\Phi\left(\frac{z_{\mathrm{c}}+l_z}{B_f}\right)-\Phi\left(\frac{z_{\mathrm{c}}-l_z}{B_f}\right)\right]\end{aligned} \tag{7-64}$$

考虑在命中目标有效探测幅员时末敏弹对目标的探测发现概率，则末敏弹命中目标的概率为

$$P_2(x_c,\ z_c) = P_1(x_c,\ z_c)P_T \tag{7-65}$$

若毁伤单个目标所需平均命中弹数为 n，则任意一发炮弹对目标的条件毁伤概率为

$$P'_1(x_c,\ z_c) = \frac{1}{n}P_2(x_c,\ z_c) \tag{7-66}$$

发射 N 发炮弹对目标的条件毁伤概率为

$$P'_N(x_c, z_c) = 1 - [1 - P_1(x_c,\ z_c)]^N \tag{7-67}$$

再考虑诸元误差的整体性，发射 N 发炮弹对目标的毁伤全概率为

$$P_N = \int_{-\infty}^{+\infty}\int_{+\infty}^{+\infty} \frac{\rho^2}{\pi E_\mathrm{d} E_\mathrm{f}} \mathrm{e}^{-\rho^2\left(\frac{x_c^2}{E_\mathrm{d}^2}+\frac{z_c^2}{E_\mathrm{f}^2}\right)} P'_N(x_c, z_c)\,\mathrm{d}x_c\mathrm{d}z_c \tag{7-68}$$

7.3.4.4 计算分析

取计算条件如表 7-1 所示。

表 7-1 计算条件

D	E_d	E_f	B_d	B_f	a	b
15 km	0.65% D	1.8 mil	0.45% D	0.8 mil	3.0 m	8.5 m
$2l_z$	$2l_x$	r	h_0	V_p	ω_0	α
9 m	17 m	0.3 m	200 m	10 m/s	8πrad/s	π/6

表 7-1 中，D 为炮目距离，E_d为距离中间误差，E_f为方向中间误差，B_d为距离散布中间误差，B_f为方向散布中间误差，a 和 b 分别为目标幅员的短边与长边，$2l_z$为毁伤幅员正面，$2l_x$为毁伤幅员纵深，r 为末敏弹扫描轨迹线平均宽度，h_0为初始探测高度，V_p为子弹平均落速，ω_0为张轴旋转角速度，α 为探测装置发射出的扫描波传播方向与水平面法线的夹角。

根据以上条件分别计算了普通榴弹与末敏弹对某类装甲目标的单发毁伤概率。结果表明：使用普通榴弹的单发毁伤概率为 0.001 69，使用末敏弹的单发毁伤概率为 0.402 72。也就是说，要达到 1 发末敏弹达到的毁伤效果，需要使用约 300 发普通榴弹。

第8章

远程火箭末敏弹精度折合计算

射击精度是衡量武器系统战术技术性能非常重要的指标之一，在定型试验时，必须通过射击试验对武器系统是否满足精度指标给出结论。射击精度的考核通常要在最大射程上进行考核，由于火箭末敏弹射程远，若按落入靶区子弹数达到60%以上，试验所需的目标靶数量太多，试验耗费巨大。此外，试验准备工作量也非常巨大，基本上不具有可操作性。若用非最大射程进行射击精度试验，然后通过一定的方法将其折合成最大射程射击精度，相应末敏弹落点散布面积比最大射程时的落点散布面积要小，就可在保证试验质量的前提下，大幅减少布靶区域和目标靶的数量，减轻试验前准备的工作量。基于此，本章以武器系统动态力学特性为主线，以弹道学和动力学为基础，对最小射程时的射击精度向最大射程时的射击精度的折合进行研究。

8.1　火箭末敏弹随机发射与飞行弹道仿真建模

8.1.1　火箭末敏弹作用过程

简易控制火箭末敏弹在主动段采用角稳定系统控制其飞行角偏差，提高横向射击精度，采用距离修正技术控制母弹开舱时间，提高纵向射击精度，大大增强了作战效能。火箭末敏弹从被击发到命中目标经历发射、自由飞行、抛撒、分离、攻击几个作用过程，如图 8－1 所示。具体分为 4 个阶段。

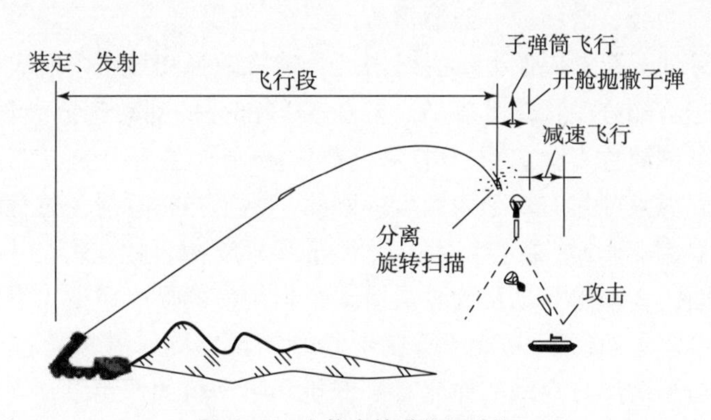

图 8－1　火箭末敏弹作用过程

（1）闭锁阶段：发动机点火到火箭弹开始相对定向管运动前瞬间的阶段。在这一阶段，火箭发动机已经产生了推力，在闭锁挡弹器限制下火箭弹相对定向管无纵向运动，但弹炮整个系统由于推力的作用已产生运动。

（2）定向管内运动阶段：火箭弹在发动机推力作用下挣脱挡弹器的作用开始运动，直到后定心部出定向管口。在这一时期内，火箭弹运动虽然受定向管壁的约束，但由于火箭弹定心部与定向管壁间存在间隙，使得火箭弹相对定向管内的运动相当复杂，整个系统不断颤振。

（3）主动阶段：火箭弹在主动阶段作加速运动，角稳定系统开始工作，距离修正系统开始工作。当发动机结束工作时，火箭弹主动阶段终点速度达到最大值。火箭弹在主动段内受到推力、气动力和重力的作用。

（4）被动阶段：火箭弹依靠其动能作惯性运动，在弹道的降弧段子弹筒与母弹分离，飞行数秒后，弹舱爆炸抛撒末敏子弹，末敏子弹在减速伞作用下减速下降到一定高度，抛掉减速伞打开旋转伞；在旋转伞作用下，子弹按一定的落速和转速，以一定悬挂角下落，实现稳态扫描。在某设计高度上，敏感器开始搜索探测目标。若敏感器发现目标，弹载计算机发出起爆信号，安全起爆装置引爆成型战斗部，成型战斗部起爆后，在极短的时间内形成一个高速飞行的成型侵彻体攻击目标顶部。若末敏子弹未发现目标，则落地后自毁。

8.1.2 火箭末敏弹发射动力学模型

应用多体系统传递矩阵法，根据火箭末敏弹的自然属性，将它们分别视为集中质量、刚体、弹性梁、扭簧、弹簧等力学元件，并依次编号。这些元件可分为“体”和“铰”两大类。“体”指集中质量、刚体、弹性梁等，而“铰”泛指任何“体”与“体”之间的线位移、角位移、力、力矩等连接关系，包括光滑铰、弹性铰、滑移铰、阻尼器等。

将任一瞬时火箭末敏弹中除去已击发火箭末敏弹和最新击发火箭末敏弹所在定向管的起落部分简称起落部分，除去俯仰部分的回转部分简称回转部分，除去车轮的车体简称车体，最新击发火箭末敏弹所在定向管尾部简称定向管尾，并将它们视为各具有6个自由度的刚体。由于在实际射击过程中，后面的4个车轮仅仅接触地面，主要由左右2个千斤顶支撑，故在模型中将前面的4个车轮和后面的2个千斤顶视为各具有3个自由度的集中质量，后面的4个车轮计入车体中。最新击发火箭弹所在定向管简称定向管并视为空间运动弹性梁。定向管与起落部分之间的作用、高低机和平衡机的作用以及回转部分与起落部分的弹性和阻尼效应、方向机的作用以及车体的弹性和阻尼效应、车轮的弹性和阻尼效应及与地面的作用等，用反映 3 个方向相对角运动的扭簧和反映 3 个方向相对线运动的弹簧及其与之并联的阻尼器来等效。考虑定向管的不平行度、弯曲度和波纹度对火箭末敏弹起始扰动的影响。

火箭末敏弹的主体为变质量刚体，其弹性效应等效为其定向钮以及 3 个定心部与定向管的弹性接触作用，考虑火箭末敏弹所受的重力、发动机的推力、推力偏心、推力偏心矩、弹炮碰撞力、定心部与定向管的接触力、火箭末敏弹的质量偏心和动不平衡等。

将火箭末敏弹的推力处理为作用在火箭末敏弹上的随机外力；将火箭末敏弹闭锁力处理为作用在火箭炮和火箭末敏弹上的阶跃外力，此力只是在发动机点火到火箭末敏弹相对定向器开始运动这一段时间才存在；将角稳定系统控制力处理为作用在火箭末敏弹上的系统外力；将火箭燃气射流对火箭炮的冲击力处理为作用在火箭炮上的系统外力；地面支撑作为系统的边界条件考虑，包含在系统模型之中（图 8－2）。

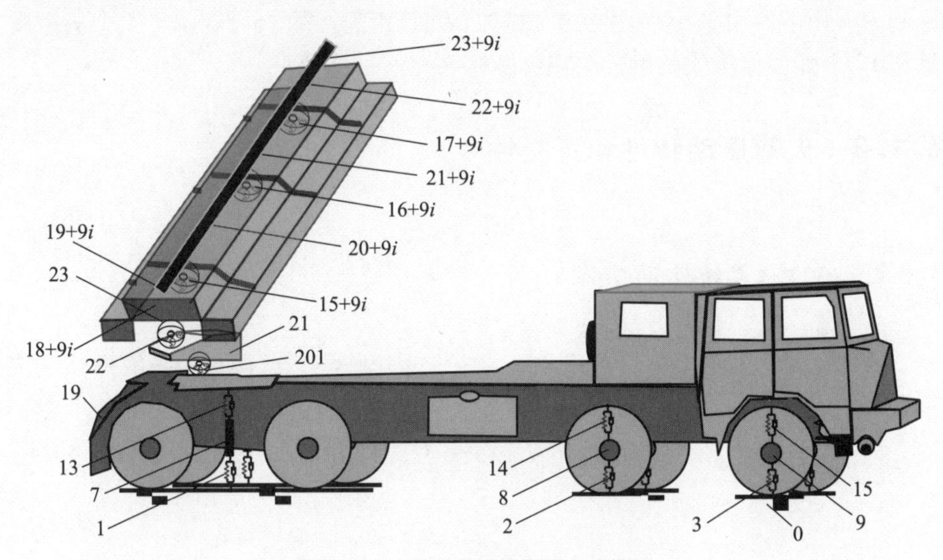

图 8－2　火箭末敏弹发射动力学模型

如图 8－2 所示，根据“体”和“铰”统一编号的原则，从地面到定向管口，各元件依次编号为 0，1，…，23；$15+9i$，$16+9i$，…，$23+9i$（$i=1$，2，…，12）。其中，将地面边界编号为 0；

将前面的 4 个车轮和后面的 2 个千斤顶与地面连接的弹簧及与之并联的阻尼器编号为元件 1，2，…，6；

将前面的 4 个车轮和后面的 2 个千斤顶编号为 7，8，…，12；

将前面的 4 个车轮和后面的 2 个千斤顶与车体连接的弹簧及与之并联的阻

尼器编号为 13，14，…，18；

车体、回转部分、起落部分依次编号为 19，21，…，23；

将方向机的作用以及元件 19 与元件 21 间的连接、高低机和平衡机的作用以及元件 21 与元件 23 的连接扭簧和弹簧及与之并联的阻尼器编号为 20、22；

将摇架与第 i 个定向管间的三处连接类似处理，分别编号为 $15+9i$、$16+9i$、$17+9i$；

将第 i 个定向管的后端面自由边界编号为 $18+9i$；

将第 i 个定向管尾部编号为元件 $19+9i(i=1,2,\cdots,12)$，元件 $20+9i$、$21+9i$ 和元件 $22+9i$（$i=1,2,\cdots,12$）分别代表第 i 个定向管后支撑框与中支撑框、中支撑框与前支撑框之间的定向管部分和前支撑框前面的定向管部分；

将第 i 个定向管的前端面自由边界编号为 $23+9i$。

因此，火箭末敏弹的发射动力学模型为：在确定地面支撑条件和燃气流及控制力作用下的由 38 个弹性铰链和 12 个弹簧相连接的 16 个刚体、6 个集中质量和 12 个弹性体组成的刚—柔耦合多体系统。

8.1.3 火箭振动特性和正交性

8.1.3.1 系统传递矩阵

根据发射动力学模型，应用多体系统传递矩阵法，可得火箭末敏弹系统传递方程：

$$\underset{30\times 60}{\boldsymbol{U}_{all}}\underset{60\times 1}{\boldsymbol{Z}_b} = \underset{30\times 1}{\boldsymbol{O}} \tag{8-1}$$

式中，

$$\boldsymbol{Z}_b = \begin{bmatrix} \boldsymbol{Z}^{0,1-6} \\ \boldsymbol{Z}^{19+9i,18+9i} \\ \boldsymbol{Z}^{22+9i,23+9i} \end{bmatrix} \tag{8-2}$$

$$\underset{30\times 60}{\boldsymbol{U}_{all}} = \begin{bmatrix} \boldsymbol{U}_{22-19} & -\boldsymbol{U}^{23}\boldsymbol{U}_{15+9i-19+9i} & -\boldsymbol{U}^{23}\boldsymbol{U}_{15+9i-22+9i} \\ \boldsymbol{U}_{7-12-1-6} & \boldsymbol{O} & \boldsymbol{O} \\ \boldsymbol{O}_{6\times 36} & \boldsymbol{U}_{17+9i-15+9i}\boldsymbol{U}_{15+9i-19+9i}+\boldsymbol{U}_{17+9i-19+9i} & \boldsymbol{U}_{17+9i-15+9i}\boldsymbol{U}_{15+9i-22+9i} \end{bmatrix} \tag{8-3}$$

式中，$\boldsymbol{U}_{all}$ 为火箭末敏弹系统传递矩阵。

8.1.3.2　特征方程

根据边界条件可得特征方程：

$$\det \boldsymbol{U}=\boldsymbol{O} \tag{8-4}$$

式中，$\boldsymbol{U}$ 为 30×30 方阵。求解此特征方程即可得火箭末敏弹的固有振动频率 $\omega_k(k=1,2,3,\cdots)$，应用元件的传递方程，求得对应于 ω_k 的全部连接点和梁上任一点的状态矢量，根据火箭末敏弹系统总体结构参数计算出其振动特性。

8.1.3.3　振动特性计算

根据火箭末敏弹的传递方程、传递矩阵和特征方程，将所需的各项参数代入特征方程并求解，即可得到火箭末敏弹任意装填情况下的振动特性。对于振动系统每个 $\omega_k(k=1,2,3,\cdots)$，由系统的传递方程可得火箭末敏弹的任意点的状态矢量，进而求得火箭末敏弹的固有频率、振型等。

8.1.3.4　火箭末敏弹增广特征矢量的正交性

由于多体系统刚体与弹性体之间的动力耦合作用，使得多体系统的特征值问题非自共轭，多体系统的振型函数不具有通常意义下的正交性，难以用经典的模态方法精确分析多体系统的动力响应问题，这是在分析多体系统动力响应时面临的重要难题。进一步寻求保证诸如火箭末敏弹等多体系统动力学建模精度、减小计算规模的研究方法，是目前发射动力学问题的迫切需要，也是国内外众多学者致力研究的课题。这是由于与连续系统和离散系统振动特征矢量的正交性条件对系统响应求解的重要性一样，刚弹耦合多体系统特征矢量的正交性条件也是振动系统响应精确计算的先决条件，是振动系统响应可以用有限几阶模态就可较快收敛到所要求的工程精度要求的重要原因。若无法找到特征矢量的正交性条件，则将面临求解无穷维或很高阶微分方程的巨大计算量和难以保证计算精度的困难。

本书提出了构造增广特征矢量的程式化方法，获得了增广特征矢量关于增广算子的正交性条件，解决了刚弹耦合火箭末敏弹特征矢量的正交性问题，使火箭末敏弹多体系统动力响应的精确求解成为可能。构造的增广特征矢量中，同时含有刚体和弹性体线位移和角位移的模态坐标，但又不是两者的简单组合，它保留的变量个数等于系统动力学方程的个数。这些都是增广特征矢量不同于一般特征矢量的重要特点。增广特征矢量的构造过程简单而程式化，事实上，只需按序列写出参数矩阵中的$\boldsymbol{V}^k$即可得到增广特征矢量，这为构造增广特征矢量带来了很大方便。

火箭末敏弹增广特征矢量的正交性条件可证为

$$\begin{cases}\sum_j (M_j V_j^{k_1}, V_j^{k_2}) = \delta_{k_1k_2} d^{k_2} \\ \sum_j (K_j V_j^{k_1}, V_j^{k_2}) = \delta_{k_1k_2} \omega_{k_2}^2 d^{k_2}\end{cases} \tag{8-5}$$

式中，

$$d^{k_2} = \sum_j [M_j V_j^{k_2}(x_1), V_j^{k_2}(x_1)] \tag{8-6}$$

$$\delta_{k_1k_2} = \begin{cases}0, & k_1 \neq k_2 \\ 1, & k_1 = k_2\end{cases} \tag{8-7}$$

8.1.4 火箭末敏弹发射动力学方程

综合考虑质量偏心、动不平衡、推力偏心、弹炮碰撞、控制系统等各种因素对火箭弹在定向管内运动的影响，建立了统一形式的火箭弹发射动力学方程。

$$\ddot{x}'_{oc} = \frac{F_p}{m} - \ddot{x}'_o - g\sin\theta_1\cos\psi_2^I - \frac{C\ddot{\gamma}(\sin\alpha + \mu\cos\alpha)}{mr_b(\cos\alpha - \mu\sin\alpha)} + \frac{F_{2x}^{sf}}{m} + \frac{F_x^{sf}}{m} + \frac{F_{xk}}{m} \tag{8-8}$$

$$\ddot{y}'_{oc} = \frac{F_p}{m}(\delta_1^I + \beta_{p_\eta}) - \ddot{y}'_o - g\cos\theta_1 - \frac{c\ddot{\gamma}}{mr_b}\sin(\gamma + \gamma_0) + \frac{F_{2y}^{sf}}{m} + \frac{F_y^{sf}}{m} + \frac{F_{yk}}{m} \tag{8-9}$$

$$\ddot{z}'_{oc} = \frac{F_p}{m}(\delta_2^I + \beta_{p_\xi}) - \ddot{z}'_o + g\sin\theta_1\sin\psi_2^I + \frac{c\ddot{\gamma}}{mr_b}\cos(\gamma + \gamma_0) + \frac{F_{2z}^{sf}}{m} + \frac{F_z^{sf}}{m} + \frac{F_{zk}}{m} \tag{8-10}$$

$$\dot{\gamma} = \frac{\tan\alpha}{r_b} v_p \tag{8-11}$$

$$\begin{aligned}\ddot{\delta}_1^I = & -\frac{C}{A}\dot{\gamma}(\dot{\psi}_2^I + \dot{\delta}_2^I) + \left(1 - \frac{C}{A}\right)(\dot{\gamma}^2\beta_{D_\eta} + \ddot{\gamma}\beta_{D_\xi}) - \frac{C\ddot{\gamma}}{A}\delta_2^I + \frac{mL_{m_\eta}}{A}\left(a_p + \frac{\partial^2 \ddot{x}_0'}{\partial t^2}\right) + \\ & \frac{C\ddot{\gamma}}{A}\left[\frac{\sin\alpha + \mu\cos\alpha}{\cos\alpha - \mu\sin\alpha}(\cos(\gamma + \gamma_0) - \delta_1^I l_R) + \right. \\ & \left.\frac{l_R}{r_b}\sin(\gamma + \gamma_0)\right] - \frac{l_R}{A}F_{2y}^{sf} + \frac{l_1}{A}F_y^{sf} - \frac{F_p L_\eta}{A} - \ddot{\psi}_1^I + \frac{M_{\eta k}}{A}\end{aligned} \tag{8-12}$$

$$\begin{aligned}\ddot{\delta}_2^I = &\frac{C}{A}\dot{\gamma}(\dot{\psi}_1^I + \dot{\delta}_1^I) + \left(1 - \frac{C}{A}\right)(\dot{\gamma}^2\beta_{D_\xi} - \ddot{\gamma}\beta_{D_\eta}) + \frac{C\ddot{\gamma}}{A}\delta_1^I + \frac{mL_{m_\xi}}{A}\left(a_p + \frac{\partial^2 \ddot{x}_0'}{\partial t^2}\right) + \\ &\frac{C\ddot{\gamma}}{A}\left[\frac{\sin\alpha + \mu\cos\alpha}{\cos\alpha - \mu\sin\alpha}(\sin(\gamma + \gamma_0) - \delta_2^I l_R) - \right. \\ &\left.\frac{l_R}{r_b}\cos(\gamma + \gamma_0)\right] - \frac{l_R}{A}F_{2z}^{sf} + \frac{l_1}{A}F_z^{sf} - \frac{F_p L_\xi}{A} - \ddot{\psi}_2^I + \frac{M_{\xi k}}{A}\end{aligned} \tag{8-13}$$

8.1.5　火箭末敏弹飞行动力学模型和方程

8.1.5.1　火箭末敏弹母弹飞行动力学模型

火箭末敏弹母弹弹道采用六自由度刚体外弹道模型，考虑动不平衡、弹重、质量偏心、转动惯量、阵风等随机因素的影响。记（x，y，z）为弹丸质心在地面坐标系中的位置，v_x，v_y，v_z 为弹丸速度在该坐标系中沿三个坐标轴的分量，γ 为弹丸自转角，φ_a 为弹丸摆动角的铅垂分量 φ_1 和理想弹道倾角 θ 的合成，φ_2 为弹丸摆动角的侧向分量。考虑了质量偏心、动不平衡、火箭推力偏心角、火箭推力偏心距、地球自转角速度及重力变化对弹道特性的影响。

8.1.5.2　火箭末敏弹母弹飞行动力学模型

火箭子弹筒组合体处理为刚体，仅受重力和气动力。子弹筒组合体弹道方程与刚体六自由度火箭末敏弹母弹弹道方程相似。

8.1.5.3　火箭末敏弹子弹飞行动力学模型

火箭末敏子弹处理为刚柔耦合多体系统，末敏子弹系统的动力系学过程通过求解子弹多体系统动力系学方程获得，末敏子弹弹道特性通过求解包括减速伞启动前后和旋转伞启动前后的末敏子弹弹道方程获得。

火箭末敏弹涉及敏感器、爆炸成型弹丸、稳态扫描等技术。子弹筒与母弹分离后经过 5 s 的飞行，速度降到 200 m/s 左右时，末敏子弹从子弹筒组合体中抛出后，释放减速伞，火箭末敏弹减速下落；减速至预定高度 200 m 后，抛掉伞舱和减速伞，打开旋转伞导旋弹体并进一步减速，直到转速、落速及扫描角达到稳定的数值，形成稳态扫描运动。稳态扫描使末敏子弹弹体作近似匀速铅直下降形式的扫描运动，弹轴围绕铅直轴并与之成定角匀速旋转。末敏弹扫描轨迹即末敏弹的弹轴矢量线与地面交点所画出的轨迹是一族螺旋线。作用于伞刚体上的力和力矩有伞的重力、空气动力、导转力矩、极阻尼力矩、静力矩、赤道阻尼力矩。

伞张开前及伞被抛掉后子弹被视为刚体，用刚体弹道模型。刚体大摩擦盘与小摩擦盘通过转轴相连。降速伞张开后的伞衣视为刚体，其变形及其与子弹连接伞绳的伸长效应等效为弹簧的作用。刚体伞衣相对于大摩擦盘有 6 个自由度，所以伞衣与大摩擦盘的相互作用等效为由 3 个相互垂直方向的弹簧和扭簧组成的弹性铰的作用。旋转伞张开后的伞衣视为刚体，旋转伞与大摩擦盘的连接关系同降速伞与大摩擦盘的连接关系类似。大摩擦盘与小摩擦盘经过短暂相对摩擦转动后一致运动可视为一个刚体。

弹体与小摩擦盘用柱铰连接，小摩擦盘旋转带动弹体旋转，实现敏感器扫描功能。将末敏弹系统视为分别由刚体伞、弹性球铰、刚体大摩擦盘、光滑柱铰、刚体小摩擦盘、光滑柱铰、刚体弹体等 3 个铰相连的 4 个刚体组成的刚柔耦合多体系统。建立的末敏弹系统动力学模型如图 8 – 3 所示。

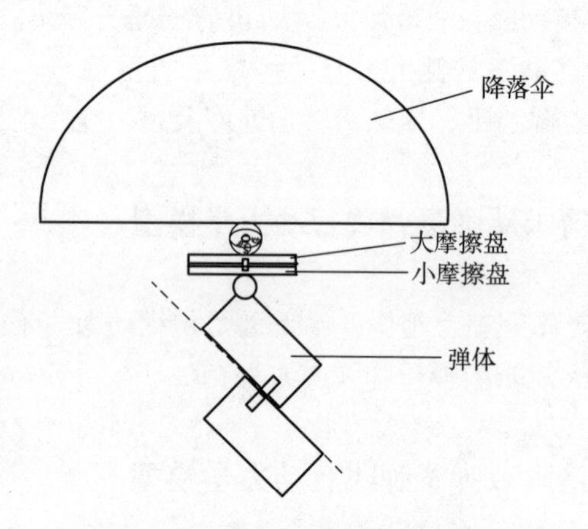

图 8 – 3　末敏弹系统动力学模型

8.1.5.4　火箭末敏弹母弹飞行动力学方程

地面系中的非对称刚体六自由度火箭弹简易控制外弹道方程：

$$
\begin{cases}
\dfrac{\mathrm{d}x}{\mathrm{d}t}=v_x \\
\dfrac{\mathrm{d}y}{\mathrm{d}t}=v_y \\
\dfrac{\mathrm{d}z}{\mathrm{d}t}=v_z \\
\dfrac{\mathrm{d}\gamma}{\mathrm{d}t}=\dot{\gamma} \\
\dfrac{\mathrm{d}\varphi_a}{\mathrm{d}t}=\dot{\varphi}_a \\
\dfrac{\mathrm{d}\varphi_2}{\mathrm{d}t}=\dot{\varphi}_2 \\
\dfrac{\mathrm{d}m}{\mathrm{d}t}=-\dfrac{R_t(t)}{gI_r} \\
\dfrac{\mathrm{d}h}{\mathrm{d}t}=-\dfrac{v_r h\sin\theta_r}{R\tau} \\
\dfrac{\mathrm{d}v_x}{\mathrm{d}t}=\dfrac{F_p}{m}\cos\varphi_a\cos\varphi_2-\dfrac{F_p\beta_{p_\eta}}{m}\sin\varphi_a-\dfrac{F_p\beta_{p_\zeta}}{m}\cos\varphi_a\sin\varphi_2-\dfrac{(R_x-F_x)}{m}\dfrac{v_x-w_x}{v_r}- \\
\quad \dfrac{(R_y+F_y)}{m\sin\delta_r}(\sin\delta_{r_1}\cos\delta_{r_2}\sin\theta_r+\sin\delta_{r_2}\sin\psi_r\cos\theta_r)+ \\
\quad \dfrac{(R_z+F_z)}{m\sin\delta_r}(\sin\psi_r\cos\theta_r\cos\delta_{r_2}\sin\delta_{r_1}-\sin\theta_r\sin\delta_{r_2})- \\
\quad \dfrac{(v_x v_y)}{RR(1+y/RR)}-2\Omega(v_z\sin(C_v)+v_y\cos(C_v)\sin(\alpha_r)) \\
\dfrac{\mathrm{d}v_y}{\mathrm{d}t}=\dfrac{F_p}{m}\cos\varphi_2\sin\varphi_a+\dfrac{F_p\beta_{p_\eta}}{m}\cos\varphi_a-\dfrac{F_p\beta_{p_\zeta}}{m}\sin\varphi_2\sin\varphi_a-\dfrac{(R_x-F_x)}{m}\dfrac{v_y}{v_r}+ \\
\quad \dfrac{(R_y+F_y)}{m\sin\delta_r}(\sin\delta_{r_1}\cos\delta_{r_2}\cos\theta_r-\sin\delta_{r_2}\sin\psi_r\sin\theta_r)+ \\
\quad \dfrac{(R_z+F_z)}{m\sin\delta_r}(\sin\psi_r\sin\theta_r\cos\delta_{r_2}\sin\delta_{r_1}+\cos\theta_r\sin\delta_{r_2})- \\
\quad \dfrac{g}{(1+y/RR)^2}+2\Omega(v_r\cos(C_v)\sin(\alpha_r)+v_z\cos(C_v)\cos(\alpha_r))
\end{cases}
$$

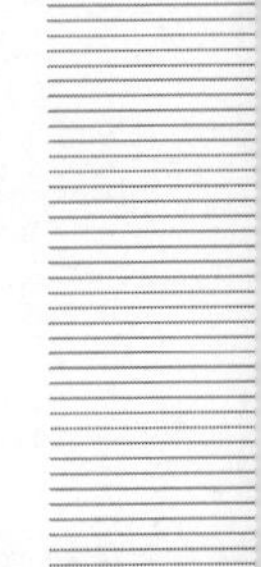

$$
\left\{
\begin{aligned}
&\frac{\mathrm{d}v_z}{\mathrm{d}t}=\frac{F_p}{m}\sin\varphi_2+\frac{F_p\beta_{p_\zeta}}{m}\cos\varphi_2-\frac{(R_x-F_x)}{m}\frac{v_z-w_z}{v_r}+\\
&\quad\frac{(R_y+F_y)}{m\sin\delta_r}\sin\delta_{r_2}\cos\psi_r-\frac{(R_z+F_z)}{m\sin\delta_r}\cos\psi_r\cos\delta_{r_2}\sin\delta_{r_1}-\\
&\quad 2\Omega(v_y\cos(C_v)\cos(\alpha_r)-v_x\sin(C_v))\\
&\frac{\mathrm{d}\dot{\gamma}}{\mathrm{d}t}=-\ddot{\varphi}_a\sin\varphi_2-\dot{\varphi}_a\dot{\varphi}_2\cos\varphi_2+M_{xw}/C-k_{xD}(\dot{\gamma}+\dot{\varphi}_a\sin\varphi_2)v_r\\
&\frac{\mathrm{d}\dot{\varphi}_a}{\mathrm{d}t}=\frac{1}{A\cos\varphi_2}[(2A-C)\dot{\varphi}_a\dot{\varphi}_2\sin\varphi_2-C\dot{\gamma}\dot{\varphi}_2+\frac{(M_z+M_{zk})}{\sin\delta_r}(\cos\delta_{r_1}\sin\delta_{r_2}\sin\alpha_r+\\
&\quad\sin\delta_{r_1}\cos\alpha_r)-\frac{(M_y+M_{yk})}{\sin\delta_r}(\cos\delta_{r_1}\sin\delta_{r_2}\cos\alpha_r-\sin\delta_{r_1}\sin\alpha_r)]-\\
&\quad k_{zD}\dot{\varphi}_a\cos\varphi_2 v_r+(1-C/A)(\dot{\gamma}^2\beta_{D\eta}+\ddot{\gamma}\beta_{D\zeta})+mL_{m\eta}\dot{v}_x/A-\frac{F_pL_\eta}{A}\\
&\frac{\mathrm{d}\dot{\varphi}_2}{\mathrm{d}t}=\frac{1}{A}[-(A-C)\dot{\varphi}_a^2\cos\dot{\varphi}_2\sin\varphi_2+C\dot{\gamma}\dot{\varphi}_a\cos\varphi_2-\frac{(M_z+M_{zk})}{\sin\delta_r}\\
&\quad(\cos\delta_{r_1}\sin\delta_{r_2}\cos\alpha_r-\sin\delta_{r_1}\sin\alpha_r)-\frac{(M_y+M_{yk})}{\sin\delta_r}(\cos\delta_{r_1}\sin\delta_{r_2}\sin\alpha_r+\\
&\quad\sin\delta_{r_1}\cos\alpha_r)]-k_{zD}\dot{\varphi}_2v_r+(1-C/A)(\dot{\gamma}^2\beta_{D\zeta}-\ddot{\gamma}\beta_{D\eta})+\\
&\quad mL_{m\zeta}\dot{v}_x/A-\frac{F_pL_\zeta}{A}
\end{aligned}
\right.
\tag{8-14}
$$

8.1.5.5 子弹筒组合体飞行动力学方程

子弹筒仅受重力和空气动力作用，考虑质量偏心、动不平衡角，弹道方程为六自由度刚体外弹道方程：

$$
\left\{
\begin{aligned}
&\frac{\mathrm{d}x}{\mathrm{d}t}=v_x\\
&\frac{\mathrm{d}y}{\mathrm{d}t}=v_y\\
&\frac{\mathrm{d}z}{\mathrm{d}t}=v_z\\
&\frac{\mathrm{d}\gamma}{\mathrm{d}t}=\dot{\gamma}
\end{aligned}
\right.
$$

$$
\begin{cases}
\dfrac{\mathrm{d}\varphi_a}{\mathrm{d}t} = \dot{\varphi}_a \\
\dfrac{\mathrm{d}\varphi_2}{\mathrm{d}t} = \dot{\varphi}_2 \\
\dfrac{\mathrm{d}v_x}{\mathrm{d}t} = -\dfrac{R_x}{m}\dfrac{v_x - w_x}{v_r} - \dfrac{R_y}{m\sin\delta_r}(\sin\delta_{r_1}\cos\delta_{r_2}\sin\theta_r + \sin\delta_{r_2}\sin\psi_r\cos\theta_r) + \\
\qquad \dfrac{R_z}{m\sin\delta_r}(\sin\psi_r\cos\theta_r\cos\delta_{r_2}\sin\delta_{r_1} - \sin\theta_r\sin\delta_{r_2}) \\
\dfrac{\mathrm{d}v_y}{\mathrm{d}t} = -\dfrac{R_x}{m}\dfrac{v_y}{v_r} + \dfrac{R_y}{m\sin\delta_r}(\sin\delta_{r_1}\cos\delta_{r_2}\cos\theta_r - \sin\delta_{r_2}\sin\psi_r\sin\theta_r) + \\
\qquad \dfrac{R_z}{m\sin\delta_r}(\sin\psi_r\sin\theta_r\cos\delta_{r_2}\sin\delta_{r_1} + \cos\theta_r\sin\delta_{r_2}) - g \\
\dfrac{\mathrm{d}v_z}{\mathrm{d}t} = -\dfrac{R_x}{m}\dfrac{v_z - w_z}{v_r} + \dfrac{R_y}{m\sin\delta_r}\sin\delta_{r_2}\cos\psi_r \\
\qquad - \dfrac{R_z}{m\sin\delta_r}\cos\psi_r\cos\delta_{r_2}\sin\delta_{r_1} \\
\dfrac{\mathrm{d}\dot{\gamma}}{\mathrm{d}t} = -\ddot{\varphi}_a\sin\varphi_2 - \dot{\varphi}_a\dot{\varphi}_2\cos\varphi_2 + \dfrac{M_{xw}}{C} - k_{xD}(\dot{\gamma} + \dot{\varphi}_a\sin\varphi_2)v_r \\
\dfrac{\mathrm{d}\dot{\varphi}_a}{\mathrm{d}t} = \dfrac{1}{A\cos\varphi_2}[(2A - C)\dot{\varphi}_a\dot{\varphi}_2\sin\varphi_2 - C\dot{\gamma}\dot{\varphi}_2 + \dfrac{M_z}{\sin\delta_r}(\cos\delta_{r_1}\sin\delta_{r_2}\sin\alpha_r + \\
\qquad \sin\delta_{r_1}\cos\alpha_r) - \dfrac{M_y}{\sin\delta_r}(\cos\delta_{r_1}\sin\delta_{r_2}\cos\alpha_r - \sin\delta_{r_1}\sin\alpha_r)] - k_{zD}\dot{\varphi}_a\cos\varphi_2 v_r - \\
\qquad k_{zD}\dot{\varphi}_a\cos\varphi_2 v_r + (1 - C/A)(\dot{\gamma}^2\beta_{D\eta} + \ddot{\gamma}\beta_{D\zeta}) + mL_{m\eta}\dot{v}_x/A\ \dfrac{\mathrm{d}\dot{\varphi}_2}{\mathrm{d}t} \\
\quad = \dfrac{1}{A}[-(A - C)\dot{\varphi}_a^2\cos\dot{\varphi}_2\sin\varphi_2 + C\dot{\gamma}\dot{\varphi}_a\cos\varphi_2 + \dfrac{M_z}{\sin\delta_r}(\cos\delta_{r_1}\sin\delta_{r_2}\cos\alpha_r - \\
\qquad \sin\delta_{r_1}\sin\alpha_r) - \dfrac{M_y}{\sin\delta_r}(\cos\delta_{r_1}\sin\delta_{r_2}\sin\alpha_r + \sin\delta_{r_1}\cos\alpha_r)] - \\
\qquad k_{zD}\dot{\varphi}_2 v_r + (1 - C/A)(\dot{\gamma}^2\beta_{D\zeta} - \ddot{\gamma}\beta_{D\eta}) + mL_{m\zeta}\dot{v}_x/A
\end{cases}
\tag{8-15}
$$

8.1.5.6 火箭末敏子弹飞行动力学方程

根据建立的末敏子弹系统动力学模型，火箭末敏子弹飞行动力学方程为

$$
\begin{cases}
\dfrac{\mathrm{d}x_{c_1}}{\mathrm{d}t} = \boldsymbol{v}_{x_1} \\
\dfrac{\mathrm{d}y_{c_1}}{\mathrm{d}t} = \boldsymbol{v}_{y_1} \\
\dfrac{\mathrm{d}z_{c_1}}{\mathrm{d}t} = \boldsymbol{v}_{z_1} \\
\dfrac{\mathrm{d}\boldsymbol{v}_{x_1}}{\mathrm{d}t} = \dfrac{1}{m_1}\left(N_x + \sum\limits_{i=1}^{4} T_{ix}\right) \\
\dfrac{\mathrm{d}\boldsymbol{v}_{y_1}}{\mathrm{d}t} = \dfrac{1}{m_1}\left(N_y + \sum\limits_{i=1}^{4} T_{iy}\right) \\
\dfrac{\mathrm{d}\boldsymbol{v}_{z_1}}{\mathrm{d}t} = \dfrac{1}{m_1}\left(N_z + \sum\limits_{i=1}^{4} T_{iz} - m_1 g\right) \\
\dfrac{\mathrm{d}\omega_{x_1}}{\mathrm{d}t} = \dfrac{1}{A_1}\left[\sum\limits_{i=1}^{4} m_{c_1}(T_i)_{x_1} - (C_1 - B_1)\omega_{z_1}\omega_{y_1}\right] \\
\dfrac{\mathrm{d}\omega_{y_1}}{\mathrm{d}t} = \dfrac{1}{B_1}\left[\sum\limits_{i=1}^{4} m_{c_1}(T_i)_{y_1} - (A_1 - C_1)\omega_{x_1}\omega_{z_1} + M_{y_1}\right] \\
\dfrac{\mathrm{d}\omega_{z_1}}{\mathrm{d}t} = \dfrac{1}{C_1}\left[\sum\limits_{i=1}^{4} m_{c_1}(T_i)_{z_1} - (B_1 - A_1)\omega_{y_1}\omega_{x_1} + M_{z_1}\right] \\
\dfrac{\mathrm{d}\psi}{\mathrm{d}t} = \omega_{x_1}\sin\varphi + \omega_{y_1}\cos\varphi \\
\dfrac{\mathrm{d}\theta}{\mathrm{d}t} = (\omega_{x_1}\cos\varphi - \omega_{y_1}\sin\varphi)\sec\psi \\
\dfrac{\mathrm{d}\varphi}{\mathrm{d}t} = \omega_{z_1} - \dot{\theta}\sin\psi \\
\dfrac{\mathrm{d}x_{c_2}}{\mathrm{d}t} = \boldsymbol{v}_{x_2} \\
\dfrac{\mathrm{d}y_{c_2}}{\mathrm{d}t} = \boldsymbol{v}_{y_2}
\end{cases}
$$

$$
\left\{
\begin{aligned}
&\frac{\mathrm{d}z_{c_2}}{\mathrm{d}t}=v_{z_2}\\
&\frac{\mathrm{d}v_{x_2}}{\mathrm{d}t}=-\frac{N_x}{m_2}\\
&\frac{\mathrm{d}v_{y_2}}{\mathrm{d}t}=-\frac{N_y}{m_2}\\
&\frac{\mathrm{d}v_{z_2}}{\mathrm{d}t}=-\frac{1}{m_2}(N_z+m_2g)\\
&\frac{\mathrm{d}\omega_{x_2}}{\mathrm{d}t}=\frac{1}{A_2}[m_{c_2}(-N_1)_{x_2}-(C_2-B_2)\omega_{y_2}\omega_{z_2}]\\
&\frac{\mathrm{d}\omega_{y_2}}{\mathrm{d}t}=\frac{1}{B_2}[m_{c_2}(-N_1)_{y_2}-(A_2-C_2)\omega_{x_2}\omega_{z_2}-M_{y_2}]\\
&\frac{\mathrm{d}\omega_{z_2}}{\mathrm{d}t}=\frac{1}{C_2}[m_{c_2}(-N_1)_{z_2}-(B_2-A_2)\omega_{y_2}\omega_{x_2}-M_{z_2}]\\
&\frac{\mathrm{d}\theta_r}{\mathrm{d}t}=\omega_{x_2}-\omega_{x_1}\\
&\frac{\mathrm{d}x_{c_3}}{\mathrm{d}t}=v_{x_3}\\
&\frac{\mathrm{d}y_{c_3}}{\mathrm{d}t}=v_{y_3}\\
&\frac{\mathrm{d}z_{c_3}}{\mathrm{d}t}=v_{z_3}\\
&\frac{\mathrm{d}v_{x_3}}{\mathrm{d}t}=\frac{1}{m_3}\Big(R_{x_3}-\sum_{i=1}^{4}T_{ix}\Big)\\
&\frac{\mathrm{d}v_{y_3}}{\mathrm{d}t}=\frac{1}{m_3}\Big(R_{y_3}-\sum_{i=1}^{4}T_{iy}\Big)\\
&\frac{\mathrm{d}v_{z_3}}{\mathrm{d}t}=\frac{1}{m_3}\Big(R_{z_3}-\sum_{i=1}^{4}T_{iz}-m_3g\Big)\\
&\frac{\mathrm{d}\omega_{x_3}}{\mathrm{d}t}=\frac{1}{A_3}\Big[\sum_{i=1}^{4}m_{c_3}(-T_i)_{x_3}-(C_3-B_3)\omega_{z_3}\omega_{y_3}+M_{x_3}\Big]\\
&\frac{\mathrm{d}\omega_{y_3}}{\mathrm{d}t}=\frac{1}{B_3}\Big[\sum_{i=1}^{4}m_{c_3}(-T_i)_{y_3}-(A_3-C_3)\omega_{x_3}\omega_{z_3}+M_{y_3}\Big]
\end{aligned}
\right.
$$

$$
\begin{cases}
\dfrac{\mathrm{d}\omega_{z_3}}{\mathrm{d}t} = \dfrac{1}{C_3}\left[\sum\limits_{i=1}^{4} m_{c_3}(-T_i)_{z_3} - (B_3 - A_3)\omega_{y_3}\omega_{x_3} + M_{z_3}\right] \\
\dfrac{\mathrm{d}\psi_3}{\mathrm{d}t} = \omega_{x_3}\sin\varphi_3 + \omega_{y_3}\cos\varphi_3 \\
\dfrac{\mathrm{d}\theta_3}{\mathrm{d}t} = (\omega_{x_3}\cos\varphi_3 - \omega_{y_3}\sin\varphi_3)\sec\psi_3 \\
\dfrac{\mathrm{d}\varphi_3}{\mathrm{d}t} = \omega_{z_3} - \dot{\theta}_3\sin\psi_3
\end{cases}
\tag{8-16}
$$

8.1.5.7 多体子弹系统动力学离散时间传递矩阵法

多体子弹系统动力学方程为：

$$\boldsymbol{U}_7^{(1)}\boldsymbol{U}_6\boldsymbol{U}_5\boldsymbol{U}_4\boldsymbol{U}_3\boldsymbol{U}_2\boldsymbol{U}_1\boldsymbol{Z}_{2,1} + \boldsymbol{U}_7^{(2)}\boldsymbol{U}_8\boldsymbol{Z}_{8,9} = \boldsymbol{O}_{1\times12} \tag{8-17}$$

$$\boldsymbol{Z} = [x, y, z, \theta_x, \theta_y, \theta_z, m_x, m_y, m_z, q_x, q_y, q_z, 1]^{\mathrm{T}} \tag{8-18}$$

$$\boldsymbol{Z}_{2,1} = [x, y, z, \theta_x, \theta_y, \theta_z, 0, 0, 0, 0, 0, 0, 1]_{2,1}^{\mathrm{T}} \tag{8-19}$$

$$\boldsymbol{Z}_{8,9} = [x, y, z, \theta_x, \theta_y, \theta_z, 0, 0, 0, 0, 0, 0, 1]_{8,9}^{\mathrm{T}} \tag{8-20}$$

$\boldsymbol{U}_8 = \boldsymbol{U}_6$，$\boldsymbol{U}_3$，$\boldsymbol{U}_1$ 分别为空间刚体 8，6，3 的传递矩阵，并有

$$\boldsymbol{U}_i = \begin{bmatrix} I_3 & U_{12} & \boldsymbol{O}_{3\times3} & \boldsymbol{O}_{3\times3} & \boldsymbol{U}_{15} \\ O_{3\times3} & I_3 & \boldsymbol{O}_{3\times3} & \boldsymbol{O}_{3\times3} & \boldsymbol{O}_{3\times1} \\ U_{31} & U_{32} & \boldsymbol{I}_3 & \boldsymbol{U}_{34} & \boldsymbol{U}_{35} \\ U_{41} & U_{42} & \boldsymbol{O}_{3\times3} & \boldsymbol{I}_3 & \boldsymbol{U}_{45} \\ O_{1\times3} & O_{1\times3} & \boldsymbol{O}_{1\times3} & \boldsymbol{O}_{1\times3} & 1 \end{bmatrix}_i, \ i=8,\ 6,\ 3,\ 1 \tag{8-21}$$

式中，

$$\boldsymbol{U}_{12} = \psi_{IO}, \boldsymbol{U}_{15} = \varphi(t_{i-1})l_{IO}, \psi_{IO} = A(t_{i-1})[\tilde{T}_1(t_{i-1})l_{IO}\ \tilde{T}_2(t_{i-1})l_{IO}\ \tilde{T}_3(t_{i-1})l_{IO}]$$

$$\boldsymbol{U}_{41} = -mAI_3, \boldsymbol{U}_{41} = -mA\psi_{IC}, \boldsymbol{U}_{45} = \begin{bmatrix} f_x \\ f_y \\ f_z \end{bmatrix} - mA\varphi(t_{i-1})l_{IC} - mB_{rc}$$

$$\boldsymbol{U}_{31} = \tilde{r}_{IC}mA + \tilde{r}_{IO}\boldsymbol{U}_{41}, \boldsymbol{U}_{32} = \boldsymbol{\kappa}_4 + \tilde{r}_{IO}\boldsymbol{U}_{42}, \boldsymbol{U}_{34} = \tilde{r}_{IO}$$

$$\boldsymbol{U}_{35} = \boldsymbol{\kappa}_5 - \begin{bmatrix} m_x \\ m_y \\ m_z \end{bmatrix}_C + \tilde{r}_{IC}\left(mB_{r_I} - \begin{bmatrix} f_x \\ f_y \\ f_z \end{bmatrix}_C\right) + \tilde{r}_{IO}\boldsymbol{U}_{45}, \boldsymbol{\kappa}_4 = AJH\,A_{\theta_I} + (H_1\boldsymbol{\kappa}_1 + H_2\boldsymbol{\kappa}_2)C$$

上式中，

$$\kappa_5 = AJHB_{\theta_t} + (H_1\kappa_1 + H_2\kappa_2)\kappa_3 + H_1 \begin{bmatrix} \ddot{\theta}_1^2 \\ \ddot{\theta}_2^2 \\ \ddot{\theta}_3^2 \end{bmatrix}_{t_{i-1}} \Delta T^2 + H_2 \begin{bmatrix} \ddot{\theta}_1 \ddot{\theta}_2 \\ \ddot{\theta}_2 \ddot{\theta}_3 \\ \ddot{\theta}_3 \ddot{\theta}_1 \end{bmatrix}_{t_{i-1}} \Delta T^2$$

$$\kappa_1 = 2\begin{bmatrix} \dot{\theta}_1 & 0 & 0 \\ 0 & \dot{\theta}_2 & 0 \\ 0 & 0 & \dot{\theta}_3 \end{bmatrix}_{t_{i-1}}, \kappa_2 = \begin{bmatrix} \dot{\theta}_2 & \dot{\theta}_1 & 0 \\ 0 & \dot{\theta}_3 & \dot{\theta}_2 \\ \dot{\theta}_3 & 0 & \dot{\theta}_1 \end{bmatrix}_{t_{i-1}}, \kappa_3 = D_{\theta_t} - \frac{1}{2}\dot{\theta}(t_{i-1})$$

$$H_1 = A[\tilde{T}_1 JT_1 \quad \tilde{T}_2 JT_2 \quad \tilde{T}_3 JT_3]$$

$$H_2 = A[JT_{12} + \tilde{T}_1 JT_2 + \tilde{T}_2 JT_1 \quad JT_{23} + \tilde{T}_2 JT_3 + \tilde{T}_3 JT_2 \quad JT_{13} + \tilde{T}_1 JT_3 + \tilde{T}_3 JT_1]$$

上式中，

$$T_{12} = \begin{bmatrix} 0 \\ -s_1 \\ -c_1 \end{bmatrix}, T_{23} = \begin{bmatrix} -c_2 \\ -s_1 s_2 \\ -c_1 s_2 \end{bmatrix}, T_{13} = \begin{bmatrix} 0 \\ c_1 c_2 \\ -s_1 c_2 \end{bmatrix}$$

$$H = [T_1, T_2, T_3] = \begin{bmatrix} 1 & 0 & -s_2 \\ 0 & c_1 & s_1 c_2 \\ 0 & -s_1 & c_1 c_2 \end{bmatrix}$$

$$A = A_3 A_2 A_1 = \begin{bmatrix} c_2 c_3 & s_1 s_2 c_3 - c_1 s_3 & c_1 s_2 c_3 + s_1 s_3 \\ c_2 s_3 & s_1 s_2 s_3 + c_1 c_3 & c_1 s_2 s_3 - s_1 c_3 \\ -s_2 & s_1 c_2 & c_1 c_2 \end{bmatrix}$$

$$\begin{aligned} \Phi(t_{i-1}) = A(t_{i-1})\{ & I - \tilde{T}_1(t_{i-1})\theta_1(t_{i-1}) - \tilde{T}_2(t_{i-1})\theta_2(t_{i-1}) - \tilde{T}_3(t_{i-1})\theta_3(t_{i-1}) + \\ & \Big[\frac{1}{2}\tilde{T}_1^2(t_{i-1})\dot{\theta}_1^2(t_{i-1}) + \frac{1}{2}\tilde{T}_2^2(t_{i-1})\dot{\theta}_2^2(t_{i-1}) + \frac{1}{2}\tilde{T}_3^2(t_{i-1})\dot{\theta}_3^2(t_{i-1}) + \\ & \tilde{T}_2(t_{i-1})\tilde{T}_1(t_{i-1})\dot{\theta}_2(t_{i-1})\dot{\theta}_1(t_{i-1}) + \tilde{T}_3(t_{i-1})\tilde{T}_2(t_{i-1})\dot{\theta}_3(t_{i-1})\dot{\theta}_2(t_{i-1}) + \\ & \tilde{T}_3(t_{i-1})\tilde{T}_1(t_{i-1})\dot{\theta}_3(t_{i-1})\dot{\theta}_1(t_{i-1})\Big]\Delta T^2\} \end{aligned} \tag{8-22}$$

式中，f_C 为作用在刚体质心上的外力，m_C 为作用在刚体质心上外力矩。$\boldsymbol{U}_2$ 为弹性铰 2 的传递矩阵

$$\boldsymbol{U}_2 = \begin{bmatrix} I_3 & O_{3\times3} & O_{3\times3} & -K^{-1} & O_{3\times1} \\ O_{3\times3} & I_3 & K'^{-1} & O_{3\times3} & O_{3\times1} \\ O_{3\times3} & O_{3\times3} & I_3 & O_{3\times3} & O_{3\times1} \\ O_{3\times3} & O_{3\times3} & O_{3\times3} & I_3 & O_{3\times1} \\ O_{1\times3} & O_{1\times3} & O_{1\times3} & O_{1\times3} & 1 \end{bmatrix}_2 \tag{8-23}$$

式中，

$$K=\begin{bmatrix}K_x & 0 & 0\\ 0 & K_y & 0\\ 0 & 0 & K_z\end{bmatrix},\quad K'=\begin{bmatrix}K'_x & 0 & 0\\ 0 & K'_y & 0\\ 0 & 0 & K'_z\end{bmatrix}$$

K_x，K_y，K_z 分别为弹簧在惯性系三坐标轴上的刚度系数；K'_x，K'_y，K'_z 分别为扭簧在惯性系三坐标轴上的刚度系数。

$$\boldsymbol{U}_4=\begin{bmatrix}\boldsymbol{I}_3 & O_{3\times3} & O_{3\times3} & O_{3\times3} & O_{3\times1}\\ \boldsymbol{U}_{21} & O_{3\times3} & \boldsymbol{U}_{23} & \boldsymbol{U}_{24} & \boldsymbol{U}_{25}\\ O_{3\times3} & O_{3\times3} & \boldsymbol{I}_3 & O_{3\times3} & O_{3\times1}\\ O_{3\times3} & O_{3\times3} & O_{3\times3} & \boldsymbol{I}_3 & O_{3\times1}\\ O_{1\times3} & O_{1\times3} & O_{1\times3} & O_{1\times3} & 1\end{bmatrix}_4 \tag{8-24}$$

$$\boldsymbol{U}_5=\begin{bmatrix}\boldsymbol{I}_3 & O_{3\times3} & O_{3\times3} & O_{3\times3} & O_{3\times1}\\ \boldsymbol{U}_{21} & O_{3\times3} & \boldsymbol{U}_{23} & \boldsymbol{U}_{24} & \boldsymbol{U}_{25}\\ O_{3\times3} & O_{3\times3} & \boldsymbol{I}_3 & O_{3\times3} & O_{3\times1}\\ O_{3\times3} & O_{3\times3} & O_{3\times3} & \boldsymbol{I}_3 & O_{3\times1}\\ O_{1\times3} & O_{1\times3} & O_{1\times3} & O_{1\times3} & 1\end{bmatrix}_5$$

$$\boldsymbol{U}_7=[\boldsymbol{U}^{(1)}\boldsymbol{U}^{(2)}]_7 \tag{8-25}$$

$$\boldsymbol{U}_1^{(1)}=\begin{bmatrix}O_{3\times3} & \boldsymbol{I}_3 & O_{3\times3} & O_{3\times3} & O_{3\times1}\\ O_{3\times3} & O_{3\times3} & O_{3\times3} & \boldsymbol{I}_3 & O_{3\times1}\\ O_{1\times3} & O_{1\times3} & O_{1\times3} & \boldsymbol{U}_{34}^{(1)} & 0\\ \boldsymbol{U}_{41}^{(1)} & O_{2\times3} & O_{2\times3} & O_{2\times3} & O_{2\times1}\\ O_{3\times3} & O_{3\times3} & \boldsymbol{I}_3 & \boldsymbol{U}_{54}^{(1)} & O_{3\times1}\end{bmatrix}$$

$$\boldsymbol{U}_1^{(2)}=\begin{bmatrix}O_{3\times3} & -\boldsymbol{I}_3 & O_{3\times3} & O_{3\times3} & O_{3\times1}\\ O_{3\times3} & O_{3\times3} & O_{3\times3} & -\boldsymbol{I}_3 & O_{3\times1}\\ O_{1\times3} & O_{1\times3} & O_{1\times3} & O_{1\times3} & 0\\ U_{41}^{(2)} & O_{2\times3} & O_{2\times3} & O_{2\times3} & O_{2\times1}\\ O_{3\times3} & O_{3\times3} & -\boldsymbol{I}_3 & O_{3\times1} & O_{3\times1}\end{bmatrix} \tag{8-26}$$

式中，

$$\boldsymbol{U}_{34}^{(1)}=[a_{11}\quad a_{21}\quad a_{31}],\ \boldsymbol{U}_{41}^{(1)}=-\boldsymbol{U}_{41}^{(2)}=\begin{bmatrix}a_{12} & a_{22} & a_{32}\\ a_{13} & a_{23} & a_{33}\end{bmatrix}$$

$$\boldsymbol{U}_{54}^{(1)}=\tilde{\boldsymbol{r}}'(t_{i-1})+\dot{\tilde{\boldsymbol{r}}}'(t_{i-1})\Delta T+\frac{1}{2}\ddot{\tilde{\boldsymbol{r}}}'(t_{i-1})\Delta T^2$$

$\boldsymbol{r}'=\boldsymbol{r}_O-\boldsymbol{r}_I$，$(a_{11},\ a_{21},\ a_{31})$、$(a_{12},\ a_{22},\ a_{32})$、$(a_{13},\ a_{23},\ a_{33})$ 分别为坐标转换矩阵 $\boldsymbol{A}$ 中的元素。

8.2　多管火箭末敏弹弹道仿真

8.2.1　随机发射与弹道仿真

8.2.1.1　仿真流程

多管火箭末敏弹发射与飞行动力学仿真流程如图 8－4 所示。

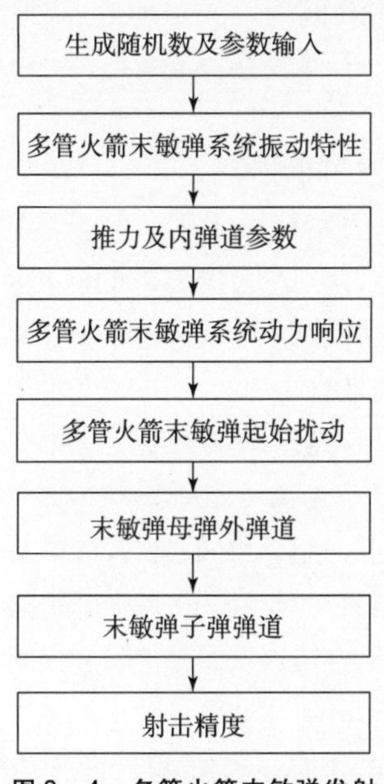

图 8－4　多管火箭末敏弹发射与飞行动力学仿真流程

（1）生成随机变量：应用计算机软件库中或有关文献提供的（0，1）均匀分布随机参数子程序，或 $N(0,\ 1)$ 分布随机参数子程序，产生所需分布的随机变量。

（2）多管火箭末敏弹随机发射与飞行动力学过程仿真：根据选定的多管火箭末敏弹发射与飞行动力学模型，仿真多管火箭末敏弹运动和受力及其相互关系。

（3）仿真结果统计处理：对各个阶段的仿真结果进行统计处理，提供仿真结果的统计特性（如均值和均方差）。

（4）关性分析：利用相关性分析理论，分析各种因素对多管火箭末敏弹动态性能和射击精度的影响程度。

8.2.1.2 仿真方法

发射与飞行动力学数值仿真考虑的随机因素根据多管火箭末敏弹发射与飞行动力学模型，其数值仿真考虑的随机因素如下。

（1）母弹：质量偏差，质量偏心，动不平衡角，推力偏心矩，推力偏心角，角稳定系统的随机参量，距离修正系统的随机参量。

（2）子弹筒组合体：质量偏差，质量偏心，动不平衡角。

（3）子弹：质量偏差，子弹敏感误差。

（4）伞：质量偏差。

（5）弹炮系统误差：统计间隙等。

发射与飞行动力学数值仿真算法采用蒙特卡洛方法，依据多管火箭末敏弹相关随机参数的均值和方差，生成这些参数的随机序列。求解发射与飞行动力学方程，得到多管火箭末敏弹发射与飞行过程动态特性的统计特征，进而评估和预测射击精度等武器系统性能。

发射与飞行动力学方程的具体求解过程如下：

（1）$j=1$。

（2）由计算机生成的任一组系统的随机参数作为输入参数，求解第 j 发火箭末敏弹对应的武器系统的特征方程，得到武器系统特征频率和阻尼比。

（3）求解武器系统元素的传递方程，获得特征频率下对应的武器系统的特征矢量。

（4）联立求解火箭炮体动力学方程和火箭末敏弹发射动力学方程，获得第 j 发火箭弹从被击发开始到火箭末敏弹飞离定向器口期间内火箭炮和火箭弹运动的时间历程，并得到该瞬间火箭末敏弹的运动参数，即第 j 发的起始扰动。

（5）以火箭末敏弹出炮口时的运动参量作为起始条件，求解火箭末敏弹的飞行动力学方程，获得火箭末敏弹母弹主动段和被动段飞行直至与子弹筒分离的时间历程；同时，继续求解火箭炮运动，直至下一发火箭弹被击发为止。

（6）计算到母弹到达预定的分离高度时，分离子弹筒组合体达到预定的相对分离速度后，即作为分离结束。为简便计算，假设分离瞬时完成，求解子弹筒组合体飞行动力学方程，获得子弹筒组合体飞行的时间历程。

（7）求解子弹筒组合体飞行动力学方程组时，5 枚末敏弹子弹从子弹筒组合体中顺序抛出，求解无伞子弹飞行动力学方程，获得无伞子弹飞行的时间历程。

（8）计算带减速伞末敏子弹飞行动力学方程，获得带减速伞子弹飞行时间历程。

（9）计算到预定高度，作为第 2 时间零点，抛掉伞舱和减速伞。求解无伞子弹飞行动力学方程，获得其运动时间历程。

（10）经一定时间，旋转伞逐步释放，至第 2 时间零点起 1 s，旋转伞完全释放，高度计及外壳与战斗部分离，完全脱落。求解带旋转伞子弹飞行动力学方程。

（11）旋转伞带动子弹达到稳定扫描状态，计算获得稳态扫描角、转速、落速以及扫描轨迹等弹道特性。

（12）若末敏弹在下落扫描过程中以一定敏感程度发现目标，则 EFP 战斗部起爆形成高速弹丸攻击目标；若没有发现目标，则子弹落地后自毁，得到落点坐标。

（13）令 $j=j+1$ 转至 A，计算第 2 发火箭末敏弹发射与飞行对应的系统的固有振动特性和弹炮系统运动时间历程。直至 $j=12$，即算完了 12 发齐射对应的武器系统的振动特性、弹炮系统响应的时间历程及其随定向器发射火箭弹发数变化的变化。

（14）进行统计获得系统的射击精度。

8.2.2 火箭末敏弹系统动力响应

在火箭末敏弹发射与动力学理论的基础上，应用已经求得的火箭末敏弹振动特性，结合相关参数，建立了火箭末敏弹动力响应仿真系统，利用仿真系统对某火箭末敏弹的动力响应进行了数值仿真。获得了发射过程中多管火箭炮和火箭弹的运动规律。图 8－5～图 8－12 为单管发射的部分仿真结果，图 8－13～图 8－18 为满管齐射的部分仿真结果。

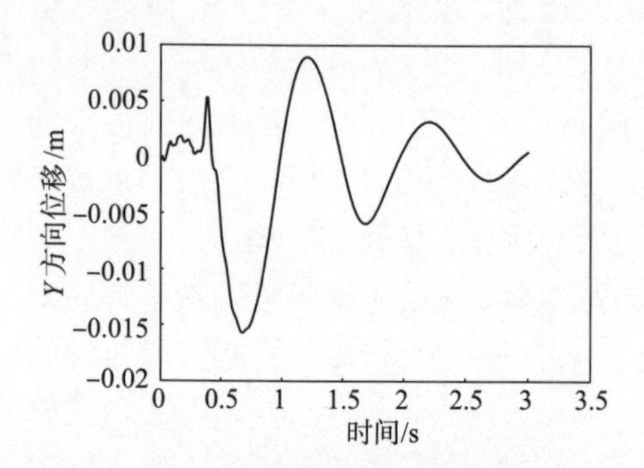

图 8-5　定向管口 *Y* 方向位移

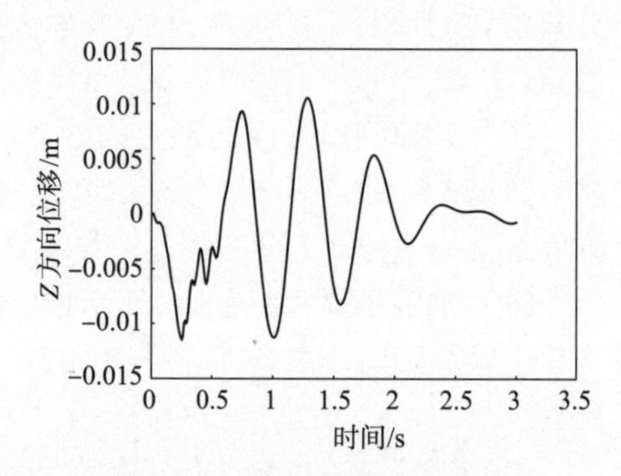

图 8-6　定向管口 *Z* 方向位移

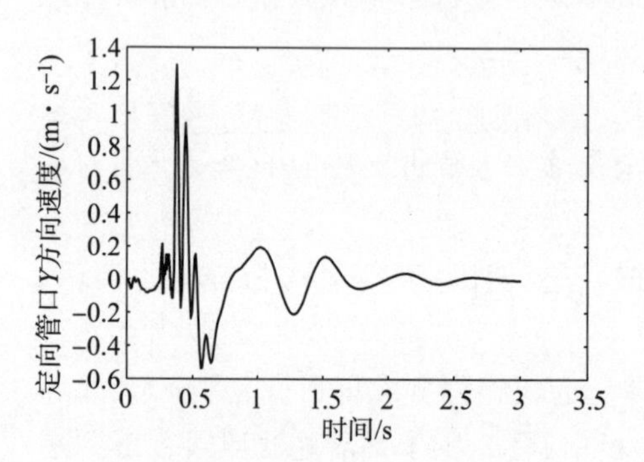

图 8-7　定向管口 *Y* 方向速度

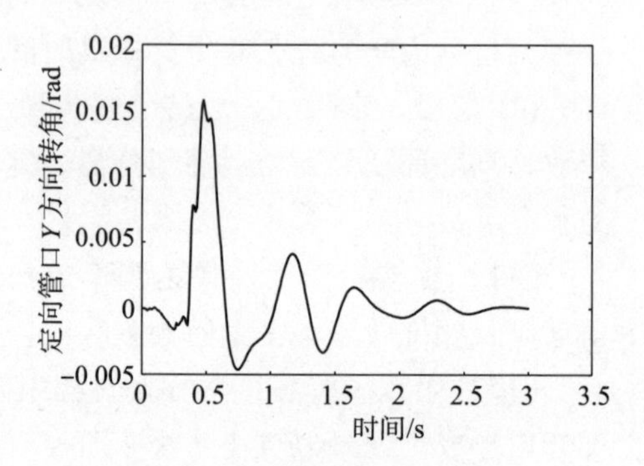

图 8-8　定向管口 *Y* 方向转角

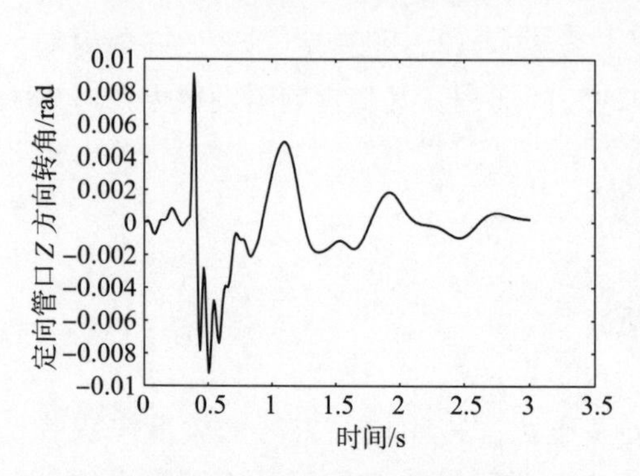

图 8-9　定向管口 *Z* 方向转角

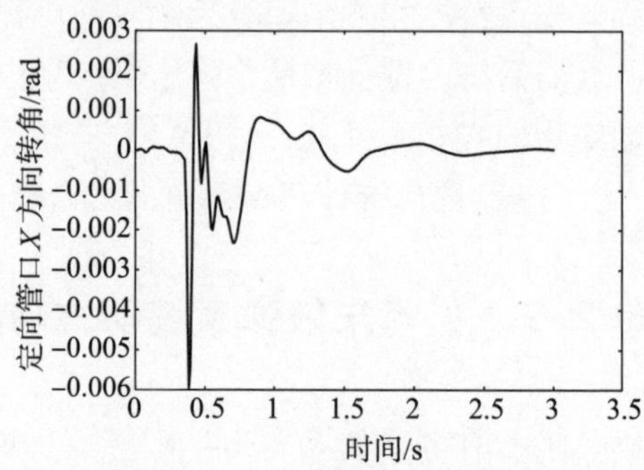

图 8-10　定向管口 *X* 方向转角

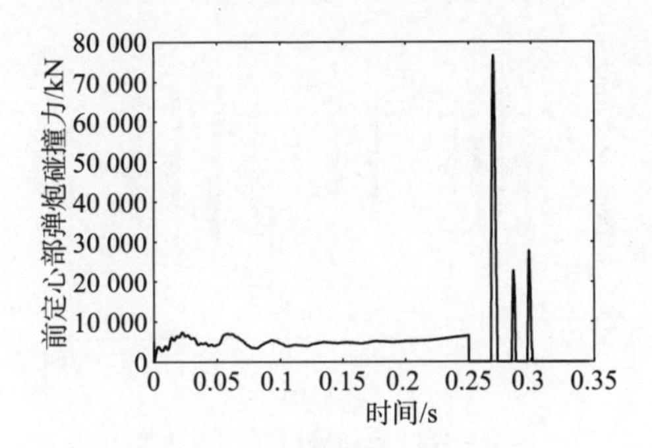

图8-11　前定心部弹炮碰撞力

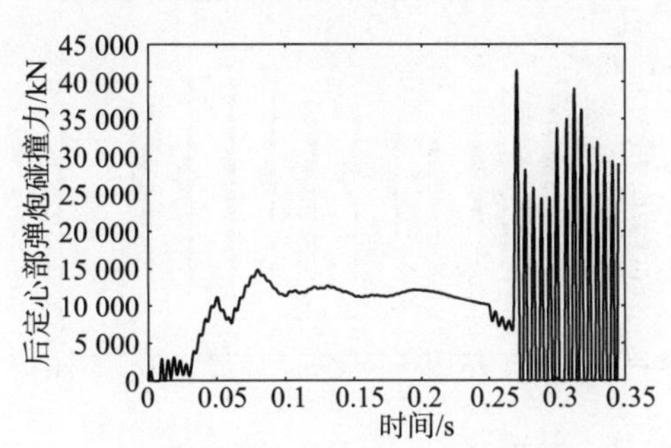

图8-12　后定心部弹炮碰撞力

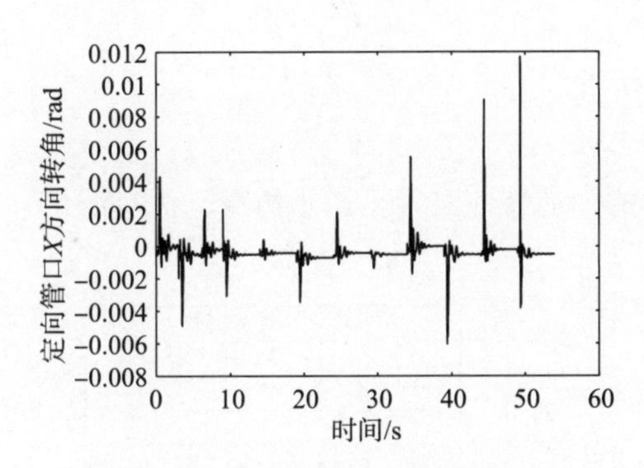

图8-13　定向管口 X 方向转角

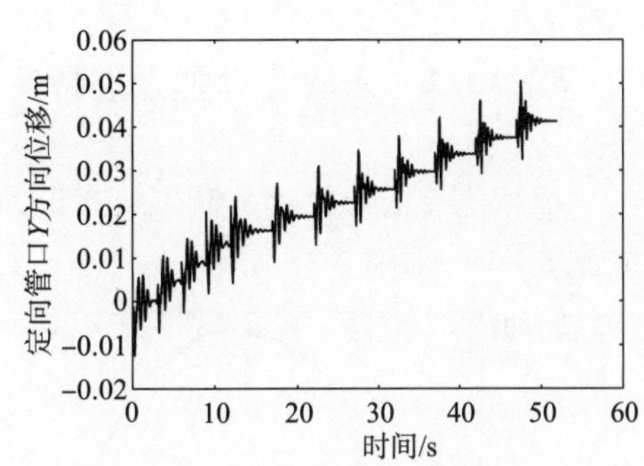

图8-14　定向管口 Y 方向位移

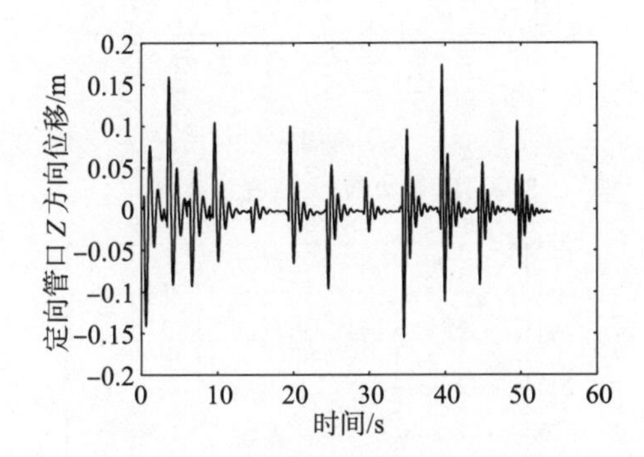

图8-15　定向管口 Z 方向位移

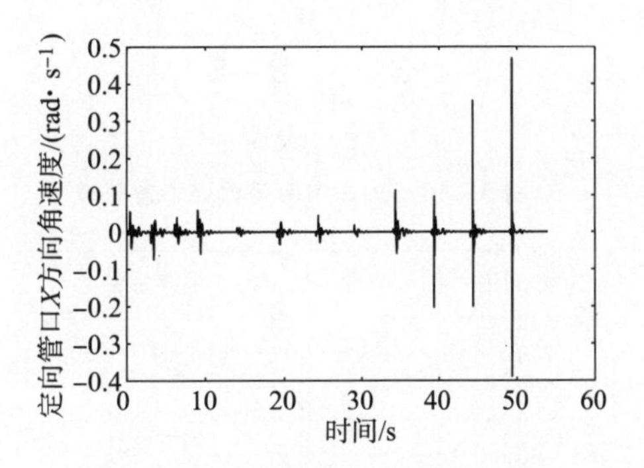

图8-16　定向管口 X 方向角速度

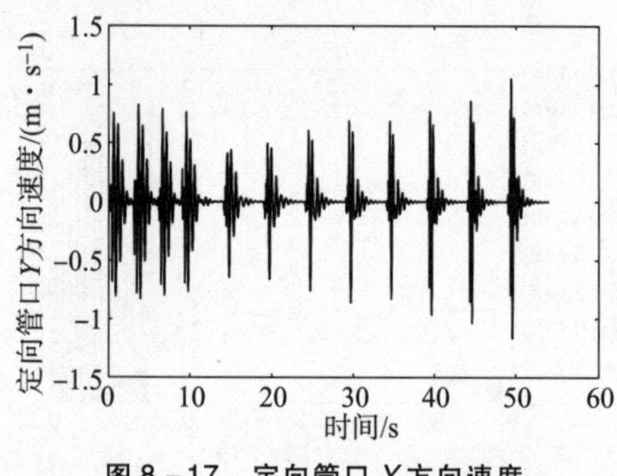

图 8-17　定向管口 Y方向速度

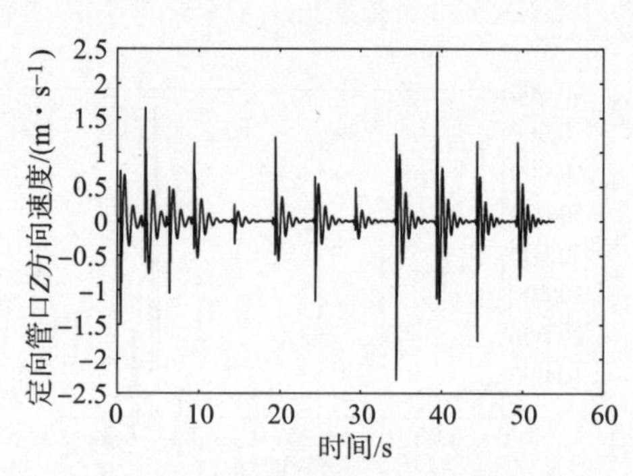

图 8-18　定向管口 Z方向速度

8.2.3　火箭末敏弹弹道特性仿真

8.2.3.1　末敏弹母弹弹道特性仿真

根据已有的参数对火箭末敏弹母弹的弹道特性进行了初步仿真，仿真结果如图 8-19～图 8-27 所示。

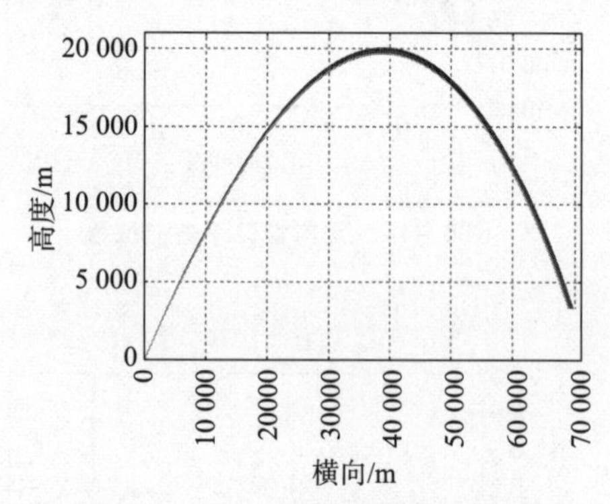

图 8-19　火箭末敏弹母弹弹道轨迹

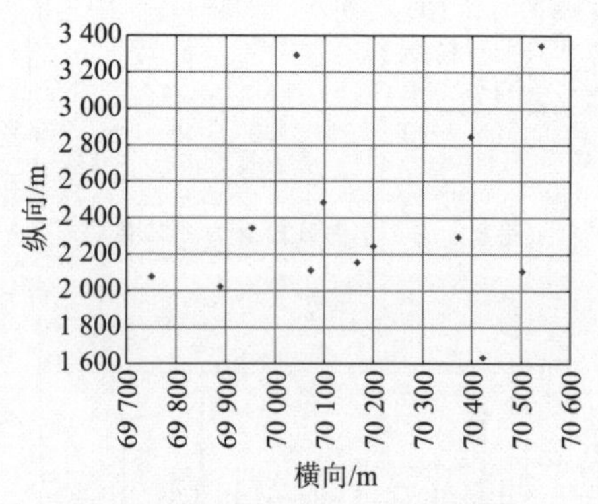

图 8-20　火箭 12 发齐射落点

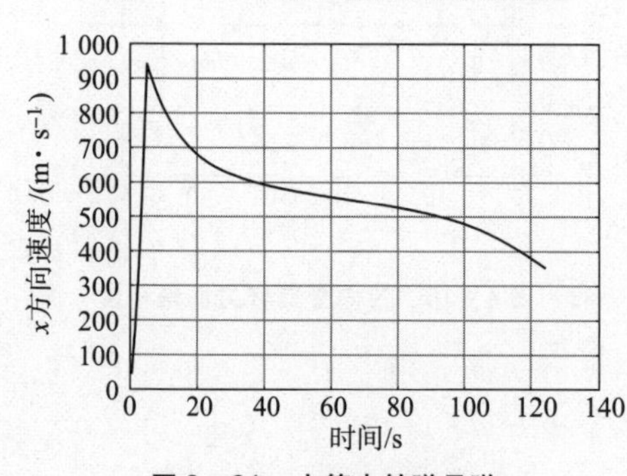

图 8-21　火箭末敏弹母弹 x方向速度的时间历程

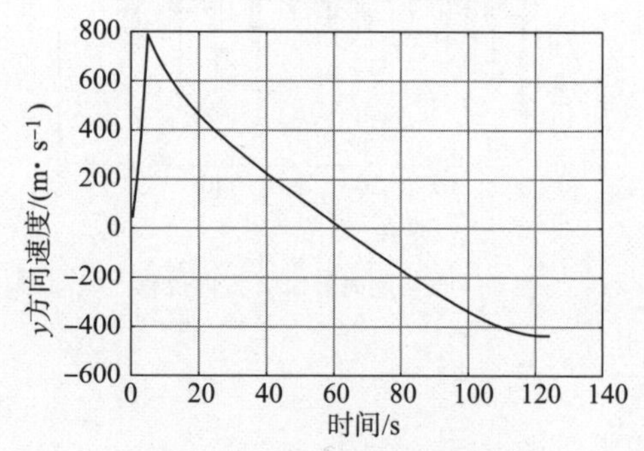

图 8-22　火箭末敏弹母弹 y方向速度的时间历程

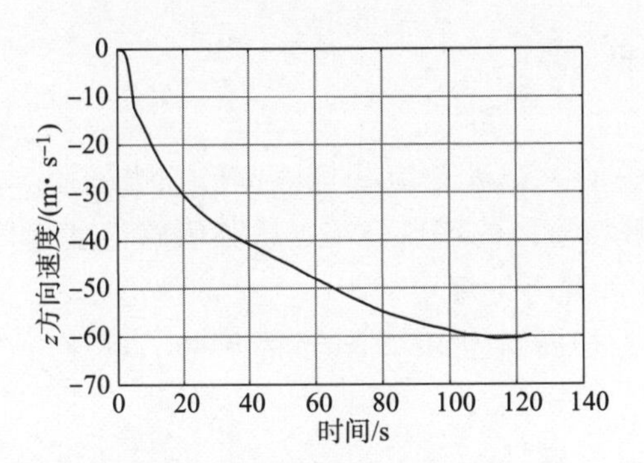

图 8－23　火箭末敏弹母弹 z 方向速度的时间历程

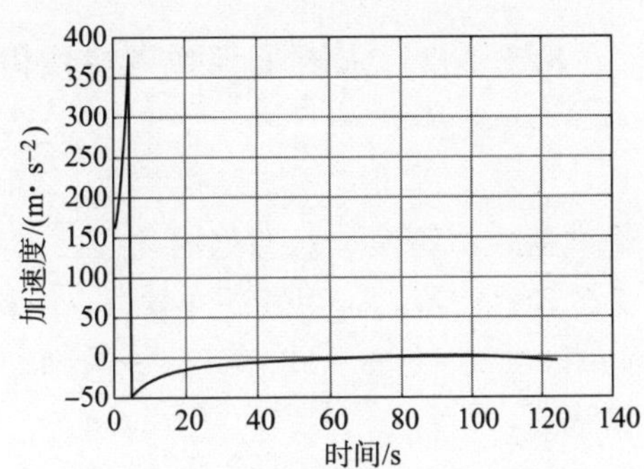

图 8－24　火箭末敏弹母弹加速度的时间历程

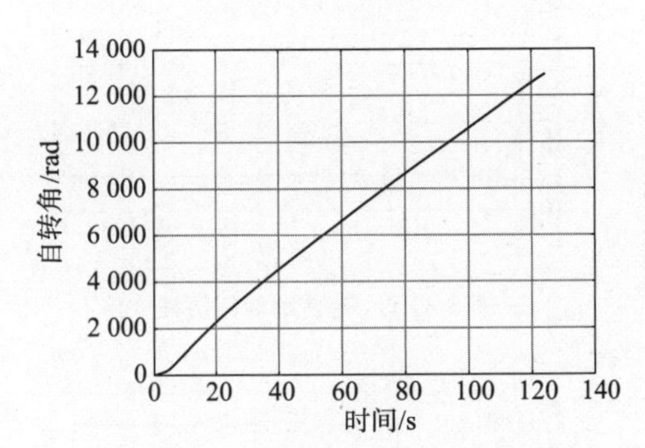

图 8－25　火箭末敏弹母弹自转角的时间历程

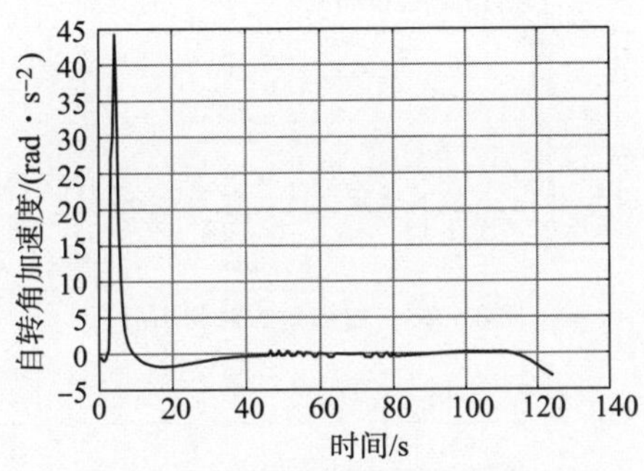

图 8－26　火箭末敏弹母弹自转角加速度的时间历程

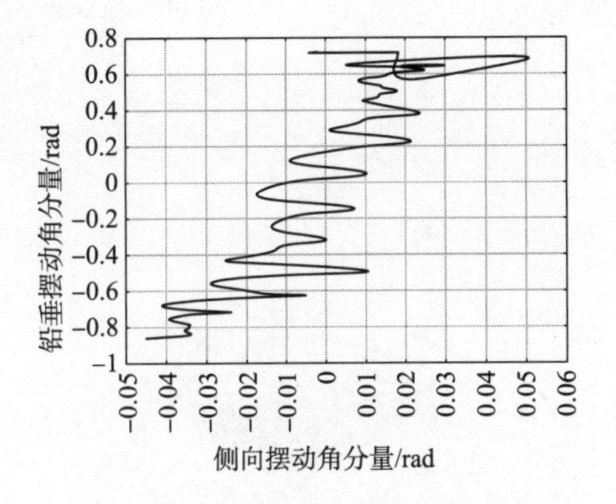

图 8－27　火箭末敏弹母弹摆动角轨迹

8.2.3.2　末敏子弹弹道特性仿真

与末敏弹扫描区域及探测目标相关的关键参数有扫描频率、扫描间距、稳态落速、转速、稳态扫描角等。末敏弹子弹的落点是与末敏弹敏感精度有关的随机变量。应用气动力数据、结构参数等计算可得末敏子弹的弹道特性，如图 8－28～图 8－32 所示。末敏弹稳态扫描角为 30°，转速为 6 r/s，落速为 16 m/s。

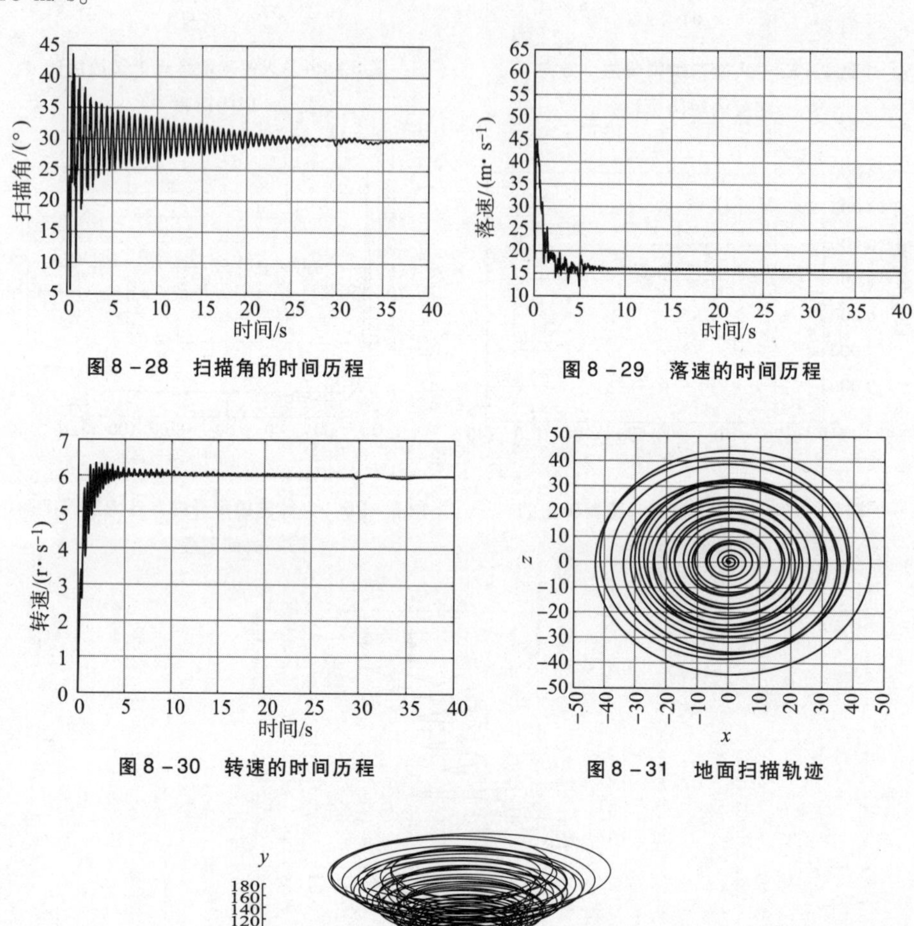

图 8－28　扫描角的时间历程

图 8－29　落速的时间历程

图 8－30　转速的时间历程

图 8－31　地面扫描轨迹

图 8－32　末敏弹扫描覆盖区域随高度的变化

8.3 火箭末敏弹射击精度计算与折合

8.3.1 射击精度计算方法

射击精度包括射击准确度与射击密集度。以目标为原点，射击方向为纵轴，垂直于射击方向为横轴，以（X，Z）表示落点坐标，且（X，Z）服从正态分布，纵向与横向统计独立，$(X, Z) \sim N(\mu_X, \mu_Z, \sigma_X^2, \sigma_Z^2)$，则武器射击精度即圆概率偏差（CEP）由下式给出：

$$\frac{1}{2\pi\sigma_X\sigma_Z}\iint_{X^2+Z^2\leqslant R}\exp\left\{-\frac{1}{2}\left[\frac{(X-\mu_X)^2}{\sigma_X^2}+\frac{(Z-\mu_Z)^2}{\sigma_Z^2}\right]\right\}\mathrm{d}X\mathrm{d}Z = P \tag{8-27}$$

式中，μ_X 和 μ_Z 分别为武器系统纵向和横向射击准确度，σ_X 和 σ_Z 分别为武器系统纵向和横向射击密集度，P 为落点坐标落在以目标为原点 R 为半径的圆内的概率。当 $P=50\%$ 时，R 就是圆概率偏差（CEP），即射击精度。

设 m 组射击试验落点坐标为 $(\boldsymbol{X}_1, \boldsymbol{Z}_1)$，$(\boldsymbol{X}_2, \boldsymbol{Z}_2)$，…，$(\boldsymbol{X}_m, \boldsymbol{Z}_m)$，其中，$(\boldsymbol{X}_j, \boldsymbol{Z}_j) = [(\boldsymbol{X}_{j1}, \boldsymbol{Z}_{j1}), (\boldsymbol{X}_{j2}, \boldsymbol{Z}_{j2}), \cdots (\boldsymbol{X}_{ji}, \boldsymbol{Z}_{ji}), \cdots, (\boldsymbol{X}_{jn}, \boldsymbol{Z}_{jn})]$ $(j=1, 2, \cdots, m;\ i=1, 2, \cdots, n)$，有 n 个样本。j 表示组数，i 表示每组的发数，第 j 组第 i 发落点坐标可表示为

$$X_{ji} = X_{nj} + X_{bji} \tag{8-28}$$

式中，X_{nj}为第 j 组的平均弹着点；X_{bji}为第 j 组第 i 发落点相对于该组平均弹着点的坐标。

所以有

$$\mu_X = \mu_{X_n} + \mu_{X_b} \tag{8-29}$$

$$\sigma_X^2 = \sigma_{X_n}^2 + \sigma_{X_b}^2 \tag{8-30}$$

则有

$$\hat{\mu}_X = \hat{\mu}_{X_n} + \hat{\mu}_{X_b} \tag{8-31}$$

$$\hat{\sigma}_X^2 = \hat{\sigma}_{X_n}^2 + \hat{\sigma}_{X_b}^2 \tag{8-32}$$

式中，X 为弹着点坐标；X_n 为平均弹着点坐标；X_b 为落点相对于该组平均弹着点坐标。

$$\hat{\sigma}_X = \sqrt{\frac{\sum_{j=1}^{m}\hat{\sigma}_{X_j}^2}{m}}, \hat{\sigma}_{Xj} = \sqrt{\frac{\sum_{i=1}^{n}(X_{ji}-\hat{X}_j)^2}{n-1}}, \hat{X}_j = \frac{\sum_{i=1}^{n}X_{ji}}{n}, j = 1,2,\cdots,m \tag{8-33}$$

$$\hat{\sigma}_{X_n} = \sqrt{\frac{\sum_{j=1}^{m}(X_{nj}-\hat{X}_n)^2}{m-1}} \quad \hat{X}_n = \frac{\sum_{j=1}^{m}\hat{X}_j}{m}, j = 1,2,\cdots,m \tag{8-34}$$

$$\hat{\sigma}_{X_b} = \sqrt{\frac{\sum_{j=1}^{m}\hat{\sigma}_{x_j}^2}{m}}, \hat{\sigma}_{x_b,j} = \sqrt{\frac{\sum_{i=1}^{n}(X_{bji}-\hat{X}_{bj})^2}{n-1}}, \hat{X}_{bj} = \frac{\sum_{i=1}^{n}\hat{X}_{bji}}{n}, j = 1,2,\cdots,m \tag{8-35}$$

$$\mu_X = \frac{\sum_{j=1}^{m}\hat{X}_j}{m} = \hat{X}_n = \mu_{X_n}, \hat{\mu}_{X_b} = \hat{X}_{bj} = \frac{\sum_{i=1}^{n}\hat{X}_{bji}}{n} \tag{8-36}$$

将μ_X、μ_Z、σ_X、σ_Z 的估计值$\hat{\mu}_X$、$\hat{\mu}_Z$、$\hat{\sigma}_X$、$\hat{\sigma}_Z$ 代入式（8－27），即可求得射击精度的估计值。

8.3.2 精度折算

以2/3最大射程对最大射程精度进行模拟分析。2/3最大射程下的射角与最大射程下的射角不同，系统质量分布不同，振动特性发生了相应的变化，表8－1给出了70 km射程与45 km射程满载情况下频率仿真结果对比。

表8－1 70 km射程与45 km射程满载情况下频率仿真结果对比（$rad \cdot s^{-1}$）

模态	1	2	3	4	5	6
70 km	6.22	9.45	10.98	17.08	28.28	35.16
45 km	5.81	10.54	11.01	17.64	26.45	34.78
模态	7	8	9	10	11	12
70 km	38.50	44.75	64.85	71.23	80.58	94.48
45 km	38.56	43.42	64.77	72.85	80.57	94.49

已知最大射程指标如表8－2所示。

表8－2　最大射程指标

精度	密集度	准确度（方差）
1/400（500 m）	1/310（225 m）	0.25%（175 m）

在描述火箭末敏弹系统总体参数与射击精度之间定量关系的随机发射与飞行动力学仿真系统基础上，以仿真获得的2/3最大射程射击精度为依据布置靶区，理论与仿真建立火箭末敏弹2/3最大射程与最大射程射击精度之间的定量关系，依据最大射程精度指标，可得2/3最大射程指标，如表8－3所示。

表8－3　2/3最大射程指标

精度	密集度	准确度（方差）
1/141（319 m）	距离：1/257（175 m） 方向：1/386（116 m）	距离：0.26%（117 m） 方向：0.24%（108 m）

由以上可以看出，通过弹道精度折算的方法，可以将最大射程的精度指标折算到较小射程的精度指标，从而减小火箭试验难度的试验成本。

参考文献

[1] 刘怡昕，等．新弹种射击效力与运用［M］．北京：兵器工业出版社，1994.
[2] 杨绍卿．灵巧弹药工程［M］．北京：国防工业出版社，2010.
[3] 刘怡昕，等．外弹道学［M］．北京：国防工业出版社，2001.
[4] 刘怡昕，等．炮兵射击学［M］．北京：海潮出版社，2002.
[5] 刘怡昕，杨伯忠．炮兵射击理论［M］．北京：兵器工业出版社，1998.
[6] 刘怡昕，等．决定射击开始诸元理论［M］．北京：兵器工业出版社，2001.
[7] 徐明友．火箭外弹道学［M］．哈尔滨：哈尔滨工业大学出版社，2007.
[8] 韩子鹏．弹箭外弹道学［M］．北京：北京理工大学出版社，2010.
[9] 杨启仁．子母弹飞行动力学［M］．北京：国防工业出版社，1999.
[10] 李臣明，刘怡昕．基于四元数法修正的末敏弹扫描运动研究［J］．兵工学报，2009（9）.
[11] 舒敬荣．非对称末敏子弹大攻角扫描特性研究及应用［D］．南京：南京理工大学，2004.
[12] 范雁飞．末敏弹稳态扫描平台动态数字仿真［D］．南京：南京理工大学，2005.
[13] 王京鸣，等．求解末敏弹毁伤概率的一种解析模型［J］．弹道学报，2006（6）.
[14] 王京鸣．一种求解末敏弹毁伤概率的“相当榴弹法”模型［J］．炮兵学

院学报，2007（5）.
[15] 王兆胜，等．末敏弹破片式战斗部的毁伤概率研究［J］．现代炮兵学报，2007（11）.
[16] 欧阳豪，等．末敏弹探测特性对射击效率的影响［J］．弹道学报，2008（9）.
[17] Munitions device and system. UK Patent Application GB 2090950 A. 1982.
[18] Walter Koenig, Roy Kline. A samara-type decelerator. AD-A167784, ARAED-TR-85017, 1986.
[19] Roy W. Kline. One fin orientation and stabilization device. United States Patent 4583703, 1986.
[20] Hristophe Redaud. Directed-effect munition. United States Patent. 1994.
[21] 谭和林．多管火箭末敏弹系统弹道特性分析［D］．南京：南京理工大学，2006.
[22] 黄鹍，刘荣忠．末敏弹系统效能灵敏度分析［J］．兵工学报，2001（8）.
[23] 黄鹍，刘荣忠．末敏弹敏感器占空比优化与捕获命中概率［C］//中国兵工学会第27届弹药学术会议论文集．1998.

索 引

0 ~ 9

2/3 最大射程指标（表） 307

9M55K1 远程火箭末敏弹 4

70 km 射程与 45 km 射程满载情况下频率仿真结果对比（表） 306

A ~ Z，λ

BLU－108 智能反装甲弹药 6、6（图）

BONUS 155 mm 加榴炮末敏弹 4

D 点处弹体对伞体的约束力矩 48

EFP 中间误差对捕获命中概率及毁伤概率的影响 201、201（表）

J 点处的约束反力矩 117、122

M_J 117

$-M_J$ 122

n_c取不同值时 S_c的计算方法 174 ~ 178

$n_c=0$ 174

$n_c=2$ 175

$n_c=4$ 176

$n_c=6$ 178

Nicolaides 101

Skeet 航空布撒器末敏弹 4

SMArt 155 mm 加榴炮末敏弹 4

SPBE－D 末敏弹 4

λ 的 3 种情况 99

λ 角及单侧翼安装角 μ_0示意（图） 109

A ~ B

阿基米德螺线 15、259

把对数个瞄准位置射击化为对一个瞄准位置射击 234

爆炸成型弹丸 5、10 ~ 13、180

毁伤目标的计算 180

剖面结构（图） 12

作用机理 13

爆炸成型技术 11、12

特点 11

应用 12

波束圆与目标 175、177、178

两条平等长边和平等短边都有两个交点的情况（图） 178

没有交点的情况（图） 175

有 2 个交点的情况（图） 175

有 4 个交点的情况（图） 177

波阻 44

“博尼斯”155mm 末敏弹 7、8

瑞典/法国（图） 8

捕获目标的弹道仿真程序框（图） 179

捕获条件 171、174

及波束与目标交集的计算方法 174

捕获准则 194、252

对捕获、命中概率及毁伤概率的影响 194
选取 252
不存在扫描空隙时的均匀分布法 262
不同弹种对单个坦克的毁伤、单个自行榴弹炮的毁伤情况（表） 208
不同因素对炮射有伞末敏弹毁伤率的影响 193
步兵战车的易损性分析 186～188
毁伤区域图（图） 187
毁伤因子表（表） 187
战术配置情况（表） 187

C

采用间隔模板时交集的计算 174
采用区域识别时交集的计算 178
采用无控弹符合方法对有控弹符合过程（表） 243
参数的符号约定 110
参数之间的关系 111
参考文献 309
测定观目距离和观目方向角的中间误差（表） 217
测高与确定信号阈值 17
赤道阻尼力矩 29、37、116、156
存在扫描空隙时的评定方法 263

D

单侧翼参数 110
单侧翼固连坐标系 107～110、120
与单侧翼基准坐标系的转换关系 108、109（图）
单侧翼基准坐标系 107～109
单管发射的部分仿真结果（图） 299～301
单枚子弹命中1个目标的概率 266
单翼末敏弹 81、105
结构（图） 105
扫描运动形成的理论基础 81
单翼柔性对单翼末敏弹系统扫描特性影响的分析 136、137
基本假设 137
总体分析 137
弹道符合倾角、符合偏角符合方法 245
弹道坐标系 22、83（图）
弹体固连坐标系 23～26、56～59、82～91、106～108、114～118、125、156
与弹道坐标系的关系 24
与弹体基准坐标系的转换关系 25、108、108（图）
弹体惯性主轴坐标系 24、83～85
与弹体固连坐标系之间的关系 24、24（图）
与弹体固连坐标系之间的关系 84、84（图）
弹体基准坐标系 22～25、82、83、107、108
与弹体固连坐标系（图） 82
与弹体固连坐标系之间的关系 23（图）、83（图）
弹体绕质心运动微分方程组 55
弹体质心运动微分方程组 54
弹丸俯仰和偏航角运动的频率 94
弹丸 88、90、104
受到的力 88
受到的力矩 88
以很大的攻角和侧滑角共振旋转的条件 104
运动微分方程的建立 90
总角速度 90

弹性系数K对扫描参数的影响规律分析 152
弹重对落速和转速的影响 75、75（表）
德国的智能弹药系统公司 6
低速旋转尾翼弹共振时失去稳定性的情况（图） 95
地面惯性坐标系 21、57~59、82、106
动量矩定理 30、53、91、118、123
动量矩矢量 30、85、91
动态空间破片场的确定 270
动态平衡角 15
动态误差测量技术 16
独立发射时一次发射毁伤任意1个目标的概率 266
对平均毁伤目标百分数M的改进 269
对数个瞄准位置射击时的炸点分布与数值表征 234
多管火箭末敏弹弹道仿真 297、298
  仿真方法 298
  仿真流程 297、297（图）
多体子弹系统动力学方程 294
多体子弹系统动力学离散时间传递矩阵法 294

E~F

二次扫描 172、253
二体间的联系方程 142
法国的地面武器集团 7
方程组的标准化 130
方程组的消元 126
方向规正误差 220
非对称弹运动微分方程的建立 84
非对称气动力矩 90
非对称尾翼旋转弹攻角和侧滑角的变化（图） 101
非对称子弹 105
分离弹道仿真 40
  结果 40
  部分曲线（图） 40
分离弹道刚体运动模型（图） 36
风对单翼末敏弹系统的影响规律分析 158~160
  横风 158
  铅直风 160
  纵风 160
风对单翼末敏弹系统扫描特性的影响规律分析 153
风对末敏弹弹道的影响 75
符合计算方法 244
辐射计输出信号的数学模型 166
辐射计输出信号的特点 166
复攻角的模 97
复合敏感器 10、13、14
技术 13

G

高低规正误差 220
各连体坐标系与各基准坐标系的关系（图） 107
各种定向方法的中间误差（表） 220
攻角方程的推导 92
关于振动自由度的标准微分方程组 141

H

毫米波/红外探测系统的数据融合 168
毫米波/红外复合敏感器 14
毫米波辐射计 13、163~170
  工作原理 163
  输出信号的数学模型 168

与金属目标的交汇关系（图） 167
毫米波雷达 13
毫米波敏感体制 195～199
末敏弹对自行榴弹炮捕获、命中和毁伤概率的影响（表） 195、196
恒风对捕获命中概率及毁伤概率的影响 200、200（表）、201（表）
横风 75、158～160
对系统扫描特性的影响 158
条件下的各种扫描参数随时间的变化规律（图） 158、159
红外/毫米波信息融合系统对典型目标分类识别的结果（表） 170
红外敏感体制 194、195
末敏弹对自行榴弹炮捕获、命中和毁伤概率的影响（表） 194、195
后记 311
滑轨段推力符合方法 245
环境因素对有伞末敏弹产生的影响示意（图） 194
毁伤比较 208
对单个目标 208
对集群目标 208
毁伤幅员 260、268
毁伤概率分析 265、268、270
基于改进“相当榴弹” 268
基于解析法 265
毁伤概率计算流程（图） 205
火箭末敏弹 256、281～283、285、286、299
发射动力学方程 286
发射动力学模型 282、283（图）
系统动力响应 299
增广特征矢量的正交性 285、286
主体 283
作用过程 281、281（图）
射击效力评定 256
火箭末敏弹母弹飞行动力学 287～289
方程 288、289
模型 287
火箭末敏弹射击精度 305、306
计算 305
折算 306
火箭末敏弹子弹 35、287、292
飞行动力学方程 292
飞行动力学模型 287
抛射过程数学模型 35
火箭末敏弹子弹筒分离弹道仿真计算后部分数据曲线（图） 40
火箭振动特性 284
火炮定向误差 219

J

计算车体平均长度示意（图） 273
计算法决定诸元的误差根源（表） 214
减速/减旋 14、15、51
与稳态扫描技术 14
运动方程 51
装置的作用过程 15
减速/减旋段 50～52
初始弹道计算 52
作用力和力矩 50
减速伞阻力 51
将单炮数个瞄准位置射击化为一个瞄准位置射击 236
将多组误差型转化为“两组误差型” 228
将炮兵营、连数个瞄准位置射击化为一个瞄准位置射击 237

降落伞 22、45、53
基准坐标系 22
绕质心运动微分方程组 53
质心运动微分方程的建立 53
攻角的求法（图） 45
降落伞固连坐标系 22、25、26
与弹体固连坐标系的关系（图） 25
与扫描角关系图（图） 22
降落伞体一般运动的微分方程 53
角速度间及角加速度间的关系 124
解析算法与统计试验法毁伤概率对比（图） 267
精度检验 267
静力矩 28
静态悬挂角 15、26、72、75
对扫描角的影响 75
与扫描角的数据（表） 75
静稳定力矩 114~116、156
具有线偏心 d 和偏心角 ε 的推力矢量图（图） 87
决策层融合 169
决定诸元误差 211、215~221
弹道风的误差 219
弹道温偏的误差 219
火炮和装药批号初速偏差量的误差 218
目标高程的误差 217
目标坐标的误差 216
炮阵地（观察所）坐标的误差 215
炮阵地高程的误差 215
气压偏差的误差 218
射击开始诸元理论分析 211
药温偏差量的误差 218
均匀分布法模型 268

K

开舱抛撒过程引起的子弹散布误差 257
考虑横风时的扫描图（图） 77
考虑目标数量对毁伤百分数的影响 269
考虑纵风时的扫描（图） 77
科氏加速度 139
空间定位技术 16
空气动力 44、76、88、112、120、154、157
弹丸 88
降落伞体 44
翼端重物 120
翼端重物 120、157
子弹体 112
子弹体 76、112、154
空气动力矩 44、76、114、121、155、157
降落伞体 44
翼端重物 121、157
子弹体 76、114、155
空气动力稳定力矩 88
空气动力阻尼力矩 89

L

两刚体间的联系方程 124
临界角速度 95、97、101
临界倾斜角速度 95
榴弹对自行榴弹炮连的毁伤概率及摧毁所需弹数和总弹数（表） 209
六自由度微分方程组 141
龙格-库塔法 64、68、70、131、146
落点符合方法 246

M

马格努斯力 27

马格努斯力矩 29
满管齐射的部分仿真结果（图） 299
蒙特卡洛方法 189～192
基本步骤 192
基本思想 189
优点 191
在末敏弹毁伤计算中的运用 192
敏感器捕获准则（表） 171
模板 172
模型的改进 269
摩擦力 36、37
摩擦阻力 44
末敏弹 1、3、9、11、17、18、73、74、180、181、188、210、254、276、264
采用的关键技术 11
对目标的毁伤概率 276
对运动目标的射击特点 254
对装甲目标的毁伤概率计算 188
对装甲目标毁伤因子表（表） 181
对自行榴弹炮连的毁伤概率及摧毁所需弹数和总弹数（表） 210
发展背景 3
发展概述 1
毁伤幅员示意图（图） 264
基本构造 9
落速随时间的变化曲线（图） 73
扫描轨迹（图） 74
扫描角随时间的变化曲线（图） 73
威力 180
转速随时间的变化曲线（图） 73
作用过程 17、18（图）
末敏弹弹道因素对弹道状态的影响 239
末敏弹的各种扫描参数随时间的变化规律（图） 131～134、147～150
以某一末敏弹系统为例 131～134
在初始条件相同的情况下 147～150
末敏弹发展现状 4～8
德国 6
俄罗斯 8
美国 4
瑞典/法国 7
末敏弹毁伤概率分析 265～270
基于解析法 265
基于改进“相当榴弹” 268
末敏弹毁伤计算参数影响因素（表） 193
末敏弹决定射击开始诸元方法分析 238
末敏弹母弹弹道特性仿真 302、303
结果（图） 302、303
末敏弹母弹飞行弹道方程 29
末敏弹平均扫描半径 274
末敏弹平均扫描间隔 275
末敏弹破片战斗部毁伤概率分析 270
末敏弹扫描间隔确定示意（图） 259
末敏弹扫描平面示意（图） 274
末敏弹射表编制的思路 238
末敏弹射击 249、251、273
参数的确定 273
效力评定 249
与射击指挥特点分析 251
末敏弹探测特性对毁伤概率的影响 273
末敏弹系统 163、206、288
动力学模型（图） 288
对目标的识别 163
可靠性指标（表） 206
末敏弹运动轨迹示意（图） 260
末敏子弹 9、10、32、54
抛射与分离 32
剖面（图） 10

一般运动的微分方程 54
末敏子弹弹道特性 304
仿真 304
仿真计算结果图（图） 304
母弹散布误差 221、222、257
产生原因 222
目标捕获的弹道仿真计算 179
目标队形对捕获、命中概率及毁伤概率的影响 202、202（表）
目标毁伤计算模型 272
目标间距对捕获、命中概率及毁伤概率的影响 202、203（表）
目标位置示意（图） 173

O ~ P

欧拉运动方程 65、70、72
抛射过程 32、34
方程的简化 34
运动方程的建立 32
抛射过程数学模型 32、35
火箭末敏子弹 35
炮射末敏子弹 32
抛射物理模型（图） 33
抛射药燃速方程 33
抛射药形状函数 33
炮射末敏弹减速/减旋段飞行弹道 50
炮射有伞末敏弹系统 203、205、206
可用性与可靠性分析 205
效能分析 203
效能计算方法 206
炮射有伞末敏弹 207
与榴弹和子母弹效能比较 207
平均散布中心法 228
平均投影长度 273
破片与目标要害部件的交汇 270、271

Q

七自由度方程组 143
七自由度运动微分方程组 141
铅直风 75、78、154、160
对系统扫描特性的影响 160
风速与落速的关系表（表） 78
强非对称刚性单翼末敏弹扫描运动研究 105
求取 S_e 的步骤 174
区域识别 172、178
全备末敏弹 9
剖面图（图） 9
组成 9
全弹质心运动方程 37
全弹转动运动方程 38
全功率辐射计工作原理 165

R ~ S

燃气压力 37
绕心运动微分方程 91
绕月运动 100
瑞典的博福斯公司 7
伞赤道阻尼力矩 47
伞弹系统 55
刚体一般运动的微分方程 55
各量之间的关系 55
伞弹系统一般运动方程组 59、63
数值仿真形式 63
伞导转力矩 46
伞极阻尼力矩 46
伞静力矩 46
扫描参数 74、146、147、158
随时间的变化规律 146、147、158

影响 74
扫描幅员 266、275
覆盖目标时的发现概率 275
内有目标概率 266
扫描角的影响 198、199（表）
扫描运动 105、258
参数误差引起的子弹命中概率误差 258
示意图（图） 105
射表误差 220
射弹散布 221
产生原因 221
射击 227、251~255、261
相关性 227
实施特点 251
效力评定 261
修正 253
样式 255
指挥特点 254
射击精度计算方法 305
射击误差 213、256
分类 213
分析 256
升力 27
数据层融合 169
数据融合的层次 169
数据融合的方法 170
双色红外探测 14
四元数 65~69、72
表示弹体的欧拉角 69
表示欧拉运动学方程 67
方法简介 66
积分初值的确定 69
进行坐标变换 66
模型的正确性与优越性验证 72
算例分析 131
算术平均法 229
随机发射与弹道仿真 297

T

坦克的易损性分析 184~186
毁伤情况分析（表） 185
毁伤区域图（图） 186
毁伤因子表（表） 186
战术配置（表） 185
探测器最大探测距离的影响 199、199（表）
特殊情况下的共振 98
特征层融合 169
特征方程 285
推力 28、88
推力矩的求法（图） 87
推力偏心 86、222
表达 86
威力滞后时间 16
尾翼导转力矩 37、114、115、155
温氏法 230
稳态扫描参数变化对捕获命中概率及毁伤概率的影响 197
无控火箭弹 240、241
计算结果（表） 240
灵敏度（表） 241
无控火箭弹的符合方法 240
对有控火箭弹适用性分析 240
简介 240
无量纲方程组 34
无伞末敏子弹稳态扫描弹道 79
无伞扫描 15
物体的表面辐射温度 165

误差分组 226、227

连射击时 226

营射击时 227

X

系统传递矩阵 284

系统误差的修正 270

系统有三个奇点的情况（图） 103

相对毁伤幅员 265

相关发射时一次发射毁伤任意 1 个目标的概率 266

小目标 275、276

落入扫描间隔的概率 275

未被扫描发现的概率 276

效能分析的步骤 204

旋转俘获 101

旋转共振状态 96 ~ 101

弹攻角和侧滑角的变化（图） 100 ~ 101

机理 96

角运动特征的定性分析 99 ~ 101

稳定性 101

研究 96

旋转阻尼力矩 51

寻的波束对目标的捕获条件 171

Y

压差阻力 44

压心与弹体固连坐标系的关系（图） 89

一次发射平均毁伤目标数 267

一次扫描 172、253

一字队形 202、208 ~ 210

翼端重物 107、111、119、122 ~ 124、137 ~ 140

参数 111

基准坐标系 107、123

加速度分解 138

绕心运动微分方程组 123

受力分析 138

运动微分方程的建立 119、122

振动微分方程 137、140

质心运动微分方程组 122、123

总的运动微分方程组 124

翼端重物第二基准坐标系 107、110

与翼端基准坐标系的转换关系 110

翼端重物固连坐标系 107、110、138

与翼端重物第二基准坐标系的转换关系 110

弹体的欧拉角 69

用斜置尾翼导转时尾翼式非对称弹的“自转闭锁”（图） 104

有风时单翼末敏弹系统的运动微分方程组 153、158

有风时的运动方程组 158

有风时作用于翼端重物上的空气动力和空气动力矩 157

有风时作用于子弹体上的空气动力和空气动力矩 154

有控弹 241 ~ 243

符合方法 243

符合系数的选择 243

灵敏度（表） 241、242

有伞末敏弹 50、53、171

扫描示意（图） 171

受力分析（图） 50

稳态扫描弹道 53

有伞末敏子弹飞行弹道 41

有伞扫描 14、15

缺点 15

优点 15
诱导阻力 44
圆柱形子弹体参数 110
远程火箭末敏弹精度折合计算 279
约束反力 45、47~49、114、116、121、122
对质心的力矩 47、116、122
约束力 37

Z

占空比 172
振动特性计算 285
之字队形 202、209、210
惯量张量矩阵 84
质心速度间及质心加速度间的关系 125
质心运动微分方程 90
重力 28、37、43、51、88、112、119、138
弹丸 88
各刚体 37
降落伞体 43
末敏弹母弹 28
伞弹系统 51
翼端重物 119
子弹体 112
诸元误差 214~221、257
主/被动毫米波复合敏感器 14
主动段推力符合方法 245
转速符合方法 245
子弹弹体阻力 50
子弹落速的影响 197、198（表）
子弹命中概率误差 258、259
爆炸成型弹丸战斗部误差引起 259
敏感器定位误差引起 259
敏感器性能参数误差引起 259
扫描间隔引起 259
扫描运动参数误差引起 258
子弹散布的联合密度函数 224、225
子弹散布误差 222~224、257、258
产生误差源 257、258
概率密度函数 223
联合概率密度函数 224
子弹射击误差组成（图） 213
子弹体 112、113、117、118
攻角 δ_c的求法（图） 113
绕心运动微分方程组 118
运动微分方程的建立 112、117
质心运动微分方程组 117
子弹筒 35、39、290、299
分离弹道模型建立 35
质心运动方程 39
组合体飞行动力学方程 290、299
子弹在以 R 为半径的圆内均匀分布（图） 226
子弹转速的影响 198、198（表）
子弹作近似铅直匀速下降运动 105
自行榴弹炮的易损性分析 182~184
毁伤情况分析（表） 182
毁伤区域划分（图） 183
毁伤区域划分图例（图） 184
毁伤因子（表） 183
自转闭锁 101、104
纵风 75、154、160
对系统扫描特性的影响 160
阻力 27、37、50、112、154
作用于伞弹系统上 50
作用于子弹体上 112、154
作用在末敏弹母弹上 27
作用在全弹上 37
最大射程指标（表） 307

作用于降落伞体 43、46
力 43
力矩 46
作用于末敏子弹 48、49
力 48
力矩 49
作用于翼端重物 119、121
力 119
力矩 121
作用于子弹体 49、112、114、154
力 112、154
力矩 49、114
作用在各刚体上的力和力矩
作用在末敏弹母弹 27、28
力 27
力矩 28
作用在全弹 37
力 37
力矩 37
作用在子弹筒上的力 37
坐标系 21、23、37、82、106、137
建立 21、37、82、106、137
转换 23
坐标转换矩阵 83、108、137